化学与社会

主　　编	方明建	郑旭煦	
副主编	梁华定	孙静亚	王朝瑾
	但建明	邓德华	李安林
参　　编	冯辉霞	石宏仁	左小华
	李　志	陶敬奇	彭红军
	王　毅	哈文秀	郑燕升
	乔　洁		

华中科技大学出版社

中国·武汉

全国普通高等院校工科化学规划精品教材
编 委 会

主 任

吴元欣	武汉工程大学校长，化学工程与工艺专业教学指导分委员会委员
孙兆林	辽宁石油化工大学校长，化学类专业教学指导分委员会委员
郑旭煦	重庆工商大学副校长，制药工程专业教学指导分委员会委员

副主任

程功臻	武汉大学教授，化学类专业教学指导分委员会委员
代 斌	石河子大学教授，化学类专业教学指导分委员会委员
刁国旺	扬州大学教授，化学基础课程教学指导分委员会委员
樊 君	西北大学教授，制药工程专业教学指导分委员会委员
马万勇	山东轻工业学院教授，化学基础课程教学指导分委员会委员
杨亚江	华中科技大学教授，化学工程与工艺专业教学指导分委员会委员
张 珩	武汉工程大学教授，制药工程专业教学指导分委员会委员

编 委

蔡定建	江西理工大学	聂长明	南华大学
车振明	西华大学	庞素娟	海南大学
池永庆	太原科技大学	邱凤仙	江苏大学
丁一刚	武汉工程大学	宋欣荣	湖南工程学院
傅 敏	重庆工商大学	王金华	湖北工业大学
贡长生	武汉工程大学	许培援	郑州轻工业学院
郭书好	暨南大学	姚国胜	常州工学院
胡立新	湖北工业大学	易 兵	湖南工程学院
李炳奇	石河子大学	尹建军	兰州理工大学
李东风	长春工业大学	张光华	陕西科技大学
李 华	郑州大学	张金生	辽宁石油化工大学
李宪臻	大连轻工业学院	张 龙	长春工业大学
李再峰	青岛科技大学	郑燕升	广西工学院
李忠铭	江汉大学	钟国清	西南科技大学
林树坤	福州大学	周梅村	昆明理工大学
刘 彬	黄石理工学院	周仕学	山东科技大学
刘志国	武汉工业学院		

内 容 提 要

本书详细地讲述了化学与社会的关系和化学对社会发展的影响,层次清晰、重点突出、理论联系实际,尤其注重培养学生的科学素养与人文素质,尊重学生的主体性和主动精神。

全书共 9 章:化学与社会的关系,化学与生命现象,化学与能源,化学与环境,今日绿色化学,化学与材料,诺贝尔化学奖给人类的启迪,化学与科学技术等。各章还编写了"科学背景"知识,介绍了一些著名科学家的故事和重大的历史事件,希望通过这些使学生具备一定的化学知识、科学素养和人文素质,拓展学生的视野,增强学生的学习兴趣。本书尽量避免深奥的化学理论和详尽的复杂计算。

本书可作为科学素养与人文素质教育类课程的教材,也可供对化学与社会发展感兴趣的读者阅读。

前　言

　　素质教育的根本目的在于促进人的全面发展,它是以提高学生的思想道德素质、专业素质、人文科学素质、身体心理素质为目标,以尊重学生主体性和主动精神,重视开发人的智慧潜能,注重形成人的健全个性为根本特征的教育。

　　这是一本讲述化学与社会之间关系的大学素质教育类教材。它改变了过去把科学教育与人文教育截然分开的学习方法,把读者的视野引导到自然科学和社会科学的结合点上去求索。它向读者提供了一幅有趣的、丰富的、美丽而人人都受益的画卷,推进科学教育与人文教育的融合。

　　化学是一门古老的科学,从古到今,它促进了社会的进步,改善了人们的生活。化学的每一次重大突破都对人类社会产生了重要的影响,给人类生活带来巨大的变化。化学作为中心学科,与能源、材料、农业、医药、环境、生命、日常生活以及国防建设都有密切的联系。化学在发展过程中使相关学科也有了新的发现和发展。

　　全书共分为9章(参考学时数为24～32学时),系统介绍了化学与人类社会,化学与生命现象,化学与能源,化学与环境及化学与材料的关系,阐述了化学与经济社会发展各个方面、尖端科技各个领域、人类生活各个方面的密切联系,同时介绍了绿色化学的兴起与发展,诺贝尔化学奖给人类的启迪,化学与科学技术的关系。为了拓展学生的视野,增加学生的学习兴趣,我们还在每章末尾编写了"科学背景",着重介绍了一些著名科学家的故事和重大的历史事件。

　　本书由方明建、郑旭煦主编,并由方明建统稿。参加本书编写工作的有:方明建、郑旭煦(重庆工商大学),梁华定(台州学院),孙静亚(浙江海洋学院),王朝瑾(上海海洋大学),但建明(石河子大学),邓德华(安阳师范学院),李安林(安阳工学院),乔洁(山西大学),左小华(黄石理工学院),郑燕升(广西工学院),哈文秀(青海师范大学),陶敬奇(华南师范大学),彭红军(西南大学),冯辉霞、王毅(兰州理工大学),石宏仁(长春工业大学),李志(海南大学)。本书的编写工作得到了华中科技大学出版社的大力帮助,得到了重庆工商大学的傅敏、胥江河、王星敏、王瑞琪等老师的支持,他们对本书的编写提出了许多有益的建议。重印时,重庆工商大学的硕士研究生张玉静、胡燕、陈如寿、王道庆、董赫、边凤霞参与了全书校核工作。本书在编写过程中,参阅了大量国内外有关书籍、期刊和网络上的信息,从中摘取了部分内容,对此,特向这些作者深表谢意!

限于编写时间的紧迫和编者水平,书中定会有不尽如人意之处,恳请同行专家和读者不吝指正,以便我们再版时进行修订。

编　者

2011 年 7 月

目 录

第1章 绪论 (1)
- 1.1 化学发展史 (1)
  - 1.1.1 古代实用化学时期 (1)
  - 1.1.2 近代化学时期 (3)
  - 1.1.3 现代化学时期 (5)
- 1.2 化学的概念及研究内容 (11)
- 1.3 未来化学的地位和作用 (11)
- 科学背景 门捷列夫与元素周期表 (14)

第2章 化学与社会的关系 (17)
- 2.1 化学的社会性 (17)
  - 2.1.1 化学的应用性和经济性 (17)
  - 2.1.2 中国近代化学的发展 (24)
- 2.2 化学与社会的基本关系 (27)
  - 2.2.1 化学与社会的相互促进 (27)
  - 2.2.2 化学与社会的渗透与反渗透 (29)
  - 2.2.3 现代化学在社会中的地位和作用 (29)
- 2.3 社会环境与化学发展 (32)
  - 2.3.1 社会生产力发展对化学的推动 (32)
  - 2.3.2 社会经济开发促进化学的发展 (34)
  - 2.3.3 军事竞争对化学的需求 (35)
- 科学背景 我国最早的化学研究机构 (37)
- 思考题 (38)

第3章 化学与生命现象 (39)
- 3.1 化学与生命现象的关系 (39)
  - 3.1.1 化学是生命运动的基础 (39)
  - 3.1.2 生命起源于化学 (40)
- 3.2 人体中的化学 (41)
  - 3.2.1 人体中的化学元素 (41)
  - 3.2.2 人体中重要的有机化合物 (49)
- 3.3 生命的本质 (62)
  - 3.3.1 遗传基因 (62)

####### 3.3.2 人类基因组计划 …………………………………… (64)

3.4 化学与仿生学 …………………………………………… (66)
####### 3.4.1 化学仿生学 ………………………………………… (66)
####### 3.4.2 仿生酶 ……………………………………………… (67)
####### 3.4.3 仿生固氮 …………………………………………… (67)
####### 3.4.4 仿生膜 ……………………………………………… (68)
####### 3.4.5 仿生昆虫信息素 …………………………………… (69)

3.5 医药化学品与人类健康 …………………………………… (71)
####### 3.5.1 人类与医药的关系 ………………………………… (71)
####### 3.5.2 中药 ………………………………………………… (72)
####### 3.5.3 藏药 ………………………………………………… (76)
####### 3.5.4 化学药物 …………………………………………… (78)
####### 3.5.5 基因工程蛋白质药物 ……………………………… (79)
####### 3.5.6 药物的发现 ………………………………………… (80)
####### 3.5.7 合理用药 …………………………………………… (84)
####### 3.5.8 耐药性问题研究 …………………………………… (87)
####### 3.5.9 新药的分类与开发过程 …………………………… (91)

科学背景 人工合成胰岛素 …………………………………… (93)
思考题 …………………………………………………………… (94)

第4章 化学与能源 …………………………………………… (95)
4.1 能源对人类社会的作用 …………………………………… (95)
####### 4.1.1 能源与国民经济 …………………………………… (95)
####### 4.1.2 能源与人民生活 …………………………………… (96)
####### 4.1.3 能源与环境污染 …………………………………… (96)

4.2 能源的分类 ………………………………………………… (97)

4.3 化学能源的储存与转化 …………………………………… (99)
####### 4.3.1 原电池 ……………………………………………… (99)
####### 4.3.2 蓄电池 ……………………………………………… (100)
####### 4.3.3 燃料电池 …………………………………………… (101)
####### 4.3.4 电池的回收 ………………………………………… (102)

4.4 一次化学能源 ……………………………………………… (103)
####### 4.4.1 煤 …………………………………………………… (103)
####### 4.4.2 石油 ………………………………………………… (104)
####### 4.4.3 天然气 ……………………………………………… (106)
####### 4.4.4 植物秸秆 …………………………………………… (107)

4.5　二次化学能源 ·· (108)
　　4.5.1　石油气 ·· (108)
　　4.5.2　煤气、煤油 ·· (108)
　　4.5.3　汽油、柴油 ·· (109)
　　4.5.4　甲醇、乙醇 ·· (110)
4.6　新能源的开发 ·· (111)
　　4.6.1　核燃料 ·· (111)
　　4.6.2　生物质能 ··· (112)
　　4.6.3　氢能 ··· (115)
　　4.6.4　沼气 ··· (115)
　　4.6.5　太阳能 ·· (115)
　　4.6.6　风能 ··· (116)
　　4.6.7　其他新能源 ·· (116)
4.7　能源发展与节能 ··· (116)
　　4.7.1　能源发展的战略措施 ··· (116)
　　4.7.2　节能 ··· (122)
科学背景　切尔诺贝利核泄漏事件 ··· (124)
思考题 ·· (124)

第5章　化学与环境 ·· (125)

5.1　环境和环境问题 ··· (125)
　　5.1.1　环境与环境系统 ·· (125)
　　5.1.2　环境问题 ··· (125)
5.2　水体污染及治理 ··· (128)
　　5.2.1　水体污染 ··· (129)
　　5.2.2　水质指标、水质评价 ··· (131)
　　5.2.3　水体污染的防治 ·· (133)
5.3　大气污染及防治 ··· (134)
　　5.3.1　大气的组成和影响 ·· (135)
　　5.3.2　光化学反应和自由基 ··· (136)
　　5.3.3　大气污染物及大气环境标准 ·· (138)
　　5.3.4　大气污染及治理方案 ··· (139)
5.4　土壤污染及防治 ··· (145)
　　5.4.1　土壤的组成、结构 ·· (145)
　　5.4.2　土壤的性质 ··· (146)
　　5.4.3　土壤污染及防治措施 ··· (147)

5.5 环境保护与可持续发展 …………………………………………… (149)
 5.5.1 可持续发展的概念及其提出 ………………………………… (149)
 5.5.2 可持续发展的含义及举措 …………………………………… (150)
科学背景 美国洛杉矶光化学烟雾事件 ………………………………… (151)
思考题 ……………………………………………………………………… (152)

第6章 今日绿色化学 …………………………………………………… (153)

6.1 绿色化学的兴起和原则 …………………………………………… (153)
 6.1.1 绿色化学的兴起 ……………………………………………… (153)
 6.1.2 什么是绿色化学 ……………………………………………… (154)
 6.1.3 绿色化学的原则 ……………………………………………… (155)
 6.1.4 绿色化学与传统化学的区别 ………………………………… (157)
6.2 各国政府对绿色化学的奖励和政策 ……………………………… (158)
 6.2.1 美国"总统绿色化学挑战奖" ……………………………… (158)
 6.2.2 澳大利亚的绿色化学挑战奖 ………………………………… (163)
 6.2.3 英国的绿色化学奖 …………………………………………… (163)
 6.2.4 意大利保护环境大学化学联盟奖励计划 …………………… (164)
 6.2.5 日本的绿色化学奖 …………………………………………… (164)
 6.2.6 我国绿色化学的进展 ………………………………………… (165)
 6.2.7 促使绿色化学诞生和迅速发展的重要事件 ………………… (166)
6.3 绿色化学与技术的发展趋势 ……………………………………… (166)
 6.3.1 酶催化与生物降解 …………………………………………… (166)
 6.3.2 分子氧的氧化 ………………………………………………… (168)
 6.3.3 绿色能源 ……………………………………………………… (169)
 6.3.4 可再生资源的利用 …………………………………………… (175)
6.4 典型的绿色化学品 ………………………………………………… (179)
 6.4.1 绿色水处理剂 ………………………………………………… (179)
 6.4.2 绿色涂料 ……………………………………………………… (185)
 6.4.3 聚碳酸酯 ……………………………………………………… (188)
 6.4.4 绿色溶剂 ……………………………………………………… (190)
科学背景 泰晤士河变清的启示 ………………………………………… (194)
思考题 ……………………………………………………………………… (195)

第7章 化学与材料 ……………………………………………………… (196)

7.1 材料与社会的发展 ………………………………………………… (196)
7.2 无机非金属材料 …………………………………………………… (197)
 7.2.1 传统无机非金属材料 ………………………………………… (198)

7.2.2 新型无机非金属材料 ……………………………………… (203)
7.3 金属材料 ……………………………………………………… (208)
7.3.1 有色金属 …………………………………………………… (208)
7.3.2 黑色金属 …………………………………………………… (210)
7.3.3 金属的腐蚀和防护 ……………………………………… (211)
7.4 天然高分子材料 ……………………………………………… (213)
7.4.1 纤维素 ……………………………………………………… (213)
7.4.2 木质素 ……………………………………………………… (215)
7.4.3 甲壳素和壳聚糖 …………………………………………… (217)
7.4.4 淀粉 ………………………………………………………… (219)
7.4.5 魔芋葡甘露聚糖 …………………………………………… (221)
7.4.6 蛋白质 ……………………………………………………… (223)
7.5 合成高分子材料 ……………………………………………… (224)
7.5.1 高分子的定义、基本概念和分类 ……………………… (224)
7.5.2 高分子的结构和特性 ……………………………………… (228)
7.5.3 塑料、橡胶、纤维 ………………………………………… (230)
7.5.4 涂料与胶黏剂 ……………………………………………… (235)
7.5.5 聚合物共混物 ……………………………………………… (238)
7.5.6 极端和特殊条件下使用的高分子材料 ………………… (239)
7.5.7 智能与仿生高分子材料 …………………………………… (243)
7.5.8 绿色高分子材料 …………………………………………… (249)
7.6 博采众家之长的复合材料 …………………………………… (256)
7.6.1 复合材料发展简史 ………………………………………… (256)
7.6.2 复合材料的定义和分类 …………………………………… (257)
7.6.3 复合材料的应用及展望 …………………………………… (258)
科学背景　莫瓦桑与人造金刚石 …………………………………… (259)
思考题 ……………………………………………………………… (261)

第8章　诺贝尔化学奖给人类的启迪 ……………………………… (262)
8.1 诺贝尔生平简介 ……………………………………………… (262)
8.2 诺贝尔奖概况 ………………………………………………… (263)
8.3 诺贝尔化学奖 ………………………………………………… (267)
8.3.1 化学各分支学科中获得的诺贝尔奖统计 ……………… (267)
8.3.2 百年诺贝尔化学奖特点 …………………………………… (274)
8.3.3 诺贝尔化学奖举例 ………………………………………… (275)
8.3.4 诺贝尔化学奖获得者的人才特点 ……………………… (283)

8.4 诺贝尔科学奖留下的遗憾 …………………………………………… (285)
8.5 中国科学家与诺贝尔奖 …………………………………………… (288)
　　8.5.1 华人科学家六次折桂 ……………………………………… (289)
　　8.5.2 中国科学家几次痛失获奖机会 …………………………… (290)
　　8.5.3 可惜不能给针灸发奖 ……………………………………… (290)
　　8.5.4 怎样才能获得诺贝尔奖:10 大标准条件 ………………… (291)
　　8.5.5 中国应该做些什么:10 大行动纲领 ……………………… (292)
　　8.5.6 与其他国家比较,中国得诺贝尔奖有什么有利条件 …… (294)
科学背景　针灸的历史与沿革 …………………………………………… (294)
思考题 ……………………………………………………………………… (295)

第 9 章　化学与科学技术 …………………………………………… (296)
9.1 科学的性质 ………………………………………………………… (296)
9.2 技术的性质 ………………………………………………………… (298)
9.3 科学与技术的关系 ………………………………………………… (299)
9.4 科学技术的功能 …………………………………………………… (300)
9.5 历史上的化学革命 ………………………………………………… (301)
　　9.5.1 波义耳的化学成就 ………………………………………… (301)
　　9.5.2 燃素说及其命运 …………………………………………… (303)
　　9.5.3 原子与分子学说的诞生 …………………………………… (304)
9.6 化学的负面效应 …………………………………………………… (305)
　　9.6.1 DDT 的负面效应 …………………………………………… (305)
　　9.6.2 人类首次使用化学武器 …………………………………… (306)
科学背景　历史上首先发明的一种合成纤维——尼龙 ………………… (307)
思考题 ……………………………………………………………………… (309)

附录　元素周期表 …………………………………………………… (310)

参考文献 ……………………………………………………………… (312)

第 1 章 绪　　论

　　化学发展到今天,已经成为人类认识物质自然界,改造物质自然界,并从物质和自然界的相互作用得到自由的一种极为重要的武器。就人类的生活而言,农轻重,吃穿用,无不密切地依赖化学。在新的技术革命浪潮中,化学更是引人注目的弄潮儿。

——卢嘉锡

1.1　化学发展史

　　人类发展伊始便与化学结下了不解之缘。钻木取火,用火烧煮食物,烧制陶器,冶炼青铜器和铁器,都是化学技术的应用。这些应用极大地促进了当时社会生产力的发展,成为人类进步的标志。今天,化学作为一门基础学科,在科学技术和社会生活的方方面面正发挥着越来越大的作用。从古至今,伴随着人类社会的进步,化学历史的发展经历了古代实用化学时期(公元前三世纪到十八世纪中期)、近代化学时期(十八世纪后期到十九世纪末)和现代化学时期(二十世纪以来)三个时期。

1.1.1　古代实用化学时期

　　在人类生活的地球上,存在着千千万万种物质和各种自然现象。在这种错综复杂的环境中,人们对自然界的认识经历了一个漫长的过程。开始人类想知道这些物质是从哪里来的,这些现象是如何产生的;后来又研究这些物质的组成,猜测这些物质是不是由一种或几种基本的物质组成的。我国古代便有"五行说",认为,组成物质的基本材料是水、火、木、金、土这五种基本元素。古希腊则流传着一种把世界万物的本原归结为四种基本原始性质,即冷、热、干、湿。这些物性如果两两结合,就形成了四种元素,即土、水、气和火。这四种元素再按不同的比例结合,就形成了各种各样的物质。印度古代时期,有些哲学家认为,世界上万物皆是由地、水、火、风(气)和"以太"构成的。古埃及则把空气、水和土看成是世界的主要组成元素。古希腊也有人认为,世界万物的本原归结为一种物,一切都由它衍生出来。古代的这些物质观、元素论对化学发展的影响较为深远。

　　古代化学的特点是以实用为主。古代化学工艺以中国、埃及等国家的最为突出。在长期的生活实践中,利用自然界的丰富资源,中国人发明了陶瓷,埃及人发明了玻璃,同时也创造了许多化学工艺。造纸术、火药、指南针和印刷术并称为我国古代科学技术的四大发明,是我国劳动人民对世界科学文化的发展所做出的卓越贡献。劳动人民长期从事制陶、冶金、酿造等化学工艺实践,所积累的生产知识和经验为以后中国的炼丹术和阿拉伯、欧洲的炼金术的产生提供了必要的物质基础。

大约从公元前2世纪到16世纪,世界各国都先后兴起过炼丹(金)术,它是近代化学的前身,也是化学的原始形式。炼丹(金)术士们想用廉价的金属作为原料,经过化学处理而得到贵重的金和银,同时他们也想生产一种能使人长生不老的仙丹。炼丹术在我国最早可追溯到秦始皇统一六国后,秦始皇先后派人去海上寻求不死之药,企图长生不老。到了汉朝时,宫廷中就召集了许多炼丹术士们从事炼丹,那时的炼丹术士们认为,水银和硫黄是极不平凡的,是具有灵气的物质。水银(汞)是一种金属,却呈现为液态,而且能溶解各种金属;水银从容器中溅出,总是呈球状;水银容易挥发,见火即飞去,无影无踪,这更增加了它的神秘性。但炼丹术士们发现,用硫黄能制服水银,因为水银与硫黄可以生成硫化汞,它稳定而不易挥发。这样一来,炼丹术士们又编造出所谓水银为雌性,硫黄为雄性,宣称雌雄交配可得灵丹妙药。因此,硫化汞也就成了炼丹术中一种不可缺少的药剂,硫化汞在那时就称为丹砂,这个名字一直沿用到今天。

炼金术的初始阶段和占卜术紧密联系。古时的人们认为太阳滋育万物,黄金是太阳的形象或化身,银白色的月亮是银的化身,铜是金星的化身,水银是水星的化身,铁是火星的化身,锡是木星的化身,土星是五个行星中最远最冷的一个,所以它的化身是最阴暗的铅。炼金术士们相信,物质的本质并不重要,重要的是它的特性。正像人一样,他们的肉体是由相同的材料构成,人的好与坏、善与恶不是由肉体决定的,而是他们的灵魂决定的。因此,改变金属的特性,就是改变了金属。炼金术士们同样认为,万物都有生命,都有灵魂,力求提高自己,灵魂就可以转世和移植。炼金术士把铜、锡、铅、铁熔合为一种黑色金属,他们认为,这样一来,这四种金属都失去了原有的个性和灵魂,再经一系列的后续处理,可得黄色的"金子"。

炼丹术士和炼金术士在实际操作过程中,确实完成了不少化学转变,积累了某些化学知识和一些实验方法与手段,使人类了解到一些无机物质的分离和提纯手段,进行了大量的混合和化学反应,摸清了许多物质的性质,大大地丰富了化学知识,为近代化学的建立和发展奠定了基础。但无论是中国炼丹术还是经阿拉伯传至欧洲的炼金术,都无例外地在实践中屡遭失败,所追求的目标在破灭。在中国,炼丹术逐渐让位于本草学;在欧洲,炼金术不得不改变方向,转移到实用的冶金化学和医药化学方面。这一时期的冶金化学家和医药化学家们都在自己岗位上做出过许多化学研究,这些成果汇流,大大丰富了化学的内容,积累了更多的科学材料,化学方法转而在医药和冶金方面得到了充分发挥。在欧洲文艺复兴时期,出版了一些有关化学的书籍,第一次有了"化学"这个名词。英文单词"chemistry"起源于"alchemy",即炼金术,"chemist"至今还保留着两个相关的含义,即化学家和药剂师。这些可以说是化学脱胎于炼金术和制药业的文化遗迹了。

1.1.2 近代化学时期

17世纪，随着化学知识的增多，炼丹(金)术士对炼丹(金)术进行总结，力图将当时已知的支离破碎的化学知识整合起来，以对各种化学现象进行满意的解释。化学真正被确立成为一门科学大约在18世纪后期。工业革命推动社会生产的空前发展，给化学研究提供了必要的实验设备和研究课题。

1. 燃素学说

燃烧过程在生产中的普遍应用促使人们开始研究燃烧反应的实质。在17世纪末18世纪初，德国的医药化学家施塔尔提出了一个当时大家都能接受的理论——燃素说。人们都相信了这种从炼丹(金)术理论蜕变出的"科学理论"，大批的"化学家"为了证明燃素说的正确性做了大量实验。最初认为，一切与燃烧有关的化学变化都可以归结为物质吸收或释放一种"燃素物质"的过程，而命名为燃素学说。

燃素学说在当时几乎用来解释所有的化学现象，因而获得了许多化学家的赞同与支持，从而取代了炼丹(金)术理论在化学上的统治地位。燃素学说是历史的必然产物，而且在化学发展史上起过积极的作用。其功绩主要在于把化学现象作了比较统一的解释，因而在化学研究领域的支配作用长达100年。由于燃素学说没有确切的科学依据，是从化学现象中臆造出来的学说，因而经不起化学发展的长期检验。随着科学的发展，它的问题也逐渐暴露出来了。对于金属燃烧后质量增加与有机物燃烧后质量减轻这两种矛盾现象，燃素学说尽管臆造了一些"正质量"和"负质量"来解释，仍不能自圆其说，更不能找到科学事实证明燃素的存在。由于对化学现象的解释没有科学的真实性，因而逐渐成为了化学发展的障碍。

18世纪后期，瑞典化学家舍勒和英国化学家普利斯里分别发现并制得了氧气。法国科学家拉瓦锡在实验的基础上，证实燃烧的实质是物质和空气中的氧气发生的化合反应，从而推翻了燃素学说，氧化燃烧理论代替了燃素学说。拉瓦锡提出了化学元素的概念，并揭示了众所周知的质量守恒定律。因此，拉瓦锡被公认为"化学之父"和化学科学奠基人。

2. 原子分子论

19世纪初，随着化学知识的积累和化学实验从定性研究到定量研究的发展，关于化合物的组成也初步得出了一些规律。在实验的基础上，英国科学家道尔顿开始孕育一种关于"原子"的新思想，他的基本观点可归纳为三点：元素是由非常微小、不可再分的微粒——原子组成，原子在一切化学变化中不可再分，并保持自己的独特性质；同一元素所有原子的质量、性质都完全相同，不同元素的原子质量和性质也各不相同，原子质量是每一种元素的基本特征之一；不同元素化合时，原子以简单整数比结合。道尔顿的原子论合理地解释了当时已知的一些化学定律,而且开始了相对原子质量的测定工作,并得到了第一张相对原子质量表,为化学的发展奠立了重要的基础。化学由此进入了以原子论为主线的新时期。道尔顿关于原子的描述和相对原子质量的计算是一项意义深远的开创性工作,第一次把纯属臆测的原子概念变成一种具有一定质量的、可以由实验来测定的物质实体。但由于受当时科学技术发展水平的限制,受机械论、形而上学自然观的影响,原子论仍存在着一些缺点和错误,尤其是在揭示了原子内部结构之后,原子不可再分割的论点明显需要进行修正和补充,而且道尔顿也未能区分原子和分子。因此,原子论与有些实验事实之间存在着一些矛盾。

1808年,盖·吕萨克通过气体反应实验提出了气体化合体积定律:在同温同压下,气体反应中各气体体积互成简单的整数比,且利用刚刚诞生的原子论加以解释,很自然地得出这样的结论,即同温同压下的各种气体,相同体积内含有相同的原子数。根据这个观点就会得出"半个原子"的结论,例如,由一体积氯气和一体积氢气生成了两体积氯化氢,每个氯化氢都只能是由半个原子的氯和半个原子的氢所组成,这与原子不可分割的观点直接对立,此问题成为盖·吕萨克与道尔顿争论的焦点。为了解决这个矛盾,1811年,意大利科学家阿伏伽德罗提出了分子的概念,认为气体分子可以由几个原子组成,例如,H_2、O_2、Cl_2都是双原子分子,并且指出同温同压下,同体积气体所含分子数目相等。这样原子学说和气体化合体积定律统一起来了,但是阿伏伽德罗的分子假说直到半个世纪以后才被公认。在1860年国际化学会议上关于相对原子质量问题的激烈争论之际,S. Cannizzaro 在他的论文中指出,只要接受50年前阿伏伽德罗提出的分子假说,测定相对原子质量、确定化学式的困难就可以迎刃而解,半个世纪来化学领域中的混乱都可以一扫而清。他的论点条理清楚,论据充分,迅速得到各国化学家的赞同。原子分子论从此得以确定,奠立了近代化学总体的理论基础。它指明了不同元素代表不同原子,原子按一定方式或结构结合成分子,分子进一步组成物质,分子的结构直接决定其物质的性能。这一理论基础在化学的发展进程中得到不断深化和扩展。元素、原子、分子和相对原子质量是现代化学科学中最基本的几个概念。随着采矿、冶金、化工等工业的发展,人们对元素的认识也逐渐丰富起来,到了19世纪后半叶,已经发现了60余种元素,为寻找元素间的规律提供了条件,各种元素的物理及化学性质的研究成果也越来越丰富。

3. 元素周期表

门捷列夫和 L. Meyev 深入研究了元素的物理和化学性能随相对原子质量递变的关系,发现了元素性质按相对原子质量从小到大的顺序周而复始地递变的周期关系,并把它表达成元素周期表的形式。1869年,俄国化学家门捷列夫在总结前人经验的基础上发现了著名的化学元素周期律,这是自然界中重要的规律之一。

元素周期表的建立已经一百多年,为科学的发展做出了重大贡献。元素周期表构建了化学元素的完整体系,结束了长达两百多年关于元素概念与分类的混乱局面。元素周期表是元素周期律的具体表现形式,它揭示了元素核电荷数递增引起元素性质发生周期性变化,从自然科学方面有力地证明了事物变化的量变引起质变的规律性,它把元素纳入一个系统内,反映了元素间的内在联系,打破了曾经认为元素是互相孤立的形而上学观点。

18世纪末到19世纪中叶,随着采矿、冶金工业的发展,定性化学分析的系统化、重量分析法、滴定分析法等逐步完善。最享盛誉的分析化学家J. J. Berzelius的名著《化学教程》(1841年)记载着当时所用实验仪器设备和分离测定方法,已初具今日化学分析的端倪。尤其是滴定分析法(如银量法、碘量法、高锰酸钾法等)至今仍有广泛的实用价值。现代的仪器分析法虽具有快速灵敏,并有一定的准确度等优点,但测定时需具备一定的仪器设备,因此,在实际分析工作中,根据各自方法的特点相互补充相辅相成。

1858年,F. A. Kekule总结出有机化合物分子中碳原子是四价,这样关于有机化合物分子中价键的饱和性已经比较清楚了。不久碳原子的四面体中价键的方向性也被揭示出来。价键的饱和性和方向性的发现,奠定了有机立体化学。从此,有机合成就可以做到按图索骥而用不着单凭经验摸索了,这对有机化学的发展是非常重要的,至今它仍然是有机化学最基本的概念之一。

1.1.3 现代化学时期

现代化学是在近代化学进程上发展起来的,并在各个方面大大超过了近代化学。无论在实验方面、理论方面,还是应用方面,都频频获得新成果。现代化学在近八十年的成就超过了以往任何时代。现代化学的发展速度比19世纪更快,快速的发展不仅仅是速度的增长,更体现在数量和质量方面,在增加数量的同时,水平也大大超过了19世纪。

化学发展如此之快,有多方面的原因。第一,进入20世纪以来,化学从研究宏观领域,进入到微观领域,新领域的开辟有着广阔前途,需要研究的问题很多;第二,各种学科与化学相互渗透,新学科大量增加,需要研究的课题数量猛增;第三,现代社会和生产的需求有力地推动着化学的发展;第四,新型技术科学的需要也是促使化学迅速发展的又一重要原因。

现代化学不仅研究宏观方面的化学问题,而且深入到微观领域开展了广泛的研究,这成为现代化学区别于19世纪化学的显著特点。19世纪末物理学上的三大微观发现以后,对于原子核的研究吸引着物理学家和化学家。有关微观领域的重大成就接连涌现,从而建立起量子化学、核化学等新学科。价键理论、分子轨道理论和配位场理论,这三个化学键的基本理论,成为现代化学的重要理论。

1. 物理学对化学的影响

在19世纪前期，化学研究与物理学、数学的发展有一定的脱离，阻碍了前进的步伐。自19世纪中叶开始，运用物理学的定律研究化学体系，阐明了化学反应进行的方向、程度和速率等基本问题，取得了可喜的成效。这使人们看到了物理和化学结合的重要意义，逐步形成了物理化学分支学科。到20世纪初，化学家对物质的认识虽已经达到分子和原子的层次，总结出元素周期律，创立了研究分子立体构型的立体化学，但是，要进一步深入研究、认识化学键、元素周期律以及价键饱和性和方向性等本质问题，则有待于揭开原子结构的奥秘。19、20世纪之交，物理学有了一系列的重大发现（如电子、放射性和X射线等），揭示了原子的内部结构和微观世界波粒二象性的普遍性，使经典力学上升为量子力学，从而为化学提供了分析原子和分子的电子结构的理论方法。1927年，W. Heitler 和 F. W. London 应用量子力学方法成功地处理了氢分子中电子的运动，阐明了共价键以及它的饱和性和方向性的本质。量子力学在化学键理论研究上的应用，逐步揭示了化学键的本质，对原子结合成分子的方式、依据和规律方面的研究已日趋深入和系统。

20世纪60年代以来，量子化学借助现代电子计算机技术的发展，又有了巨大的进步。为了更好地处理量子化学中的多种问题，相应地采取了许多新的方法，从而大大促进了量子化学的应用和发展，也促进了分子结构、化学动力学、药物分子和生物大分子的结构和功能研究的迅速发展。量子化学的计算结果可以阐明和补充某些实验结果，为分子设计开辟了新的方向。

为了深入研究原子、分子和晶体的结构和性能间的关系，结构化学在电子计算机和四圆衍射仪等现代仪器的推动下，可以提供丰富可靠的定量结构数据，对复杂的生物大分子结构也有了解决办法，目前，已对四十多种蛋白质的晶体结构进行深入的测定。70年代又发展出精密结晶学，可以精密地测量分子中电子云分布和化学的成键状况。

20世纪60年代，分子轨道对称守恒原理的提出标志着使分子轨道理论从分子静态的研究发展到化学反应体系的动态研究，预言和解释化学反应的历程。借助激光技术和分子束技术，微观反应动力学研究已深入到态-态反应的层次，对反应物的选态激发可获得基本的态-态动态学信息，使化学动力学的发展进入了一个新的阶段。

随着人们对原子结构的深入认识，从只懂得原子之间相互作用发生质变，进而懂得了原子核发生质变的问题。这样就逐步建立了研究原子核质变的化学——核化学。核化学产生于19世纪末，即天然放射性元素发现之后。卢瑟福用 α 粒子轰击氮时，发现产生一种新的、射程很长、质量很小的带正电微粒，他把这种微粒称为质子。在这个反应中，原子核发生了质变，一种化学元素变成了另一种元素，从而实现了古代炼丹（金）术士的幻想。卢瑟福实现了核反应，把化学反应引入原子核，这是化学向更深层次发展的里程碑。在放射性物质发现后,核化学的诞生和发展揭开了化学史上新的一页。利用粒子加速器,在 1934—1937 年,制出了二百多种放射性同位素;到 1939 年底,人类研究过的核反应已达二百多种;到 20 世纪 30 年代,核化学已进入了蓬勃发展时期。核化学打开了原子能的大门,开拓了利用原子能的广阔天地。随着核化学的进一步发展,逐渐打开了核化学的应用渠道,在军事和能源方面被广泛应用。

现代化学的试验水平空前提高,表现为精密化程度高、实验效率高、自动化程度高。现代化学的各种实验手段是探索化学奥秘的犀利武器,特别突出的是大量的多功能、高精密度的新式实验仪器进入实验室。如光谱仪、各种类型的分光光度计、X 射线衍射仪、各种类型的电子显微镜、电子探针、穆斯堡尔谱、分子束、四圆衍射仪、低能电子衍射仪、中子衍射仪、微微秒激光光谱、核磁共振、顺磁共振、质谱仪以及多种联用仪等,这些新的实验仪器标志着 20 世纪科学、生产、理论在新的水平上形成的综合特点,远非 19 世纪可以比拟。

2. 数学对化学的影响

化学在微观领域展开深入细致多方面的研究,取得了一系列的重大成就,正在向新的阶段发展,表现为推理性加强、预见性加强以及动态的研究得以开展。化学的数学化程度大大加强。19 世纪后期的化学只用到一次方程。20 世纪以来,数学在化学中的应用逐渐增多,从一次方程到二次方程、复变函数、三次方程、微积分、微分方程、数理方程、线性代数、矩阵、向量、张量、统计学、概率论、群论、图论、拓扑学等,均得到广泛的应用。电子计算机在化学中的应用范围日趋扩大。由于原理平衡态理论的出现,数学中的新分支——分歧理论在化学中也得到应用。

3. 化学学科体系的建立

现代化学中新的分支学科大量增加,包括分析化学、无机化学、有机化学、物理化学、生物化学等,在这些领域深入细致的研究又形成了许多学科相互交叉渗透的新的分支学科。从不同的侧面联系起来向化学领域的纵深方面发展,越来越深刻地揭示出自然界错综复杂的奥秘。

无机化学在 19 世纪是发展比较快的一门基础学科。进入 20 世纪以来有了突出的发展,经过一度滞缓状态之后,又出现了蓬勃活跃、欣欣向荣的局面,如氢化物化学、硼化物化学、氟化学、惰性元素化学、稀有元素化学、超铀元素化学等。近二十多年来在无机化学与生物学之间发展起来生物无机化学,使人类对生命现象的了解有了新的认识。为探求无机物与生命之间的关系,化学家和生物学家给予了密切关注。

到 19 世纪末,有机化学的体系基本建立。有机化学的发展又产生了许多的分支学科,如结构有机化学、物理有机化学、量子有机化学、光有机化学、合成有机化学、分析有机化学、天然有机化学(包括碳水化合物有机化学、生物碱有机化学、萜类有机化学、甾类有机化学、蛋白质化学、核酸化学等)、元素有机化学(包括金属有机化学)等。近些年来,借助电子计算机的运用和计算化学的发展,有机合成正朝着分子设计和材料设计道路迈进。实际上,我们把有机合成看成是研究有机化学的最终目的,只有当人类能随心所欲地制造出自己需要的各种化合物时,才算进入了物质世界的真正王国。有机化学已发展成一个纵横交错、前后相连、四通八达的庞大立体网络体系,充分体现了高度综合又高度分化的特点。

化学学科长久的任务是整理天然产物和研究周期系,不断发现和合成新的化合物,并弄清它们的结构和性能的关系,深入研究化学反应理论和寻找反应的最佳过程。这个化学学科的传统特色肯定还要继续发展下去。另一方面,当今化学发展的一个特点是积极向一些与国民经济和人民生活关系密切的学科渗透,最突出的是与能源科学、环境科学、生命科学和材料科学相互渗透。化学正面临着新的需求和挑战,随着结构理论和化学反应理论以及计算机、激光、磁共振和重组DNA技术等新技术的发展,化学可以在分子水平上来设计结构和进行制备,化学的研究对象也不局限于单个化合物,而要把重点放在复杂一些的体系上。

4. 化学与纳米材料

材料、能源和信息构成了现代文明的三大支柱。材料科学的发展十分迅速,它是物理、化学、数学、生物、工程等一级学科交叉而产生的新的学科领域,具有十分鲜明的应用目的。在过去的一个世纪中,化学家以结构-功能关系研究为主线,设计、合成了许多具有各种功能的分子。但是近年来人们意识到,从功能分子到功能材料还有一个必要的环节,即要把功能分子组装成有一定结构的组装体。设计和合成具有各种特殊性的新型材料是化学家施展才能的广阔天地。

目前,在新材料领域中出现了纳米材料。而随之建立的纳米材料科学是一门涉及众多科学领域的交叉科学,是许多基础理论、专业理论与当代尖端高新技术的结晶。随着纳米材料及纳米科技的发展,利用纳米材料奇特的表面效应和小尺寸效应,纳米材料已被广泛应用于电子、化工、冶金、宇航军事、环境保护、医学和生物工程等国民经济发展的许多领域。纳米材料不仅在高科技领域发挥着不可替代的作用,也为传统产业带来了无限生机和活力。

由于纳米材料的小尺寸效应使它具有常规大块材料不具备的光学特性,如出现宽频带强吸收、吸收带蓝移、发光现象和丁达尔效应等,因而在光学材料中的应用十分广泛。如用纳米微粒制成的光纤材料可以降低光导纤维的传输损耗;红外线反射膜材料可以应用在节能方面等。纳米 Al_2O_3 粉体对 250 nm 以下的紫外光有很强的吸收能力,如把几纳米的 Al_2O_3 粉掺和到稀土荧光粉中,就是利用了纳米材料紫外吸收的蓝移现象去吸收有害的紫外光,并且不降低荧光粉的发光效率。

磁性纳米材料由于尺寸小,具有磁单畴结构、矫顽力很高的特性,用它制成的磁记录材料可以提高信噪比,改善图像质量,如日本松下电器公司已制成纳米级微粉录像带,具有图像清晰、信噪比高、失真十分小的优点。另外,还可以制成永久性磁性材料。将磁性纳米微粒通过表面活性剂均匀分散于溶液中制成性能稳定的磁流体,它具有其他液体所没有的磁控特性,在宇航、磁制冷、显示及医药中已被广泛应用。

纳米 TiO_2 具有杀菌作用,由纳米 TiO_2 与活性 Ag^+ 制成的纳米抗菌剂具有强的吸附性和催化性,细菌一旦接触其表面,便被牢牢吸住,Ag^+ 快速进入细菌内部,发生生化反应,使蛋白质变性,抑制细菌生长,再利用纳米 TiO_2 的光催化作用释放活性氧,杀灭细菌。这种抗菌剂抑菌率可达 90% 以上,抗菌效果可达 10~20 年,若将其应用于冰箱的内部塑料及洗衣机的滚筒中,则可使它们的自我抑菌除臭以及自我保洁功能显著增强。由于纳米材料的比表面积大,表面能高,表面活性强,且均分布在高分子空隙中,与高分子树脂间结合力强,从而提高了增强塑料和陶瓷的抗拉伸强度、抗冲击强度和表面硬度,使它们的机械强度大大提高。

使用纳米粒子将使药物在人体内的传输更为方便,而且能发挥控制药物释放、减少副作用、提高药效并定向治疗的功效;用数层纳米粒子包裹的智能药物进入人体后,可主动搜索并攻击癌细胞或修补损伤组织;使用纳米技术的新型诊断仪器,只需检测少量的血液就能通过其中的蛋白质和 DNA 诊断出各种疾病。纳米粒子的尺寸小,可以在血管中自由流动,因此可以用来检查和治疗身体各部位的病变。微粒和纳米粒作为给药系统,其制备材料的基本性质是无毒、稳定、有良好的生物性并且与药物不发生化学反应。

传感器是纳米技术应用的一个重要领域。随着纳米技术的进步,造价更低、功能更强的微型传感器将广泛应用于各个方面。例如,将微型传感器装在包装箱内,可通过全球定位系统对贵重物品的运输过程实施跟踪监督;将微型传感器装在汽车轮胎中,可制造出智能轮胎,这种轮胎会告诉司机轮胎何时需要更换或充气;有些可承受恶劣环境的微型传感器可放在发动机汽缸内,对发动机的工作性能进行监视;在食品工业领域,这种微型传感器可用来监测食物是否变质,安装在酒瓶盖上便可判断酒的状况等。

总之,纳米材料科学作为新世纪最有发展前景的新兴学科,世界各国都已投入大量的人力和财力进行研究,并且取得了许多成果。正如钱学森先生在 20 世纪所言,纳米及纳米以下的结构将是下一阶段科技发展的特点,会是一次技术革命,从而将是 21 世纪的又一次产业革命。

5. 化学与生物传感器

生物传感器技术是一门生物、化学、物理、医学、电子技术等多种学科互相渗透成长起来的新学科,这种交叉学科在理论上和技术上均有许多新的问题要进行探索和开发,应用上则有极为宽广的领域可以进行开拓。如随着生产力的高度发展和物质文明的不断提高,在工农业生产、环境保护、临床检验以及食品工业等领域,每时每刻都有大量的样品需要分析和检验,而且往往要求在很短的时间内完成样品检测,有的甚至要求在活体内直接测定。生物传感器技术便能满足这一要求。

国际上从20世纪80年代起对生物传感器进行了广泛的研究和探索。近十多年来已经研制出一系列在环境检测、临床检验和生化分析等方面有使用价值的生物传感器,可以测定糖类、有机酸、氨基酸、蛋白质、抗原、抗体、DNA、激素、生化需氧量以及某些致癌物质等。到目前为止,尽管真正商品化的生物传感器为数不多,但其研究和开发的前景广阔,相信不久的将来一定会研制出更多实用的生物传感器。

1962年,Clark在氧电极的基础上提出了研制葡萄糖酶传感器的设计原理。1967年,Updike研制出世界上第一支葡萄糖传感器,这可称为第一代生物传感器。其后逐步发展出组织、微生物、免疫、酶免疫和细胞器等传感器,成为第二代生物传感器。第三代生物传感器是将生物技术和集成电路技术结合起来,研制成场效应生物传感器。现在将生物传感器和流动注射分析与电脑技术相结合,预计将发挥更大的作用。

微生物传感器-变异原传感器是一种新型的传感器。一般认为,致癌物质是突然变异原,如能检验出这种物质对微生物引起的变异,就能对致癌物质进行初步筛选。1981年,Karube提出利用枯草杆菌的DNA修复机构缺株(Rec－)和野生株(Rec＋)两种细菌,分别固定在两个氧电极上,并将两个氧电极的电信号输入示差电路,即构成检验致癌物质的传感器。其原理是当两个氧电极同时放入待测溶液中时,若溶液中含有致癌物质,则Rec－内的DNA将受到损伤而死亡,于是Rec－的氧电极上由于停止呼吸而不再消耗氧,因此氧电流增加。但Rec＋内的DNA受到短暂的损伤能自动进行修复,因此呼吸反映继续进行,也就不断消耗氧,使电机电流保持开始时的水平,在示差电路上将显示出电流的差值,这一差值表示被测物质是可致癌物质。

放射免疫法是一种灵敏度极高的分析方法,临床上常用来检验各种抗原和抗体。但是该法不仅在实用中所用的药品价格昂贵,而且事后放射性废物的处理也较麻烦,因此国际上对非放射性免疫法的研究十分重视,取得迅速的发展。目前,利用抗原与抗体之间的高选择性,各种免疫传感器的研制已经获得初步成功。

生物传感器在理论上还有许多新的问题要进行探索,应用上有待进一步开拓。在临床、食品、环境、生化工业甚至机器人等方面,都将用到生物传感器。虽然目前已经研制成功多种传感器,且有一部分已经商品化,如葡萄糖、乳酸和BOD传感器等,但是生物传感器在制造工艺上的确比物理或化学传感器难得多。主要是由于其使用的材料具有生命活性酶,其寿命常受到环境中各种有害气体以及微生物的侵袭而失活。因此,要制备廉价而又长寿命的传感器确实很不容易。但是随着科学技术的高度发展,适合于各种需要的生物传感器一定会不断地制造出来。

1.2 化学的概念及研究内容

化学这门学科发展到今天,经历了三百多年复杂而漫长的道路。自19世纪以来,化学学科发展得很快,并取得了很多新成就,其中最重要的有1808年英国科学家道尔顿提出了近代原子学说,1811年意大利科学家阿伏伽德罗提出了分子学,自从用原子-分子论来研究物质的性质和变化后,化学才在原子-分子学说的基础上有了较快的发展。1869年门捷列夫所发现的元素周期律及在此基础上构成的元素周期表对物质结构理论的发展起到了重要的推动作用,从而使化学成为一门有着严密体系和变化规律的学科。

化学的发展也和其他学科一样,既受到政治、经济、战争、工业革命、科技进步等诸多方面的影响,又要经历相互制约的过程,即化学学科的发展也是辩证发展的过程。很多年来,化学被定义为:"化学是研究物质的组成、结构和性质的一门科学","化学是研究分子层次范围内的物质结构和能量变化的科学,是物质科学的基础学科之一,是一门实用的创造性的科学"。由于每个时代的发展各不相同,每一个时代都有它自己需要研究和解决的问题。因此化学这一定义也应根据时代的需要和科学技术的不断发展,及时地进行补充与更新。

在《21世纪化学的前瞻》一文中,作者认为,21世纪的化学有非常丰富的研究对象、内容和方法,因此它的定义应该更新为:"化学是主要研究原子,分子片,分子,原子分子团簇,原子分子的激发态、过渡态、吸附态、超分子;生物大分子,分子和原子各种不同尺度和不同复杂程度的聚集态和组装态,直到分子材料,分子器件和分子机器的合成和反应,分离和分析;结构和形态,物理性能和生物活性及其规律和应用的自然科学。"在这个定义中,既指出了化学的主要研究对象,又指出了化学的研究内容和方法。除主要对象外,化学也可以研究分子聚集态以后的层次。如研究生物层次的生命化学、脑化学、神经化学、基因化学、药物化学、环境化学;研究宇宙层次的天体化学;研究地质层次的地球化学等,这些都是化学和其他一级学科交叉的例子。通过这个定义可以看到,它不仅包含了化学的研究对象、内容和方法,而且较以前的定义又扩充了许多新内容。同时可以更加清楚地认识到,化学与衣、食、住、行、能源、信息、材料、国防、环境保护、医药卫生、资源利用等都有密切的关系,它是21世纪社会迫切需要的一门实用科学。

1.3 未来化学的地位和作用

未来化学在人类生存、生存质量和安全方面将以新的思路、观念和方式发挥核心科学的作用。应该说,20世纪的化学在保证人们一般的生活需求、提高人民生活水平和健康状态等方面起了重大作用。展望未来，人口、环境、资源、能源问题更趋严重，虽然这些难题的解决要依赖各个学科，但是化学的作用是极为重要的，今后要优化资源利用、更有效地控制自然的和人为的过程，提供更有效、更安全的化学品等。

1. 化学对食品的影响

食品问题是涉及人类生存和生存质量的最大问题。就以我国为例，预期在21世纪上半叶我国人口将达到16亿。我们今后的任务是既要增加食品产量保证人民生存，又要保证食品质量以保证人民的生命安全，还要保护耕地草原，改善农牧业生态环境，以保持农牧业可持续发展。生物学将在提供优良物种、提供遗传基因方面作出贡献。这一切必须得到化学的支持。化学将在设计、合成功能分子和结构材料以及从分子层次阐明和控制生物过程的机理等方面，为研究开发高效安全肥料、饲料和肥料添加剂、农药、农用材料、环境友好的生物肥料、生物农药打下基础。

未来的食品将不仅仅要满足人类生存的需要，而且还要在提高人类生存质量、提高健康水平和身体素质方面发挥作用。除确定可实现动植物的营养价值外，用化学方法研究有预防性药理作用的成分，包括无营养价值但有活性的成分，显然是重要的。利用化学和生物的方法增加动植物食品的防病有效成分，提供安全并且有预防疾病作用的食物和食物添加剂，改进食品储存、加工方法，以减少不安全因素，保留有益成分等，都是化学研究的重要内容。

2. 化学对能源的影响

化学家和化学工程师密切关注能源的生产与使用。目前，世界上约有85%的能源通过燃烧化石燃料——石油、天然气和煤来获得。但这种情形必须尽快改变，可提供的化石燃料储藏将越来越少，而且燃烧这类能源所产生的二氧化碳具有温室效应，导致太阳能被大气过度捕获而使地球变暖。至少以目前的技术水平，燃烧化石燃料仍在产生损害动植物的氮和硫的氧化物以及其他污染物。

化学在能源和资源的合理开发和高效安全利用中起着关键作用。经过20世纪竭泽而渔的开采以后，人们开始意识到能源的开采和利用必须基于国情，必须贯彻可持续发展的原则。虽然在21世纪初期，我国重点能源仍然为煤炭（包括煤层气转化）、天然气和石油等化石能源，但这些不可再生的能源将在100年后变得稀缺，必须提早节约和保存，为后代做好新能源的准备，并建立有步骤地开发利用能源的计划。第一，要研究高效洁净的转化技术和控制低品位燃料的化学反应，使之既能保护环境又能降低能源的成本，这不仅是化工问题，也有基础化学问题。第二，要开发新能源，新能源应满足高效、洁净、经济、安全的要求。太阳能以及新兴的高效化学电源与燃料电池都将成为21世纪的重要能源。除去已经有研究基础和生产经历的上述能源以外，从根本上寻找更新型的能源（例如天然气水合物）

的工作不可忽视,这些研究大多数要从化学基本问题做起,研究有关的理论与技术。

最终我们必须学会如何在一个不燃烧化石燃料来提供能源的世界上使生活正常运转。这些挑战和机遇非常清楚地摆在面前。当还在燃烧煤炭等碳氢化合物时,我们就必须学会如何去处理所产生的二氧化碳,必须关注全球气候变化的问题以及消除燃烧过程中所产生的对环境有害的副产品。我们需要设计出更好地利用太阳能的方法,如发展更为稳定、廉价的材料和方法来捕获太阳能,研制出实用的电池把太阳光能转变为电能;需要设计廉价、需要用燃料电池技术代替燃烧工艺,同时也需要解决如何运输和存储氢气的问题;高能量密度、可快速再充电储能电池,使电动汽车真正实用化,以取代汽油内燃机;需要改进隔膜、催化剂、电机和电解质,发展实用的、更为廉价和稳定的燃料电池,同时发展足够高效的、可用于大规模化学过程的光催化系统,发展用于燃煤的清洁燃烧以及将煤转化为其他燃料的技术和催化剂;需要发展新技术以改进传统化石燃料,以及非传统能源(如油页岩、焦油沙以及深海水和甲烷)的提炼工艺,发展实用、环保的二氧化碳吸收与封存方法。基础化学、应用化学以及化学工程的发展和进步是实现这些目标的必要条件。

应对能源领域的挑战对于整个世界来说至关重要。因为地球上相对便宜、易于获得的化石燃料终将用尽。除非我们学会如何生产和储存能源,否则我们将无法更进一步提高人类的生活条件,甚至连维持现状也做不到。化学便是解决这些问题的一个必不可少的部分。

3. 化学对材料的影响

化学是新材料的源泉,将继续推动材料科学的发展。化学家致力于合成、表征、制造、构建材料。最初化学家研究材料主要使用合成-筛选模式寻找功能分子。基于化合物物理性质的定量-构-效关系引起了人们的注意,发现具有某种功能的新型结构会引起功能的重要突破。回顾以往茂金属化合物、冠醚以及后来的富勒烯的研究都是如此。以往功能材料化学研究的历史特点表明,新型功能结构的发现往往是偶然的。但一经发现,对其研究就可有章可循,容易变成大家争先恐后研究的热点,要重视通过总结结构-性质-功能关系设计和寻找新材料。

探求特定结构的形成规律和方法,包括合成、组装和结构是今天一个广阔的研究领域。化学中材料研究的总目标是通过合成和加工来探索、设计、控制那些决定所有材料用途的结构、性能、组成在加工之间的关系。因此,在材料结构的分子水平建构上,化学尤为有效(正如化学在合成和制造业的所有领域中那样)。今天,从我们对结构-功能关系的不断进步的了解中,我们充分意识到最有意义的材料是功能体系。

要实现分子水平上的认识、合成控制以及不同类型材料的新颖加工方法,在本质上依赖于化学科学及其技术。应用化学和化学工程学的目标是将已有的物质转化成有用的材料,实现这一目标通常是通过可控的合成、加工、制造等方法来改变材料中的分子组成和排列。

化学家致力于了解由不同组分组成的材料的性质。在 20 世纪的大部分时间中,化学家一直在设计并完成那些需要在亚纳米精确度上排布原子的构造过程。现在,化学工程师正在更大范围内把完成上述工作作为自己的目标。随着人们把自组装和纳米技术从实验室研究的成功手段扩展为更具普遍意义的制造和生产方法,可用于技术发展和社会生活的材料的多样性将有巨大的突破。

合成化学的方法学必须适应于充分发挥化学材料科学和技术的所有潜力这一要求。这将反过来允许化学家和化学工程师对超分子体的合成及材料的三维特性进行研究。就如同运用非共价键合、自组装和在外力如流体力学或电场诱导下的组装一样,运用复杂的光学、微机械以及光谱探针,我们在新材料合成上实现上述目标的能力已得到提升。通过生物学或组合的途径实现合成的小型化和多样化已获得了空前的机遇。化学家更好地利用自然界丰富的物质来制造分子小集体所需的构造单元。将表面科学应用到材料中,特别是在有机材料制造工艺上正变得越来越重要。并将随着新材料在生物技术、药物、信息技术和纳米技术领域中的不断发展而得到重大拓展,所以需要大力加强化学家、化学工程师、生物学家及物理学家的合作。

材料领域中已有一些革命性的事件发生,如有机电子学和自旋电子学取代传统硅电子学的各种尝试;对单分子电子学的探索以求达到尺寸降低的极限;工程中使用的精细复杂的生物相容性材料、器官移植、人-机混合、有机磁铁材料、负折光指数材料、纳米电子学、功能化胶体等的研究;改进高温稳定并易于加工的结构材料,发明具有可用电光性能,包括高温超导性能的材料;研制具有真正长使用寿命和高耐环境性能的表面保护(涂料和涂层)材料。

自组装和纳米技术正在快速发展,但在发展加工和制造手段上仍有许多挑战。这将促使化学家们更加主动地研究各种与电子信息有关的材料的性质和功能以及与各层次结构的关系,特别是物质与能量的相互作用的化学特征;进一步吸收其他学科提出的新思路和概念,把化学理论和概念融合进去,创造具有特殊功能的新物质和新材料。

科学背景

门捷列夫与元素周期表

19 世纪初期,人们已经发现了不少元素。这些元素的状态和性质有些极为相似,有些则完全不同,有些元素在某些性质方面很相似,但在另一些方面差别很大。

化学家们很自然地产生了一种寻求元素相互之间的内在联系,从而把元素进行科学分类的想法。科学家们在这方面做了不少的工作,曾发表了部分元素间相互联系的论述。

1829年段柏莱纳(德国)根据元素性质的相似性,提出了"三素组"的分类法,并指出每组中间元素的相对原子质量大约等于两端的元素相对原子质量的平均值。但他当时只排了五个三素组,还有许多元素未找到其间相互联系的规律。

图 1-1　德米特里·伊万诺维奇·门捷列夫

1864年迈耶(德国)按元素的相对原子质量顺序把元素分成六组,使化学性质相似的元素排在同一纵行里。但也没有指出相对原子质量跟所有元素之间究竟有什么联系。

1865年纽兰兹(英国)把当时所知道的元素按相对原子质量增加的顺序排列,发现每个元素与它的位置前后的第七个元素有相似的性质,他称这个规律为"八音律"。他的缺点在于机械地看待相对原子质量,把一些元素(Mn、Fe等)放在不适当的位置上而把表排满,没有考虑发现新元素的可能性。

直到1868年,迈耶发表了著名的原子体积周期性图解。虽未找出元素间最根本的内在联系,但一步步地向真理逼近,为发现元素周期律开辟了道路。

俄国化学家德米特里·伊万诺维奇·门捷列夫(Dmitri Iwanowitsch Mendeleeff)总结了前人的经验,经过长期研究,花了很多的精力,寻求化学元素间的规律,终于在1869年发现了化学元素周期律。元素周期律有以下特征。

(1) 按照相对原子质量大小排列起来的元素,在性质上呈现明显的周期性。

(2) 化学性质相似的元素,或者是相对原子质量相近(Pt、Ir、Os),或者是依次递增相同的数量(K、Rb、Cs)。

(3) 各元素及各族按相对原子质量大小排列的对比与各元素的原子价相一致。

(4) 分布在自然界的元素都具有数值不大的相对原子质量值,具有这样的相对原子质量值的一切元素都表现出特有的性质,因此可以称它们是典型的元素。

(5) 应该预料到许多未知元素的发现,例如排在铝和硅族、性质类似于铝和硅且相对原子质量为65~75的两种元素。

(6) 当知道了某些元素的同类元素后,有时可以修正该元素的相对原子质量。

(7) 一些类似的元素能根据其相对原子质量的大小被发现出来。

正如门捷列夫所指出的,周期律的全部规律性都表述在这些原理中。其中最主要的是元素的物理和化学性质随着相对原子质量呈现周期性的变化。

门捷列夫深信自己的工作很重要,经过继续努力,1871年他发表了关于周期律的新论文。文中他果断地修正了前一个元素周期表。例如在前一表中,性质类似的各族是横排,周期是竖排;而在新表中,族是竖排,周期是横排,这样各族元素化学性质的周期性变化就更为清晰。同时他将那些当时性质尚不够明确的元素集中在表格的右边,形成了各族元素的副族。在前表中,为尚未发现的元素留下4个空格,而新表中则留下了6个空格。

门捷列夫1834年2月27日生于一个多子女家庭,父亲是一个中学校长。他出生那年,父亲突然双目失明,不得不停止工作。门捷列夫在艰难的环境中成长。不久,父母先后去世,门捷列夫在一个边远城市上中学,那里教育水平很差。在大学一年级时,他是全班28名学生中的第25名。但他奋起直追,大学毕业时便跃居第一名,荣获金质奖章,23岁时成为副教授,31岁时成为教授。

门捷列夫的兴趣非常广泛,他对物理学、化学、气象学、流体力学等,都有许多贡献。但他的生活十分简朴,他的衣服式样常常落后别人10年甚至20年,他毫不在乎地说:"我的心思在周期表上,不在衣服上。"

门捷列夫的一生,可用他自己的话——人的天资越高,他就应该多为社会服务来说明。

门捷列夫年过七旬后,积劳成疾,双目半盲。1907年1月20日清晨5时,他因肺炎逝世,享年73岁。当时他面前的写字台上还放着一本未写完的关于科学和教育的著作。长长的送葬队伍达几万人之多,队伍前面,既不是花圈,也不是遗像,而是几十位学生抬着的大木牌,牌上画着化学元素周期表——他一生的主要功绩!

第 2 章 化学与社会的关系

早期的化学知识来源于人类的生产和生活实践,在人类对自然界万物本原构成的探索中诞生了古代朴素的元素观。古代化学具有实用和经验的特点,尚未形成理论体系,是化学的萌芽时期。1803 年道尔顿提出了原子说,使人们对物质结构的认识前进了一大步,开创了化学全面、系统发展的新局面。

宇宙是一个包罗万象的统一的整体,宇宙间存在的万物和现象都是化学研究的对象,如天空中的太阳、月亮,大地上的山川、河流以及人体自身和其他各种生命现象等。从上面研究的对象中,我们很容易看出化学与社会的关系是密不可分的。总的来说,化学是为社会服务的,化学的发展推动了社会的发展和进步;社会的进步反过来又带动了化学学科的发展,社会发展的要求为化学学科的发展提供强大的推动力。

2.1 化学的社会性

当今世界和我国现代化建设中的许多问题都与科学技术的发展息息相关,探讨科学与社会的关系,把科学作为一种社会现象来研究,已越来越引起人们的关注。化学作为科学的一个分支,它涉及的方面很多,除了学科的性质、发展历史、方法,化学家角色和化学社会体制的形成,还要讨论化学与社会多种因素的关系。

2.1.1 化学的应用性和经济性

1. 化学的应用性

1) 化学与环境保护

我国经济生产的特点是工业技术水平整体不高,工业生产的能源和资源消耗及污染物排放量高,如工业"三废"(废气、废水、废渣)基本没有经过任何处理而四处排放,污染十分严重。环境污染的治理归根结底要依靠科学技术的进步。化学工作者在提高环保治理技术水平,保护环境质量中发挥了重要作用。他们从事的是对物质变化规律的研究,运用化学理论、技术,并与其他学科结合,逐步掌握环境污染物的污染规律及污染物的特性,以制定相应的环境质量标准。例如,开展环境分析方法和方法标准化的研究,建立高灵敏度、高选择性、自动化程度高、快速的监测方法;开发新材料、新能源、用洁净的新工艺(绿色化学工艺)代替经典工艺;在制定污染物向环境排放量标准的同时与其他手段相结合,积极开展处理和利用废物的技术研究,变废为宝。

大气污染物绝大部分是由燃料的燃烧和工业生产过程产生的,一般可通过下列化学方法防止或减少污染物的排放。一是改革能源结构,积极开发无污染或相对低污染的能源,如太阳能、地热能、海洋能、风能、天然气、沼气等;二是改进燃烧技术和能源供应办法,逐步采取区域采暖、集中供热的方法,这样既能提高燃烧效率,又能降低有害气体排放量;三是采用无污染或低污染的工业生产工艺;四是及时清理和合理处置工业、生活和建筑废渣,减少地面扬尘。

水体的污染物主要来自城市生活污水、工业废水和径流污水。这些污水若不经处理就直接排放,会使河流、湖泊受到严重污染。因此,废水应先输送至污水处理厂进行处理后排放。但这些污水量非常大,若对全部污水进行处理,则投资极大。故应尽量减少污水和污物的排放量。如在工业生产中尽可能采用无毒原料,从而杜绝有毒废水的产生;若使用有毒原料,则应采用合理的工艺流程和设备,消除逸漏,以减少有毒原料的流失量;重金属废水、放射性废水、无机毒物废水和难以生物降解的有机毒物废水,应与其他量大而污染轻的废水如冷却水等分流;剧毒废水在厂内要进行适当预处理,达到排放标准后才能排入下水道;冷却水等相对清洁的废水,则在厂内经过简单处理后循环使用。排放到污水处理厂的污水及工业废水,可利用多种分离和转化方法进行无害化处理,其基本方法可分为物理法、化学法、物理化学法和生物法。例如,化学氧化法常用来处理工业废水,特别适宜处理难以生物降解的有机物,如大部分农药、染料、酚、氰化物,以及引起色度、臭味的物质。常用的氧化剂有氯类(液态氯、次氯酸钠、漂白粉等)和氧类(空气、臭氧、过氧化氢、高锰酸钾等)。用氯、次氯酸钠、漂白粉等可以氧化废水中的有机物,某些还原性无机物或用来杀菌、除臭、脱色等。

废渣如果直接置于空气中,可以造成空气、土壤甚至水质的污染,如果通过化学方面加以利用,可以变废为宝。例如,通过各种加工处理可以把垃圾转化为有用的物质或能量,许多国家根据本国的垃圾有机成分含量高的特点,利用化工技术生产高能燃料、复合肥料,制造沼气和发电,并将沼气最终用于城市管道燃气、汽车燃料、工业燃料。对于厨房垃圾可采用分选发酵法进行处理具体步骤是先将收集的垃圾经重力分选,然后将吹出少量纸塑后剩下的主要部分经过滚筒筛分,剩下大部分剩残动植物等有机废料送入发酵池进行发酵。经过生物发酵、化学法调控 pH 值等一系列步骤和一定的时间,即可产生沼气。待沼气释放完后,可滤出池中发酵液直接用作农家肥,再将剩下的残渣经晒干、粉碎制成颗粒复合肥。

当然,化学在推动科技进步、经济发展、提高人类生活质量的同时也给人类的生活空间带来了一些负面影响。例如,臭氧层空洞、温室效应、酸雨等都是由化学物质造成的。但是人们也在着手研究并解决这些负面影响。如自从发现臭氧层空洞以来,人类一直在对此进行积极研究,目前普遍认为全卤化氯氟烃及溴氟烷是造成臭氧层破坏的主要原因,因此化学工业正积极研究各种替代品。还有过去在农业上广泛使用但后来被证实危害人类健康的六六粉,也已经被低残留、低污染的新型农药所代替。利用化学方法还解决了曾一度困扰人们的白色污染问题,如新采用的乳酸基塑料便是以土豆等副食品废料为原料的,这些废料中多糖的含量很高,经过处理后,多糖先转换为葡萄糖,最后变成乳酸,乳酸再经聚合便可制得乳酸基塑料。这种塑料不但成本低而且很容易处理,如可以烧掉(不产生有毒气体)或加以回收再利用(不会对循环制品造成任何污染),当然,若废弃也很容易被微生物分解。虽然由化学品造成的污染问题不能马上被解决,但是化学工作者正在努力研究各种解决办法,力争减少化学品对环境的污染。目前,广泛推行的"绿色化学"运动就是从解决化学品对环境污染问题的角度出发,达到零排放或零污染标准。

2) 化学与生命现象

不少人认为,21世纪是生命科学的世纪,因此,对生命科学,特别是对构成生命的糖类、蛋白质、核酸等基本物质以及与生命现象有关的化学有一个粗略的了解是十分必要的。

(1) 糖类。

糖类主要由C、H和O元素所组成,其化学式通常以$C_m(H_2O)_n$表示,其中C、H、O的原子比恰好可以看作由碳和水复合而成,所以有碳水化合物之称。糖类物质是含多羟基的醛类或酮类化合物,其主要生物学定义是通过生物氧化而提供能量,以满足生命活动的能量需要。生物界对太阳能的利用归根到底始于植物的光合作用和CO_2的固定,与这两种现象密切相关的都是糖类。

糖类不仅是生物体的能量来源,而且在生物体内发挥其他作用,因为糖类可以与其他分子形成复合物,即复合糖类。例如,糖类与蛋白质可组成糖蛋白和蛋白聚糖,糖类可以与脂类形成糖脂和多脂多糖等。糖类在生物界的重要性还在于它对各类生物体的结构支持和保护作用。很多低等动物的体外有一层硬壳,组成这层硬壳的物质被称为甲壳质,它是一种多糖,其化学组成是 N-乙酰氨基葡萄糖。甲壳质的分子结构因此也和纤维素很相似,具有高度的刚性,能忍受极端条件下的化学处理。在动物细胞表面没有细胞壁,但细胞膜上有许多糖蛋白,而且细胞间存在着细胞间质,其主要组分是结构糖蛋白和多种蛋白聚糖,除此之外,还有含糖的胶原蛋白,胶原蛋白也是骨骼的基质。这些复合糖类对动物细胞也有支持和保护作用。糖类还能通过很多途径影响生物体的生老病死,其中有些是有益于健康的,有些是有害的。在生物体内有很多水溶性差的化合物,有的来自食物,有的是体内的代谢产物,它们长期储存在体内是有害甚至有毒的。生物体内有一些酶能催化葡萄糖醛酯和许多水溶性差的化合物相连接,使后者能溶于水中,进而被排出体外,这时糖类起到了解毒的作用。

(2) 蛋白质、氨基酸和肽键。

蛋白质是细胞里最复杂的、变化最大的一类大分子,它存在于一切活细胞中。所有的蛋白质都含 C、N、O 和 H,大多数蛋白质还含 S 或 P,或其他元素如 Fe、Cu、Zn 等。多数蛋白质的相对分子质量范围在 1.2 万~100 万。蛋白质是相对分子质量很大的聚合物,水解时产生的单体叫氨基酸。蛋白质的种类繁多,功能迥异,各种特殊功能是由蛋白质分子里氨基酸的顺序决定的,氨基酸是构成蛋白质的基础。

人体内的主要蛋白质大约由 20 种氨基酸组成,蛋白质中的氨基酸是 L-构型(氨基酸有 L-构型和 D-构型)。人体需要 L-氨基酸而不能利用 D-氨基酸。

蛋白质分子中氨基酸连接的基本方式是肽键。一分子氨基酸的羧基与另一氨基酸的氨基反应新生成的化合物称为肽。肽分子中的酰胺键亦称肽键。

蛋白质的种类很多,按功能来分有活性蛋白和非活性蛋白;按分子形状来分有球蛋白和纤维蛋白。球蛋白溶于水、易破裂,具有活性功能,而纤维状蛋白不溶于水,坚韧,具有结构或保护方面的功能,头发和指甲里的角蛋白就属纤维状蛋白。

(3) 酶。

酶是一类由生物细胞产生、以蛋白质为主要成分、具有催化活性的生物催化剂。酶催化作用的主要特点如下。

① 酶是由生物细胞产生的,其主要成分是蛋白质,因而对周围环境的变化比较敏感,遇到高温、强酸、强碱、重金属离子、配位体或紫外线照射等因素影响时,易失去它的催化活性。

② 酶催化反应都是在比较温和的条件下进行的。例如在人体中的各种酶促反应,一般是在体温为 37 ℃和血液 pH 值约为 7 的情况下进行的。

③ 酶具有高度专一性,即某一种酶仅对某一类物质甚至只对某一种物质的特定反应起催化作用,生成一定的产物。如脲酶只能催化尿素水解生成 NH_3 和 CO_2,而对尿素的衍生物和其他物质都不具有催化水解的作用,也不能使尿素发生其他反应。

④ 酶促反应所需要的活化能低,而且催化效率非常高。例如,H_2O_2 分解为 H_2O 和 O_2 所需的活化能是 75.3 kJ/mol,用胶态铂作催化剂时活化能降为 49 kJ/mol,而当用过氧化氢酶催化时的活化能仅 8 kJ/mol 左右,并且 H_2O_2 分解的效率可提高 109 倍。

人体对食物的消化、吸收,通过食物获取能量,以及生物体内复杂的代谢过程都包含许多化学反应,必须有各种不同的酶参与作用。这些专一性的酶组成一系列酶的催化体系,维持生物体内各种代谢过程有规律地进行。

(4) 核酸。

核酸是一类多聚核苷酸,它的基本结构单位是核苷酸。采用不同的降解法可以将核酸降解成核苷酸,核苷酸还可进一步分解成核苷和磷酸,核苷再进一步分解生成碱基(含 N 的杂环化合物)和戊糖。也就是说,核酸是由核苷酸组成的,而核苷酸又由碱基、戊糖与磷酸组成。核酸中的碱基分两大类:嘌呤碱与嘧啶碱。核酸中的戊糖有两类:D-核糖和 D-2-脱氧核糖。核酸的分类就是根据核酸中所含戊糖种类不同而分为核糖核酸(RNA)和脱氧核糖核酸(DNA)两大类。RNA 中的碱基主要有四种:腺嘌呤、鸟嘌呤、胞嘧啶、尿嘧啶。DNA 中的碱基主要也是四种,三种与 RNA 中的相同,只是胸腺嘧啶代替了尿嘧啶。

3) 化学元素与营养

各种化学元素在人体中有不同的功能。人体通过呼吸、饮水和进食,与地球表面的物质交换和能量交换达到某种动态平衡。所以生命过程就是生物体发生的各种物质转化以及能量转化的总结果。在生命活动过程中,化学元素和营养物质则通过食物链循环转化,再通过微生物分解返回环境。

人体内大约含 30 多种元素,其中有 11 种为常量元素,如 C、H、O、N、S、P、Cl、Ca、Mg、Na、K 等,约占 99.95%,其余的 0.05% 为微量元素或超微量元素。人体的活组织主要由 C、H、O 和 N 四种元素组成。仅这四种元素就约占人体体重的 96%。

微量元素在体内不同部位的水平与人体健康关系极大。它与人体健康的关系是很复杂的,其浓度、价态、摄入肌体的途径等对人体健康都有影响,微量元素还和人体免疫功能、出生缺陷、肿瘤、血液病、眼疾等有关。如何将微量元素做成药物和食品添加剂等用于临床治疗和疾病预防是一个重要的专业研究领域。

4) 化学与哲学

化学自身有着丰富的哲学内涵,利用观察、分析和认识化学现象,探讨化学理论的哲学价值、化学研究的思维与方法,从而更好地掌握化学,促进化学和哲学的发展。

17 世纪中叶,英国化学家波义耳继承了古代元素思想,并依靠化学实验研究了组成物质的元素。他认为元素是原始的、简单的或是丝毫没有混杂的物质,第一次提出了具有科学性质的元素概念。这也是化学科学中出现的第一个化学基本概念,并成为近代化学科学诞生的标志。波义耳冲破了长期居于统治地位的神秘主义哲学的束缚,接受了当时刚刚兴起的微粒哲学,使他能够用物质微粒及其运动的观点对化学现象做出机械论的解释。他依靠科学实验来剖析物质,寻找和确定元素,进而建立起科学的元素观。在 18 世纪中叶,法国化学家拉瓦锡在化学实验分析的基础上终于确定了 Au、Ag、Cu、Fe、Sn、O、H、S、P、C 等 33 种简单物质为化学元素,并列出了第一个元素系统分类表。到 19 世纪末,已经发现了 79 种化学元素。在 19 世纪中叶,俄罗斯化学家门捷列夫又把看来似乎是互不相干的化学元素依照相对原子质量的变化联系起来,发现了自然界的重要基本定律——化学元素周期律,从而把化学元素及其相关知识纳入到一个严整的自然序列规律之中。这样既提高了人们学习、掌握化学知识的效率,又从理论上指导了化学元素的发现工作。到 20 世纪 40 年代,人们已经发现了自然界存在的 92 种化学元素。与此同时,人们又开始用高能粒子加速器来人工制造化学元素。这样到 1996 年已发现的元素总数达到 114 种。现代化学元素思想的形成和化学元素的发现进一步证实了辩证唯物主义的物质统一观。

化学家把量子力学引入化学中,成功地探讨了分子结构并创立了量子化学。从方法论的角度看,是运用了一系列的科学思维方法。显然,量子化学正是借助物理学的量子力学理论与方法研究作为化学重要研究对象的分子结构而形成和建立的,是化学移植法运用的结果。一般来说,研究较低级运动形式的学科理论与方法都可以移植于研究较高级运动形式的学科领域,以建立更精密、定量化的理论。其次是化学演绎法,即从科学的一般性认识到化学的个别性认识的一种推理形式或思维方法。既然量子力学是描述微观粒子一般性运动规律的理论,当然也就可以用来描述化学中分子内微观粒子(核与电子)的特殊性运动规律。这样,W. Heitler 和 F. W. London 就把量子力学的一般性理论演绎到化学领域进行逻辑推理,从而在化学史上第一次用量子力学理论阐明了两个氢原子构成氢分子的化学键本质,显示了理论演绎的解释功能,为认识分子结构开拓了道路。再次是化学分析与综合方法,即先把化学事物的整体分解为部分、单元或要素,暂时割裂开来加以考察,然后再把化学分析的结果联系起来,复原为整体认识的一种方法。量子化学在处理分子中的多电子体系时就是这样,在描述一个电子时暂时把其他电子"凝固"起来,并将它们按一定方式"涂抹"成电子云,然后再把这一电子看成是在这种电子云和核所形成的势场中运动,最后再通过叠加过程,逐步把一个个电子的行为合成为一体。具体方法是先求第一个电子的波函数,然后再求第二个电子的波函数。可以看出,用量子化学方法处理分子的过程体现了分析与综合的统一,化学分析方法与化学综合方法的统一。

2. 化学的经济性

化学是一门自然学科,不仅为化学研究提供依据,而且要充分发挥化学的经济功能,提高化学研究成果的经济效益,解决化学领域的实际经济问题。经济的发展,劳动工具的不断改进,为化学研究提出新的课题,从而推动化学的发展。

在门捷列夫研究元素周期律的同时,合成化学和高分子化学工业得到了发展。值得一提的是煤化学工业,如何利用炼焦生产中的排出物——煤焦油是煤化学工业迅速发展的关键,也是有机化学迅速发展的动力之一。在 1810 年,美国开始利用高温分解各种有机物所得到的煤气来照明,不久煤焦油就成为照明气的主要来源。在 1815 年,人们从煤焦油中分离出了轻油和重油,前者可用作胶制品的涂料,后者是有效的木材防腐剂,这些提高了人们的生活质量,也发展了社会经济。从化学研究手段看,化学分析法在新元素的发现和元素周期律的建立过程中具有举足轻重的作用。在拉瓦锡时代,化学分析法已成为化学研究的基本方法。随后,从化学角度看,道尔顿提出的原子论学说推进了化学分析法的发展,因为对相对原子质量的精确测定对化学分析法提出了更高的要求;从工业角度看,英国工业革命和欧洲大陆采矿业的发展对化学分析法的广泛应用产生了积极的影响。化学分析法的迅速改进和广泛应用导致18世纪末和19世纪初22种新元素的发现。在科学和工业的双重推动下,电化学方法应运而生,并导致大量新元素的发现。铝就是在此期间由丹麦科学家奥斯特发现的(1825年),当时得到的是粉状铝。过了两年,德国的维勒(F. Whler)又制取了块状铝。此后若干年里,铝都是一种贵金属。拿破仑三世曾为工业制铝研究提供了大笔拨款。1854年,人们发现了用还原氯化物制取铝的方法。到1886年,由于发现了通过电解铝矾土中的氢氧化铝制取铝的方法,制铝工业获得了迅速发展,铝的产量不断上升,铝的价格不断下降。同样,没有凯库勒的理论,就没有合成茜素的工业化生产,也没有靛蓝染料的工业化生产。化学的研究成果可以通过技术生产环节作用于劳动者、劳动资料和劳动对象,进而转化为直接的生产力,推动经济发展。化学研究向石油、矿石、元素、煤焦油、苯胺紫染料、茜素、靛蓝染料等的进军,是化学作用于劳动对象,转化为物质生产力的例证。

目前,材料是国民经济的三大支柱产业之一,设计和合成具有各种特殊性能的新型材料是化学家施展才能的广阔天地。在新材料领域中,正在形成一个新的分支——智能材料。智能结构常常把高技术传感器或敏感元件与传统结构材料和功能材料结合在一起赋予材料崭新的性能,使无生命的材料变得似乎有"感觉",使被动性的功能材料向具有主动功能的机敏材料发展,这类材料将具有自诊断功能和自愈合功能等。例如,在高性能的复合材料中嵌入细小的光纤材料用于机翼制造,由于复合材料中布满了纵横交错的光纤,它们能像"神经"那样感受飞机机翼上的不同压力,通过测量光纤传输光时的各种变化,可测出机翼承受的不同压力。在极端严重的情况下光纤会断裂,光传输中断,于是就能向飞行员发出事故警告。再有一种更巧妙的方法是把大量空心纤维埋入混凝土中,当混凝土开裂时,事先装有裂纹修补剂的空心纤维也会裂开,并释放出修补剂,把裂纹牢牢地"焊"在一起,防止混凝土桥梁断裂。

铬盐是一种重要的无机化工产品,其系列产品已涉及国民经济1/10的商品品种,是国际上最具有竞争力的8种资源性原料之一,我国每年需求量约为30多万吨,并且市场需求呈快速上升趋势。但是在铬盐生产中排出铬渣,其含有超量水溶性Cr^{6+},对人体健康危害很大,是国际上公认的47种最危险的废物之一。铬盐生产存积的铬渣污染,成为制约行业发展的瓶颈,也是无机盐化工行业的一大"心病"。20世纪90年代以来,国家有关政府部门和企业对铬盐生产的污染治理日益重视,相关科技工作者摸索出不少行之有效的技术措施。采用水泥固化的方法对铬渣进行处理,水泥、砂、水、硅酸钠按照一定的质量比固化,固化体经过 28 天养护后,效果最好的固化体表面 Cr^{6+} 的浸出率为 10^{-5} 数量级,破碎到 5 mm 以下的粒度,其 Cr^{6+} 的浸出浓度仍在国家标准以下。如果在水泥生料中加入适量铬渣,可有效改善生料易烧性,并使熟料烧成液相的温度降低 50 ℃,有利于提高水泥熟料强度,效果比粉煤灰及火山灰好。

2.1.2 中国近代化学的发展

由于受到中国封建社会特殊条件的制约,中国近代化学是在引进和传播西方近代化学的基础上逐渐发展的。中国近代化学的发展速度也较为缓慢,远落后于大约同时起步的日本。

1. 中国近代化学的引进和传播

从 17 世纪初到 19 世纪 40 年代,由于欧洲资本主义的发展已经打开了通往东方的航路,欧洲天主教势力也随之向东方扩展,为中国带来了西方的科学文明,其中就包括化学知识。从目前查到的文献来看,西方化学传入中国可能是从 1612 年意大利传教士熊三拔(1575—1620 年)和中国学者徐光启(1562—1633 年)合译的《泰西水法》一书的出版开始的。书中除叙述水利和医学知识外,也介绍了西方的元素说。这一阶段从西方传入的化学知识,从理论上看主要是古希腊的四元素说和阿拉伯的汞硫二元理论等学说。四元素说除在《泰西水法》中做过介绍外,还在 1633 年由意大利传教士高一志(1566—1642 年)撰写的《空际格致》中有过比较系统的叙述,还以其批判了中国的五行学说;汞硫二元理论在《徐光启手迹》中做过叙述,但是这些理论知识都已陈旧,并未在中国产生实际影响。从实用知识上看,传入的主要是冶金、火药、酸类和有机药物等内容。最早传入的冶金知识来自 1643 年由德国传教士汤若望(1591—1666 年)和中国学者杨文华等合译出版的《坤舆格致》一书。原书为德国著名冶金学家阿格里柯拉(1495—1555 年)的名著《论金属》。可惜中译本在出版后的四个月由于明朝灭亡的战火而散失;最早传入的西方火药配方知识见于 1643 年汤若望等翻译出版的《火功挈要》一书;输入的西方的硝酸制法见于《徐光启手迹》,并在文中第一次把硝酸称为"强水";最早传入的西药之一是金鸡纳,是在 1693 年康熙帝患疟疾时由法国传教士洪若翰进献的,由于收到奇效而在中国广为流传;此外,西方的氨水(鼻冲水)也很早就传到了中国,等等。这些传入的实用知识在生产、军事和医药等方面都得到不同程度的发挥。这一阶段,主要是通过传教士传入了一些西方的陈旧理论和零散的实用知识,还不是近代的化学科学内容,只是为近代化学的传入提供了一定的准备。后来鸦片战争的失败使得清朝上层一些人士认识到西学的重要性,便开始大量翻译西方近代化学书籍,并使西方化学在中国的传播进入到理论知识引进阶段。

1855年,出现了我国第一部介绍西方近代化学知识的书籍《博物新编》,成为中国传播近代化学理论知识的开端;1856年,在《格物探原》一书中第一次把西方的 chemistry 译为"化学";1868年,出版了中国第一部化学专业译著《化学入门》,以后陆续翻译了一系列化学专业著作,其中包括相当于普通化学的《化学鉴原》(1871年),相当于分析化学的《化学分原》(1872年),讲述有机化学的《化学鉴原续编》(1874年)和无机化学的《化学鉴原补编》(1879年),还有相当于定性分析化学的《化学考质》(1883年)和定量分析化学的《化学求数》(1883年),以及《化学材料中西名目表》(1885年)和《西药大成中国名目表》(1887年)等。

在19世纪90年代到20世纪初期,化学教育已经开始萌芽。当时的京师同文馆(1862年)、上海方言馆(1863年)和广东方言馆(1864年)等除讲授西语外也陆续添设了科学课程,其中就包括化学课程,如京师同文馆在1867年增设算学馆,教授数学和化学等课程。这可能是中国最早开设的化学课程。特别是在1874年,徐寿等人在上海创办了"格致书院",专门从事科学教育,主要是化学教育,讲授《化学鉴原》一书,并辅以若干实验,成为中国最早一所传播化学知识的学校。19世纪90年代,由于甲午之战(1894年)的失败,康有为、梁启超等中国的一些有识之士逐渐掀起了变法革新运动,主张"废科举,兴学堂",施行新式教育。1896年,清政府下令自京师以至各省州县皆设学校,开始在中国施行西方教育体制,也推动了西方的化学从引进跨入到化学教育传播阶段。其主要标志是在1903年清政府颁布的"学堂章程"中确定了化学在新教育体制中的地位,决定把化学作为初等小学堂、高等小学堂和中学堂的必修课程。高等学堂(大学预科)也把化学列为报考理工农医大学的必修课,开设化学总论、无机化学和有机化学,并辅以实验。大学堂(大学)的理科设化学门(系),讲授无机化学、有机化学、分析化学、物理化学、应用化学等课程;工科设应用学门(系),开设无机化学、有机化学、制造化学、冶金学、电气化学、工业分析和化学史等课程;其他专业则相应设有制药化学、检验化学、卫生化学、生理化学、农艺化学、发酵化学和森林化学等课程。西方化学自17世纪初期传入中国到20世纪50年代的300年中,经过了四个阶段的传播与发展,完成了中国近代化学发展的过程,开始步入到现代化学发展的新时代。

2. 阻滞中国近代化学发展的因素

中国在引进、传播和形成自身的近代化学方面,虽然取得了相当的进展,然而表现出明显的缓慢性。例如,从化学发展的水平看,19世纪末期中国和日本相比已经有了明显差距。中国化学仍处于启蒙普及时期,"专精研究者曾无一人",全国还几乎没有一位化学家,自然也就不会有任何研究成果问世。中国近代化学发展缓慢的原因是多方面的,这里只能做初步讨论。

1) 传播过程的自发性

中国近代传播西方化学的过程带有着很大的自发性。尽管在封建统治阶级的上层甚至有的帝王本人也支持西学,乐于引进西方科学技术,然而始终未能构成一种国策,形成整个社会的意识和自觉的行动,带有很大的局限性。传播过程的自发性带来的一个后果是传播的曲折性。从封建统治阶级上层说来,由于主张引进西学的还只限于少数人,一旦时机成熟,保守派就会发起攻击而使引进西方科学之策受挫。例如,当清朝顺治帝去世后不久,保守势力就对传播西方科技知识有功而受到重用的西人汤若望发起攻击而使他险些丧命;光绪帝虽然接受了维新派的主张,效法日本,变法图强,而整个统治阶层的主导意识仍是具有浓厚的保守性,从而使变革主张为慈禧太后所推翻,结果是光绪帝被擒,维新派亡命。自发性带来的另一个后果是引进的消极性。对于已经具有几千年高度发展的封建文明的中国社会来说,引进西方科学技术,如果缺乏自觉的组织和领导,而仅仅依靠自发活动是难以迅速发展的。长期以来中国封建社会已经形成了一种盲目的优越感,以为只有中国的文明才是真正的文明,对于引进西方科学技术有着抵制、排斥的消极态度。显然,这种思想如不能有效地加以扭转,仅仅依靠自发引进的科技"种子"也就难以更快地开花结果。

2) 理论和实际的脱节性

这是中国近代引进西方科学技术过程的又一个问题。早期的引进多属实用化学知识,缺乏理论;中后期的引进又多属理论书本知识,而缺乏实验技术;更未能有效地同生产需要相结合,缺乏感性的认识基础和推动化学发展的动力,影响了化学的传播和发展。从化学教育的传播来说,由于缺乏实验的辅助而事倍功半。当时,我国第一所进行化学教育的"格致书院",其条件已属上乘,但讲授之法多与教授四书五经之法相同,难以进行实验尝试。到了19世纪末和20世纪初,化学教室与一般教室并无差别,即使有些器材,也多系供老师演示教学实验用,学生并无机会参加,至于在化学实验基础上开展化学研究,则就更难以实现。

从化学理论与生产的关系上看,近代中国引进的化学知识多停留在书本上,未能及时应用到生产实际之中,而实际生产却又缺乏化学理论的指导。以1893年张之洞创办的汉阳铁厂为例,在创办以前并未运用化学理论和技术知识对铁矿石和煤炭进行必要的分析化验,以致在高炉即将开炉之前仍找不到合适的煤炭,而不得不到德国去购入数千吨煤炭。在筹办炼钢厂时,也在没有对大冶矿石进行分析化验之前,就盲目地从英国引进了酸性转炉设备,以致在刚安装好后又不得不拆掉,改建为碱性转炉,这样既影响了生产,又难以依靠生产需要来推动、促进化学的传播和发展。

从广大群众的直接需要或接受基础来看,对于当时处于闭关自守以小农经济为基础的中国封建社会来说,大多数民众还是文盲,除固守田园维持温饱外,对化学知识则一无所知。除少数上层人物和知识分子还对化学感到好奇或初知其意外,广大群众以至知识界都还未深感化学之迫切需要。因此,尽管西方化学在中国传入很早,也很难在实际生活中发挥作用,获得迅速发展。

3) 对西方人的依赖性

近代中国借助西方人传播科技知识,无疑是必要的。但是,又不应完全依赖西方人,应及早培养本国人才并逐渐加以取代,否则就难以有效发展本国的科技事业。例如,从明末的《泰西水法》到清末的《博物新编》、《格物探原》和以《化学鉴原》为代表的一整套化学系列著作的问世,虽然表面上有徐光启、徐寿、徐建等中国学者参加合译,但实际上多是由通晓汉语的西人口授、中国学者笔录的,这造成对西方人过分的依赖,阻滞了中国近代化学的发展。应当看到,这些问题有的是中国教育长期以来存在的致命弱点,愿我们能够"以史为鉴",不要再让落后的历史重演,积极推动中国现代的化学事业、科学事业和生产事业的发展。

2.2 化学与社会的基本关系

化学研究的最终目的是为人类社会服务。化学和社会存在着辩证统一的关系,即化学的发展推动了社会的发展和进步;社会的进步反过来又带动了化学学科的发展,社会发展要求为化学学科的发展提供强大推动力。

2.2.1 化学与社会的相互促进

1. 化学学科的发展促进了社会的进步

化学是科学技术的重要组成部分,将化学学科的发展对社会进步的促进作用放在人类社会发展的历史长河中去认识,其巨大作用是显而易见的。

钻木取火的发明使人类可以吃到熟食,从而告别茹毛饮血的野蛮时代而走向文明。燃烧过程逐渐在生产中的普遍应用,促使人们开始研究燃烧反应的实质。最初,人们认为一切与燃烧有关的化学变化都可以归结为物质吸收或释放一种"燃素物质"的过程,而命名为燃素学说。它对当时已知的许多化学现象作出了定性的解释,但也存在着许多的矛盾,如它不能解释金属煅烧时,燃素从中逸出后,质量反而增加的事实。18世纪后期,当发现氧气之后,法国科学家拉瓦锡在实验的基础上证实,燃烧的实质是物质和空气中的氧气发生的化合反应。氧化燃烧理论代替了燃素学说。拉瓦锡提出了化学元素的概念,并揭示了众所周知的质量守恒定律。因此,拉瓦锡被公认为"化学之父"和化学科学奠基人。

公元前 1500 年到公元 1650 年,为求得长生不老的仙丹,炼丹术士们在皇宫、教堂、自己家里以及深山老林的烟熏火燎中开始了最早的化学实验;后来为求得贵重的黄金,许多炼丹术士曾从事炼金术的研究,他们企图通过化学方法将那些随处可见的贱金属变成黄金,最终均以徒劳而告终。但冶炼技术的发明促进了人类由奴隶社会向封建社会的转化。从炼金术梦破灭到 20 世纪初,人们逐渐地确信,黄金只能从自然界里获取,而不可能人工制造。然而,在相继发现放射性元素和揭示原子内部结构后,这一观念被打破了。1941年,美国哈佛大学的班布里奇博士及其助手利用"慢中子技术"成功地将比金原子序数大1的汞变成了金。1980年,美国劳伦斯伯克利研究所的研究人员把铋放入高能加速器中,用近乎光速的粒子去轰击铋的原子核,结果4个质子破核而出,剩下了79个质子,铋原子的结构便发生了相应的突变,变成金原子。"人造黄金"梦终于变成了现实。

从火的发现到18世纪产业革命期间,树枝杂草一直是人类使用的主要能源。柴草不仅能烧烤食物,驱寒取暖,还被用来烧制陶器和冶炼金属。但随着社会的发展,能源中煤炭和石油天然气已居首位,煤炭的开采始于13世纪,而大规模的开采并使其成为世界主要能源则是在18世纪中叶。1769年,瓦特发明蒸汽机,煤炭作为蒸汽机的动力之源而备受关注。第一次产业革命期间,冶金工业、机械工业、交通运输业、化学工业等的发展使煤炭的需求量与日俱增,直至20世纪40年代末,在世界能源消费中煤炭仍占首位。

煤可以直接当燃料使用,但从物尽其用的角度来看,应多提倡煤的综合利用。例如,煤经过干馏(隔绝空气情况下强热),可以分别得到焦炭、煤焦油和焦炉气。焦炭可以供炼铁用;煤焦油可提取苯、萘、酚等多种化工原料;从焦炉气中可提取一定量的化工原料,也可直接作为气体燃料,其污染性远低于直接燃烧煤。煤炭的利用使人类获得了更高的温度,推动了金属冶炼技术的发展。工业革命后100多年,生产力的发展促进了人类近代社会的进步。第二次世界大战之后,在美国、中东、北非等地区相继发现了大油田及伴生的天然气,每吨原油产生的热量比每吨煤高一倍。石油炼制得到的汽油、柴油等是汽车、飞机用的内燃机燃料。世界各国纷纷投资石油的勘探和炼制,新技术和新工艺不断涌现,石油产品的成本大幅度降低,发达国家的石油消费量猛增。到20世纪60年代初期,在世界能源消费统计表里,石油和天然气的消耗比例开始超过煤炭而居首位。柴草、煤炭、石油和天然气等常用能源所提供的能量都是随化学变化而产生的,多种新能源的利用也与化学变化有关,推动了工业化生产的进程,萌发了工业化革命。

总之,在任何一次历史潮流更替、社会变革的背后,都隐藏着科学技术进步的影响,理所当然也包含了化学技术的贡献。

2. 社会的进步推动了化学学科发展

社会发展过程中的不断需求是科学技术发展的第一推动力,化学作为科学技术的一部分,也是随着社会的进步而不断发展的。早在原始社会时期,人们为了生存的需要,开始研究火的产生及火种的保存方法,从而发明了钻木取火。在旧石器时代末期,人们为抵御外来侵略、猎获野兽和提高耕作效率的需要,发明了冶炼技术,迎来新石器时期的曙光。在封建社会秦始皇时代,为满足统治者渴求长生不老的要求,兴起了炼丹术,尽管炼丹术的出发点是错误的,其理论基础很多是牵强附会的,但由于从事了大量的化学实验,积累了丰富的化学知识和经验,设计和运用了大批的原始化学仪器和设备,客观上促进了化学的发展。16世纪,随着欧洲资本主义生产方式的出现,城市不断扩大和人口大量集中,需要发展保健事业和开辟新的药源。这促使了一些炼金术士利用炼金术的方法来制造化学药物,在化学发展史上形成了一个医学化学时期,标志古代化学从炼金术向科学化学过渡的开始。第二次世界大战爆发后,为满足战争的需要,原子能工业和核化学得到空前发展,为第一颗原子弹、氢弹的爆炸和核能源奠定了基础。20世纪中、下叶,世界处于一个相对和平的时期,随着生活水平的提高,人们更多地关注生活的环境和质量学研究的重点转移到环境污染的控制和净化,污染物质替代品的研究,工业循环经济的研究以及生命自身过程、生命现象,如基因、DNA等遗传信息和生物工程的研究上。1986年,为跟踪世界科学技术发展的前沿,我国制定了宏大的"863"计划,其中包括了新材料、能源、信息和生命科学等与化学有关的内容,从而极大地推动了我国化学科学技术的发展,一大批化学学科的新人和新的成果涌现出来,为我国现代化建设奠定了坚实的基础。

2.2.2 化学与社会的渗透与反渗透

化学与社会生活实际有着广泛而紧密的联系,它们存在渗透和反渗透的关系。材料、能源、环境、生命等当代人们关心的问题与化学科学是相互融合的。可以说,化学发展对提高人类生活质量作出了巨大贡献。

化学知识来源于自然,来源于生活。例如,我国古代一些书法家、画家用墨书写或绘制的字画能够保存很长时间而不变色,就是利用碳在常温下具有稳定性,不容易与其他物质发生化学反应的特性。化学元素与人体健康也是密切联系的,如老年人缺钙会导致骨质疏松症,青少年缺钙会引发佝偻病,缺碘者易患甲状腺肿大,缺铁会引起贫血;喝牛奶可以改善身体状况,吃蔬菜、水果可以使大便顺畅,服用钙片可以治疗脚抽筋、酸痛。

学习化学知识可以更好地适应社会及社会发展的需要,学会化学知识和技能可以解决社会生活中与化学有关的一些实际问题。化学的发展促进了社会进步,但某些化学现象可能影响人类的生活和社会的持续发展,如"白色污染"和工业"三废"问题等。我们既要看到化学为对人类发展带来的重要作用,又要看到在化学技术处理或使用不当时带给人类社会的危害。要应用化学知识为人类社会作出贡献。

2.2.3 现代化学在社会中的地位和作用

借助于近代物理学的进展,化学得到了如虎添翼般的迅速发展。不仅自然界中存在的"未知元素"逐一被发现,而且在实验室中人工合成了自然界尚不存在的元素。有机化学得到长足发展,在实验室中不仅分离和提取了一系列天然有机产物,还合成了一些自然界未曾发现的化合物,并逐步兴起了有机合成化学工业,尤其以染料和制药工业最为突出,煤焦油和石油等各种天然资源的开发和综合利用也相继向前推进。到了20世纪30年代,随着有机化学和有机合成工业的发展,世界进入了人工合成高分子材料的新时代,合成橡胶、合成纤维和合成塑料等新材料的成批生产,都是化学家的卓越贡献。最突出的是与能源科学、环境科学、生命科学和材料科学的相互渗透。

化学面临着新的需求和挑战,同时随着结构理论和化学反应理论以及计算机、激光、磁共振和重组 DNA 技术等新技术的发展,化学对分子水平的掌握日益得心应手,剪裁分子之说应运而生,即按照某种特定需要,在分子水平上来设计结构和进行制备。化学的研究对象也不局限于过去单个化合物,而把重点放在更复杂的体系上,这样必然促使化学更重视贯通性能、结构和制备三者之间关系的理论,增强功能意识。这就形成了化学发展的一个新方向——分子工程学。

现在,化学在材料科学和生命科学中的作用越来越显著,下面仅从这两个方面举例介绍一些化学前沿的动向和进展。

1. 智能材料

能源、信息和材料是国民经济的三大支柱产业,材料又是能源和信息工业技术的物质基础,新能源的开发,信息工程中信息采集、处理和执行都需要各种功能材料。设计和合成具有各种特殊性能的新型材料是化学家施展才能的广阔天地。

未来智能材料的研究为化学家开辟了一个充满生机和挑战的全新领域。随着电子通信技术和计算机技术等方面的飞速发展,迫切需要更复杂、更小巧的电子器件。因而在分子水平上生产电子器件,已提到分子设计和分子工程学的议事日程上。

目前世界上许多发达国家竞相投资,加紧开发和研制"分子元件",其中以分子导线和分子开关的研制最令人关注。1991 年,英国学者 N. Boden 提出用盘状液晶作分子导线。液晶是一类有机化合物,由于它能像液体一样流动,又具有晶体的光学特性,因此而得名。Boden 等人设想,如果将少量具有缺电子空轨道的分子(如 $AlCl_3$)掺入到盘状液晶分子中,使其具有共轭体系的三亚苯基环中心出现正电性空穴,再沿三亚苯基环中心轴线方向施加一定的电压,环内电子就可做定向移动。这一设想与无机半导体导电原理是极为相似的。当然,要使分子器件设想转变为现实,还要做许多基础性研究工作。不过,我们相信随着科学技术的发展,人们对客观事物的深入了解和掌握,分子器件甚至分子电子计算机的问世,都将不会是遥远的科学幻想。

2. 探索生命的奥秘

当代化学研究与生命科学的关系越来越密切。历史上化学家从分子水平研究了重要生命物质(如蛋白质和核酸)的结构。如今化学家又在更深的层次上,即分子与分子集合体水平上了解和认识更为复杂的生命现象。随着今后人们对生命现象本质认识的提高和深化,一定会将化学带入一个崭新的天地,从而给人类社会的进步以深刻影响。

生命运动的基础是生物体内物质分子的化学运动。因而,揭示生命运动的规律必定以认识生物体内的物质分子及其运动为前提。再者,生物体内的化学反应有温和、定向、高选择性、高产率的特点。因此,从化学的角度来研究生命过程,大致可以从以下两方面出发:用纯化学手段在分子水平上了解生命现象的本质;借助于有机合成和分子集约化手段创造出不同程度上再现生命现象的纯化学体系。化学家参与生命科学研究的主要武器在理论上是分子的微观结构概念和键力与非键力相互作用、化学反应动力学与机理等;在实验上是成分分离与分子结构分析、合成与模拟、反应速率与过程的测定等。目前,化学对于生物物质的研究对象已由常量、稳定的物质发展到微量、不稳定的物质;由单一分子发展到分子集合体;由静态研究发展到动态研究,对生命化学过程的研究已深入到飞秒级(1×10^{-15}s)的快速过程。下面就以当前开展比较活跃的一些领域为例作些介绍。

蛋白质、核酸和糖类是生物体的三大基本要素。蛋白质掌管生物体内各种生物功能,例如,酶是一类具有催化作用的蛋白质,生物体内的所有反应几乎都是由酶催化完成的;而核酸中储存着生命体的全部遗传信息,它是构造一切生物有机体的总设计师;糖不仅为生物有机体提供建筑材料和能量来源,而且还是高密度的信息载体,具有重要的细胞识别能力。研究这些生命质的结构与功能的关系将帮助人们从分子水平上了解生命现象的化学本质。核酸的功能主要是贮存、传递和表达生物体的遗传性状。这些功能是与其结构紧密相关的,一定的结构决定了一定的功能。科学家可以利用体外的 DNA 重组技术,实现转基因动植物的培育,进行基因治疗,促进有用蛋白质的生产以及合成具有巨大经济价值的细菌等。这就是通常说的基因工程或遗传工程。蛋白质可以被视为一种分子机器,它可以精巧地完成生命特定的功能。

酶是一类具有高度选择性的催化作用的蛋白质,它能在众多的养分中识别出正确的反应物,并且把它造成需要的结构形式。酶的这种本领早就吸引了化学家的研究视线:提纯天然酶、测定它的结构、应用化学合成技术合成、研究酶的催化机理、对酶功能模拟、设计合成新的人工酶并将它们应用于化学反应中,这是化学家极感兴趣的领域。虽然迄今为止所取得的进展还是初步的,但所需要的科学积累和实验技术都已基本解决,可以预计今后一定会取得很好的成果。长期以来,人们把糖只作为生物的能量来源和结构物质,而没有认识到糖在细胞识别中的重要作用,因而还没有达到像对待核酸(遗传物质)和蛋白质(功能分子)一样的重视程度。直到 20 多年前,由于对细胞在分子水平上研究的深入,生物化学家和化学家才对长期被忽视的糖蛋白和糖脂发生了兴趣。人们已经发现细胞的很多作用,如细胞表面的相互作用、分泌和摄取、变异和转化、细胞调节及识别等都直接依赖于糖复合物(糖蛋白和糖脂)。糖分子的结构研究是糖化学研究中的重要方面,由于糖分子结构复杂性及理化性质的特殊性,目前对糖分子的结构信息人们还了解得很少。高分辨核磁技术与量子化学、分子力学等方法相结合,可以综合应用于糖分子的构象研究。另外,要寻找新的化学合成方法和生物技术以开展对糖合成方法的研究,相信在化学家们的努力下,糖的结构测定和合成方法将会有新的创造和突破。

目前,我国已在十大基础科学研究攀登计划首批项目中,集中化学界有志于生命科学研究的优势力量,加强学科之间的交叉,开展糖化学、蛋白质的全新设计和合成以及生物催化等生命过程中重要化学问题的研究。这将对国民经济的发展起着举足轻重的作用。

2.3 社会环境与化学发展

恩格斯在《自然辩证法》中写道:"科学的发生和发展一开始就是由生产决定的……科学应归功于生产的事却多得无限。"因此,化学的发生、发展都与社会环境和生产力有着密切的关系,随着社会的发展,组成社会的各个方面都对化学提出了更新的要求与需求,从而化学的发展与社会环境密切相关,相互推动。

2.3.1 社会生产力发展对化学的推动

1. 有机化学的诞生

在17世纪以前,整个世界处于封建社会时期,生产水平极低,科学技术落后,那时的有机物质还只能从天然资源上获得。进入17世纪以后,随着航海贸易的兴起,商品经济得到很快的发展,特别是1769年瓦特发明蒸汽机以后,英国率先开始了工业革命,纺织业发展迅速,迫切希望能人工制造天然的靛蓝、茜红等更好的染料。另外,当时英国本土疟疾流行,致使不少人丧命,当时的疟疾就像今天的癌症一样令人可怕,只有美洲印第安人知道用一种当地的树皮煮水,服用后可以治愈,当地的印第安人把它称为"生命树",绝不允许向外界泄露。后来瑞典化学家里纳尤斯对这种树皮进行了研究,发现它之所以治疗疟疾,是因为含有一种叫喹啉的化学物质,于是人们开始人工合成治疟疾药,有机合成化学成了当时整个英国社会的关注点。

1870—1871年,德国向法国开战,夺取了亚尔萨斯和洛林发达的工业矿区,使德国的钢铁、煤炭和化学工业有了丰富的矿产资源,建立起了煤炭-钢铁-化工联合企业。钢铁工业带动了炼焦工业的发展,产生了大量的炼焦油,最初把这些炼焦油作为废物扔掉,结果越积越多,严重污染了环境。在这种情况下,政府号召科学家们开展炼焦的开发利用研究。化学家们从炼焦油中分离出了苯、甲苯、二甲苯、苯酚和萘等一系列芳香族有机化合物，使德国的合成染料工业得到了迅速发展。

此后，合成染料、药品、香料和炸药等化学品层出不穷。1886—1900 年这十四年间，德国仅在炼焦油合成染料方面的专利就有 948 项之多，每年所得到的外汇达到十亿马克，不仅为德国钢铁工业的发展提供了雄厚的资本，同时也赢得了"有机合成化学的故乡"称号。

2. 从工业生产中独立出来的分析化学

进入 17 世纪以后，欧洲经过文艺复兴运动，生产力水平大大提高，人们对水质、药物和饮料问题十分关注。到了 19 世纪上半叶，欧洲的工业革命正处在上升时期。冶金、采矿、造船、玻璃、肥皂和酸碱工业等加速发展。地质部门为了向工业部门提供更多的矿物原料，需要进行广泛的地质勘探和矿物分析；工业部门也要对购买的各种原材料进行化学检验；这就要求分析化学一方面要为工业部门提供更可靠、更快捷的分析方法，同时还要为各种新的理论提供精确的分析数据，需要分析的物质就越来越多。当时，许多著名的化学家，如德国的富里西尼欺乌斯、法国的柏克曼、瑞典的伯采里乌斯等都纷纷转向专门从事分析化学研究，各大工厂相继成立化验室。从此，分析化学便从工业生产中分离出来，单独成为一门科学。

3. 人口爆炸与节育化学

进入 20 世纪以后，人类自身出现了一场"灾难"——人口爆炸。

据记载，公元元年时世界人口才三亿，1900 年为十七亿，1930 年为二十亿，1960 年为三十亿，1975 年为四十亿，2000 年达到四十八亿，人口的增长主要集中在发展中国家。

人口急剧的增长必然会加剧全球资源的短缺和生存环境的恶化，控制人口增长成为人类社会的一项特殊需求。科学家发现，要阻止体内的受精就需要适当的化学药物去调整体内的化学生理过程，1956 年第一种口服避孕药——炔诺酮问世，它是一种抑排卵的雌激素。不久，化学家们又研究出了另一种口服避孕药——甲地孕酮。以后，节育药物发展迅速，不仅种类繁多，而且节育效果和安全性都有大大的提高。

4. 大气污染化学的诞生

三十年前，在北欧的斯堪的纳维亚半岛人们发现湖泊里的鱼虾大量死亡，稻田中的青蛙销声匿迹，鲜花凋零，庄稼枯萎，人们忧心忡忡，议论纷纷……为了揭示这一奥秘，化学家们对降落在当地的雨雪进行了化学分析，惊奇地发现雨雪中有强烈的酸性，pH 值是正常情况下的几百倍。至此，人们发现地球大气中又出现了一位"不速之客"——酸雨。酸雨在全球许多地方的出现，使大气问题的严重性被人们认识到。于是，一门新的学科——大气污染化学产生了。它主要研究大气污染物的形成和迁移转化规律，酸雨和烟雾形成的气象条件，大气污染对人类健康和生态环境的危害,消除大气污染的有效方法等。

大气污染化学家经过大量研究,发现酸雨是由排入大气中的二氧化硫和氮氧化物等气体引起的,这些有害气体到了大气层中,经过一系列的化学反应,最后形成酸性很强的硫酸和硝酸,随着雨水降落在地面,严重地破坏生态环境,损害植物叶子表面的蜡质保护层,破坏光合作用使之枯萎死亡。

严重的大气污染,促使许多国家迅速建立大气污染化学研究机构和大气监测网。我国也在1975年3月建立了环境化学研究所,1978年成立大气污染化学研究室,1981年我国召开第一次酸雨讨论会,1982年进行全国酸雨普查,其中以贵阳、重庆、南宁、桂林、南昌等地最为突出。

2.3.2 社会经济开发促进化学的发展

1. 石油加工与催化技术

石油不仅是汽车、飞机等的动力燃料,也是主要的化学工业原料。据统计,现在仅对石油进行精炼加工,就可以得到100多种以上的产品,如果对它再进行二次、三次加工,则可得到成千上万的化工产品。

石油的加工过程中离不开催化反应。所谓催化反应,就是在特殊的物质——催化剂作用下的化学反应。催化剂的作用非常奇特,它能大大加快或减慢化学反应的速度,而它本身在化学反应前后不发生性质与数量的改变。从1920年开始,世界各国的科学家开发出一系列催化技术,如催化脱氢、催化裂化、催化加氢、催化重整等,催化技术在石油深加工中起着主导作用,美国在各种石油加工技术中,催化加工达到80%以上,石油化工催化不仅是化学工业的一员主将,而且是整个国民经济的重要支柱之一。

石油和化学工业的发展,需要性能优异的催化剂越来越多,这就促使石油化工催化研究不断地从宏观向微观、由整体化学组成到微区组成等方面深入探索。

2. 钢铁防腐

钢铁是当今人类使用最多的材料,但暴露在自然环境中的钢铁都存在被腐蚀的危险。在第一次世界大战期间,英国大批海军舰船因底部钢板和黄铜冷凝管年久腐蚀不得不泊岸修理,只好眼巴巴地看着德国海军的炮弹落在伦敦街头上。1970年12月11日,我国四川一口天然气井因井口套管焊接处严重腐蚀而破裂,埋藏在地下的高压天然气喷射而出,通天大火烧了整整44个昼夜。桥梁的钢架、电源线的高架塔、公路沿途的铁架设施等天天受到不同程度的腐蚀。所统计,美国在1984年因腐蚀所造成的经济损失达到1 200亿美元,英国1971年损失13.65亿英镑,我国1983年损失200亿美元。

世界上各发达国家为了减少腐蚀所造成的经济损失,近半个世纪来,都纷纷建立专门的防腐蚀研究机构,并从化学和物理学中派生出一门新的学科——金属腐蚀与防腐蚀化学,其主要研究内容是金属腐蚀的机理和防护方法。在防护方法中,化学防腐蚀研究尤为迅速。化学防腐技术中目前主要有2种方法——消极防腐蚀与积极防腐蚀。前者主要是研究防腐蚀涂层和保护金属的新技术,后者则是从改善金属本身的抗腐蚀性能入手,研制各种抗腐蚀的金属或合金。到目前为止,所有这些防腐蚀技术在许多场合都发挥了重要的作用,但从总体上来讲,现在的防腐蚀技术还跟不上使用的需要。因此,化学家们仍在探索更有效、更简单的防腐蚀新方法。

2.3.3 军事竞争对化学的需求

1. 原子弹的诞生

20世纪30年代起,人类对天然放射性物质和核反应的认识不断深入。1937年,科学家通过计算和实验证实,一个铀原子核分裂时可以放出200兆电子伏特的能量。约里奥·居里夫人在实验中证实,一个铀原子核裂变时可放出2～3个中子,这些中子又能引起其他的铀核裂变,使核反应以连锁方式越来越剧烈地进行下去,从而释放出巨大的能量,产生出新的裂变物质。

1941年12月4日,美国总统罗斯福和国会终于接受了爱因斯坦的建议,批准设立一个庞大的特殊机构——曼哈顿工程管理区,开展称为"曼哈顿"的绝密军事计划(Manhattan project),领导该项目的科学家是奥本海默,目标是制造原子弹。要迅速制造出原子弹就必须攻克一系列的重大科学技术难关,在整个过程中都需要化学冲锋陷阵、披荆斩棘,需要解决反应堆的核燃料——天然铀的提取、浓缩和分离,整个系统所需要的各种特殊

图2-1 美国对日本投掷的两颗原子弹之一

材料的研制,反应堆的减速剂——重水的生产工艺和技术,核燃料"燃烧"之后复杂的"后处理"工艺等问题。1942年12月2日下午3点45分,芝加哥大学足球场下面的世界上第一座原子反应堆成功运转了,人类从这个时刻开始进入了"原子时代"。

在同一时期的德国,原子弹计划也在进行中。1942年6月,海森堡向德国供应部长报告说,在理论上,从反应堆内部获得爆炸物质是完全可能的。但这位著名的物理学家并没有像其美国对手奥本海默那样成功,加上当时德国在占领了大半个欧洲后,希特勒相信他的"闪电战"可以征服世界,因此对于一切在6个月内拿不出成果的研究不太感兴趣。

1945年7月16日下午5时,第一颗原子弹在美国新墨西哥试爆成功,研究人员用了不足三年时间就把核能由理论阶段发展为史无前例的庞大武器,这个可算

是人类科技史上的一个奇迹。1945年7月25日,美国总统杜鲁门做出了一项重要的决定,如果日本拒绝接受波茨坦公告,就对日本使用原子弹。1945年8月6日和9日,美国分别在日本的广岛和长崎投下了原子弹。

2. 导弹头与复合材料

洲际导弹在进入大气层时,由于它自身的加速度和地心引力产生的加速度,它竟以二十倍声速的速度在大气层中"飞奔",弹体特别是弹头必然会同大气发生剧烈的挤压和摩擦,弹头部位将空气加热到8 000 ℃以上。因此,要使导弹平稳地飞行,首先必须解决弹头的材料问题。弹头的材料不仅要能耐高的温度和压力,而且在高温烧蚀时各方向的速度也要十分均匀。除此之外,弹头材料还要求具有适应全天候的能力,即不论是穿越云层、雨区,还是遇上暴风雪等恶劣天气环境,特别是从潜艇上发射的导弹,必然要遇到水、气这两种截然不同介质的骤冷骤热作用,它都要能安然无恙。

要解决这些问题必须要采用复合材料。目前制造导弹弹头的复合材料通常是有机高聚物和经过碳化的碳纤维相结合的碳-碳复合材料。这是因为碳-碳复合材料的密度不到钢材料的四分之一,而比强度和比模量却比钢和铝合金、钛合金高得多。

复合材料在国防尖端技术和其他部门中有着特殊的用途,所以,现在世界上各个发达国家都在大力研究和开发,到目前为止,美国宇航局在碳纤维复合材料上的研究开发费用就高达上百亿美元。

3. 火箭与推进剂化学

要使巨大的导弹或火箭腾空而起、疾飞万里,就要有强大的推动力量。这种推动力要靠化学物质的燃烧来获得。这种化学物质称为推进剂。由于液体推进剂具有价格低廉、比冲(单位燃料所获得的推力)较高、推力可控等优点,直至今日,仍是各种火箭的常用推进剂。世界上迄今最大的火箭发动机应该算是美国运载阿波罗飞船的"土星V"三级液体火箭,其第一级直径达10.5 m,长42.6 m,燃料是煤油-液氧,推力达到3 434 t;第二、第三两级则采用液氢-液氧。火箭总长110.6 m,起飞质量为2 840 t。

液体火箭虽然有不少优点,但它的最大缺点是总能量较低,不能完全满足大型运载火箭的需要。为此,美国和前苏联加大研究固体推进剂,固体推进剂的最大优点是能量大,大大超过任何液体推进剂。

为了获得各种推动力的化学推进剂,化学家们不得不对数以万计的化学物质进行深入的研究,特别是化合物的元素组成和化学键键能之间的系统研究。在这些研究中,氟化学的进展是推进剂化学中的一枝奇葩。氟由于自身具有强烈的电负性,它与碳、氧、氮等非金属元素也能形成稳定的化合物,而且键能相当大,在燃烧时所放出的能量比其他化合物要大。因此,氟化学在近三四十年间成为最"显赫"的化学分支学科。现在，不论是液体、固体还是固体-液体推进剂，氟都是一个举足轻重的成员，在某种意义上说，它已成为战略及战术火箭之"髓"。

科学背景

我国最早的化学研究机构

在20世纪初，我国所需要的纯碱全靠进口。为改变这一状况，振兴民族工业，我国著名的爱国实业家范旭东（1884—1945年）先生，在兴办精盐公司的基础上，于1917年在塘沽创办了永利制碱公司。制碱在当时是高级化学工业，为打破欧美国家的技术封锁，范旭东以久大精盐公司化验室为基础，决定成立一个名为"黄海"的化学工业研究社。1922年8月，黄海化学工业研究社在塘沽正式成立，被称为"西圣"的孙颖川博士毅然辞去英办开滦矿务局总化验师的高职，来到"黄海"任社长，学识渊博的张子丰先生任副社长。后来，留美归来的张克思、卞伯年、卞松年、区嘉伟、江道江等博士，留法归来的徐应达博士，留德归来的聂汤谷、肖乃镇博士以及国内的大学毕业生方心芳、金培松等助理研究员也先后来到了"黄海"，著名的侯德榜博士当时也在"黄海"。经过7年的艰苦努力，终于生产出第一批"永利纯碱"。在美国费城举办的万国博览会上，该产品获得金质奖章。1932年，"黄海"接受了中华教育资金董事会的资助，决定用海州磷肥石矿作磷肥试验，为硫酸铵的生产奠定了基础。1933年，集中了中国炼丹术的有关文章和文献，准确探索了古代中国化学的渊源。这时的"黄海"正处于黄金时代，拥有博士10人，留学生、大学生60多人，不但开展广泛的研究工作，而且还代为海关检查食品。"黄海"当时在世界上享有很高的信誉，经它检验的食品和商品，只要有"黄海"的印章，全世界均予承认。不料，风云突变，日寇入侵，"黄海"被迫迁至四川五通桥。由于五通桥没有海盐，制碱遇到困难。在这关键的时候，侯德榜博士挺身而出，他说："外国人能搞的，我们也能搞，而且一定要比他们干得更好。"范旭东听后大为振奋，立即拍案决定，由几名研究员做实验，侯博士在美国遥控（侯德榜当时在美国）。经过500多次实验，历时一年多，震惊世界的"侯氏制碱法"诞生了，"黄海"又东山再起。1944年7月，范旭东继"黄海"之后，又在研究社里创立了一个海洋化工研究所。一年后，抗日战争取得胜利。"黄海"先迁上海，后移北京，在风雨飘摇中度过了几年。在新中国成立后的1952年，中国科学院接收了黄海化学研究社，改名为中国科学院工业化学研究所。从此"黄海"的作用越来越大，"黄海"的学者、科学家、技术人员成为新中国化学工业的栋梁。

思 考 题

1. 简述中国近代化学的发展。
2. 化学与社会的关系是什么?
3. 举例说明化学的应用性与经济性。
4. 举例说明化学与社会的渗透与反渗透的关系。
5. 简述社会环境与化学发展的关系。

第 3 章 化学与生命现象

化学是关于化学变化的科学,也是与生命现象密切相关的科学,现代化学研究越来越多地与生命现象的相关研究相结合。现代化学越来越成为认识生命过程和生命进化的手段,不仅是人类生存的手段,而且人类赖以生存的环境也要依靠化学方法加以改善,可以说化学与生命之间存在着千丝万缕的关系。从生命的起源、生命的物质基础、生命的遗传到化学仿生学中的仿生酶、仿生固氮、仿生膜、仿生昆虫信息素等,既是生命科学的问题,也是化学的问题。

3.1 化学与生命现象的关系

3.1.1 化学是生命运动的基础

在研究生命物质和生命现象过程中,化学不仅提供了技术和方法,而且还提供了理论指导。化学主要是在原子和分子水平上研究物质的组成、结构和性能以及物质间相互转化的科学。生命体是由物质组成的,生命运动的基础是生命体内物质分子的化学运动。因而,揭示生命运动的规律必须以认识生命体内物质分子及其运动为前提,而化学正是研究物质分子运动与变化的科学。再者生命体内物质的化学反应具有温和、定向、高选择性、高产率的特点,这正是化学家所期望的。对生命体内化学反应的认识和模拟,也为化学学科新课题的发展提供了新的可能性。化学为生命科学提供了新的手段和思路,而生命科学则为化学提供了新的课题。

化学与生命现象的关系可以从 1957—2006 年间诺贝尔化学奖获得者所从事的研究课题中窥见一斑。在这 50 年间有约占 40% 的诺贝尔化学奖项与化学和生物学的交叉研究课题有关。专家认为,21 世纪化学家将会在化学与生物学、化学与材料科学等交叉领域大有作为。化学家参与生命科学研究的主要武器有:理论上的分子微观结构概念、键力与非键力相互作用、化学反应动力学与机理、实验上的分离、成分与分子结构的分析、合成与模拟、反应速度与过程的测定等。例如,近代随着分析化学技术的进步,使测定生命体内微量元素和化合物的含量成为可能,因此在人体内发现了多种含量极低的无机元素,其中不少是金属元素,并且了解到生命活动在很大程度上要依赖金属离子的作用。探索生命现象不仅需要依靠有机化学,也需要借助于无机化学。生物化学家在研究上述现象时引进了无机化学的概念、理论和技术,无机化学家也对生物学课题表现出了极大的兴趣,这两个学科间互相渗透和结合，便诞生了生物无机化学。因而，分子作为物质结构的一个层次是生命的存在形式，生命过程其实就是分子的转化过程。另外，在生命体中的弱化学作用有相当重要的地位，无论是生物大分子的结构构象的维持，分子间的相互作用，还是信息的传递，均由弱化学作用来实现。

3.1.2 生命起源于化学

当代关于生命起源的探讨非常活跃，推测和解释也是众说纷纭，归结起来可分为两大类，一是化学进化说，二是宇宙胚种说。

宇宙胚种说认为，地球上最初的生命是来自地球以外的宇宙空间，宇宙中的某种力量将生命的种子撒向地球，后来才在地球上生长并发展起来。其主要依据如下。目前，人们已在星际空间发现了130多种有机分子，而最近又有中国和美国的学者宣布，他们在太空中发现了最简单的氨基酸——氨基乙酸。因为氨基酸既是形成生命的基本成分，又控制蛋白质的形成，这个发现大大激发了那些认为存在外星生命的人们的探索热情。德国宇航院的科学家曾三次将上百万个枯草杆菌孢子送往太空，证实生命源可以在太空旅行。他们认为，在地球出现生命以前外星球肯定曾有过生命，陨石和彗星也许就是地球生命的运输工具。

化学进化说认为，生命起源于原始地球上的无机物，这些无机物在原始地球的自然条件作用下，从无机到有机、由简单到复杂，通过一系列化学进化过程，成为原始生命体。1922年，苏联生物化学家奥巴林率先提出了可以验证的化学进化说，认为原始地球上的某些无机物质在来自闪电和太阳辐射的能量作用下，逐渐变成了原始地球上的第一批有机分子。奥巴林的观点有一批热情的追随者。1953年，美国芝加哥大学的研究生米勒做了一个简单但有启发意义的实验，用现代手段探讨生命起源这一古老的话题，首次用实验验证了奥巴林的这一假说。他根据奥巴林和英国生物学家哈尔达内在20世纪20年代提出的原始大气的成分，把甲烷、氨气、水蒸气、氢气混合起来，装在封闭系统内，将之加热并进行火花放电，合成出了有机分子氨基酸。这个实验成为生命起源研究的关键性实验。它既在一定程度上证实了奥巴林和哈尔达内提出的"原始汤"的观点，也启发了其他人在其后几十年的时间里模拟原始地球条件，合成了许多有机化合物，证实了核苷酸和氨基酸在生命出现前的条件下可以合成。1965年，我国科学家在实验室条件下，用化学方法人工合成了一种蛋白质——胰岛素；1981年，又合成出一种核酸——酵母丙氨酸转运核糖核酸。这些成果轰动了世界，因为蛋白质和核酸的形成是由无生命到有生命的转折点。

除了做实验外，研究人员还试图在计算机上再现生命产生的过程。米勒的实验所表明的生命产生过程与在他以前的和以后的科学家所描述的生命产生过程有很大的相似性，而这竟然是一个非生命过程——化学演化过程。这个过程可分为

4个阶段。第一阶段是从无机物分子到有机物小分子。这是一个类似米勒实验所描述的过程——几十亿年前地球上只有一些简单的化学材料,在原始地球各种自然能源如太阳紫外线辐射、雷电等强大的作用下,原始大气中甲烷、氨气、水蒸气等简单分子合成为氨基酸、核苷酸、含氮碱基核糖等有机小分子,并在原始海洋中积累下来。这就是奥巴林和哈尔达内所说的"原始汤"。第二阶段是从有机物小分子到有机高分子物质。在原始海洋的"原始汤"中,有机小分子又进一步构成有机大分子,大量的氨基酸脱水聚合为蛋白质分子,大量的核苷酸分子脱水聚合为核糖核酸分子,形成原始的蛋白质和核酸等。蛋白质和核酸等生物分子是生命的物质基础。第三阶段是由有机高分子物质组成多分子体系。随着"原始汤"越来越"浓",有机高分子物质越来越多,它们相互作用,凝聚成与原始海洋环境分隔开的小滴。这种独立体系即多分子体系能够与外界进行原始的物质交换活动。第四阶段是从多分子体系演变为原始生命。组装成生命体是"由死变活"的关键点,是生命起源过程中最复杂和最有决定意义的阶段。多分子体系经过长期不断的演变,特别是蛋白质和核酸这两大主要成分的相互作用,终于形成了原始生命。原始生命已经有了生命的特征,即有新陈代谢功能并能够进行繁殖。此时就由生命起源的化学演化阶段进入了生命体出现以后的生物进化阶段。这是距今30亿年前的事情。但是对于生物大分子物质如何相互作用形成多分子体系,进而演变为原始生命形态,还没有人证实过。这个神秘的化学进化的第四阶段因而成为研究的焦点,这部生命诞生的四步曲便是化学进化说对生命起源的推测。

现代科学认为,生命是物质的运动形态,细胞是生命的基本单位,它是由蛋白质、核酸、脂类等生物大分子组成的物质系统。生命现象就是这一系统中物质、能量和信息三者综合运动的表现,生命活动的各种特征本质上都是这种复杂系统的效应和属性。宇宙万物千变万化,自然界里绚丽多彩,然而不外乎生物和非生物两大类。但有生命的物质有许多非生物界所不具备的特征,如生命体能够在常温常压下合成多种有机化合物,包括复杂的生物大分子,并能够以远远超出机器生产的效率来利用环境中的物质和能量,而不排放污染环境的有害物质;还可以极高的效率储存信息和传递信息,它具有自我调节的功能和自我复制能力;它以不可逆的方式进行着个体发育和进化演变等。

3.2 人体中的化学

3.2.1 人体中的化学元素

尽管生命形态千差万别,但是它们在化学组成上表现出了高度的相似性。所有生物大分子的构筑都是以非生命界的材料和化学规律为基础,反映了在生命界和非生命界之间并不存在绝对的界限;生物大分子结构与其功能紧密相关,即生命的各种生物学功能正是起始于化学水平。例如,叶绿素分子仅仅是由碳、氢、氧、氮、镁五种元素组成,但它高度有序化和个性化的化学结构使之成为光化学反应过程中核心成员。对生命体的化学组成的深入了解是揭示生命本质的基础。

人类在漫长的生物进化过程中,在地面的岩石圈、水圈、大气圈构成的环境中生活,必须与环境进行物质交换,于是有选择地吸收了几十种化学元素构成人体的有效机制以维持生命。用现代分析测试技术对人体的组成进行了分析,知道人体至少由37种化学元素组成。表3-1列出了现代人(以70 kg体重为例)的化学组成,表中的化学元素符号右上角标有 * 号的是生命必需元素。

表3-1 现代人的化学组成

元素	体内含量/(g)	质量分数/(%)	元素	体内含量/(g)	质量分数/(%)
O*	43 000	61	Cu*	0.072	0.000 10
C*	16 000	23	Al	0.061	0.000 09
H*	700	10.0	Cd	0.050	0.000 07
N*	1 800	2.6	B	<0.048	0.000 07
Ca*	1 000	1.4	Ba	0.022	0.000 03
P*	720	1.0	Se*	0.020	0.000 03
S*	140	0.2	Sn	<0.017	0.000 02
K*	140	0.2	I*	0.018	0.000 02
Na*	100	0.14	Mn*	0.012	0.000 02
Cl*	95	0.12	Ni*	0.010	0.000 01
Mg*	19	0.027	Au	<0.010	0.000 01
Si*	18	0.026	Mo*	<0.009 3	0.000 01
Fe*	4.2	0.006	Cr*	<0.006 6	0.000 009
F*	2.6	0.003 7	Cs	0.001 5	0.000 002
Zn*	2.3	0.003 3	Co*	0.001 5	0.000 002
Rb	0.32	0.000 46	V*	0.000 7	0.000 001
Sr	0.32	0.000 46	Be	0.000 36	
Br	0.20	0.000 29	Ra	3.1×10^{-11}	
Pb	0.12	0.000 17			

1. 生命中的必需元素

表3-1中列出了25种生命必需元素,那么什么是生命必需元素呢?人们把维持生命所必需的元素称为生命必需元素。例如,人体的骨骼、牙齿不能没有钙;人体的脂肪、糖、蛋白质、酶、核酸是碳、氢、氧、氮、硫、磷等元素构成的生命有机化合物;人体中有许多化学反应需要酶来催化的,金属酶是非常重要的催化剂,因此,多种微量金属元素是人体所必需的;人体内体液中需要有电解质,氯化钾、氯化钠是良好的电解质,因此,体液中不可缺失钾离子(K^+)、钠离子(Na^+)和氯离子(Cl^-);

众所周知，人体缺铁会患贫血症，缺硒会患克山病、大骨节病，缺碘会患甲状腺肿大，并导致智力障碍等。人们对人体生命必需元素的认识是逐渐深化的，如1925—1956年，发现了铜、锌、钴、锰、钼是人体内必需的；后来采用人为地造成微量元素缺失而引起感应的方法，证实了钒、铬、镍、氟、硅也是生命必需元素。随着时间的推延，科学技术不断发展，今后可能还会发现更多的生命必需元素。

有益元素是指没有这些元素生命尚可维持，但不能认为是健康的。在实际研究中，确定某元素是否为必需元素，或者区分必需元素与有益元素的界限，不是很容易的。这既与该元素在体内的浓度有关，也与它的存在状态和生物活性密切相关。人体中的每一元素呈现不同的生物效应，而效应的强弱依赖于特定器官或体液中该元素的浓度及其存在的形态。对于必需元素和有益元素来说，各种元素都有一个最佳健康浓度范围，有的具有较大的体内恒定值，有的在最佳浓度和中毒浓度之间只有一个狭窄的安全限度。元素浓度和生物功能的相关性可用图3-1表示。

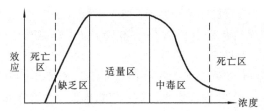

图 3-1　必需微量元素浓度-生物功能相关图

有20～30种普遍存在于组织中的元素的浓度是变化的，而它们的生物效应和作用还未被人们认识，它们也可能来自环境的玷污，因此称玷污元素。当玷污元素的浓度达到了可以产生能觉察到的生理或形态症状时，就可以将玷污元素称为污染元素。如血液中非常低浓度的铅、镉或汞有害，就可称为污染元素。应该说，有机体内元素划分的界限不是固定不变的，而是随着科学的发展，各种检测手段的改进和完善将会产生变化的。

2. 常量元素

在人体中含量高于0.01%的元素，称为常量元素，包括碳、氢、氧、氮、硫、磷、氯、钙、钠、钾、镁、硅，它们占人体质量的99.71%，其中碳、氢、氧、氮4种元素占人体质量的96.6%，氧最多，占61%。这4种元素是构成人体中水分、脂肪、蛋白质、糖类和核酸等物质的主要成分，人体中一般不缺少这些元素。

碳：人们通过进食获得各种养分，如脂肪、蛋白质、糖类中都有碳原子连接起来的碳链，碳链比同族元素硅链稳定，一般情况下不会与水或氧反应。在自然界中硅的资源虽然比碳丰富，但在生物进化过程中，生物体自然地选择了碳而不是硅作为生命有机分子的主链。人体内不能完全合成这些生命有机分子，因此，主要依靠进食。各种食物经过生物氧化,使人体获得能量来维持生命和人体活动的需要,而碳则通过呼吸道以二氧化碳(CO_2)的形式排出体外。

氢:虽然在人体中按质量计只占 10.0%,但考虑氢的相对原子质量只有 1.008,所以在人体里全部原子中,氢原子约占 2/3,是构成生命体的"大户"。氢与碳、氧、氮均可化合,生命有机分子中存在烷基、羧基、羟基、酯基、氨基等,在这些基团中都出现了氢的踪迹。氢与氧化合形成水,水是生命之源,水占人体质量的2/3。水是生命体的重要组成部分,水可以稀释血液浓度,保持体液的酸碱度,参与体内各种水解反应,而且是体内新陈代谢、物质交换和生命过程中不可缺少的介质,人体的代谢产物以水为载体以尿液或汗液的形式排出体外。人们可一天不进食,但不能一天不补充水,如果人处于失水状态,就有生命危险。

氧:缺氧人就面临死亡。据某媒体报道,"蛇头"把偷渡者安置在密闭的货柜车内进行偷渡,结果由于缺氧,偷渡者全部窒息而死。在正常的情况下,人们通过呼吸道吸入 O_2 呼出 CO_2。医生为抢救休克的病人,第一时间给病人带上氧罩,供病人吸氧。若燃气热水器质量不好、使用不当或通风不良,人们在洗澡时则会发生一氧化碳(CO)中毒甚至引起死亡。O_2 分子和 CO 分子都能与血红素的含铁辅基结合。本来血红蛋白作为氧载体,使 O_2 分子配位在血红素的 Fe(Ⅱ)上随血液流动,把分子输送到人体各个部位。当空气中存在 CO 分子时,由于 CO 与 Fe(Ⅱ)的结合要比 O_2 分子与 Fe(Ⅱ)的结合力大 25 000 倍,因此 CO 分子抢夺了 O_2 分子的配位位置,此时的氧载体已变为一氧化碳载体,使身体各部分得不到氧的供应,逐步趋向死亡,称为一氧化碳中毒。

氮:空气中氮(N_2)占 78.09%,氧占 20.94%。人体中的氮来自大气中的氮,但由于氮分子的结构十分稳定,氮原子之间以三键结合(N≡N),键不容易断开。氮肥厂里生产合成氨,利用氢气(H_2)和氮气来反应,但要求高温、高压,并在催化剂存在下反应才能进行。然而在自然界中也发生这个化学反应,农民摘完了花生,将根瘤沤在田里。原来根瘤菌里含有一种固氮酶,根瘤吸收了大气中的氮后,在固氮酶的催化作用下,氮分子的三键断开,与氢生成氨。人体中有 20 种氨基酸,氨基酸中的氨基(—NH_2)来自氨(NH_3)。由氨基酸聚合得到蛋白质,蛋白质是人体的重要营养素。

除了氨基酸和蛋白质外,人体中核酸 DNA 和 RNA 里都含有氮,ATP 能量分子中也含有氮。此外,生物体中尚有一种叫卟啉的分子,它是由 4 个吡咯环构成的平面分子,分子中含有 4 个氮原子,它们可以与金属原子形成配位键。在绿色植物中,卟啉分子里 4 个氮原子与镁原子配位,得到镁卟啉,俗称叶绿素(如图 3-2 所示),这是一种非常重要的分子。绿色植物在叶绿素的作用下,吸收太阳能而产生光合作用,使二氧化碳与水反应得到葡萄糖和氧。人体内不能进行光合作用,但人体内的卟啉分子与铁也可配位,形成的配位化合物叫铁卟啉,俗称血红素。血红素

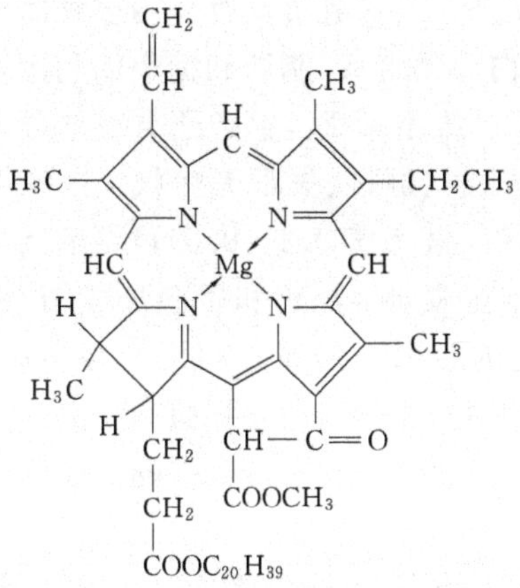

叶绿素 a 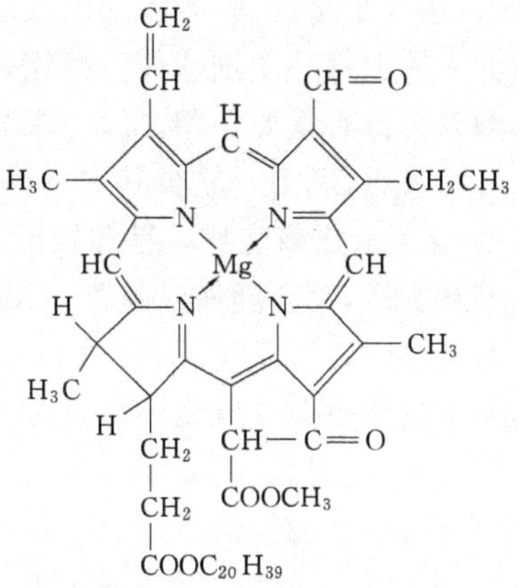   叶绿素 b

图 3-2 卟啉与镁的配合物

可以载氧,把氧分子输送到人体各部、各器官附近。铁卟啉是很好的补血剂。

钙:占人体质量的 1.4% 左右,99% 存在于骨骼和牙齿中,血液中占 0.1%。离子态的钙可促进凝血酶原转变为凝血酶,使伤口处的血液凝固。钙在其他多种生理过程中都有重要作用,如在肌肉的伸缩运动中,它能活化 ATP(ATP 是三磷腺苷英文名称的缩写,其分子是由一分子腺嘌呤,一分子核糖和三分子磷酸连接而成)酶,保持肌体正常运动。缺钙患儿会患软骨病;中老年人缺钙则会出现骨质疏松症(骨质增生)。钙还是很好的镇静剂,它有助于神经刺激的传达,神经的放松,可促进睡眠。缺钙神经就会变得紧张,脾气暴躁、失眠。钙还能降低细胞膜的渗透性,防止有害细菌、病毒或过敏原等进入细胞中。钙还是良好的镇痛剂,有助于缓解疲劳、加速体力的恢复。成人对钙的日需要量推荐值为 1.0 g/d 以上。奶及奶制品是理想的钙源,此外海参、黄玉参、芝麻、蚕豆、虾皮、干酪、小麦、大豆、芥末、蜂蜜等也含有丰富的钙。适量的维生素 D_3 及磷有利于钙的吸收。葡萄糖酸钙及乳酸钙易被吸收,是较理想的补充钙的片剂。

磷:在成年人体中约为 720 g,80% 以不溶性磷酸盐的形式沉积于骨骼和牙齿中,其余主要集中在细胞内液中。磷酸根离子是构成骨质、核酸的基本成分,既是肌体内代谢过程的贮能和放能物质,又是细胞内的主要缓冲剂。缺磷和摄入过量的磷都会影响钙的吸收,而缺钙也会影响磷的吸收。每天摄入的钙、磷比为 1~1.5 最好,有利于两者的均衡吸收。正常的膳食结构一般不会缺磷。

镁:在人体中含量约为体重的 0.027%,它是生物必需的营养元素之一。人体中 50% 的镁沉积于骨骼中,其次在细胞内部,血液中只占 2%。镁和钙一样具有保护神经的作用,是很好的镇静剂,严重缺镁会使大脑的思维混乱,丧失方向感,产生幻觉,甚至精神错乱。镁是降低血液中胆固醇的主要催化剂,又能防止动脉粥样硬化,所以摄入足量的镁,可以防治心脏病。镁又是人和哺乳类动物体内多种酶的活化剂。人体中每一个细胞都需要镁,它对于蛋白质的合成、脂肪和糖类的利用及数百组酶系统都有重要作用。因为多数酶中都含有维生素 B_6,它必须与镁结合才能被充分的吸收、利用。缺少其中一种都会出现抽筋、颤抖、失眠等症状。镁和维生素 B_6 配合可治疗癫痫病。镁和钙的比例得当(钙/镁比值 0.4～0.5)可帮助钙的吸收。若缺少镁,钙会随尿液流失;若缺乏镁和维生素 B_6,则钙和磷会形成结石(如胆结石、肾结石)沉积于体内,这也是动脉硬化的原因。镁还是利尿剂和导泻剂。若镁摄入过量也会导致镁、钙、磷从粪便、尿液中大量流失,而导致肌肉无力、眩晕、丧失方向感、反胃、心跳变慢、呕吐甚至失去知觉。因此,对钙、镁、磷的摄取都要适量,符合比例,才能保证身体健康。

钠、钾、氯是人体内的宏量元素,分别占体重的 0.14%、0.20%、0.12%,钾主要存在于细胞内液中,钠则存在于细胞外液中,而氯则在细胞内、外体液中都存在。这三种物质能使体液接近电中性;决定组织中水分多寡;Na^+ 在体内起钠泵的作用,调节渗透压,给全身输送水分,使养分通过肠进入血液,再由血液进入细胞中。它们对于内分泌也非常重要,钾有助于神经系统传达信息,氯参与胃酸的形成。这三种物质每天均会随尿液、汗液排出体外,健康人每天的摄取量与排出量大致相同,保证了这三种物质在体内的含量基本不变。钾主要由蔬菜、水果、粮食、肉类供给,而钠和氯则由食盐供给。人体内的钾和钠必须彼此均衡,过多的钠会使钾随尿液流失,过多的钾也会使钠严重流失。钠会促使血压升高,因此,摄入过量的钠会患高血压病。钾可激活多种酶,对肌肉的收缩非常重要,没有钾,则糖无法转化为能量或贮存在体内的肝糖中。肌肉无法伸缩,就会导致麻痹或瘫痪。此外,细胞内的钾与细胞外的钠在正常情况下处于均衡状态,当钾不足时,钠会带着许多水分进入细胞内使细胞膨胀,形成水肿。缺钾还会导致血糖降低。没有充足的镁会使钾脱离细胞,排出体外,导致细胞缺钾而使心脏停止跳动。

3. 微量元素

人体中质量分数低于 0.01% 的化学元素称为微量元素。到目前为止,发现的人体必需的微量元素有铁、锌、碘、氟、铜、钴、锰、铬、硒、镍、钒、钼、锡和硅,它们的质量分数之和低于 0.05%,但对人体的健康至关重要。

铁:成年人体内约含 4.2 g,其中 73% 存在于血红蛋白中,3% 存在于肌红蛋白中,它起着将氧输送到每一个细胞中去的作用,其余部分主要贮存于肝中,铁还是多种酶的成分。铁对于婴幼儿、少年儿童的发育非常重要,特别是 6～24 个月的婴幼儿,缺铁会使大脑发育迟缓、受损。人体中缺铁,会导致缺铁性贫血,人会感到体虚无力,严重时发展为缺铁性心脏病。动物性食品与植物性食品相比较人体较易吸收前者中的铁,但总的吸收率不高,无机铁的吸收率较高。

锌:成人体内含锌量约为 2.3 g,锌是人体七十多种酶的组成成分,参与蛋白质和核酸的合成,因此锌是维持人体正常发育的重要元素之一。缺锌会影响很多酶的活性,进而影响整个机体的代谢;锌蛋白就是味觉素,缺锌时味觉不灵,使人食欲缺乏;锌是维持维生素 A 正常代谢功能的必需元素,以增强眼睛对黑暗的适应能力;胰腺中锌含量降至正常含量的一半时,易患糖尿病;缺锌还会使男性性成熟较晚,严重时会造成不育。动物食品中锌的生物有效性优于植物食品,但总的情况是人体对食物中锌的吸收利用率较低。猪、牛、羊肉及海产品中锌的含量相对较高,食品中含有大量的钙、磷、铜、植酸等会影响锌的吸收,铁锌比例为 1 时,锌吸收最好;若大于 1.5,则影响锌的吸收,缺锌严重时,可直接补充无机锌盐(注意要在医生指导下)。

碘:人体含量约为 18 mg,其中 20%～30%集中在甲状腺中,它构成甲状腺素和三碘甲状腺素,该类物质的功能是控制能量的转移、蛋白质和脂肪的代谢;调节神经与肌肉功能;调控毛发与皮肤的生长;孕妇在怀孕期间若缺乏碘,则会导致胎儿发育不正常,严重时会导致胎儿智能发育低下、畸形,更严重时致胎儿死亡。一般人缺碘会造成甲状腺肿大,肿大的甲状腺消耗更多的碘,使甲状腺细胞分解,而降低分泌甲状腺素的功能,就会使人感到疲倦、懒散、畏寒、性欲减退、脉搏减缓、低血压;轻微缺碘与甲状腺癌、胆固醇增高症及心脏病致死都有很大关系。富含碘的食物有海鱼、海藻类(海带、紫菜)。加碘食盐是每天补充碘的主要来源,成人碘的每日需要量推荐值为 0.1～0.2 mg。

氟:人体中含氟量约为 2.6 g,主要分布在骨骼与牙齿中,其生理功能是防止龋齿和老年骨质疏松症。氟又是一种积累性毒物,体内含量高时会致氟斑牙;长期较大剂量摄入时会引发氟骨病,表现为骨骼变形、变脆、易折断;过量的氟还能损伤肾功能。每人每天摄入量推荐值为 2～3 mg。海产品和茶叶中含有丰富的氟,含氟量为 0.5～1.0 mg/L 的生活饮水是供给氟的最好来源(100%的吸收率)。

铜:铁的助手,促进肠道对铁的吸收,促使铁从肝及网状内皮系统的储藏中释放出来,故铜对血红蛋白的形成起重要作用,缺铜也会导致缺铁性贫血。铜对于许多酶系统和核酸(RNA、DNA)的制造有重要的作用,它也是细胞核的组成成分。它也有助于骨骼、大脑、神经系统和结缔组织的发育,缺铜会引起骨质疏松、皮疹、脱毛、心脏受损,还会使毛发黑色素丧失或动脉弹性降低。体内铜锌比值降低时,可引起代谢紊乱,导致胆固醇增高,易引发冠心病和高血压。铜也具有一定毒性,摄入过量会发生急、慢性中毒,可导致肝硬化、肾受损、组织坏死或低血压。世界卫生组织建议日摄入量,成年人为 30 $\mu g/kg$ 体重,青少年为 40 $\mu g/kg$ 体重、婴儿为 80 $\mu g/kg$ 体重。海米、茶叶、葵花籽、西瓜籽、核桃和动物肝脏含有丰富的铜,在未使用化肥的土壤中栽种的植物食品也含较多的铜。

钴:是维生素 B_{12} 的成分,每天只需要 3 μg 维生素 B_{12} 就能防止恶性贫血、疲倦、麻痹等现象,人体中只有结肠中的大肠杆菌能合成含钴的维生素 B_{12}。因此,主要在体外合成含钴的维生素 B_{12} 再摄入体内才能被充分利用。人体中的钴可随尿液排出,低剂量的钴不会引起中毒,若把钴放在酒中服用,则可引发中毒性心力衰竭导致死亡。

锰:是人体必需的另一种微量元素,在许多酶系统中起着重要作用,它可帮助胆碱利用脂肪。锰缺乏时可影响生殖能力,有可能使后代先天性畸形,骨和软骨形成不正常及葡萄糖耐量受损。另外,锰缺乏还可引起神经衰弱综合征,影响智力发育。锰缺乏还将导致胰岛素合成和分泌的降低,影响糖代谢。人体对锰的吸收利用率较低,多余的锰会随粪便排出体外。含锰丰富的食物有糙米、米糠、香料、核桃、花生、麦芽、大豆、土豆等。

铬、硒、镍、钒、钼、锡、硅都是人体需要的微量元素。铬是维持人体内葡萄糖正常含量的关键因素,它可以提高胰岛素的效能,降低血清胆固醇含量,对预防和治疗糖尿病、冠心病有明显功效。硒参与人体组织的代谢过程,对预防克山病、肿瘤和心血管疾病、延缓衰老等都有重要作用,硒还有抗癌作用,对某些有毒元素有抑毒作用。镍具有刺激血液生长的作用,能促进红细胞再生。钒可促进牙齿矿化坚固。钼激活黄素氧化酶、醛氧化酶。锡直接影响机体的生长。硅是骨骼软骨形成初期所必需的元素。这些元素在人体内含量很少,但对人体内的新陈代谢都有重要作用。环境不受严重污染时,通过食物链进入体内,不会造成危害;若环境遭受严重污染或长期接触后,在体内积累达一定量时,则会对机体产生各种毒害作用,甚至致癌。

4. 有害元素

汞、镉、铅、砷、银、铝、铬(六价)、碲等元素在人体中有少量存在。这些元素每天都随食物、呼吸、饮水等渠道少量进入人体,当然也通过排泄系统排出体外。到目前为止还未发现这些元素在体内有什么生理作用,而其毒性作用却发现不少。如汞是一种蓄积性毒物,在人体内排泄缓慢,汞的化合物中最有毒的物质是甲基汞,它能损害神经系统,尤其是大脑和小脑的皮质部分,表现为视野缩小、听力下降、全身麻痹,严重者神经紊乱以致疯狂痉挛而致死。镉可在体内蓄积而引起慢性中毒,主要损害肾脏近曲小管上皮细胞,表现为蛋白尿、糖尿、氨基酸尿;镉对磷有亲和力,故可使骨骼中的钙析出而引起骨质疏松软化,出现严重的腰背酸痛、关节痛及全身刺痛;镉还可致畸胎,致癌并引起贫血。铅在体内能积蓄,主要损害神经系统、造血器官和肾脏,同时出现胃肠道疾病、神经衰弱及肌肉酸痛、贫血等,中毒严重时致休克甚至死亡。砷可在体内积蓄而导致慢性中毒,主要是三价砷与细胞中含巯基的酶结合形成稳定的结合物而使酶失去活性,阻碍细胞呼吸作用,引起细胞死亡而呈现毒性;无机砷化合物可引发肺癌和皮肤癌。银在人体内大量积蓄可引起局部或全身银质沉着,表现为皮肤、黏膜及眼睛出现难看的灰蓝色,有损面容,而到目前为止还未发现有生理作用或引起机体病理变化。铝进入神经核后,影响染色体,老年性痴呆症患者的脑中有高浓度的铝;铝能把骨骼中的钙置换出来,使骨质软化,把酶调控部位上的镁置换出来而抑制酶的活性,还会降低血浆对锌的吸收,健康人对铝的吸收很少,而肾功能受损者对铝的吸收较高。六价铬是致癌物。长期与碲接触,肝脏、肾脏和神经功能都会受到损害。

除了上述元素之外,人体中还发现了 30 多种到目前为止还不知其生理功能或病理损害的元素。

3.2.2 人体中重要的有机化合物

碳、氢、氧、氮、磷、硫等 6 种元素是组成人体中氨基酸、蛋白质、脂肪、糖类、酶和核酸等物质的基础,本节着重介绍这些重要的有机化合物。

1. 氨基酸

氨基酸(amino acids)是含有碱性氨基和酸性羧基的有机化合物,根据氨基酸中氨基和羧基的相对位置的不同,可分为 α-氨基酸、β-氨基酸、γ-氨基酸等。氨基酸是组成蛋白质的基本结构单位,由许多氨基酸分子经聚合可得到蛋白质,反之,将蛋白质水解可得到氨基酸分子。人们在自然界中已发现 180 多种氨基酸,但从生物体蛋白质的水解产物中分离出来的氨基酸只有 20 种。在这 20 种氨基酸中,除脯氨酸外,都是 α-氨基酸,即与羧基(—COOH)相邻的 α-碳原子上都有一个氨基(—NH_2)。α-氨基酸的结构通式如图 3-3 所示。它们的 R 基侧链是各种氨基酸的特征基因,如表 3-2 所示。最简单的氨基酸是甘氨酸,其中的 R 是一个 H 原子。除甘氨酸以外,其他 α-氨基酸分子中的 α-碳原子上均同时连接着四个不同的基团,为手性碳原子,因此这些氨基酸均具有旋光性,分为如图 3-4 所示的 D-构型和 L-构型。

图 3-3 α-氨基酸的结构通式

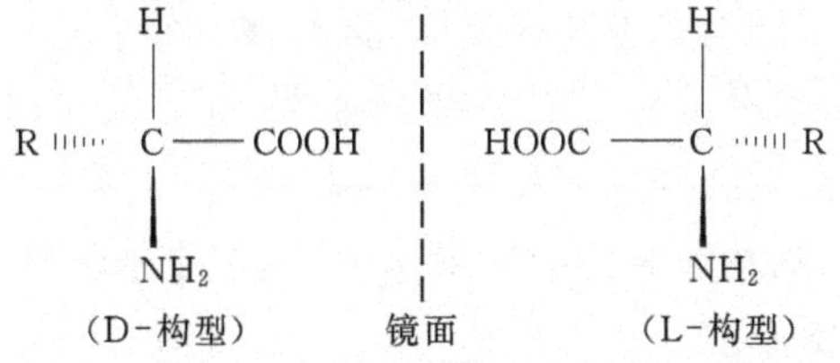

图 3-4 α-氨基酸的旋光异构体

表 3-2 人体中 20 种氨基酸

中文名称	英文名称（三字符）	R 基团的结构
甘氨酸	glycine(Gly)	—H
丙氨酸	alanine(Ala)	—CH_3
丝氨酸	serine(Ser)	—CH_2OH
半胱氨酸	cysteine(Cys)	—CH_2SH
苏氨酸*	threonine(Thr)	—$CH(OH)CH_3$
缬氨酸*	valine(Val)	—$CH(CH_3)_2$
亮氨酸*	leucine(Leu)	—$CH_2CH(CH_3)_2$
异亮氨酸*	isoleucine(Ile)	—$CH(CH_3)CH_2CH_3$
蛋氨酸*	methionine(Met)	—$CH_2CH_2SCH_3$
苯丙氨酸*	phenylananine(Phe)	—CH_2—〔苯环〕
色氨酸*	tryptophane(Trp)	—CH_2—〔吲哚环, NH〕
酪氨酸	tyrosine(Tyr)	—CH_2—〔苯环〕—OH
天冬氨酸	aspartic acid(Asp)	—CH_2COOH
天冬酰胺	asparagine(Asn)	—CH_2CONH_2
谷氨酸	glutamic acid(Glu)	—CH_2CH_2COOH
谷氨酰胺	glutamie(Gln)	—$CH_2CH_2CONH_2$
赖氨酸*	lysine(Lys)	—$CH_2CH_2CH_2CH_2NH_2$
精氨酸*	arginine(Arg)	—$CH_2CH_2CH_2NHCNH_2$，$\parallel NH$
组氨酸*	histidine(His)	—CH〔咪唑环, N, NH〕
脯氨酸	proline(Pro)	〔吡咯烷环, NH, COOH, H〕

* 为必需氨基酸；精氨酸和组氨酸为儿童必需氨基酸，但对成人不是必需氨基酸

构成蛋白质的氨基酸全部是 L-构型的氨基酸。倘若用 D-构型氨基酸代替 L-构型氨基酸，则会破坏蛋白质分子的生物学活性。

人体能够合成蛋白质结构所需的某些氨基酸，但不能提供正常生长发育所需要的其他氨基酸，这些氨基酸称为必需氨基酸，它们必须从食物中摄取。日常饮食中应含有全部的必需氨基酸。

氨基酸分子中，若氨基和羧基的数目相等，称为中性氨基酸，其水溶液呈中性。若羧基数目多于氨基，称为酸性氨基酸，其水溶液呈酸性。如果氨基数目多于羧

基,称为碱性氨基酸,其水溶液呈碱性。氨基酸都是无色晶体,熔点较高,易溶于水,难溶于无水乙醇、乙醚等有机溶剂。因为氨基酸既含有氨基又含有羧基,与酸或碱作用都可以形成盐,所以氨基酸是两性物质。

2. 蛋白质

蛋白质(protein)是生命的物质基础,没有蛋白质就没有生命。因此,它是与生命及各种形式的生命活动紧密联系在一起的物质。机体中的每一个细胞和所有重要组成部分都有蛋白质参与。

蛋白质主要含碳、氢、氧、氮、硫等元素,一个蛋白质分子一般由几百个乃至几千个氨基酸所构成。氨基酸之间连接的基本方式是通过肽键结合形成肽链,例如,甘氨酸的羧基与丙氨酸的氨基脱水缩合,形成肽键,生成的化合物称为肽,最简单的肽由两个氨基酸组成,称为二肽。反应式为

$$NH_2-CH_2-\overset{O}{\overset{\|}{C}}-\boxed{OH+H}-NH-\overset{CH_3}{\overset{|}{CH}}-\overset{O}{\overset{\|}{C}}-OH$$

甘氨酸　　　　　丙氨酸

$$\xrightarrow{-H_2O} NH_2-CH_2-\overset{O}{\overset{\|}{C}}-\overset{H}{\overset{|}{N}}-\overset{CH_3}{\overset{|}{CH}}-\overset{O}{\overset{\|}{C}}-OH$$

（肽键）

甘氨酰丙氨酸

如果有很多个不同的氨基酸以这种首尾缩合的方式连接起来,形成一条肽链,即为蛋白质分子。

蛋白质占人体质量的 16.3%,即一个体重为 60 kg 的成年人其体内约有蛋白质 9.8 kg。人体内蛋白质的种类很多,性质、功能各异,但都是由 20 种氨基酸按不同比例组合而成的,并在体内不断进行代谢与更新。蛋白质的主要功能包括以下几个方面。①催化功能。酶能够催化生命过程中的一切生物化学变化,而绝大多数酶是由蛋白质组成。②免疫防御作用。生物体能够产生蛋白质抗体,防御外来细菌或病毒的入侵。③转运功能。转运蛋白能够携带各种物质通过细胞膜,维持正常的物质交换过程。④调控作用。生物体内的许多激素如胰岛素等以及它们的受体大都是由蛋白质产生或构成,这些蛋白质在许多生命过程中起重要的调控作用。⑤形成生物体的基本形体结构。如动物的骨骼、肌肉、皮肤等主要由各种蛋白质组成。⑥运动功能。肌肉蛋白的拉伸和收缩使生物体产生各种形态的运动。⑦神经刺激的产生与传导功能。

蛋白质的种类很多,按功能来分有活性蛋白和非活性蛋白。按分子形状来分有球蛋白和纤维状蛋白,球蛋白溶于水、易破裂,具有活性功能,如血红蛋白、酶等;而纤维状蛋白不溶于水,坚韧,具有结构或保护方面的功能,头发和指甲里的角蛋

白就属纤维状蛋白。按化学组成来分有单纯蛋白和结合蛋白,单纯蛋白只由多肽链组成,结合蛋白由多肽链和辅基组成,辅基包括核苷酸、糖、脂、色素(动植物组织中的有色物质)和金属配离子等。

与其本身复杂的功能相对应,蛋白质也具有非常复杂的结构。蛋白质的结构主要包括三个方面:蛋白质的基本组成、连接方式和空间结构。为了表示蛋白质结构的不同层次,经常使用一级结构、二级结构、三级结构和四级结构这样一些专门术语。一级结构就是共价主链的氨基酸残基的排列顺序,二、三和四级结构又称空间结构(即三维构象)或高级结构。氨基酸的顺序决定了蛋白质的功能,对它的生理活性也很重要,顺序中只要有一个氨基酸发生变化,整个蛋白质分子会被破坏。

蛋白质的二级结构是指蛋白质分子中多肽链本身的折叠方式,分为α-螺旋和β-折叠,如图3-5所示。例如,角蛋白中的多肽链,排列成卷曲形,称为α-螺旋。在这种结构里,氨基酸形成螺旋圈,肽键中与氮原子相连的氢,与附在沿链更远处的肽键中和碳原子相连的氧以氢键相结合。根据氨基酸的顺序,各种蛋白质都有其特异的二级结构。

蛋白质的三级结构是指球状蛋白质的立体结构。一般来说,球蛋白呈折叠得非常紧密的球形,如图3-6所示。

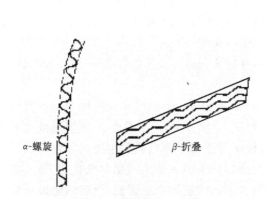

图3-5 蛋白质的二级结构

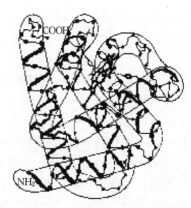

图3-6 蛋白质的三级结构

蛋白质四级结构是指多亚基蛋白质的三维结构,实际上是具有三级结构多肽(亚基)以适当方式聚合所呈现的三维结构。

1965年,我国科学家首先人工合成了具有生理活性的蛋白质——牛胰岛素,并测定了它的晶体结构。牛胰岛素含有两条肽链,共51个氨基酸单元。A链由21个氨基酸单元组成,B链由30个氨基酸单元组成。A链和B链通过两个二硫键相互连接,整个肽链再以一定的形式卷曲、折叠成稳定的胰岛素分子。这是我国科学家在蛋白质研究方面的重大贡献。

蛋白质和氨基酸一样,也是两性物质,与酸、碱作用都能生成盐。大多数蛋白质可溶于水或其他极性溶剂,而不溶于有机溶剂。蛋白质很容易水解,在酸、碱、酶的催化作用下,可逐步水解为相对分子质量较小的蛋白胨、蛋白脒、多肽,最后的水解产物是各种氨基酸的混合物。

3. 糖类

糖是生物体中重要的生命有机物之一,它主要是由绿色植物光合作用形成的。这类物质主要由 C、H 和 O 所组成,其化学式通常以 $C_m(H_2O)_n$ 表示,有碳水化合物之称,但是后来的发现证明了许多糖类并不合乎其上述分子式,如鼠李糖($C_6H_{12}O_5$)。其实糖类物质是含多羟基的醛类或酮类化合物。常见的葡萄糖和果糖是最简单的糖类,其结构为

$$
\begin{array}{c}
\text{CHO} \\
\text{H—C—OH} \\
\text{HO—C—H} \\
\text{H—C—OH} \\
\text{H—C—OH} \\
\text{CH}_2\text{OH} \\
\text{葡萄糖}
\end{array}
\qquad
\begin{array}{c}
\text{CH}_2\text{OH} \\
\text{C}=\text{O} \\
\text{HO—C—H} \\
\text{H—C—OH} \\
\text{H—C—OH} \\
\text{CH}_2\text{OH} \\
\text{果糖}
\end{array}
$$

此外,植物体内的淀粉、纤维素,动物体内的糖原、甲壳素等也都属于糖类。在生物体内,糖类物质主要是通过生物氧化提供能量,以满足生命活动的需要。

凡不能被水解的多羟基醛糖或多羟基酮糖(如葡萄糖和果糖)称为单糖。单糖的环状结构为

环状醛糖　　　　　　环状酮糖

凡能水解成少数(2~6 个)单糖分子的称为寡糖(又称低聚糖),其中以双糖存在最为广泛。人们食用的蔗糖(来自甘蔗)就是由葡萄糖和果糖形成的双糖,甜度较差的麦芽糖(来自淀粉)可用做营养基和培养基,来自乳汁的乳糖甜度适中,用于食品工业和医药工业,它们也都是双糖。

凡能水解为很多个单糖分子的糖为多糖。多糖广泛存在于自然界,是一类天然的高分子化合物。多糖在性质上与单糖、低聚糖有很大的区别,它没有甜味,一

般不溶于水。与生物体关系最密切的多糖是淀粉、糖原和纤维素。例如,淀粉是麦芽糖的高聚体,完全水解后得到葡萄糖。淀粉有直链淀粉和支链淀粉两类。直链淀粉含几百个葡萄糖单位,支链淀粉含几千个葡萄糖单位。在天然淀粉中直链的约占22%～26%,它是可溶性的,其余则为支链淀粉。当用碘溶液进行检测时,直链淀粉液呈蓝色,而支链淀粉与碘接触时则变为红棕色。图3-7和图3-8分别为直链淀粉和支链淀粉结构示意图。

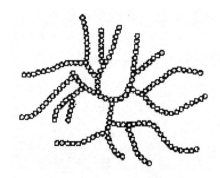

图3-7　直链淀粉的结构　　　　　　图3-8　支链淀粉的结构

淀粉是植物体中贮存的养分,存在于种子和块茎中,各类植物中的淀粉含量都较高,大米中含淀粉62%～86%,小麦中含淀粉57%～75%,玉蜀黍中含淀粉65%～72%,马铃薯中含淀粉12%～14%。淀粉是食物的重要组成部分,咀嚼米饭时感到有些甜味,这是因为唾液中的淀粉酶将淀粉水解成了单糖。食物进入胃肠后,还能被胰腺分泌出来的淀粉酶水解,形成的葡萄糖被小肠壁吸收。支链淀粉部分水解可产生称为糊精的混合物。糊精主要用作食品添加剂、胶水、糨糊,并用于纸张和纺织品的制造(精整)等。

糖原又称动物淀粉,是动物的能量贮存库。糖原与支链淀粉有基本相同的结构(葡萄糖单位的分支链),只是糖原的分支更多。糖原呈无定形无色粉末状,较易溶于热水,形成胶体溶液。糖原在动物的肝脏和肌肉中含量最多,当动物血液中葡萄糖含量较高时,就会结合成糖原储存于肝脏中;当葡萄糖含量降低时,糖原就可分解成葡萄糖而供给机体能量。

纤维素是自然界中最丰富的多糖。它是没有分支的链状分子,与直链淀粉一样,由D-葡萄糖单位组成。纤维素结构与直链淀粉结构间的差别在于D-葡萄糖单位之间的连接方式不同。由于分子间氢键的作用,这些分子链平行排列、紧密结合,形成了纤维束,每一束有100～200条纤维系分子链。这些纤维束拧在一起形成绳状结构,绳状结构再排列起来就形成了纤维素,如图3-9所示。纤维素的机械性能和化学稳定性与这种结构有关。

淀粉与纤维素仅仅是结构单体在构型上的不同,却有不同的性质。淀粉在水

图 3-9 纤维束拧在一起形成绳状结构

中会变成糊状,而纤维素不仅不溶于水,甚至不溶于强酸或碱。人体中缺乏具有分解纤维素结构所必需的酶(生物催化剂),因此纤维素不能为人体所利用,就不能作为人类的主要食品。但纤维素能促进肠的蠕动而有助于消化,适当食用是有益的。牛、马等动物的胃里含有能使纤维素水解的酶,因此可食用含大量纤维素的饲料。纤维素是植物支撑组织的基础,棉花中纤维素含量高达 98%,亚麻和木材中含纤维素分别为 80% 和 50% 左右。纤维素是制造人造丝、人造棉、玻璃纸、火棉胶等的主要原料。

糖类不仅是生物体的能量来源,而且在生物体内发挥其他作用,因为糖类可以与其他分子形成复合物,即复合糖类。例如,糖类与蛋白质可组成糖蛋白和蛋白聚糖,糖类可以与脂类形成糖脂和多脂多糖等。复合糖类在生物体内的种类和结构的多样性及功能的复杂性,更是超过了简单糖。糖类在生物界的重要性还在于它对各类生物体的结构支持和保护作用。很多低等动物的体外有一层硬壳,组成这层硬壳的物质被称为甲壳质,它是一种多糖,其化学组成是 N-乙酰氨基葡萄糖。甲壳质的分子结构和纤维素很相似,具有高度的刚性,能忍受极端的化学处理。在动物细胞表面没有细胞壁,但细胞膜上有许多糖蛋白,而且细胞间存在着细胞间质,其主要组分是结构糖蛋白和多种蛋白聚糖。另外,还有含糖的胶原蛋白,胶原蛋白也是骨的基质。这些复合糖类对动物细胞也有支持和保护作用。

4. 脂类

由脂肪酸和醇作用生成的酯及其衍生物统称为脂类,是脂肪(甘油三酯)和类脂(磷脂、蜡、萜类、甾类)的总称。这类物质结构差异很大,但在其性质上有共同之处,一般不溶于水而溶于乙醚、氯仿、苯等非极性有机溶剂。主要功能有:构成生物膜的骨架,是主要的能源物质,参与细胞识别,是某些重要的生物大分子组分,构成身体或器官保护层,具有生物学活性等。

1) 脂肪

脂肪也称油脂,它是由 1 分子甘油与 3 分子脂肪酸通过酯键相结合而成,称为甘油三酯(或三酰甘油)。动植物中的油脂主要成分是甘油三酯,一般把常温下是液体的称作油,而把常温下是固体的称作脂肪。不同的脂肪酸与甘油形成不同的甘油三酯,甘油三酯的通式为

$$\begin{array}{l} CH_2\text{—}O\text{—}COR_1 \\ | \\ CH\text{—}O\text{—}COR_2 \\ | \\ CH_2\text{—}O\text{—}COR_3 \end{array}$$

式中 R_1、R_2、R_3 代表不同的烷基。

天然油脂中的脂肪酸都含偶数碳原子,它们分为饱和脂肪酸和不饱和脂肪酸两类,重要的脂肪酸及其主要来源见表 3-3。

表 3-3 重要的脂肪酸及其主要来源

重要脂肪酸		分子式	主要来源
饱和脂肪酸	丁酸	C_3H_7COOH	奶油
	己酸	$C_5H_{11}COOH$	奶油
	月桂酸	$C_{11}H_{23}COOH$	椰子油,鲸蜡
	豆蔻酸	$C_{13}H_{27}COOH$	奶油,花生
	软脂酸	$C_{15}H_{31}COOH$	动植物油
	硬脂酸	$C_{17}H_{35}COOH$	动植物油
	花生酸	$C_{19}H_{39}COOH$	花生
不饱和脂肪酸	油酸	$CH_3(CH_2)_7CH=CH(CH_2)_7COOH$	动植物油
	亚油酸	$CH_3(CH_2)_4CH=CHCH_2CH=CH(CH_2)_7COOH$	亚麻酸油,棉籽油
	亚麻酸	$C_2H_5CH=CHCH_2CH=CHCH_2CH=CH(CH_2)_7COOH$	亚麻仁油
	花生四烯酸	$CH_3(CH_2)_4(CH=CHCH_2)_4(CH_2)_2COOH$	卵磷脂

不饱和脂肪酸是人体必需的脂肪酸,在体内不能合成,而要从食物中摄取。重要的必需脂肪酸有 3 种:亚油酸、亚麻酸、花生四烯酸。近年来,人们在深海鱼类中发现了 EPA(二十碳五烯酸)、DHA(二十二碳六烯酸),它们都是不饱和脂肪酸。人体缺乏必需脂肪酸,会影响固醇类代谢,患脂肪肝或引发血管粥样硬化,也会使皮肤受影响,而患顽癣或棘皮病。

贮存能量和供给能量是脂肪最重要的生理功能。1 g 脂肪在体内完全氧化时可释放出 38 kJ(9.3 kcal),比 1 g 糖原或蛋白质所放出的能量多两倍以上。脂肪组织是体内专门用于贮存脂肪的组织,当机体需要时,脂肪组织中贮存的脂肪可动员出来分解供给机体能量。此外,脂肪组织还可起到保持体温、保护内脏器官的作用。体内脂肪贮存过多则显得肥胖,使骨骼负担过重,心血管工作超负荷而引起疾病。

2) 类脂

类脂包括磷脂、鞘脂和胆固醇及其酯三大类。磷脂是含有磷酸的脂类,广泛存在于生物体内,是一种非常重要的脂质。虽然磷脂种类繁多,但他们具有共同的结构特征,即都是具有亲水性和疏水性的兼性分子,都含有甘油、磷酸、脂肪酸和一种含氮化合物。磷脂是生物膜的主要成分。近年来发现磷脂酰基醇及其衍生物参与细胞信号传导,特别是三磷酸肌醇(IP_3)和甘油二酯(DAG)作为胞内信使分子具有重要生理调节作用。

鞘脂类是生物膜的重要成分,是第二大类膜脂。在神经组织和脑组织中含量很高。现已知鞘脂类在免疫、血型、细胞识别等方面具有重要功能。鞘脂类包括有鞘磷脂和鞘糖脂,与磷脂相似,也是具有亲水性和疏水性的兼性分子。鞘脂类以鞘氨醇为基本骨架,鞘氨醇C(2)位的氨基与软脂酰辅酶A作用生成神经酰胺。神经酰胺是鞘脂类的基本结构单位,其C(1)位的羟基与磷酰胆碱结合时形成鞘磷脂;与糖类基团(如葡萄糖、半乳糖或寡聚糖等)结合时则形成鞘糖脂。

糖脂是含有糖基的脂类。这三大类类脂是生物膜的主要组成成分,构成疏水性的"屏障"(barrier),分隔细胞水溶性成分和细胞器,维持细胞正常结构与功能。此外,胆固醇是脊椎动物细胞膜的重要成分,也是脂蛋白的组成成分。胆固醇是脂肪酸盐和维生素D_3以及类固醇激素合成的原料,对于调节机体脂类物质的吸收,尤其是脂溶性维生素(A、D、E、K)的吸收以及钙磷代谢等均起着重要作用。体内胆固醇来源于自身合成与外界摄入。膳食中摄入的胆固醇被小肠吸收后,通过血液循环进入肝脏代谢。当外源胆固醇摄入量高时,可抑制肝内胆固醇的合成,所以在正常情况下体内胆固醇量维持动态平衡。各种因素引起的胆固醇代谢紊乱都可使血液中胆固醇水平增高,从而引起动脉粥样硬化。因此,高胆固醇血症患者应注意控制膳食中胆固醇的摄入量。

5. 生物酶

人类从发明酿酒、造醋、制酱、发面时起,就对生物催化作用有了初步的认识,不过当时并不知道有酶这类生物催化剂。进入19世纪后期,人们已积累了不少关于酶的知识,认识到酶来自生物细胞。进入20世纪,不仅发现了很多酶,而且酶的提取、分离、提纯等技术有了很大的发展,并注意到有不少酶在作用中需要低相对分子质量的物质(辅酶)参与,对酶的本质进行了深入的研究。1926年第一次成功地从刀豆中提取了脲酶的结晶,并证明那种结晶具有蛋白质的化学本质,它能催化尿素分解为NH_3和CO_2。此后,相继分离出许多酶(如胃蛋白酶、胰蛋白酶等)的晶体。科学实验证明,酶的化学组成同蛋白质一样,也是由氨基酸组成,它们都具有蛋白质的化学本性。至今,人们已鉴定出2 000种以上的酶,其中有200多种已得到了结晶。酶是一类由生物细胞产生的、以蛋白质为主要成分的、具有催化活性的生物催化剂。

酶催化作用有很多特点,最主要的如下。

(1) 酶是由生物细胞产生的,其主要成分是蛋白质,因而对周围环境的变化比较敏感,当遇到高温、强酸、强碱、重金属离子、配位体或紫外线照射等因素的影响时,易失去它的催化活性。

(2) 酶催化反应都是在比较温和的条件下进行的。例如,在人体中的各种酶促反应,一般是在体温 37 ℃和血液 pH 值约为 7 的情况下进行的。

(3) 酶具有高度的专一性,即某一种酶仅对某一类物质甚至只对某一种物质的特定反应起催化作用,生成一定的产物。如脲酶只能催化尿素水解生成 NH_3 和 CO_2,而对尿素的衍生物和其他物质都不具有催化水解的作用,也不能使尿素发生其他反应。酶的这种专一性通常可用酶分子的几何构型给予解释。如麦芽糖酶是一种只能催化麦芽糖水解为 2 分子葡萄糖的催化剂,这是由于麦芽糖酶的活性部位(即反应发生的位置)能准确地结合 1 个麦芽糖分子,当两者相遇时,麦芽糖酶使两个单糖单位相连接的链盒变弱,其结果是水分子的进入并发生水解反应。麦芽糖酶不能使蔗糖水解,使蔗糖水解的是蔗糖酶。早年提出的"一把钥匙开一把锁"酶催化锁钥模型如图 3-10 所示。近年来的研究结果表明,把酶和底物看成刚性分子是不完善的,实际上它们的柔性使二者可以相互识别、相互适应而结合,如图 3-11 所示。

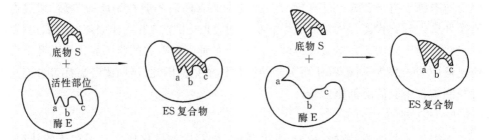

图 3-10 底物与酶相互作用的锁钥模型　　图 3-11 底物与酶相互作用的诱导契合模型

(4) 酶促反应所需要的活化能低,而且催化效率非常高。例如,H_2O_2 分解为 H_2O 和 O_2 所需的活化能是 75.3 kJ/mol,用胶态铂作催化剂活化能降为 49 kJ/mol,当用过氧化氢酶催化时的活化能仅需 8 kJ/mol 左右,并且 H_2O_2 分解的效率可提高 10^9 倍。

从酶的化学组成来看,可分成单纯酶和结合酶两大类。单纯酶的分子组成全为蛋白质,不含非蛋白质的小分子物质。如脲酶、蛋白酶、淀粉酶、脂肪酶、核糖核酸酶等都属单纯酶。结合酶的分子组成除蛋白质外,还含有对热稳定的非蛋白质的小分子物质,这种非蛋白质部分叫做辅助因子。酶蛋白与辅助因子结合后所形成的复合物或配合物叫做全酶。辅助因子是这类酶起催化作用的必要条件,缺少了它们,酶的催化作用即行消失,酶蛋白、辅助因子各自单独存在时都无催化作用。酶的辅助因子可以是金属离子(如 Cu^{2+}、Zn^{2+}、Fe^{2+}、Mg^{2+}、Mn^{2+} 等)或配合物(如血红素、叶绿素等),也可以是复杂有机化合物。

生物体是通过物质的氧化获得能量的,但物质氧化时所产生的能量一般不能直接被利用。机体利用能量的方式是将生物氧化系统释放的能量,以高能键的形式先贮存在生物体内的 ATP 中,当需要时再释放出来供各种生理活动和生化反应需用。

生物氧化过程,即是由各种有机物(食物来源)在酶的作用下,氧化生成 CO_2 和 H_2O,并释放出能量的过程。由于酶的催化作用,生物氧化得以在比较温和的条件下及有水的环境中进行,且能量可以逐步释放。

通过食物氧化得到的能量主要用于合成 ATP。然后在适当的催化剂存在时,ATP 将经历三步水解,其提供的能量可用来引起其他化学反应。各种生物活动如核酸、蛋白质等物质的合成,糖、脂肪、药物等物质的代谢,以及细胞内外物质的转运等都有 ATP 参与。ATP 被称为生物体内的能量使者。

对于大多数细胞代谢过程的酶已经有了较多的了解。目前酶学研究中的新领域包括酶合成的遗传控制与遗传病,许多酶系统的自我调节性质,生长发育及分化中酶的作用与肿瘤及衰老的关系,细胞相互识别过程中酶的作用等。

6. 核酸

核酸是生物体内的高分子化合物,包括 DNA 和 RNA 两大类。1944 年,美国 O. T. Avery 等通过肺炎球菌转化实验证明了 DNA 就是遗传物质;1953 年 Watson 和 Crick 提出了 DNA 双螺旋结构;20 世纪 70 年代初建立起来的重组计划是生命科学发展史中的又一次突破;1990 年开始的人类基因组计划再一次拉开生命科学的大幕,使人类对生命的探索进入一个新时代。

核酸是高分子有机物,相对分子质量在几百万以上,核苷酸是组成核酸的基本结构单元。若将核酸水解,便产生多个核苷酸,因此,核酸又称多聚核苷酸。每个核苷酸又由三个亚基组成,即含氮有机碱(称碱基)、戊糖(五碳糖)和磷酸。含氮有机碱分为嘌呤和嘧啶两大类。嘌呤中主要有腺嘌呤(A)和鸟嘌呤(G);嘧啶中主要有胞嘧啶(C)、尿嘧啶(U)和胸腺嘧啶(T),结构式分别为

腺嘌呤(A)　　鸟嘌呤(G)　　胞嘧啶(C)　　尿嘧啶(U)　　胸腺嘧啶(T)

戊糖有核糖和脱氧核糖两种:D-核糖和 D-2-脱氧核糖,结构式分别为

戊糖与嘌呤碱或嘧啶碱以糖苷键连接就称为核苷,通常是戊糖的 C(1′)与嘧啶碱的 N(1)或嘌呤碱的 N(9)相连接,结构式分别为

核苷中戊糖的羟基与磷酸以膦酸酯键连接而成为核苷酸。生物体内的核苷酸大多数是核糖或脱氧核糖的 C(5′)上羟基被膦酸酯化,形成 5′核苷酸。腺嘌呤脱氧核苷酸与尿嘧啶核苷酸的结构式分别为

腺嘌呤脱氧核苷酸　　　　尿嘧啶核苷酸

核酸有两类,水解后得到 D-核糖的称为核糖核酸,又称 RNA;水解后得到 D-2-脱氧核糖的,称为脱氧核糖核酸,又称 DNA。RNA 中的碱基主要有四种:A、G、C、U。DNA 中的碱基主要也有四种,三种与 RNA 中的相同,只是 T 代替了 U。

核酸是由许多核苷酸单元构成,图 3-12 所示为 DNA 和 RNA 的片段结构。

生物体内的核苷酸除形成多聚核苷酸外,还有的以游离形式存在,主要有多磷酸核苷酸。最重要的多磷酸核苷酸是 ATP,ATP 在生物体内的能量代谢中起着重要的作用。AMP 是单磷酸腺苷,ADP 是二磷酸腺苷。

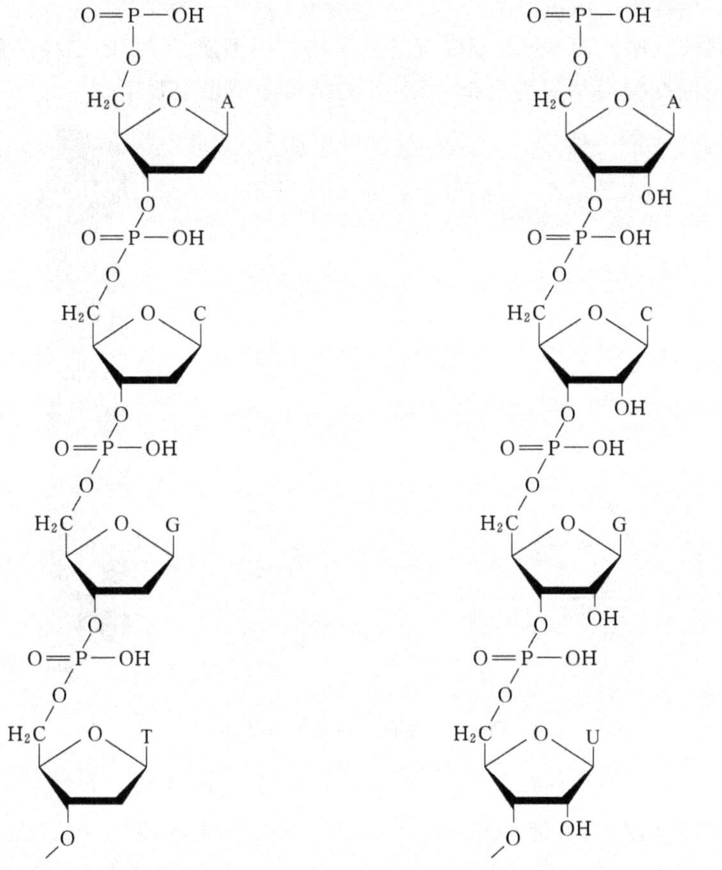

图 3-12　DNA 和 RNA 的片段结构

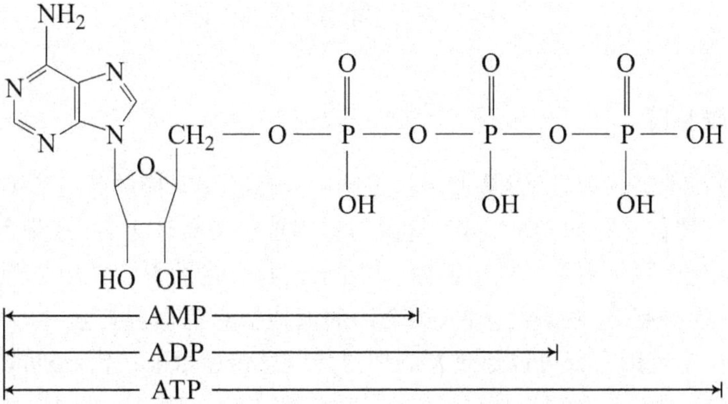

AMP、ADP、ATP

核酸的结构按层次可分为一、二、三级结构,其中一级结构是各核苷酸沿多核苷酸链排列的顺序。而 DNA 双螺旋的分子结构模型属 DNA 的二级结构模型(见图 3-13),三级结构模型更为复杂。RNA 的结构模型也很复杂。

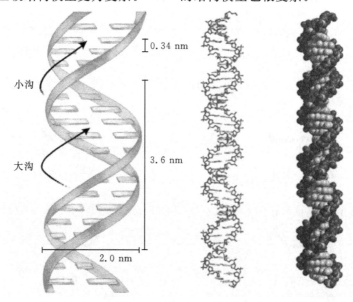

图 3-13 DNA 的双螺旋结构

核酸具有重要的生理功能,是生物遗传的物质基础。DNA 主要存在于细胞核中,它们是遗传信息的携带者;RNA 主要存在于细胞质中,存在于 DNA 分子上的遗传信息,由 DNA 传递给 RNA,再传递给蛋白质,通过 DNA 复制,将遗传信息代代传下去。

3.3 生命的本质

3.3.1 遗传基因

现代遗传学家认为,基因是 DNA 分子上具有遗传效应的特定核苷酸序列的总称,是具有遗传效应的 DNA 分子片段。基因位于染色体上,并在染色体上呈线性排列。染色体则是由 DNA、组蛋白、非组蛋白及少量的 RNA 组成,形成串珠状的复合体。人类有 23 对染色体,人类全部的遗传信息都储存在这 23 对染色体的 DNA 分子中。基因不仅可以通过复制把遗传信息传递给下一代,还可以使遗传信息得到表达。

不同的基因是由于其 DNA 分子片段中 4 种脱氧核苷酸的排列顺序不同造成

的。组成 DNA 分子中的 4 种脱氧核苷酸，每三个为一组，组成三联体，如 TTC、TCA、AAG、TGA、AAA、TTT 等。每个三联体又代表一个遗传密码子，每个密码子最终代表一个氨基酸。在遗传过程中，DNA 通过半保留复制方式在细胞分裂时按照自己的结构精确复制传给子代。由于子代 DNA 分子的结构与亲代 DNA 完全相同，因而保留了亲代的全部遗传信息，即保留了亲代的全部遗传密码子，这个过程就叫 DNA 复制。DNA 的复制过程：母体 DNA 的双链解旋，两条链先分开，每一条链作为"原声磁带"或模板分别进入一个子细胞；细胞中已复制好的各种核苷酸根据碱基互补配对原则与原来每一条链上的碱基配对；在酶催化下，将按规律排列的核苷酸逐个连接起来形成新的双螺旋，如图 3-14 所示。子细胞中的 DNA 与母细胞中的 DNA 完全相同，遗传信息得到了准确传递。

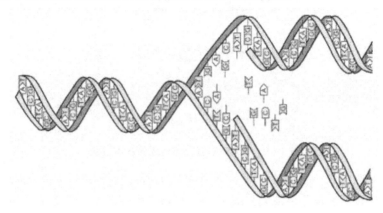

图 3-14　DNA 分子的复制过程

在后代的生长发育过程中，遗传信息自 DNA 转录给 RNA，然后翻译成特定的蛋白质以执行各种生物功能，使后代表现出与亲代相似的遗传性状。所以 DNA 核苷酸序列是遗传信息的储存者，它通过自主复制得以永存，通过转录生成信使 RNA(mRNA)，进而通过翻译成蛋白质的过程来控制生命现象。同时某些病毒、癌细胞及动物胚胎细胞可以由 RNA 转录出 DNA，即发生反转录。基因控制着蛋白质的合成，但蛋白质的生物合成比 DNA 复制复杂，需要 200 多种生物大分子参加，其中包括核糖体（核糖核蛋白体）、mRNA、转运 RNA(tRNA) 及多种蛋白质因子。

在蛋白质的合成过程中，DNA 首先把自身的密码转录给 mRNA，然后由 tRNA 将遗传密码翻译成相应的氨基酸，并把该氨基酸带到核糖核蛋白体（蛋白质生物合成的基地）上，按照 mRNA 从 DNA 得来的密码顺序连接成蛋白质的多肽链，从而实现多肽链的合成。我们把以 DNA 为模板，合成与 DNA 脱氧核苷酸顺序相应的 mRNA 的过程叫做转录，转录过程就是根据 DNA 的脱氧核苷酸顺序来决定 mRNA 的核苷酸顺序的过程。tRNA 根据 mRNA 链上的遗传密码转译出相成的氨基酸的过程就叫翻译,翻译的过程是根据 mRNA 从 DNA 得来的核苷酸顺序决定新生蛋白质中氨基酸顺序的过程。由于生命活动是通过蛋白体来表现的,所以生物遗传特征实际上是通过 DNA ⟶ RNA ⟶ 蛋白质过程传递的,这个过程又称为基因表达过程。图 3-15 所示为哺乳动物蛋白质合成的基本过程。

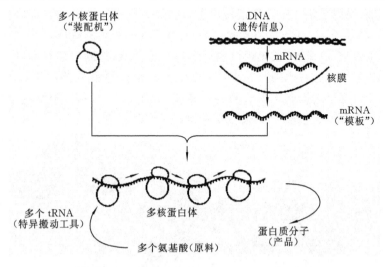

图 3-15　哺乳动物蛋白质合成的基本过程

显然,细胞(核)中的 DNA 含有人体基因的所有信息,在特定个体的 DNA 中正是含有 4 种碱基以不同序列构成的遗传密码系统控制着特定个体的特征,如肤色、头发、鼻子的形状等。由于遗传密码系统的不同,没有任何两个人的 DNA 是完全一样的(同卵双胞胎除外)。DNA 的碱基排列是遗传基因的物质基础,正是这个信息规定了每个有机体中的遗传性和一切生物化学过程。

3.3.2　人类基因组计划

人体细胞约有 10 万个基因,迄今弄清楚的不到 5%。1986 年,诺贝尔奖获得者达尔贝科提出了人类基因组计划(human genome project,简称 HGP),其主要目标是测定人类 23 对染色体的遗传图谱、物理图谱和 DNA 序列。换句话说,就是测出人体细胞中 23 对染色体上全部 30 亿个碱基(核苷酸)的序列。把总数约为 10 万个的基因都明确定位在染色体上,破译人类全部遗传信息,使人类对自身的认识达到一个新的高度。经过三年的论证,美国政府决定于 1990 年 10 月正式启动这项将耗资 30 亿美元的 15 年计划,预计到 2005 年完成人类基因组 30 亿个碱基对的全序列测定工作。美国关于 HGP 的辩论和启动引起了全世界科学家的兴趣。随后,英国、日本、法国、德国和中国相继加盟,HGP 成为国际合作的大课题。人类基因组计划与"曼哈顿"原子计划、"阿波罗"登月计划并称为人类科学史上的重大工程。

1997年底,有人提出HGP的最终目标应该是提供生物学周期表,这个周期表的"元素"就是决定人类一切性状的大约5万~10万个基因,而完成30亿个碱基的测序只不过为这个目标打下结构上的基础。可以预计,一旦破译工作全部完成,我们就能够掌握人类遗传信息,建立完整的遗传信息库。由此,危害人类健康的5 000多种遗传疾病以及与遗传密切相关的恶性肿瘤、心血管疾病和精神疾患等,都可以得到预防、早期诊断和治疗。到时候,如同现在做DNA亲子鉴定一样,从一个人身上取一滴血,就可以了解这个人的基因状况,解释此人罹患某种疾病的概率是多少。目前,只要发现新的基因,国际基因数据库就会通报这一发现。

经过多国科学家的共同努力,1999年11月23日,美国国家科学院的官员和参加人类基因组计划的科学家们庆祝HGP公众DNA测序工作完成第10亿个碱基对的测定。12月1日,一个由英、美、日等国科学家组成的研究小组宣布,他们已经破译了人类第22对染色体中所有(545个)与蛋白质合成有关的基因序列,这是人类首次了解了一条完整的人类染色体的结构,它可能使人们找到疾病的多种治疗新方法。研究显示,第22对染色体与免疫系统疾病、先天性心脏病、精神分裂、智力迟钝和白血病以及多种恶性肿瘤的发生相关。完成对第22对染色体的测定将对这些疾病的早期诊断和治疗起到帮助作用。这一成果是宏大的HGP的一个里程碑。

我国在1993年启动了相关研究项目,并在上海和北京相继成立了国家人类基因组南、北两个中心。1999年7月,我国在国际人类基因组注册,承担了其中1%的测序任务,即3号染色体上3 000万个碱基对的测序任务,此举标志着我国已掌握生命科学领域中最前沿的大片段基因组测序技术,在结构基因组学中占了一席之地,并于2001年提前两年完成测序任务。

HGP是当代生命科学一项伟大的科学工程,它奠定了21世纪生命科学发展和现代医药生物技术产业化的基础。原计划用15年时间即到2005年完成30亿个碱基对全部序列的测定,但由于它在科学上的巨大意义和商业上的巨大价值,这一计划完成时间一再前提,2003年4月15日,六个国家共同宣布人类基因组序列图完成。

人类基因组单体型图计划是科学家在完成人类基因组序列图谱之后的又一大壮举。该计划旨在通过大量检查单核苷酸多态性(SNP)在主要族群中的分布情况,划定单核苷酸多态性在染色体上共有的变异区域,确定和编目人类遗传相似性和差异性的常见模式,为预防、诊断和治疗癌症、心血管疾病、哮喘、糖尿病等作出贡献。2002年10月,人类基因组单体型图计划正式启动,加拿大、中国、日本、尼日利亚、英国和美国六国科学家参加了这个项目。全球目前已经投入1.3亿美元。截至2004年11月15日,人类基因组单体型图计划已经产出超过8 000万个欧裔样品基因型数据,而对亚裔和非裔样品的单核苷酸多态性分型正在进行。计划2005年底,第二阶段即更高密度的人类基因组单体型图将全部完成。

HGP的实施将极大地促进生命科学领域一系列基础研究的发展,阐明基因的结构与功能关系,生命的起源和进化,细胞的发育、生产、分化的分子机理,疾病发生的机理等。人类六千多种单基因遗传性疾病和严重危害人类健康的多基因遗传易感性疾病(如心血管疾病、恶性肿瘤、糖尿病等)的发病机制有望得到彻底阐明,为这些疾病的早期预防、早期诊断和早期治疗奠定坚实基础,为医药产业带来翻天覆地的变化。它还促进了生命科学与信息科学、材料科学以及高新技术产业相结合,刺激相关学科与技术领域的发展,带动起一批新兴的高技术产业。基因组研究中发展起来的技术、数据库及生物学资源,还将推动农业、畜牧业、能源、环境等相关产业的发展,改变人类社会生产、生活和环境的面貌,把人类带入更佳的生存状态。

3.4 化学与仿生学

3.4.1 化学仿生学

化学仿生学是一门介于化学与生物学之间的边缘科学,是用化学方法在分子水平上模拟生物体功能的一门科学。其研究内容主要为模拟生物体内的化学反应过程,模拟生物体内的物质输送过程以及模拟生物体内的能量转换过程。

生物体内的化学反应都是在酶催化下进行的。酶催化反应的特点是在常温、常压下,在一个很复杂的混合体系中专一地、高效地、有条不紊地进行着。其高效性就是指强大的催化功能。例如,同样是催化过氧化氢分解为水和氧气,过氧化氢酶的催化效率比一般无机物催化高1 000万倍。化学仿生学的任务之一就是仿照天然酶合成出人工酶。通过从生物体内分离出某种酶之后,研究清楚其化学结构和作为催化剂的催化机理,在此基础上设法人工合成这种酶或其类似物,用以实现相应的催化反应而制得相应的产品。在这方面,对固氮酶的研究是一项非常重要的工作。固氮酶是豆科植物根部产生的一种酶,它在常温常压下就可以使空气中的氮气与某种或某些含氢物质发生反应生成氨提供给植物作为氮肥。因此,模拟固氮酶研究如果获得成功,将是化学仿生学上的一个十分重大的成果。

生物在物质输送、浓缩、分离方面的能力也是惊人的,像海带能从海水中富集碘,比海水中碘的浓度提高千倍以上;大肠杆菌的体内、外钾离子浓度差达3 000倍等,这些都是生物通过细胞膜来进行调节控制的。所以人们设想,如果能模拟生物膜的这种输送、分离功能,合成一种高效、选择性强的分离膜,将会使物质的分离、提纯达到一种实效、快速、专一的全新途径。这对于人类开发利用海洋资源,进行微量元素的提取、特殊的化学分离以及污染控制等方面都会产生质的飞跃。另外,在生物体内进行的光能、电能、化学能等各种能量间的转换,其效率之高已为人所知。例如,萤火虫通过自身荧光素和荧光酶的作用,发光率竟达100%。生物体利用食物氧化所释放能量的效率是70%~90%,而我们利用燃烧煤或石油释放能量的效率通常只有20%~40%。在能源日趋短缺的今天,模仿生物高效利用能量的技能已成为节能研究的重要课题,同时对开发新能源也有极其重大的指导意义。因此,仿生学是一门研究生物系统的结构和性质且为工程技术提供新的设计思想及工作原理的科学。

3.4.2 仿生酶

有机化学与生命科学相结合的一个主要目标是将酶模型化,并借助于现代测试手段和方法研究酶模型化学反应的促进作用与选择性,从而实现人工合成。其基本方法是指出酶分子结构中对催化反应起主导作用的结构因素,然后人工加以设计和合成含该结构的有机分子,以实现人工仿酶催化的反应。因此,仿酶模型是人工设计合成的具有酶催化作用的有机合成分子,它具有如下特征:①具有能和底物选择性结合的疏水空穴,因为空穴与底物的非共价疏水结合是酶具有特异性催化性能的关键;②具有以特定方式与空穴相连的催化基团,它们是产生催化的重要结构因素之一;③酶模型的外部应是亲水的,即具有良好的水溶性;④应具有刚性骨架,以满足其与底物之间有相互匹配的空间和立体要求。

3.4.3 仿生固氮

大气中含有约 4×10^{15} 吨氮气。地球上动、植物的细胞不能直接吸收它来转化成蛋白质、核酸等生命基础物质,只有自然界的固氮微生物才能在常温常压下高效率地固氮成氨。它们每年为地球上所有的生物提供生命所必需的固定氮约2亿吨。人们能否用化学方法模拟微生物固氮的某些原理,研制出在温和条件下能使用的固氮催化剂,这就是化学模拟生物固氮所要研究的科学问题。

根据对微生物固氮菌的研究,实现固氮反应要具备以下基本条件:
(1) 有供氢体系(丙酮酸代谢);
(2) 有还原剂提供电子和电子传递体(如铁氧还蛋白等);
(3) 有 ATP 提供能量;
(4) 有固氮酶。

温和条件下化学模拟生物固氮主要包括如下三个过程。
(1) 配合过程。用过渡金属配合物去配合 N_2 以削弱 N_2 分子中的三重键。
(2) 还原过程。用还原剂向被配合的 N_2 分子提供电子以拆开 N_2 中的化学键。
(3) 加 H^+ 过程。用 H^+ 和带负电的 N 结合以生成 NH_3。

3.4.4 仿生膜

1. 生物膜的结构与作用

生物膜在生命过程中起着十分重要的作用,生物体系中的许多过程发生在生物膜上。人和动物的代谢作用以及各种生理现象处处都有电流和电势的变化产生,生物电的起因可归结为细胞膜内、外两侧的电势差;生物体系中有关能量的传递以及其他一些过程多与生物膜上的电子转移和氧化、还原过程有关。

生物膜结构研究已有近百年历史。1899 年,Overton 发现非极性分子比极性分子容易通过细胞膜,首先提出细胞膜的脂类性质。1925 年,Gorter 和 Grende 发现,从红细胞膜提取的脂单层排布面积是红细胞表面积的 2 倍,指出类脂双分子层是生物膜的基本结构。1935 年,Danielli 提出蛋白质与膜相关的概念。此后又有研究者提出了多种生物膜模型,包括蛋白晶态膜模型、镶嵌晶态膜模型等,其共同点是把生物膜看成一种静态结构。自 20 世纪 60 年代以来,使用电子显微镜和各种波谱技术研究生物膜以及 Frye 的细胞融合实验证明,生物膜具有流动性。1972 年,S. J. Singer 和 G. Nicholson 提出了生物膜结构的流动镶嵌模型,如图 3-16 所示。这是目前为大多数人所接受的模型。流动镶嵌模型的要点如下。①膜磷脂和糖脂一般排列成双分子层构成膜的基础。双分子层的膜脂分子可以自由横向运动,从而使双分子层具有流动性、柔韧性、高电阻、离子与高极性分子通透相互性。脂质双分子层既是固有蛋白质的溶剂又是物质通透的屏障。②膜蛋白一般可以在双分子层中自由侧向扩散,但通常不能从膜一侧翻转到另一侧。少量膜脂与特定的膜蛋白有专一的相互作用。

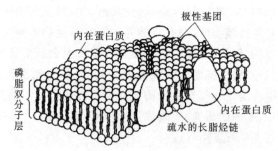

图 3-16 生物膜的流动镶嵌模型

生物膜是多分子的亚细胞结构,它的一系列重要性质是脂质分子与蛋白质分子相互作用的结果。目前,人们对生物膜结构的认识只是一个简单化的基本轮廓,还需要更成熟的理论和更丰富的实践才能描绘出完整的生物膜结构。

2. 平板双层类脂膜仿生膜

20 世纪 60 年代,有人根据公认的类脂双层是生物膜的基本结构,成功地在 2

个水溶液之间形成人工自组装平板双层类脂膜(bilayer lipid membrane,BLM),并把它作为神经膜的实验模型系统。此后,BLM 及以后发展起来的球形脂质体广泛地作为许多人工生物膜的模型。这种脂双层结构的形成是由类脂分子的两亲性质决定的,类脂分子的一头是疏水碳氢链,另一头是亲水的极性基团,在水相中,这种分子结构使它们自动地组装成双层构型。从此,有关膜的离子运送、光电转换、电子传递及在传感器的应用等方面的研究迅速开展起来。

生命体系中的细胞膜把细胞内界和外界两个水相分开,而这种平板 BLM 与生命体系中的细胞膜最为相近,因此在平板 BLM 上的有关研究一直经久不衰。尽管以平板 BLM 为生物膜的模型开展了许多研究,取得了一些很有意义的结果,但是在两个分隔的水相之间所形成的双层脂膜极不稳定,这是 BLM 的最大弱点。为了提高它的稳定性,人们进行了许多新的尝试,创造了固体支撑的自组装双层类脂膜(S-BLM)及支撑混合双层膜(HBM)。1989 年,Tien 等发现,在金属(包括 Pt、Ag 等)的新生表面接触,具有两亲基团的类脂分子将在剖面上发生定向吸附,其极性基团不可逆地结合到金属表面,疏水的非极性基团指向有机相;当转移到水相中时,类脂分子再次在有机相/水相界面上取向,自组装形成双层类脂分子膜。

3.4.5 仿生昆虫信息素

1690 年,J.Ray 研究发现,雌蛾通过释放有气味化学物质,能吸引大批雄蛾。这种在动物之间进行联络的化学物质,现在称之为信息素。在这之后,科学家们又发现了蚂蚁、蝴蝶通过信息素引导同类的现象。1959 年,德国化学家成功地分离并鉴定了第一种昆虫信息化合物(家蚕的性信息素——蚕蛾醇)。迄今已有千余种昆虫信息化合物的结构得到了鉴定。近 30 年来,大量的研究集中在蛾的性信息素方面,因为昆虫多是通过蛾的交配方式传宗接代,蛾的交配离不开性信息素。如果人类能够掌握各种昆虫的性信息素并能合成,那么,防治害虫将变得轻而易举。

1. 昆虫信息素的种类及其结构

信息素并不是很复杂的分子,许多信息素的相对分子质量在 300 以下。低等动物的信息素按用途可分为如下三类。

1) 征募信息素

低等动物在发现食物时,要召集同类聚集采集,就会释放出征募信息素,如蜜蜂的征募信息素是牛儿醇,如果把从玫瑰花中分离出的牛儿醇放入空气中,同样能把大量的蜜蜂吸引过来。牛儿醇又叫柠檬醛 A,是最简单的信息素,其分子结构为

$$\text{CHO}$$

2) 报警信息素

当昆虫受到伤害或发现外敌入侵时,会释放出信息素通知同类进攻或避让。

例如,蚜虫的报警信息素是(反)-β-法尼烯,其分子结构为

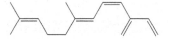

蚜虫常栖息于植物叶背面,普通农药对其难以产生威胁。在田间施用蚜虫报警信息素后,能使蚜虫停止取食,骚动不安,并离开叶子背面。

3) 性信息素

昆虫在交配之前,通常在利用性信息素进行交流。一般由雌虫释放,雄虫接受到这种信息会立刻找到雌虫并与之交配,这种信息素对它们繁衍后代至关重要。昆虫的性信息素中并不含有复杂的官能团,常见的含有醛基、酯基、羟基和双键。目前有的昆虫性信息素已能人工合成。棉铃虫性信息素主要是顺-11-十六碳烯酸和顺-9-十六碳烯酸的混合物。小菜蛾是危害十字花科作物的主要害虫,它的性信息素的主要成分是顺-11-十六碳烯酸和顺-9-十六碳烯醋酸酯的混合物。

2. 昆虫信息素的特性

1) 活性高

极微量信息素就能引起生物反应。昆虫的每个感受器都能感受一个分子。因此,10～18 g 的化学物质足以引起生物反应。一只雌性蚕蛾一次释放的蚕蛾醇足以吸引 100 万以上的雄蛾。

2) 非常高的物种专一性

自然界为什么能抵抗动物杂交?这是因为每一物种有自己的化学信号,有些由雌性动物释放,有的则相反。性信息素通常是几种化合物的混合物,在同一属中,不同的物种尽管化合物的成分相同,但只要比例不同,它们也能加以辨认。

3) 活性的有效距离大

一般的性信息素的活性有效距离为 50～100 m。活性化学物质通过扩散或风在空中传播。

4) 性信息素是低等动物繁衍的主要手段

分散的雄性或雌性动物只有通过性信息素才能相互聚集、交配。没有性信息素,繁衍将受到影响。根据性信息素的特点,选择治虫方法。比如,设计一种装有微量性信息素的陷阱来诱捕害虫,再根据陷阱中害虫的种类、数量和性别特征,确定何时、何地喷洒农药,以及需要喷洒农药的剂量。一般情况下,一个陷阱中只要用 2 mg 合成性信息素就能检测 50 000 m²,有效期为 1 个月。又如,在日本南部波宁岛上的试验中,用雌性性信息素与一种毒物结合起来,将许多小片纤维板浸透这两种化学物质,然后由空中散布到整个岛群上去引诱和杀死那些雄性的飞蝇。这一"扑灭雄性"计划实施一年之后,就有 99% 以上的飞蝇被消灭。还可以在害虫交配期间,将合成性信息素散入大气,使昆虫的性信息素受到干扰,打乱雄虫(雌虫)

的习惯,使之相互找不到配偶,交配失败,导致害虫数量较大幅度减少,达到治虫的目的。

3.5 医药化学品与人类健康

3.5.1 人类与医药的关系

人类从诞生之日起,就担负着与各种疾病斗争的使命,同时走上寻找治病药物和医病方法的漫漫之路。

在我国民间关于神农氏和"药王"的传说,传颂我们的祖先从事医药研究的可贵精神和业绩。从"神农尝百草,一日而遇七十毒"这一传说典故足可见古代人类寻医问药的献身精神。为此神农氏被后人称为"药王菩萨"。神农氏、伏羲氏和黄帝是中医中药研究的开拓者。最早的中医药专著《神农本草经》和《黄帝内经》的名称可能包含赞颂神农氏在中医药研究的贡献的意味。在民间历来供奉的"药王"是孙思邈(581—682年),他终身从事医药研究,经历隋、唐两个朝代共六个皇帝,活了101岁。他踏遍名山广收民间秘方,先后写成《千金要方》和《千金翼方》两部共数百万字的医方名著,其中用海带、海藻、羊靥治瘿痛(甲状腺肿大),用赤小豆和谷皮防治脚气病比欧洲人应用维生素B_1防治该病早了近1 000年。孙思邈由于在中医药研究的功绩,被后人尊奉为"药王"。李时珍(1518—1593年)毕生从事中医药研究,他花费近30年的心血对中医药学进行考证和系统整理,写成闻名世界的中药学巨著《本草纲目》,已被译成多国文字在全世界流传。李时珍因此被定为世界名人受到隆重的纪念。

在古代文明发达的国家如希腊、埃及、罗马、波斯、印度等的医药发展史上也流传着不少神话和传说。如古希腊的阿波罗(Apolo)被尊为太阳神、音乐神和医药之神。他的儿子埃斯克雷庇斯(Aesculapius)在荷马史诗中称之为十全医师,经常在山野里考察动植物的性质,留下类似于神农尝百草的传说。阿拉伯人阿维森纳(Avicenna,980—1037年)的巨著《医典》在几百年里被西方医学界奉为经典著作,成为世界医学史上的医圣之一。

由此可见,中外的医药发展经历了很相似的历程,都是经过人类本身的生活经验和反复的尝试验证不断积累起来的。如古人类在被尖石或荆棘碰撞刺伤后意外地发现身体某些原有疾病得到缓解或痊愈,身体局部被火烘烤或接触到烧热的石块等物而使某些病痛得到减轻或缓解,从而逐步形成了针灸法。据考证,针灸法的起源早于药物治疗,大约产生于旧石器时代。

药物的起源是由人类在原始生活过程中,采集各种野生植物的果实、种子和根茎做食物充饥时,由于饥不择食,有时在采食了某些植物之后产生呕吐、腹泻、昏迷甚至死亡,或使原有的呕吐、腹泻等病证得以减轻或消除,经过无数次的尝试和长期经验教训的积累,认识了一些植物的治疗、保健作用和毒性,并有意识地用于对某些疾病的治疗,由此逐渐积累一些天然药物的知识。

3.5.2 中药

我国幅员辽阔,中药资源十分丰富。我国人民在长期与自然及疾病斗争的过程中,积累了利用中草药防治疾病的丰富经验。在我国中药用于治疗临床各种疾病已有几千年的历史,为中华民族的繁衍和祖国的健康事业作出了不可磨灭的贡献。同时中药又是中华民族文化的重要组成部分。近年来,国际上在"回归大自然"的口号下,加强了对天然产物的研究。一方面努力发现新的有生物活性的成分,作为开发新药的先导化合物;另一方面又在大力研究以混合物为治疗剂的各种"替代疗法"。国内相关部门也提出了"中药现代化"的研究目标,希望中药能以国际接受的标准进入国际市场。

1. 中药概念的内涵

中药概念的内涵应具备中医药学理论体系相适应的特征。具体包括如下三方面内容。①药物本身性能(药性)以中医药学独特术语表述,包括性——四气(寒、热、温、凉),味——五味(酸、苦、甘、辛、咸),归经——阴阳、脏腑、经络、辨证论治,升降浮沉——向上、向下、向外、向下,有毒与无毒等。②药物功效以中医药学对人体状况认识的对应术语表述,如滋阴、壮阳、理气、活血、疏肝平胃、软坚散结、清热解毒、治实秘或虚秘、治寒喘或热喘等。③药物配合使用时,各药间关系主次有别,即按通称的君臣佐使关系,又考虑药物间的反畏关系等,共同组成一个功效整体,施治于人,起到防治疾病的作用。具如上3点基本内容的药物,可按中医药学理论使用,故称中药。如果不考虑如上基本内容,而是考虑其他内容,进而按其他医药学或其他学科使用,则不能称为中药。总之,用中医药学术语表述的药物性能、功效和使用规律,并且只有按中医学理论使用时,这样的药物才称中药。

2. 中药治疗的优势

中药治疗的优势在于以宏观知识来认识人体、药物及两者的关系,进而考虑人体的平衡即健康状况,其宏观到将人体、药物及两者关系放到宇宙大环境来考虑平衡,不仅包括自然因素,亦包括社会和心理因素,故所涉及的可变因素更多,更符合整体宏观情况。所以,在防治疾病中,呈现着整体的准确性。例如,用药物防治疾病时,药物较少呈现对人体的伤害,即毒副作用小。

3. 中药的化学

中药属于天然药物。在五千多种中药中,有机药物占98%以上,无机药物大约占2%。中药一般都包括草药。实际上,中药的绝大多数取自植物。所以中药有时也称"中草药"。

1) 中药的化学成分十分复杂,作用机制更为复杂

无论是哪一种中药,其化学成分都是十分复杂的。比如,大家都熟悉的山楂,它具有消食、降血脂、降血压、强心、抑菌等药理功效。经分析,它所含的化学成分达 70 多种。再如,著名的贵重香料和急救药品麝香,它除了含有 1.2%~3.5%的有效主成分麝香外,还含有吡啶、甾族激素、多肽、脂肪酸等 30 多种有机化合物。

每一种中药中虽然含有多种化学成分,但并不是每一种化学成分都具药效。通常把中药中没有生物活性、不具药效的成分称为无效成分;而把中药中一些比较特殊的、具有一定生物活性的化学成分,如生物碱、苷类、萜类等具有治疗疾病作用的有机化合物称为有效成分。

由于一种中药往往有多种药理作用和临床用途,一方面作为其有效成分的有机化合物可以不止一种,往往是多种,而另一方面,每一种有效成分的有机化合物往往又有多方面的药理功效,因此中药的作用机制十分复杂。例如,甘草中具生物活性的有效成分已知的就有甘草酸、甘草苷、异甘草苷、甘露醇、葡萄糖、淀粉等;而其中仅甘草酸一种,就具有解毒、抗溃疡、抗过敏、止咳、抗动脉硬化等药理功效。

中药除个别单用外,多用复方。配伍组合是中医用药的重要特点之一。多种中药放在一起,经过煎、熬、捣、泡,同一种中药中共存的各种有机化合物之间和其他中药的各有机化合物之间必然相互作用,结果又产生许多复合的或新的有机化合物,其药效必然是原有机物和复合的或新产生的有机物药理作用的综合结果。例如,人参和知母这两种中药,如果单用,均具有降低血糖的临床功效。当它们分别与毫无降低血糖作用的石膏合用时,则降低血糖的功效都更为明显。但是如果把人参和知母两种药合用,则降低血糖的功效不但没有加强,反而比分别单用的功效降低了许多。再如,麻黄具有发汗解表、宣肺平喘和利尿消肿的作用,使用时,麻黄加桂枝,可加强发汗解表的药理功效;若麻黄加杏仁,则可加强宣肺平喘的功效;而麻黄加白术,则更有利于利尿消肿。可见,中药复方的化学成分及药理作用机理也是非常复杂的,大多数还有待于进一步研究以揭示其中的奥妙所在。

2) 中药中的主要有机化合物

按各种中药中所含的主要有机化合物的结构,大致可把中药分成八大类,即生物碱类,苷类,挥发油和萜类,甾族化合物类,环酮类,糖类,氨基酸、蛋白质类,有机酸类。

(1) 生物碱类中药。

生物碱是指一大类来源于生物(主要是植物),一般具有强烈的生物活性、多呈碱性的有机化合物,其中许多为含氮有机化合物(尤以氮杂环为多),它是中药中非常重要的化学成分之一,主要存在于双子叶植物中。而且,在某种植物中往往集中在组织的某一部分或某一器官。例如,抗癌的三尖杉碱主要含在三尖杉的叶子和种子中;麻黄碱以麻黄的髓部含量最高;黄檗碱集中在黄柏树皮中。因此,中药主

要选取这些植物中生物碱最集中的部分入药。常见的这类中药有板蓝根、马钱子、麻黄、益母草、川贝、茯苓等。板蓝根具有清热解毒、消炎镇痛功能;马钱子是中枢神经兴奋剂、剧毒性中药;麻黄主治风寒感冒、发热无汗和咳喘、水肿等症。

(2) 苷类中药。

苷是一大类又称为缩醛(或贰)的有机化合物,它是由糖或糖醛酸等与另一非糖物质通常通过环状半缩醛羟基缩合连接而成的化合物。其连接的键称为苷键,非糖部分称为苷元。几乎各种类型的天然成分都可与糖结合成苷,而构成苷的糖常见的则多为葡萄糖、半乳糖、鼠李糖和阿拉伯糖等。苷类在自然界分布极为广泛。在植物中分布情况虽各不相同,但多以果实(种子)、皮和根等部分中的含量较为集中,花和叶子中虽也含有苷,但含量往往相对较少,而且常是两种或多种贰同存在于一种植物体中。常见的有人参、柴胡、甘草、桔梗、沙参、三七、山楂、杏仁、桃仁等。这类中药的强心苷类剂量适当可使心肌收缩作用加强,也可用于治疗充血性心力衰竭及节律障碍等心脏病和某些肿瘤。

(3) 挥发油和萜类中药。

挥发油是指一类存在于植物体中能通过水蒸气蒸馏而得到的具有强烈香味的油状有机化合物的总称。挥发油广泛分布于植物界,在植物中的叶、花、茎、皮、根、种子等各部分都可能存在。挥发油中所含的化学成分多较复杂,其主要成分多为萜类化合物,所以把挥发油和萜类中药归为一类。挥发油和萜类中药数量相当多,常见的如香附、小茴香、肉桂、陈皮、当归、白术、薄荷、樟脑、姜、穿心莲、大蒜等。挥发油和萜类中药多具有止咳平喘、祛痰发汗、祛风解表、消炎镇痛、抗菌杀虫等临床功效。

(4) 甾族化合物类中药。

甾族化合物的母体甾环是环戊烷并多氢菲,并且在 C(10) 和 C(13) 位置上有两个角甲基。因此,凡是主要成分的分子含有甾环母体结构的各种中药都属于甾族化合物类。甾族化合物相当普遍存在于动植物体内,因此甾族化合物类中药包括动物药和植物药。

① 来自动物的甾族类中药。一是胆汁酸类,典型的如牛黄、熊胆,是一类疗效非常显著的清热解毒、明目、镇痉、镇痛良药。二是蟾蜍甾二烯类中药。典型代表是从蟾蜍身上刮下的蟾酥。蟾酥具有升压、强心、兴奋呼吸中枢的作用,用于治疗呼吸循环衰竭和失血性低血压休克。它同时还具有消炎、解毒等多种功效(它是"六神丸"的成分之一)。

② 来自植物的甾族类中药。包括人参、茯苓、三七、半夏、附子、黄檗等。

③ 动植物体内均存在的甾族化合物类中药。此类中药如昆虫变态激素类中药牛膝、川牛膝、土牛膝、怀牛膝等,具活血化瘀、泻火解毒、通经脉、祛风湿等功效。

(5) 环酮类中药。

这是指一类其主要成分分子中具有环酮结构的中药。这类中药在自然界广泛存在，其中许多还是常见的中药，如麝香、大黄、何首乌、丹参、茵陈、蛇床子、金银花、白果、陈皮等。这类中药大多具泻下通便、行瘀因、破积滞、清火解毒、抗菌消肿等功效。

(6) 糖类中药。

凡利用其中糖类(主要是多糖)治疗疾病的均属糖类中药。例如，香菇(其中的香菇多糖具抗肿瘤作用)、黄芪(除具益气功效外，其中的黄芪多糖还具有明显的体液免疫促进作用)。从人参废渣(生产人参精、人参酒等产品后的废渣)中提取的人参多糖也具很好的抗肿瘤作用。

(7) 氨基酸、蛋白质类中药。

凡利用氨基酸、蛋白质为治疗有效成分的中药均属氨基酸、蛋白质类中药。阿胶是这类中药的典型代表，是滋阴润燥、补血止血的良药。

(8) 有机酸类中药。

有机酸极其广泛存在于植物界，虽有以游离态存在(如未成熟的果实)，但多以盐或酯的形式存在。许多有机酸具生物活性，所以中药中应用较多。如升麻含有咖啡酸，具有止血、镇咳、祛痰、解毒、透疹等功效。五倍子含食子酸，具止血、收敛作用，并可治疗烧伤。

4. 中药的剂型与汤药的煎制

中药的剂型有丸、散、膏、丹、汤、饮、酒、露、胶、茶、油、锭、栓、浸、浆、器等四十种。在中药各种剂型中，汤剂为最常用。汤剂的煎药方法很有讲究，"煎药方面，最易深讲，药之效不效，全在于此"。在徐灵胎《医学源流论》中记载，煎药用具以"银为上，瓷者次之"，不宜用锡或铁锅煎煮。其原因在于银较稳定，一般酸碱不与之发生反应；而瓷器更稳定，但易破裂，所以它们煎药较安全。锡或铁器，一则它们易与中药中的酸(如有机酸)或碱(如生物碱)发生反应；二则它们可能对中药加热煎制时发生的某些副反应起催化作用，从而影响汤药的质量，所以不宜用它们来煎药。目前，通常用有盖的陶瓷砂锅煎药，陶瓷砂锅价廉且稳定，不会发生化学变化或起催化作用。煎药用水以水质纯净为原则。煎药的火候也有讲究，一般情况下先用冷水浸透，而后用武火(急火)，煎沸后用文火(慢火)。《本草纲目》记载"先武后文，如法服之，未有不效者"。其原因在于用冷水浸透后再煎煮，有效成分易于煎出。煮沸后改用文火，以免药液溢出(尤其是含皂苷中药，煮沸后产生大量泡沫，更易溢出)，药液过于熬干。煎药时不宜频频打开锅盖，以尽量防止或减少气味走失，减少挥发性成分(如挥发油)跑逸。如药物煎糊后须弃去，不可加水再煎服。因为在煎糊后高温下，中药中各成分可能发生剧烈的化学反应而变质。处方如注明特殊的煎法(如某些成分先煎或后下或包煎或另炖等)，则按处方进行煎制。

5. 利用中药开发和生产其他产品前途广阔

中药不但用于治疗疾病，而且在预防疾病和卫生保健上也发挥重要的作用。

许多用作补品及药膳的中药自古以来都主要起着防病和保健的作用。近年来,中药的用途得到广泛的开发,用中草药生产的药物牙膏、美容化妆品、食品、食用色素及杀虫用品已广为应用,甚至含中药的服装也日益普及,中药在广大的市场经济中显示出了强大的生命力,前景广阔。

(1) 中药牙膏。近年来,市场上的两面针、穿心莲、三七等中药的药物牙膏很受人们的欢迎,已畅销国内外,并且新的用中草药生产的药物牙膏品种还在不断涌现。

(2) 中药美容化妆品。近年来,已有近千种中药用于生产美容化妆品,如当归雀斑霜、川芎刺人参营养霜、珍珠美容霜等含中药美容制剂(还有各种的发乳、乌发素、润肤霜、防皱霜),因为它们除了具有护肤、美容功能外,还有一定的保健、治疗功能,所以备受消费者的青睐。

(3) 中药食品。近年来,由于环境污染日益严重,恶性肿瘤等日益猖獗,因此人们向往着"回归大自然"。在这种情况下,各种中药药酒、药茶、饮料(如人参可乐、糖水燕窝)等保健品、滋补品应运而生,人们也越来越乐于购买。

(4) 中药色素。由于许多合成色素会引发各种疾病甚至导致肿瘤的产生,因此,从中药的栀子、桑葚、红花、姜黄等药材中提取出的各种天然色素,既无毒、无副作用、有安全感,又有一定营养和药用价值,所以得到人们的普遍使用。

(5) 中药杀虫剂。用中药生产的蚊香(如除虫菊蚊香)、蚊香水等深受人们的欢迎。

(6) 中药服装。近年来,许多含中药成分的内裤、鞋垫、袜子、内衣、护腰、护膝、护肩、乳罩、枕头等相继问世,它们多具有杀菌、保健的功能,特别是受到许多患者及中老年人的欢迎。

3.5.3 藏药

雄伟壮观的青藏高原有着独特的自然条件,复杂的地理地貌成因,丰富的自然资源,包括极为丰富的药材资源,有不少主产种和特有种,且具有生理、生态方面的特异性,是研究藏药得天独厚的优势场所。

1. 藏药的历史

青藏高原主要是我国藏族同胞的聚居地,是藏医药学发生、发展的摇篮,几千年来,为藏族人民和其他兄弟民族的繁衍生息、生产活动和中华民族文化的发展作出了贡献。藏医药学历史悠久,已有一千多年的文字记载,是我国医药学伟大宝库不可分割的重要组成部分。它总结民族医药学经验的同时,又吸收了中医药学、天竺和大食医药学的理论和经验,逐步形成了具有民族特色、理论完整的藏医药学体系,堪称我国民族医药学中的一颗灿烂明珠。

藏医药学的形成与发展经历了漫长的岁月。据《伦布嘎汤》木刻版第7页记载,在公元前几个世纪,藏族人民就懂得"有毒就有药"的道理,就开始用酥油治疗烧伤、烫伤,青稞酒舒经通络、活血散瘀,柏树枝叶、艾蒿烟熏防治瘟疫等。公元641年文成公主和公元710年金成公主进藏带去了大量的医药书籍,并将这些书译成藏文,促进了藏医药学的发展。

2. 青藏高原藏药资源简介

近十几年来世界上植物药研究的纵深发展,促进了我国民族药的快速发展,藏药是青藏高原藏族同胞用于防病治病的药物。青藏高原地域辽阔,自然条件复杂,植物种类比较丰富,特别是东部和东南部是植物种类较多的地区。据专家统计,入藏药的植物计有191科682属2 085种。其中菌类14科35属50种,地衣类4科6属6种,苔藓类5科5属5种,蕨类30科55属118种,裸子植物5科12属47种3变种,被子植物131科581属1 895种141变种。此外,尚有动物药57科111属159种,矿物药50余种。

3. 藏药植物的特征

青藏高原植物的形态和生理特征,集中表现在海拔3 800 m以上,以植被类型看主要在高寒草甸、高山垫状、高山流石滩稀疏植被三种类型中,这些类型中的建群种、伴生种绝大部分是藏药,故亦可称之为藏药植物的特征。

由于高原气候条件特殊,特别是太阳辐射强烈,大气环流与下垫面相互作用的综合因素,导致植物生理上和形态上的特有化。

1) 生理特征

主要表现在抗寒、抗旱性强;繁殖方式特殊;光合作用有效积累高。由于高原严寒,热量少,长期处于这类环境的植物细胞中含有较高的糖类、果胶物质、半纤维素和原生质,具有耐冰冻的特性。因此,在夜间冰霜冷冻或积雪覆被,使植物冻得僵硬而脆或萎蔫,但在阳光照射解冻之后,它立即恢复活力。这是它抗寒、抗旱性强之故。其次是繁殖方式特殊,由于下半年无雪时间短(2～3个月),植物要在短促的季节里完成生活周期,大部分植物只能依靠无性繁殖方式繁衍后代,如以分蘖(蒿草属)、根茎、匍匐茎(蚤缀属)、块茎、珠茎(珠芽蓼)等方式为主;有的植物甚至在雪被中冬眠时就形成了花蕾,一待雪化就绽苞开放(点地梅属)。其三是光合作用强,有效物质积累高。由于高原辐射特别强烈,蓝紫光与紫外线很丰富,空气清澄,尘埃物少,水汽量低,有利于光的通过,在不同酶的作用下,光合作用的有效物质积累。同时在花的颜色上比较低海拔地区更为鲜艳。

2) 形态特征

主要是植株矮小;植株呈垫状或莲座状;植株被棉毛;植株根系发达且与地面呈水平状展开。这些特征都是气候因素综合所致,寒冷干旱,疾风凛冽,迫使植物不能向上生长;由于辐射强、蒸腾大,植株被厚厚的棉毛,可减少烈日暴晒和蒸腾水汽;由于地下冰层浅(30～50 cm),根系只能向水平方向展开,以适应植株吸收所需的水分和营养物质。

4. 藏药的分类

(1) 按藏医用药部位分：有根及根茎、叶、花、果实和种子、皮、茎、地上部分或全草。

(2) 按藏医临床功效分：清热解毒,用于治疗感冒、流感疾病的有粉枝莓、毛翠省花等 70 余种；清肝热、胆热、肺腑之热的药物有獐牙菜、椭叶花锚、虎耳草、唐古特乌头等 100 余种；用于气管炎的药物有杜鹃叶(叶背被皮腺鳞者)、牛尾蒿、青藏龙胆等多种植物；用于肺结核的药物有扭连线属多种植物、黑虎耳草、草莓等 30 余种；祛风除湿,用于风湿性关节炎的药物有灰荀子果、川藏沙参等 40 余种；镇静止痛类药物有山莨菪、天仙子、马尿泡等；降压药物有红花绿绒蒿、全缘叶绿绒蒿、短管兔耳草等 20 余种；活血散瘀,用于跌打损伤、骨折等的药物有独一味、迟熟萝蒂等 30 余种；调经活血,用于妇科的药物有水母雪莲花、棉毛凤毛菊等 40 余种。

3.5.4 化学药物

1. 化学药物概述

具有治疗、缓解、预防和诊断疾病以及调节肌体功能的化合物称为化学药物,俗称"西药"。其必备条件是具有防病、治病的功能和有明确化学结构的化学品,这类化学品应该通过国家的药物、卫生管理部门按有关法规审查批准后才能作为药物上市。对于不同类型的药物,在销售和使用时还有不同的管理标准,例如,分为管制药、处方药和非处方药等。前者是严格控制使用的特种药物,而处方药是必须持有医生的正式处方才能购买的。由此可见,药物是一类特殊的商品,它只有合格品和不合格品之分,只有合格品才准许上市销售,不合格品是绝对不许销售使用的(均列为伪劣药品)。有人也把药物称为神圣的商品。

化学药物的发现始于 200 多年前。1799 年,戴维首先发现一氧化二氮(N_2O)具有麻醉镇痛作用,之后人们相继发现乙醚、氯仿、环丙烷等一系列的麻醉药物。化学药物的起源和发展首先应归功于天然药物。人类在长期的生活实践中,发现了许多具有不同疗效和毒性的植物和动物,并成功地用其作为治病的药物,或把具毒性者用于捕猎或战争。随着科学的发展,特别是化学学科的诞生,认为在各种药用植物体中必定存在有明确分子组成和结构的有效成分。进入 19 世纪以后,便掀起从天然药物中分离有效成分的热潮,1805 年,从鸦片中分离到纯的吗啡；1818 年,从番木鳖中分离得到番木鳖碱和马钱子碱,从金鸡纳树皮中分离得到治疟疾药物——奎宁；1821 年,从咖啡豆中得到咖啡因；1833 年从颠茄草得到阿托品等大批称为生物碱的药物。

1899 年,第一个人工合成的化学药物阿司匹林作为解热镇痛药上市,标志着人类已可用化学合成的方法改造天然化合物的化学结构,研制出更理想的药物,由此也宣告"药物化学"的诞生。进入20世纪以后,激素类药物、维生素、磺胺类药物、抗生素类药物被相继发现和临床使用;50年代以后,治疗心血管病及抗肿瘤药物的研究和开发进入了高潮。至今,已研制成功数以万计的药物,除极少数疾病之外,绝大多数的疾病都可用化学药物治疗。

2. 化学药物的分类

化学药物有多种分类方法,可以按化合物结构分类或按治疗目标分类。目前在药物化学体系中,对化学药物的分类是以用途为主,化学结构为辅的分类原则,主要有麻醉药,镇静催眠药(巴比妥类、苯二氮卓类),抗癫痫药(内酰氯类、苯并二氮卓类、其他类),抗精神病药(吩噻嗪类、噻唑类、苯二氮卓类、丁酰苯类),抗焦虑、抑郁药(苯二氮卓类、三环类、单胺氧化酶抑制剂类、其他类),中枢兴奋药(生物碱类、酰胺类、苯乙胺类),镇痛药(吗啡类、哌啶类、吗喃类、其他类),解热镇痛药(水杨酸类、苯胺类、吡唑酮类、邻氨基苯甲酸类、吲哚醋酸类、芳基烷酸类),解痉药(阿托品类),肌肉松弛药(生物碱类),拟肾上腺素药(儿茶酚胺类),抗过敏药(氨基醚类、乙二胺类、丙胺类、哌啶类),消化系统药物(抗溃疡药、止吐药、促动力药、肝胆疾病辅助药),心血管系统药(降血脂药、抗心绞痛药、抗高血压药、抗心律失常药、强心药、利尿药),抗生素(β-内酰胺抗生素、四环素类抗生素、氨基糖苷抗生素、大环内酯类抗生素、氯霉素类抗生素),抗真菌抗病毒药(喹诺酮类抗菌药、抗结核病药、磺胺类药、抗真菌药、抗病毒药),抗寄生虫病(驱肠虫病药、抗血吸虫病药、抗疟药),抗肿瘤药(生物烷化剂、抗代谢药、抗肿瘤抗生素、抗肿瘤生物碱),激素类药物(前列腺素、肽类激素、甾体激素),维生素类药等。

3.5.5 基因工程蛋白质药物

随着时代的不断发展和进步,生物技术成为新时代的重要技术,生物技术药物已广泛用于治疗癌症、艾滋病、冠心病、多发性硬化症、贫血、发育不良、糖尿病、心力衰竭、血友病、囊性纤维变性和一些罕见的遗传疾病。生物技术药物在传染病的预防、疑难病的诊断和治疗上起着其他药物不能替代的作用。生物技术药物在医药方面之所以能作出贡献,是因为它可以生产出人体的内源性蛋白,能维持人体正常组织的活动,能代替使病人因致病而失去的或缺少的蛋白。生物技术药物药理活性高,针对性强,副作用小,疗效可靠,营养价值高;在化学构成上,十分接近于体内的正常生理物质,进入体内更易为机体所吸收利用;在药理学上具有更高的生化机制合理性和特异治疗有效性。

基因工程是指通过重组DNA技术将所需要的肽、蛋白质等所编码的基因导入新的宿主细胞系统,使目的基因在新的宿主细胞系统内进行表达,生产出许多以往难以大量获得的生物活性物质,甚至创造出过去自然界中没有的新物质。它利用活的细胞作为表达系统,表达效率高,通过分离、纯化和鉴定可大规模生产目的基因表达的产物。自 1982 年欧洲首次批准应用 DNA 重组技术生产抗球虫病疫苗以来,已有数十种基因工程药物面市,带来了巨大的社会效益和经济效益。目前,国内外的研究重点集中于单克隆抗体、疫苗、细胞因子、抗生素、导向药物等方面,多数产品主要用于治疗肿瘤,部分用于病毒性感染、类风湿、侏儒症、心脑血管栓塞等。已批准上市的药有人胰岛素、人干扰素类、白细胞介素、重组人促红细胞生成素、重组组织纤溶酶原激活药等。截至 2003 年 6 月 27 日,已获国家食品药品监督管理局(SFDA)批准的基因工程药物见表 3-4 所示。

表 3-4 已获国家食品药品监督管理局批准的基因工程药物

基因工程药物名称	申请单位	备 注
促红细胞生成素	沈阳三生等 11 家	治疗贫血,仿制产品
白介素-2	北京远策等 15 家	免疫调节
干扰素 $\alpha 1b$	上海生物制品所等 3 家	免疫调节
干扰素 $\alpha 2b$	天津华立达公司等 8 家	免疫调节,仿制产品
干扰素 $\alpha 2a$	海南新大洲一洋等 8 家	免疫调节
干扰素 γ	上海克隆生物公司等 3 家	免疫调节
重组乙型肝炎疫苗	长春生物制品所等 9 家	治疗乙型肝炎
重组人胰岛素	通化东宝药业股份有限公司	治疗糖尿病
人生长激素	上海联合赛尔等 4 家	用于生长激素缺乏引起的生长障碍
人粒细胞集落刺激因子	上海三维公司等 15 家	治疗放化疗后中性粒细胞减少症
牛碱性成纤维细胞生长因子	珠海亿胜等 2 家	促进受伤皮肤创面愈合
人表皮生长因子	深圳华生元等 2 家	促进表皮细胞生长繁殖和修复
重组链激酶	上海实业医大生物公司	治疗急性心肌梗死
促卵泡激素	上海生物制品所等 2 家	促进排卵,治疗妇女不育

目前,我国有 20 个国家生物技术药物重点实验室,3 个基因工程药物开发中心,289 家生物制药企业,生物技术产业的群落化与集约化正在逐步形成,主要生产基因工程药物的上市公司有天坛生物、通化东宝、四环生物、海王生物、北生药业、华北制药、哈药集团、丽珠集团等。2003 年突如其来的 SARS 疫情再次使人们的注意力转向生物制药业,相信在 21 世纪生物技术及生物技术药物将取得进一步发展。

3.5.6 药物的发现

1. 植物药的发现和使用

我国植物药的最早发现和使用无不归功于神农氏。神农氏尝百草而始有医药的传说故事流传久远。人们普遍认为,我国历史上的神农氏,不是专指某一个人,而是指整个以炎帝为首领的氏族部落,是来自这个群体无数次漫长认识过程的实践经验积累。关于神农氏尝百草之遗迹,《述异记》有"成阳山中神农氏鞭药处,一名神农原,药草山,山上苊阳观,世传神农于此辨百药,中有千年龙脑","太原神釜冈中,有神农尝药之鼎存焉"。《路史》中叙述的传说史事有"磨蜃鞭茇,察色腥,尝草木而正名之,审其平毒,旌其燥寒,察其畏恶,辨其臣使,厘而正之,以养其性命而治病,一日之间而七十毒,极含气也"。上述之鞭药磨蜃、察尝……实质是在辨别药性过程中的某种加工,甚至已含有原始的实验思维、推理总结过程。

人们对药物特性的认识随着生产技术的改进而不断提高,如畜牧过程的动物中毒、疾病知识的不断总结,农业技术的不断丰富和人们对植物性、味、作用经验的不断认识和总结,同时也给植物药的栽培打下了技术基础。

原始人类对植物药的应用,开始当以单味药为主,也可能是少数几味药合用。鄂伦春族用八股牛草根、那拉塔小树熬水擦患处,或用乌道光树皮包患处,用来消肿;普米族用挖耳草泡酒,治疗疮;用黄芩研细加水,包患处,治痈;用羌活、独活、木通泡酒,口服,治腰肌劳损和风湿性关节炎;佤族用独子叶治肠胃病和便秘,用桂树皮健胃;景颇族用嘴抱七根,口含内治牙痛;彝族用石尾草治疟疾等。所有这些运用植物药的朴素经验,在各自民族的口耳相传中早已成为各自民族医疗共同所有的知识,这些经验一直流传至今。这些经验的积累虽然是十分零星和肤浅的,但这种状况为我们研究发现和使用植物药以很好的启发。

2. 动物药的发现和使用

动物药的发现和人类的狩猎和畜牧活动有着密切的联系。在未发明用火之前,只能生啖其肉,渴饮其血;随着用火特别是人工取火的发明,很多动物肉类成为人们的主要食品来源,使人们更多地接触到了动物的肉、脂肪、内脏、骨骼及骨髓等,从而促进了人们对各种动物对人体营养以及毒副作用的认识,并为进一步认识其药用功效而不断进行经验积累。我国有的少数民族用药经验中,动物药的应用占有较大的比例,而且尚带有一定的原始痕迹,可以与原始时代的状况作参照比较。彝族用麝香疗蛇毒或痢疾;纳西族利用蚂蟥吸淤血;彝族用豹子骨治疗关节炎;鄂伦春族用鹿心血拌红糖、黄酒口服,治疗心动过速,用熊胆拌温水,口服或擦患处,治眼疾,用鹿心脏晒干研末,口服或擦患处,治咳嗽;佤族用熊胆泡酒,口服或擦患处,治咽喉痛或退高烧等。

3. 化学药物的发现

1) 磺胺类抗菌消炎药的发现

致病微生物如原虫、细菌等,由于其能量极大,繁殖速度快,会引起很严重的疾病。例如,1347—1348年欧洲流行的黑死病(鼠疫)就是由老鼠身上的细菌传播的。在那场灾难中,仅4个月时间就有2 500万人死亡,占当时全欧洲人口的1/4。因此,人们在寻找抗菌消炎药方面进行了坚持不懈的努力。磺胺类抗菌消炎药物是具有划时代意义的抗生素药。

早期抗菌消炎药的研制是和染料化学发展密切相关的。德国的 L.G. 染料工业研究所专门从事这方面的工作。杜马克(Gerhard Domagk)1927 年担任这个研究所的病理学实验室主任,并致力于寻找治疗全身性细菌感染的内用药物。他在化学家克拉尔(Josef Klarer)和米席(Frity Mietgsch)的协助下从吖啶类化合物、偶氮类化合物入手进行研究。而这两类化合物都可作为染料使用。在深入的研究中发现,带有磺酰胺基的偶氮类化合物有显著的杀菌作用。他们陆续合成了一批此类化合物,选取了一种结构简单,抗菌作用最强的红色化合物申请了专利,并命名为"百浪多息"。化学简式为

$$NH_2\text{-}C_6H_3(NH_2)\text{-}N=N\text{-}C_6H_4\text{-}SO_2NH_2$$

他们发表文章报道了这个发现,引起了医学界的轰动。各国开始争先恐后地进行偶氮染料的研究,但杜马克小组再也没取得更大的突破。他们认为,在"百浪多息"中,偶氮基(—N=N—)是杀菌的有效基团,称为生效基团;而磺酰胺基(—SO_2NH_2)只是个助效基团。正是这个固执的观点使他们丧失了在磺胺类药物研究上的领先地位。

20 世纪 30 年代后期,法国巴斯德研究所的特利弗耶等人也对偶氮染料进行了深入的研究,他们设计了 2 个系列的化合物。

$$R_1,R_2,R_3\text{-}C_6H_2\text{-}N=N\text{-}C_6H_4\text{-}R_4$$

系列 1:R_1,R_2,R_3,R_4 均不是磺酰胺基

$$R_1,R_2,R_3\text{-}C_6H_2\text{-}N=N\text{-}C_6H_4\text{-}SO_2NH_2$$

系列 2:R_1,R_2,R_3 均不是磺酰胺基

他们发现系列 1 都无杀菌作用,系列 2 无论是什么基团都有抗菌作用。他们还注意到两个现象:一是"百浪多息"是个红色固体,人服用后,大小便却不带红色,他们据此推测"百浪多息"一定是在体内经历变化后生成了一个不是红色的有效化合物;其二是对"百浪多息"的化学结构进行分析后发现,只有偶氮基团被破坏,"百浪多息"的红色才消失,而"百浪多息"从偶氮基团断裂后将会生成 4-氨基苯磺酰胺。他们很快合成了 4-氨基苯磺酰胺,并发现它和"百浪多息"有相同的抗菌作用,取名为"白色百浪多息"。磺胺类抗菌消炎药通式为

$$NH_2\text{-}C_6H_4\text{-}SO_2NHR$$

氨苯磺胺(SN)发现后,在短短两三年的时间内就合成出了几千种衍生物。这类药物的出现,使曾经令人类陷入巨大灾难的细菌性疾病(如肺炎、细菌性脑膜炎、产褥热、猩红热等)得到了有效的控制和治疗,为人类的进步作出了很大的贡献。

2) 青霉素的发现和使用

弗莱明1906年毕业于英国的圣玛丽医学院。1922年他发现人的眼泪和唾液中有一种杀灭细菌的物质,他称之为溶菌酶。随后,他将精力集中在研究溶菌酶对各种细菌的作用。他用琼脂平底皿培养各种细菌。1928年6月,他在接种细菌后就开始了休假。由于其中几天的低温,适合霉菌的生长。一种青霉菌从空气中落入到培养皿上,且很快生成了菌落,而原来接种的葡萄球菌和其他细菌没有生成。几天后,气温回升,细菌开始生长。在落入青霉菌的同一培养皿上,青霉菌菌落的周围没有葡萄球菌生成,而其他一些没有受青霉菌污染的位置,葡萄球菌却生长旺盛,两者对照强烈。

9月3日,他回到实验室,助手们准备清除那些被霉菌污染了的培养皿。弗莱明敏锐地注意到这个现象,马上阻止了他们。弗莱明认为是青霉菌产生的溶菌酶抑制了葡萄球菌的生长。他挑出一些青霉菌,进行大量培养,希望分离溶菌酶。他们在分离过程中得到一些黏稠状的物质,加入酒精后,有沉淀物析出。将两者分离,分别测试杀菌作用,发现酒精溶液有显著的杀菌作用而沉淀物则无效。这也就排除了有效成分是原先设想的溶菌酶的可能。因为溶菌酶是蛋白质,在酒精中会沉淀出来。

1929年,弗莱明发表文章指出青霉菌可以产生有杀菌作用的青霉素,并说明了这物质不稳定。由于研究手段的限制,没有能解决青霉素的化学结构问题。

弗莱明的工作没有受到人们的重视,直到第二次世界大战爆发,弗洛瑞和钱恩也对溶菌酶感兴趣。他们找到了弗莱明在1929年发表的那篇文章,从而确定了对青霉素进行深入研究的目标。

弗洛瑞和钱恩经过一年的协作,奠定了青霉素的治疗学基础。1940年,他们取得了动物实验的成功。但战争的威胁迫使他们转移到了美国。由于战争对药物的迫切需求,使得各方对青霉素的研究提供了强大的资金保障,而且被列入了军事机密。

1941年2月,他们开始第一例人体治疗实验,但由于没有获得足够的青霉素而失败。1942年8月,他们成功地获得了第一例临床实验结果,人类的医学事业从而进入了一个崭新的时期。

1945年,X光结晶学的研究表明青霉素的结构通式为

$$\underset{O}{R-C-NH} \diagdown \underset{O}{\diagup} \underset{N}{\diagup} \underset{COOH}{\overset{S}{\diagdown}} \underset{CH_3}{\overset{CH_3}{\diagup}}$$

同年,弗莱明、弗洛瑞和钱恩三人分享了诺贝尔医学与生理学奖。20世纪50年代后,青霉素的生产改用半合成的方法,工业上就可以大量生产了。

3) 抗癌药物的意外发现

贾宗超教授来自加拿大皇后大学生物化学系,他领导加拿大皇后大学、多伦多大学以及美国 Palo Alto 卫生保健系统、印第安纳州医学院等处的研究人员在实验室研究一种多肽分子 ANK 与抗乳腺癌药物合用药效的时候,意外发现这种分子大大增强了药效,从而希望能通过进一步研究,配合传统抗乳腺癌药物进行分子疗法,给有抗药性的乳腺癌病人使用,以加强药物药效。这一研究成果公布在《Cancer Research》杂志上。

乳腺癌主要发生于女性,是危害妇女健康的主要恶性肿瘤,仅次于宫颈癌,在女性恶性肿瘤发病率中居第 2 位。全世界每年约有 120 万名妇女患有乳腺癌,有50 万名妇女死于乳腺癌。北美、北欧是乳腺癌的高发地区,其发病率约为亚、非、拉美地区的 4 倍。我国是乳腺癌的低发地区,但其发病率正逐年上升,尤其是在沪、京、津等大城市及沿海地区。在对乳腺癌患者的治疗过程中,经常会使用抗微小管(antimicrotubule)药物,但是病患者对这种典型化疗的反应变化极大,不稳定。在这篇文章中,研究人员设计了一种新颖的多肽 ANK,并利用一些生物学方法(荧光计、表面等离子共振技术、等温滴定量热法)证明了 ANK 与 SNCG 之间的关系。synuclein-γ(SNCG),又称为 BCSG1（breast cancer specific gene 1）或 persyn,属于 synuclein 家庭成员,这类蛋白是一个广泛分布于中枢神经系统突触前成分内的小分子蛋白质家族,有 α-synuclein、β-synuclein 和 γ-synuclein 三个成员,其中 SNCG 被发现与乳腺癌细胞的生长、浸润、转移和预后有关。研究人员将 ANK 缩氨酸与标准药物合并,放入装有乳癌细胞的培养皿中进行效力测试,并单独使用药物测试。结果发现,添加 ANK 缩氨酸的药物比不加的杀死的癌细胞多3.5 倍。这说明这种缩氨酸可以促进目前最广泛应用治疗乳腺癌药物的功效,这对于那些有严重抗药问题的患者意义重大。不过该项成果目前还处在早期研究阶段,进入人体测试可能还需要几年时间。

3.5.7 合理用药

1. 合理用药原则

临床用药千变万化,但是要做到合理用药还是有共同的原则可以遵循。为此,北京军区临床药物研究所总结出以下原则。

1）确定诊断，明确用药目的

明确诊断是合理用药的前提，应该尽量认清病人疾病的性质和病情严重的程度，并据此确定当前用药所要解决的问题，从而选择有针对性的药物和合适的剂量，制定适当的用药方案。在诊断明确以前常常必须采取一定的对症治疗，但应注意不要因用药而妨碍对疾病的进一步检查和诊断。

2）制定详细的用药方案

要根据初步选定药物的药效学和药动力学知识，全面考虑可能影响该药作用的一切因素，扬长避短，仔细制订包括用药剂量、给药途径、投药时间、疗程长短以及是否联合用药等内容的用药方案，并认真执行。

3）及时完善用药方案

用药过程中既要认真执行已定的用药方案，又要随时仔细观察必要的指标和试验数据。以求判定药物的疗效和不良反应，并及时修订和完善原定的用药方案，包括在必要时采取新的措施。

4）少而精和个体化

任何药物的作用都有两面性，药物间的相互作用更为复杂，既可能提高疗效，对病人有利，又可能增加药物的不良反应，对病人造成损害。不同病人可因其病情不同对药物作用的敏感性也不同，这就使情况更为复杂。因此，用药方案要强调个体化。除去经过深思熟虑认为必要的联合用药外，原则上应持"可用可不用的药物尽量不用"的态度，争取能用最少的药物达到预期的目的。这里所说的"少用药"并非考虑节约或经济问题，主要是要尽量减少药物对机体功能不必要的干预和影响。

2. 合理选药

合理用药还必须包括合理选药。目前可供选择的药物种类很多，并且有不同的剂型，因此使用时必须充分了解各种药物的适应证、不良反应和用药禁忌，根据病人的实际情况选用安全、有效、经济的药物。

首先选用的药物应具有针对性，针对性越强，那么治疗效果就越好，而且尽快治疗产生的直接好处就是降低用量、减少毒副作用。其次选用的药物毒副作用要小。对于孕妇，除遵守一般的用药规则之外，应避免使用有致畸作用和对孕妇有影响的药物，如氨基糖苷类、四环素等，孕期接受氨基糖苷类药物的治疗可能造成胎儿神经系统损坏，导致先天性耳聋；对于哺乳期用药要防止有些药物经过乳汁进入婴儿体内；对于婴幼儿要根据体重、年龄的不同具体对待，要慎用或不用退热药，以免引起因出汗而导致水电解质平衡紊乱。

药物和药物之间存在协同和拮抗的作用，两药间存在的拮抗作用应视为配伍禁忌，协同作用可以提高疗效，减少副作用，其机理是药物进入人体血液以后，部分与血浆蛋白呈可逆性结合，并且与该药在血液中的游离部分形成动态平衡，当两种药物同时存在时,与蛋白结合力强的药物可以置换出与蛋白结合力弱的药物,使后者游离在血液中的浓度增加,于是药物的作用就加强或副作用加重。如水杨酸类解热镇痛药对胃有刺激作用,服用该药时可与碱性药物配伍,可以减轻对胃的刺激。又如,使用磺胺药物时如果合用抗凝血药物,可导致出血,原因是磺胺的血浆蛋白结合率强,将结合的抗凝血药物置换出来,使血液中的抗凝血药物浓度增加。

3. 合理用药的意义

合理用药对疾病的治疗具有非常重要的意义。在中西药联合应用方面,因疾病治疗的需要,中药与西药合用或先后序贯使用时,由于机体代谢过程中多种因素的影响,可使药物治疗作用增强或减弱、毒副作用减少或增加,从而导致治疗作用加强或不良反应加大等。例如,中和胃酸的碱性药物不宜与丹参片同服,否则碱性药物中的钙、镁离子可与丹参有效成分丹参酮形成螯合物,降低丹参的生物利用度而影响疗效。相反,含钙、镁、铝及铁离子的中药如石膏、自然铜、白虎汤、牛黄解毒丸、上清丸等不宜与四环素类抗生素同服,原因是易形成不溶解的螯合物。地高辛与具有抗胆碱作用的中成药华心参片使用可增加前者在肠内停留时间,促进难溶性地高辛的吸收;与具有心肌毒性的中成药六神丸合用可能出现频发室性期前收缩。高血压患者在服用优降宁期间,不宜合用中药麻黄类药物,因优降宁可抑制体内单胺氧化酶,使去甲肾上腺素、多巴胺、5-羟色胺等胺类神经递质不被破坏;而中药麻黄所含的麻黄碱能发挥拟交感胺作用,促使贮存于神经末梢中的单胺类递质大量释放,使患者血压升高,严重者可出现高血压危象。

4. 不合理用药带来的危害

据全国卫生服务调查,导致中国人口死亡的前四位原因分别是心脑血管病、癌症、心脏病和呼吸道疾病,它们导致的死亡人数占总数的70%左右。而在心脑血管病中,对高血压治疗符合规范、血压控制情况良好的仅仅占5%;癌症治疗符合规范的仅仅占20%左右,完全不符合规范的达20%;肺部感染(老年人)的主要治疗手段为使用抗生素,但抗生素使用效率低,而且有关细菌培养及药敏试验仅仅在有条件的10%的城市大医院开展,因而耐药问题十分突出,严重影响了病人的生命与健康。

据WHO统计资料,世界上有1/7的人不是死于自然衰老和疾病,而是死于不合理用药;在患者中有将近1/3是死于不合理用药而并非疾病本身。这些主要发生在发展中国家,因缺医少药、有限资源滥用、各种疾病误诊率高而造成。据报道,发展中国家住院患者中约1/5是由于药物不良反应而入院,在住院患者中有10%~20%发生药物不良反应。在我国,开展了一些关于不合理用药危害的研究,如经调查,在武汉9所综合性医院住院患者中,因不合理用药死亡的患者人数占住院死亡患者总数的11%,长沙7所医院的调查结果为5%,北京某县的调查结果为17%。美国医学会、美国护理学会、美国医院药师学会在1994年联合召开了美国药害现状和预防研讨会,会议纪要指出,药害成为美国8%～10%病人入院治疗的原因,成为25%65岁以上老年人入院治疗的原因,部分市区急诊病人中有10%～15%归咎于药害。

药物不合理使用可导致严重药源性疾病,甚至导致死亡。不合理用药的后果不仅导致临床治疗延误、治疗失败、发生不良反应和药源性疾病,还会导致严重的社会后果,如医疗机构和医生信誉受损、病人投诉增加和纠纷不断、社会资源浪费、病人费用无意义增加、误导医药产业发展和医疗行为的国际形象下降。所以,提倡合理用药,纠正不合理用药成为当务之急。

另外,绝大多数的药品说明书上都印有"慎用""忌用"和"禁用"的事项。"慎用"提醒服药的人服用该药时要小心谨慎。就是在服用之后,要细心地观察有无不良反应出现,如有就必须立即停止服用;如没有就可继续使用。所以,"慎用"是告诉你要留神,不是说不能使用。"忌用"比"慎用"进了一步,已达到不适宜使用或应避免使用的程度。标明"忌用"的药,说明其不良反应比较明确,发生不良后果的可能性很大,但人有个体差异而不能一概而论,故用"忌用"一词以示警告。比如患有白细胞减少症的人要忌用苯唑西林钠,因为该药可减少白细胞。"禁用",这是对用药的最严厉警告,禁用就是禁止使用。比如对青霉素过敏的人,就要禁止使用青霉素类药物;青光眼患者绝对不能使用阿托品。

3.5.8 耐药性问题研究

1. 严峻的耐药性问题

在用抗菌药物治疗细菌感染,用抗寄生虫药物治疗寄生虫病中,常会遇到耐药性(或称抗药性)的问题。长期使用某种抗生素治疗细菌感染疾病时,抗生素的用量随使用该药物的时间而不断增加,才有相同的治疗效果。这并不是药物质量下降造成的,而是细菌或寄生虫对该药的敏感性降低了,需要更高浓度的抗生素才能有效地杀灭或抑制它们的生长与繁殖。这些细菌就称为耐药性菌株。

自20世纪40年代磺胺和抗生素问世以来,许多死亡率极高的传染病得到了有效的控制。青霉素是第一种应用于临床的抗生素,成功解决了金黄色葡萄球菌感染的难题。随后问世的大环内酯类和氨基苷类抗生素又使肺炎、肺结核的死亡率降低了80%。全球传染病死亡人数占总死亡人数的比例,从19世纪的50%～60%迅速下降到10%以下。发达国家更曾一度降至接近为零。当时曾有人断言人类战胜细菌的时代已经到来。

但是当人们还沉浸在胜利的喜悦中时,耐药性的问题悄悄出现人们的面前。只是等到问题很严重时,才引起人们的重视。20世纪50年代,人们发现了对青霉素有耐受性的金黄色葡萄球菌以后,世界各地发现的耐药菌株逐年增加。以金黄色葡萄球菌、绿脓杆菌、痢疾杆菌、结核杆菌等病原菌的耐药性尤为突出。19世纪

50、60年代,被称为抗生素的"黄金时代",全世界每年感染性疾病患者的死亡人数下降700万。可是1990年以后这一数字快速上升,1995年达1700万,而到了1999年上升到2000万,死亡人数占全球总死亡人数的1/3。就连卫生、防疫、营养状况、医疗条件相当优越的发达国家的传染病死亡率也逐年回升。在美国,1982—1992年间,死于传染性疾病的人数上升了40%,死于败血症的人数上升了89%。现在,美国每年有88 000人死于感染。原因是多方面的,但一个重要原因是抗生素的滥用导致耐药菌的增加,给医生带来用药困难。目前,临床上很多严重感染者死亡,多是因耐药菌感染,抗生素无效所致。

现在结核杆菌的耐药性令许多国家结核病患者人数又出现上升趋势,已成为世界头号传染病杀手。据调查,全世界已有1/3的人口感染了结核病菌,每年还有将近1亿人受感染,现有结核病患者2 000万。WHO估计1995年全球有300万人死于结核病。我国目前已有4亿人感染了结核菌,占总人口的1/3,有结核病患者600万,仅次于印度位居世界第二。我国每年有25万人死于结核病,占传染病引起的死亡总和的2/3,农村的患病率是城市的2.4倍。专家指出,如不采取有效措施,今后10年间,被感染人数将会增加到8亿人,结核病患者数将超过3 000万,这是一个极大的潜在威胁。我国的结核病耐药情况十分突出,耐药率高达46%。

同样,肺炎链球菌或肺炎葡萄球菌的耐药性使得肺炎变得越来越难治疗。肺炎链球菌能引起肺炎、中耳炎、败血症、胸膜炎、脑膜炎等多种疾病。全球每年有300万～500万人死于这种细菌感染。肺炎曾是不治之症,青霉素发现之后,肺炎变成一种容易医治的疾病。但是现在肺炎病菌越来越难控制,其主要原因是它们对青霉素、红霉素、磺胺等多种抗生素都产生了耐药性。虽然,万古霉素目前还是"最后一道防线",但如果细菌的耐药性继续这样发展下去,将来肺炎有可能又变成不治之症。

2. 耐药性的产生

细菌对抗生素产生耐药性的方式有两种,一是以适应方式,二是以基因突变的方式。后者是关键的。当某种抗生素攻击一群细菌时,如果药量不足,对该药高度敏感的细菌就会先死掉,剩下来的是稍具耐药性的细菌(耐药性的差异可以来自变异)。这些幸存者产生了结构、生理、生化的改变,耐药性会有所增强,这是生物体的适应性反应,以应对抗生素的影响。当它们繁殖了下一代后,由于发生了变异,子代的耐药性会有不同,有些耐药性增强,有些减弱,更多的是不变。在抗生素浓度不足的情况下,发生同样的结果,耐药性差的被杀死而耐药性最强的个体幸存。通过一代代的繁殖与死亡,幸存者的耐药性将越来越大。最后,在抗生素的"调教"下,细菌通过死的代价,闯出了一条生路来,定向进化出了具有极强耐药性的菌株。耐药性菌株与非耐药性菌株的致病能力是一样的,但耐药性菌株更难消灭。

细菌的耐药性是无法避免的自然现象,因为这是生物在长期进化过程中,为了适应环境变化求生存的结果。如果原始的微生物不能对外界的变化迅速做出反应,今天的地球上就不会有生命,更不会有人类了。甚至在一些抗生素上市前,许多细菌就获得了耐药性基因。因为大部分抗生素是从一些微生物中提取出来的代谢产物,是这些微生物用来消灭竞争对手的武器。如果自然界中有病原菌与它们做"邻居",虽然受到抗生素的打击,但总有幸存者,这些幸存者就是具有较强耐药性的菌株。而且随着各国交往的日益频繁,一个地方的耐药菌株会很容易在全世界迅速蔓延,使耐药性成了全世界的共同课题。

我国是世界上滥用抗生素最为严重的国家之一,无论人用药物还是动物用药都存在滥用问题。由此造成的细菌耐药性问题十分突出。

3. 耐药性产生的机制

首先来看抗生素是如何起作用的。抗生素一般是与细菌的某些部位(如核糖体、蛋白酶,称为作用靶位)结合,干扰其正常的代谢与生长,而发挥抗菌效果的。万古霉素和 β-内酰胺类(如青霉素、头孢菌素)抗生素与细胞膜上的蛋白结合,干扰细胞壁的合成,使细菌死亡。氨基苷、红霉素和四环素扰乱核糖体对蛋白质的合成。喹诺酮类抗生素干扰复制 DNA 的旋转酶。磺胺类抗生素与二氢叶酸合成酶结合,阻碍二氢叶酸的合成,但细菌并没有被杀死,只是停止了生长,最后是由人体免疫系统消灭细菌。

细菌的耐药性在微观上就是消除各种抗生素起作用的方式,达到保护自己,免受伤害的目的。目前发现细菌有以下几种耐药机制。

1) 细菌产生灭活酶

细菌通过耐药因子可产生破坏抗生素或使之失去抗菌作用的酶,使药物在作用于菌体前即破坏。已证实许多细菌能够产生 β-内酰胺酶,破坏具有 β-内酰胺结构的抗生素(青霉素、头孢菌素)使其活性减低或丧失。一个酶分子能在极短时间内破坏成千上万个抗生素分子,这些酶是由质粒或染色体编码的。这种耐药性往往具有交叉耐药性。由一种抗生素产生的耐药菌可以对其他一些抗生素也有抗药性,因为每一种酶只针对一种特定的结构,所有具有该特定结构的不同抗生素都能够被这种酶所分解。

对付氨基糖苷类抗生素,有的细菌产生 N-乙酰转移酶,将氨基糖苷类抗生素的游离氨基乙酰化。有些细菌产生 O-核苷转移酶,能将氨基糖苷的游离羧基磷酸化或核苷化,使其失去抑制蛋白质合成的作用。

产生灭活酶是引起细菌耐药性的最重要机制,产酶菌往往表现明显的耐药性,因而引起临床上抗生素治疗失败。

2) 影响抗生素渗入细菌

细菌可以增加细胞壁障碍或改变细胞膜的通透性而阻止抗生素进入细胞,从而导致细菌耐药。绿脓杆菌的外膜由微孔蛋白孔道组成。对亚胺培南耐药的绿脓杆菌通过丢掉用于编码 OprD2 微孔蛋白的基因,使 OprD2 微孔蛋白不出现在细胞膜上,减少了亚胺培南药物分子的渗入。

3) 药物作用靶位的改变

细菌可改变靶位蛋白的结构,使其不易被抗菌药物所作用。20 世纪 80 年代,人们发现耐甲氧西林的金黄色葡萄球菌改变了在细胞壁上的作用靶位,使它和 β-内酰胺类抗生素的亲和力降低,从而减弱该抗生素的作用,使细菌对抗生素产生耐药。后来有人证明了上述改变是由基因改变所造成的。

另一方面,基因突变导致了核糖体的结构改变,也能产生耐药性。例如,金黄色葡萄球菌能够改变编码核糖体蛋白的 gyrA 基因,在第 84 位点突变,把丝氨酸变成亮氨酸。结果使细菌 DNA 解旋酶上的亚基发生改变,使喹诺酮类抗生素无法与它结合,从而导致细菌耐药。

4) 细菌主动泵出抗生素

有的细菌外膜存在着独特的药物泵出系统,使菌体内药物浓度减少因而细菌产生耐药性。某些金黄色葡萄球菌有一种蛋白质具有"特异功能",在能量的支持下,能把细胞内低浓度的喹诺酮类药物主动泵出到药物浓度高的细胞外(逆浓度梯度)。这种蛋白质分子由 388 个氨基酸组成,由 norA 基因所编码。耐药性的细菌 norA 基因启动子区域发生了单个核苷酸的改变,在转录水平提高了 norA 信使 RNA 的量,导致 norA 的过度表达,合成出更多的这种蛋白质。

5) 细菌对抗生素的杀菌效应产生耐受性

有些金黄色葡萄球菌既不搞破坏,也不做任何防守,任由抗生素与自己正常结合。但由于它提高了自身能力,才不被杀灭。它通过过度分泌溶素抑制因子,降低了细菌的自溶活性,从而获得耐药性。研究还发现,细菌过量分泌自溶素抑制因子的 car 基因。

此外,细菌可增加抗菌药物拮抗物的产量而耐药,如对磺胺耐药菌株的 PABA 产量可为敏感菌的 20 倍。

4. 制服耐药性

了解细菌耐药性的秘密后,人类就可以采取针对性的措施。其实,已经有不少措施在应用,有些在研究当中,如遵循用药原则、重新评估老药和以前被筛选淘汰的化合物,寻找新的作用靶位和新颖化学结构的药物和基因治疗等。

1) 合理使用抗菌药物

必须建立细菌耐药性监测网,掌握重要致病菌对抗菌药物敏感性的准确资料,供临床选用抗菌药物参考。掌握适当的剂量和疗程,疗程尽量最短,一种抗菌药可以控制的感染则不任意采用多种药物联合,可用窄谱者则不用广谱抗生素;严格掌握抗菌药物的局部使用、预防应用和联合应用,避免滥用。

2) 加强药政管理

抗菌药物必须凭处方给药；对农牧业使用抗菌药物应加强管理；根据细菌耐药性的变迁，有计划地将抗菌药物分期、分批交替使用。

3) 寻找新的作用靶位和新颖化学结构的药物

根据细菌耐药性的发生机制与抗菌药物结构的关系，寻找和研制具有抗菌活性，尤其对耐药菌有活性的新抗菌药。①针对某些因产生灭活酶而失效的抗菌药物，寻找适当的酶抑制剂，与抗菌药物联合应用，保护药物不受破坏而保存其抗菌活性，如 β-内酰胺酶抑制剂克拉维酸、舒巴坦等；②根据细菌改变药物作用靶位的耐药机制，修改药物分子的结构，以提高药效；③针对细菌主动泵出抗生素的耐药机制，研究新型化合物，用来堵塞微生物泵，防止抗生素从细菌内流失。

4) 基因战法

几乎所有的生理功能都可以追溯至基因中的根源。利用分子生物学的成果，对基因进行修改，或对基因表达进行干预，就可以改变细菌的结构和功能，更易被药物所消灭。例如，破坏细菌极端重要的基因、干扰重要蛋白合成的某些环节、削弱耐药功能的基因表达、限制耐药基因的转移、抑制细菌的毒力因子，减少细菌对宿主的伤害等，甚至修改细菌的基因，使其出现容易攻击的致命弱点等，都是今后很有价值的研究工作。

3.5.9 新药的分类与开发过程

1. 化学新药的分类

按所开发药物的创新性进行分类，化学新药大体上可分为以下4种类型。

(1) 原始创新药物及制剂。这是属于新发现的药物，在现行药证管理上称为一类新药。对于化学药物，它可以是新发现的化合物，也可以是已见文献报道的已知化合物，其关键条件是首先作为药物进行开发者。

(2) 仿制药及制剂。指在国外已批准上市销售，而国内尚未开发使用的药物。在国家原药证管理条例中，对国外批准上市但尚未被任何国家收进药典者列为二类新药。已被某一国家收进药典者列为四类新药。

(3) 复方制剂。由超过一种以上的药物制成的混合制剂药物列为三类新药。

(4) 增加治疗适应证药物及制剂。对已上市使用的药物，因发现该种药物具有新的治疗用途（指该药物申报时及说明书中未提及的治疗适应证），拓展开发应用的药物，列为五类新药。

2. 原料药和制剂

在化学药物的开发研究过程中，对经药理筛选具有药物功能且确证化学结构的化合物（可由天然产物分离提取或用化学合成方法制备），在按药物生产的卫生条件精制纯化后，作为临床前药学和药理研究的药物样品，这种未经深加工剂型化的药物称为原料药。

原料药在经过一系列的临床前动物试验,确认其治疗效果之后,需要药制专业研制单位经过药剂学研究,制成不同的剂型。例如,加进不同的辅料后加工制成颗粒剂、片剂、胶囊、粉剂、霜剂或不加任何辅料制成注射剂等。经药剂学加工后制成的这些药剂称为制剂。研制的各种制剂经国家药证管理部门审批并经临床应用研究确证其疗效,在获得"新药生产证书"之后可批量生产上市,在医院和市面上销售的药品均属于药物制剂。

3. 新药的开发研究过程

新药开发研究是一项严格和复杂细致的研究过程,包含筛选、优化、临床前药理、临床应用研究等多个阶段,如图 3-17 所示。

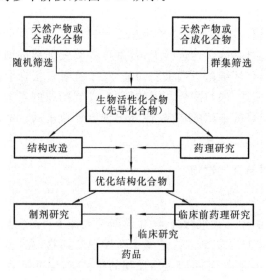

图 3-17　新药的开发研究过程

4. 新药的研究内容

新药研究的内容,包括工艺路线(合成、提取分离、制剂加工)、质量标准、临床前药理及临床研究等。

新药研究单位在研制新药工艺的同时,必须对该种药物的物理、化学性能,纯度及检验方法,药理、毒理、动物药代动力学,临床药理,处方,剂量,剂型,生物利用、稳定性等进行系统的研究,并提出药品质量标准草案和临床研究方案。

在完成以上工作并经主管部门审评批准后,便可进入临床研究。临床研究分临床试验和临床验证两个阶段。临床试验一般分三期进行,临床验证可不分期。临床试验必须在国家卫生行政部门指定医院的"临床试验基地"进行。临床研究结束后,应写出科学性的总结报告。经临床研究确证疗效的药物需由国家药证主管部门发给"新药证书"及批准文号后才可生产上市。

5. 新药筛选的途径

新药开发中,困难的问题是发掘有价值的先导化合物,即含有药理作用的结构,经一定的化学改造或修饰之后具有药学应用价值的化合物。寻求先导化合物的途径主要有随机筛选法,从动植物和微生物资源中发现有价值的先导药,对已知药物进行结构改造、意外发现,通过组合化学技术发现新药,计算机辅助药物设计等。

随着社会的发展、人口结构的改变、人类生活水平的提高、疾病谱的变异、生态环境的改变以及市场规律的作用,需要更多更好的新药。而新药产品上市后的生命周期日渐缩短,更新换代速度越来越快,通常一种新药的开发周期为12年,许多研究计划中途搁浅。因此,新药研究开发已成为国际制药企业谋求生存与发展的必然选择。

科学背景

人工合成胰岛素

1902年,伦敦大学医学院的两位生理学家Bayliss和Starling在动物胃肠里发现了一种能刺激胰液分泌的神奇物质,他们把它称为胰泌素。这是人类第一次发现的多肽物质。由于这一发现开创了多肽在内分泌学中的功能性研究,其影响极为深远,诺贝尔奖委员会授予他们诺贝尔生理学或医学奖。

1931年,一种命名为P物质的多肽被发现,它能兴奋平滑肌并能舒张血管而降低血压。科学家们从此开始关注多肽类物质对神经系统的影响,并把这类物质称为神经肽。

1953年,由Vigneand领导的生化小组第一次完成了生物活性肽催产素的合成。此后整个50年代的多肽研究主要集中于脑垂体所分泌的各种多肽类激素。

1952年,生物化学家Stanley Cohen在将肉瘤植入小鼠胚胎的实验中发现,小鼠交感神经纤维生长加快、神经节明显增大。8年后才发现这是一种多肽在起作用,并将之称为神经生长因子(NGF)。

50年代末,Merrifield发明了多肽固相合成法并因此荣获诺贝尔化学奖。60年代初期,多肽的研究出现了惊人的发展,多肽的结构分析、生物功能研究等都相继取得成果。

1965年9月17日,经过6年零9个月的努力,中国科学家终于在世界上第一次取得了人工牛胰岛素结晶。这也是世界上第一次蛋白质的全合成。1966年12月24日,《人民日报》头版头条报道《我国在世界上第一次人工合成结晶胰岛素》,这项成果是中国科学界的骄傲。这一成果促进了生命科学的发展,开创了人工合成蛋白质的时代。这项工作的完成被认为是20世纪60年代多肽和蛋白质合成领域最重要的成就，极大地提高了我国的科学声誉，对我国在蛋白质和多肽合成方面的研究起了积极的推动作用。人工牛胰岛素的合成标志着人类在认识生命、探索生命奥秘的征途中迈出了关键性的一步，产生了极其重大的意义与影响。

思 考 题

1. 列出人体中25种必需元素的生理功能。
2. 人体中重要的生命有机化合物有哪些？
3. 蛋白质由什么组成？人体中蛋白质的功能有哪些？
4. 核酸的基本组成有哪些？试述核酸的结构。
5. 何谓中药？其主要的有机化合物有哪些？
6. 藏药植物的特征是什么？
7. 什么是化学药物？化学药物与中药的主要差异有哪些？
8. 耐药性产生的方式和机制是什么？制服耐药性的措施主要有哪些？
9. 新药研制与开发、审批、生产与销售、选药与用药等方面应注意哪些问题？

第4章 化学与能源

能源是经济发展的原动力,是社会繁荣和发展的物质基础,能源、材料、信息是人类社会发展的三大支柱。充足稳定的能源供应不仅为工业提供动力,为农业提供保障,推动科学技术的进步,保障国民经济的发展,而且还有助于促进人们生活的改善、人类社会的发展与进步。人类进步的历史表明,每一次能源科技的突破都带来了生产力的巨大飞跃和社会的进步。而经济的发展、社会的进步又促进了能源的开发和利用水平的提高。两者既相互促进,又相互制约。

4.1 能源对人类社会的作用

能源在人类社会的发展中占据重要地位,是人类社会发展的基本条件,是发展农业、工业、科学技术和提高人民生活水平的重要物质基础。能源的开发利用的广度和深度,是衡量一个国家的科学技术和生产发展水平的主要标志之一。

4.1.1 能源与国民经济

能源是经济社会可持续发展和国家竞争力的基础,我国经济能否保持可持续发展的态势,有许多制约因素,其中,特别是石油短缺是一个重要掣肘。

能源是我国国民经济发展的重要支撑和经济命脉。"十一五"规划建议中提到两个量化指标,即"实现2010年人均国内生产总值比2000年翻一番"与"单位国内生产总值能源消耗比'十五'期末降低20%左右"。将节能降耗目标与经济增长目标放在同等重要的位置,并列摆在全国的社会经济发展总目标中,尚属首次。

近年来,随着我国经济的高速发展,能源安全问题已经成为国家生活乃至全社会关注的焦点。"油荒""煤荒""电荒"等能源供应紧张状况对我们每个人的生活影响越来越大,环境污染、安全事故、国际争端、围绕能源的话题充斥各种媒体。面对高油价,已成为全球第二大能源消费国的中国,能源需求实际上陷入了一个尴尬的境地。能源安全问题已逐渐成为中国战略安全的隐患和制约经济社会可持续发展的瓶颈,是中国经济社会可持续发展的严重障碍。

实际上,我国的能源安全问题已经出现严重危机,有的经济发达地区已经到了难以为继的地步。在世界范围比较,我国人均拥有资源量均处于落后地位。水资源仅占世界人均水资源拥有量的1/4,土地占人均拥有量的1/3,石油、天然气占人均拥有量的1/10。目前,我国已成为煤炭、钢铁、铜等资源消费的世界第一大国,继美国之后,世界第二的石油和电力消费大国。石油、铁、铜、铝、钾、磷矿都要靠大量进口,我国今后新增的石油需求量几乎要全部依靠进口,到 2020 年前后,我国的石油进口量有可能超过 3 亿吨,一跃成为世界第一大油品进口国,能源对国外市场依赖程度越来越大。

为确保我国的能源安全,2005 年我们已经开始构建国家能源安全战略体系,并采取了一系列有效措施。以科学发展观统领经济社会发展全局,推进经济结构调整和增长方式转变。提出了着力增强自主创新能力,建设创新型国家,发展循环经济,加快建设资源节约型、环境友好型社会。2005 年底,国家成立了《能源法》起草组,将国家能源发展战略和综合性、长效性能源政策上升为可操作的法律规范,从而把能源安全纳入到依法保障的轨道。

4.1.2 能源与人民生活

能源是国民经济重要的物质基础,也是人类赖以生存的基本条件。国民经济发展的速度和人民生活水平的提高都有赖于提供能源的多少。从历史上看,人类对能源利用的每一次重大突破都伴随着科技的进步,从而促进生产力大大发展,甚至引起社会生产方式的革命。如 18 世纪瓦特发明了蒸汽机,以蒸汽代替人力、畜力,在一次能源的消费结构上转向以煤炭代替木柴的时代,开始了资本主义工业革命。从 19 世纪 70 年代开始,电力逐步代替蒸汽成为主要动力,从而实现了资本主义工业化。到了 20 世纪 50 年代,随着廉价石油、天然气大规模开发,世界能源的消费结构从以煤炭为主转向以石油为主,因而使西方经济在 60 年代进入了"黄金时代"。

每一次新能源的开发和利用,都必然引起世界能源结构的变化,促进经济的大发展。而能源的利用程度和能源的人均占有量是衡量各国经济发展和人民生活水平的一项综合性指标,是一个国家技术进步程度的体现。

4.1.3 能源与环境污染

能源对人类发展的巨大贡献是显而易见的,但也并不仅仅如此。它也已经和正在给人类带来许多麻烦。这主要是由于能源(主要是占总量 80% 的化石能源)的利用所造成的日益严重的环境污染。

在人类利用能源的初期,能源的使用量及范围有限,而且当时科学技术和经济并不发达,对环境的损害较小。但环境的恶化是积累性的,只有经过较长时间的积累后,人们才能察觉到它的明显变化。在这个过程中,环境的改变并没有引起人类的特别注意,因此环境保护意识不强。然而随着工业的迅猛发展和人民生活水平的提高,能源的消耗量越来越大。能源的不合理开发和利用,致使环境污染也日趋严重。目前,全世界每年向大气中排放几十亿吨甚至几百亿吨的 CO_2、SO_2、粉尘及其他有害气体。这些排放物都主要与能源的利用有关。由此造成CO_2等所产生的温室效应使地球变暖,全球性气候异常,海平面上升,自然灾害增多;随着SO_2等排放量的增加,酸雨越来越严重,使生态遭破坏,农业减产;氯氟烃类化合物的排放使大气臭氧层遭破坏,加之大量粉尘的排放,使癌症发病率增加,严重威胁人类健康。

必须指出,目前全球性的环境恶化主要是发达国家在其实现工业化的道路上,利用当时世界上廉价的资源(包括能源),不顾后果地向环境疯狂索取,并排放大量污染物积累的结果。直到现在,发达国家仍然是世界上有限资源的主要消费者和CO_2等有害气体的主要排放者,其排放量占全球排放总量的3/4,他们对世界环境的恶化应负主要责任。

传统的能源增长方式与特定的消费结构决定了中国生态环境越来越脆弱。以煤炭为主的能源结构使我国面临以下两个突出问题:一个是以煤为主的能源供应意味着比较低的能源效率;另一个所面临的就是环境污染问题。由于我国中小企业多,技术工艺落后,大量烟尘及有害气体未经处理就直接排放到大气中。有关研究报告指出,我国排入大气的烟尘中,90%的SO_2和85%的CO_2来自燃煤。因此,煤炭直接燃烧是我国大气污染的主要原因。

能源的利用,使人类的物质生活不断得到改善,但也使自己的生存环境逐渐恶化。因此,人类在谋求持续发展的过程中必须解决好这一矛盾。

4.2 能源的分类

能源种类繁多,而且经过人类不断的开发与研究,更多的新型能源已经开始满足人类的需求。根据不同的划分方式,能源也可分为不同的类型。

1. 按能源的来源分类

能源根据初始来源分为以下四大类。

第一类是与太阳有关的能源。太阳能除可直接利用它的光和热外,它还是地球上多种能源的主要源泉。目前,人类所需能量的绝大部分都直接或间接地来自太阳。例如,各种植物通过光合作用把太阳能转变成化学能在植物体内储存下来,这部分能量为人类和动物界的生存提供了能源。煤炭、石油、天然气、油页岩等化石燃料也是由古代埋在地下的动植物经过漫长的地质年代形成的。它们实质上是由古代生物固定下来的太阳能。此外,水能、风能、波浪能、海流能等也都是由太阳能转换来的。从数量上看,太阳能非常巨大。理论计算表明,太阳每秒钟辐射到地球上的能量相当于500多万吨煤燃烧时放出的热量;一年就有相当于170万亿吨煤的热量,现在全世界一年消耗的能量还不及它的万分之一。但是,到达地球表面的太阳能只有千分之一二被植物吸收,并转变成化学能储存起来,其余绝大部分都转换成热量散发到宇宙空间。

第二类是与地球内部的热能有关的能源。地球是一个大热库,从地面向下,随着深度的增加,温度也不断增高。从地下喷出地面的温泉和火山爆发喷出的岩浆就是地热的表现。地球上的地热资源储量也很大,目前,钻井技术可钻到地下10千米的深度,据估计地热能资源总量相当于世界年能源消费量的400多万倍。

第三类是与原子核反应有关的能源。这是某些物质在发生原子核反应时释放的能量。原子核反应主要有裂变反应和聚变反应。目前,在世界各地运行的440多座核电站就是使用铀原子核裂变时放出的能量。使用氘、氚、锂等轻核聚变时放出能量的核电站正在研究之中。世界上已探明的铀储量约490万吨,钍储量约275万吨。这些裂变反应原料足够人类使用到迎接聚变能的到来。聚变反应原料主要是氘和锂,海水中氘的含量为0.03克/升,据估计地球上的海水量约为138亿亿立方米,所以世界上氘的储量约40万亿吨;地球上的锂储量虽比氘少得多,也有2 000多亿吨,用它来制造氚,足够人类过渡到氘、氚聚变的年代。这些聚变反应原料所释放的能量比全世界现有能源的总能量大千万倍。按目前世界能源消费水平,地球上可供原子核聚变的氘和氚能供人类使用上千亿年。因此,只要解决核聚变技术,人类就将从根本上解决能源问题。实现可控制的核聚变以获得取之不尽、用之不竭的聚变能,这正是当前核科学家们孜孜以求的目标。

第四类是与地球-月球-太阳相互联系有关的能源。这三者之间有规律的运动造成相对位置周期性的变化,它们之间产生的引力使海水涨落而形成潮汐能。与上述三类能源相比,潮汐能的数量很小,全世界的潮汐能折合成煤约为每年30亿吨,而实际可用的只是浅海区那一部分,每年约相当于6 000万吨煤。

以上四大类能源都是自然界中已经存在的、未经加工或转换的能源。

2. 按能源成因分类

能源按成因(基本形态)分为一次能源和二次能源。前者即天然能源,指在自然界中以天然形式存在并没有经过加工或转换的能量资源,如煤炭、石油、天然气、水能等能源。后者指由一次能源直接或间接转换成其他种类和形式的能量资源,如电力、煤气、蒸汽、汽油、柴油、焦炭、洁净煤、激光和沼气等。一次能源又分为可再生能源(太阳能、风能、地热能、海洋能、生物质能以及核能等)和非再生能源(煤炭、石油、天然气、油页岩等)。

3. 按能源性质分类

能源按性质分类,有燃料型能源(煤炭、石油、天然气、泥炭、木材)和非燃料型能源(水能、风能、地热能、海洋能)。

4. 根据能源消耗后是否造成环境污染分类

根据能源消耗后是否造成环境污染可分为污染型能源和清洁型能源。污染型能源包括煤炭、石油等;清洁型能源包括水力、电力、太阳能、风能以及核能等。

5. 根据能源的使用类型分类

能源根据使用类型可分为常规能源和新型能源。常规能源包括一次能源中的可再生的水力资源和不可再生的煤炭、石油、天然气等资源。新型能源是相对于常规能源而言的,包括太阳能、风能、地热能、海洋能、生物能以及用于核能发电的核燃料等能源。由于新能源的能量密度较小,或品位较低,或有间歇性,按已有的技术条件转换利用的经济性尚差,还处于研究、发展阶段,只能因地制宜地开发和利用;但新能源大多数是再生能源,资源丰富,分布广阔,是未来的主要能源之一。

6. 按能源的形态特征或转换与应用的层次分类

人们通常按能源的形态特征或转换与应用的层次对它进行分类。世界能源委员会推荐的能源类型分为:固体燃料、液体燃料、气体燃料、水能、电能、太阳能、生物质能、风能、核能、海洋能和地热能。其中,前三个类型统称化石燃料或化石能源。已被人类认识的上述能源在一定条件下可以转换为人们所需的某种形式的能量。比如薪柴和煤炭,把它们加热到一定温度,它们能和空气中的氧气化合并放出大量的热能。我们可以用热来取暖、做饭或制冷,也可以用热来产生蒸汽,用蒸汽推动汽轮机,使热能转变成机械能;也可以用汽轮机带动发电机,使机械能转变成电能;如果把电送到工厂、企业、机关、农牧林区和住户,它又可以转换成机械能、光能或热能。

随着全球各国经济发展对能源需求的日益增加,现在许多发达国家都更加重视对可再生能源、环保能源以及新型能源的开发与研究。同时我们也相信随着人类科学技术的不断进步,人们会不断开发研究出更多新能源来替代现有能源,以满足全球经济发展与人类生存对能源的高度需求,而且能够预计地球上还有很多尚未被人类发现的新能源正等待我们去探寻与研究。

4.3 化学能源的储存与转化

化学能源的储存主要利用电池来完成。利用氧化还原反应即电子转移反应由化学能转变为电能从而产生电流的装置,称为化学电池。在这种装置中,化学反应不经过热能直接转换为电能,若反应不可逆或者不能再生者称为一次电池或原电池,如常用的干电池等;若反应可逆,由外部供给电能可再生者称为二次电池或蓄电池,如铅酸蓄电池等。

4.3.1 原电池

原电池是一类通过电极反应将活性物质不断消耗,使化学能直接转换为电能的换能装置。原电池连续放电或间歇放电后不能以反向电流充电的方法使两电极的活性物质恢复到初始状态。常用的原电池有锌锰干电池、锌汞电池、锌银电池以及锂电池等。

1. 锌锰干电池

该类电池具有原材料来源丰富、工艺简单、价格便宜、使用方便的优点,成为人们使用最多、最广泛的电池品种。以锌为负极,二氧化锰为正极。锌锰干电池又可分为如下三种。

(1) 铵型锌锰电池:电解质以氯化铵为主,含有少量氯化锌。

(2) 锌型锌锰电池:又称高功率锌锰电池,电解质为氯化锌,具有防漏性能好,能大功率放电以及能量密度高等优点,是锌锰电池的第二代产品。20世纪70年代由德国推出。与铵型电池比较,该产品放电时间长,不产生水,因此电池不易漏液。

(3) 碱型锌锰电池:是锌锰电池的第三代产品,具有大功率、放电性能好、能量密度高和低温性能好等优点。

2. 锂原电池

又称锂电池,是以金属锂为负极的电池总称。锂的电极电势最负,相对分子质量最小,导电性好,可制成一系列储存寿命长、工作范围宽的高能电池。根据电解液和正极物质的物理状态,锂电池有三种不同的类型:固体正极-液体电解质电池、液体正极-液体电解质电池、固体正极-有机电解质电池。Li-$(CF)_n$的开路电压为3.3 V,比能量为480 W·h/L,工作温度在$-55 \sim +70$ ℃之间,在20 ℃下可储存10年之久。

3. 锌银纽扣电池

锌银纽扣电池的电极材料是Ag_2O_2和Zn,具有质量轻、体积小的特点,作为电子手表、电脑主板、液晶显示计算器所用电池。

4.3.2 蓄电池

电极活性物质经过氧化还原反应向外输出电能而被消耗之后,可以用充电的方法使活性物质恢复的电池称为可充电电池或者二次电池,因其兼有储存电能的作用,通称为蓄电池。

1. 铅酸蓄电池

铅酸蓄电池是以二氧化铅为正极活性物质,多孔金属铅为负极活性物质,电解质硫酸参与电池反应,两极反应产物均为硫酸铅。由于其成本最低,能经受较大电流放电,适用于发动机的启动,电动势和工作电压高、使用温度范围宽,原材料来源广泛,因此作为商品在市场上不断发展,经久不衰。

密封式铅酸蓄电池是铅酸蓄电池的替代品,其酸液不会外泄,电池无须维护,胶体电解质的密封铅酸蓄电池中的酸液与超细的 SiO_2 粉末形成凝胶而失去流动性,因此可以全方位使用,但是凝胶体质量影响电池寿命。

2. 碱性蓄电池

碱性蓄电池的正极活性物质是铜、镍、汞、锰的氢氧化物、氧化物或氧、卤素等(在制造电极时往往借助掺杂、共沉淀、薄层化等方法转变成非整比的半导体,以补偿导电能力的不足,改善电极的高温容量等),负极活性物质是不同形态的镉、铁、锌、氢等。碱性蓄电池结构有开口和密封两种,开口电池放电率高,价格低;密封电池无须维护。常可分为如下四类。

(1) 镉镍、铁镍蓄电池:优点是寿命长,使用维护方便,耐过充电能力强。镉镍电池循环充电可达 2 000 次以上,使用时间长达 25 年;铁镍电池循环充电可达 4 000次以上。后者价格较低,但低温性能、荷电保持、充电效率、电压平稳性不如前者。

(2) 钠硫蓄电池:熔融金属钠为负极,熔融硫为正极,β-氧化铝陶瓷或钠离子导体玻璃空心毛细管为固体电解质,其作用是为钠离子提供迁移通道,并将金属钠与硫隔开。其潜在的低成本、高比能量和高电性能具有很大吸引力。用于电动车辆、空间卫星等领域。

(3) 碱性氢镍电池:分为两种类型,一种以气体氢为活性物质,在电池内部具有较高压强(3 MPa),称为高压氢镍电池;另一种以具有吸附氢能力的金属氢化物为活性物质,电池压力较低(0.3 MPa),称为低压氢镍电池。

20 世纪 80 年代,人们发现金属化合物 $LaNi_5$ 和 TiFe 等能可逆吸放氢,储氢密度为液态氢的 1.5~2 倍,以此材料制得的电池具有很高的体积比能量,因此掀起了 MH-Ni 电池研制热潮。该电池优点为比能量高,是镉镍电池的 1.5~2 倍,有良好的耐过充放保护性,没有镉镍电池的污染。储氢材料来源广泛,制造工艺简单,现已替代镉镍电池作为第二代空间蓄电池。目前,研制的关键是制备优良的储氢合金材料,使电池自放电减少。

(4) 锂离子电池:锂电池的活性物质为金属锂,而锂离子蓄电池则是以锂离子为活性物质。由于正、负极存在浓度差,在放电时,锂离子从负极迁移到正极;充电时,又从正极迁移到负极,像摇椅一样来回循环,因此也称为"摇椅式"电池。

4.3.3 燃料电池

燃料电池与前两类电池的主要差别在于一般电池的活性物质(如氧化剂、还原剂)全部储藏在电池内部,因此限制了电池的容量。而燃料电池的正、负极本身不包含活性物质,只是一个催化转换元件,活性物质在电池工作时不断从外界输入,同时将电池反应产物不断排出电池。因此,原则上讲,只要反应物不断输入,产物不断排出,燃料电池就能连续放电。

燃料电池的电极为多孔碳、多孔镍、铂、钯等贵金属及聚四氟乙烯;氧化剂为氧气、空气等(正极反应物);还原剂为氢气、甲烷、甲醇、煤气等(负极反应物);电解质为酸性、碱性熔融盐,固体电解质,高聚物电解质、离子交换膜等。

1. 碱性氢氧燃料电池(AFC)

该电池的电解质为30%～50%氢氧化钾溶液,工作温度为100 ℃,电极反应如下:

正极　　$O_2 + 2H_2O + 4e \longrightarrow 4OH^-$

负极　　$2H_2 + 4OH^- \longrightarrow 4H_2O + 4e$

总反应　$2H_2 + O_2 \longrightarrow 2H_2O$

AFC早已于20世纪60年代应用于美国Gemini载人宇宙飞船上,但由于价格昂贵,所以作为民用至今仍然未能普及。

2. 磷酸型燃料电池(PAFC)

该电池的电解质为磷酸溶液,电极为碳材料(廉价),燃料为氢气、甲烷、甲醇、煤气等低廉燃料。PAFC是目前最成熟、进步最快的燃料电池,目前世界上最大容量的燃料电池发电厂是美日合作,由东京电能公司经营的PAFC发电厂,1991年建成,运行良好。近两年来投入运行的100多个燃料电池发电系统中,90%是磷酸型的。

燃料电池的优点在于能量转换效率高(大于80%),污染小(发电后的产物是水,在载人宇宙飞船等航空器中兼做宇航员的饮用水),噪音低(火力发电需要排放大量的废渣,机械发电噪音大),电力质量高,适应能力强。

4.3.4　电池的回收

化学电源电池需要回收。例如,锌锰电池,负极为锌,正极为二氧化锰,中间的电解质为氯化铵和氯化锌的糊状液。这些化学物质并非有害物质,然而为了防止锌在溶液中的溶解和释放出氢气造成电池的涨破,制造者通常在糊状液中加入氯化亚汞。这样,汞被锌置换出来后与锌形成锌汞齐,使锌的过电位提高而抑制上述反应。即使是新型的碱性电池,同样为了防止氢气的释放而在锌粉中加入汞以形成汞齐。因此,锌锰电池中有害的是金属汞。若汞散落在环境中,则会造成环境的污染。1955年全球八大灾难事故之一的日本水俣病事件就是由汞引起的。科学家正在研究微汞和无汞电池,但目前大多数锌锰电池中仍然含有汞。

回收电池更重要的还在于回收可充电电池——镉镍电池。由于镉镍电池中的负极材料是镉,而镉是有害金属。日本富山县曾因金属镉的污染而引发大规模的骨痛病。随着可充电电池的使用越来越多,回收镉镍电池的意义就显得更加重要了。

4.4 一次化学能源

凡是直接来自自然界的、未经加工或转换的能源称为一次化学能源,如煤、石油、天然气、植物秸秆等。

4.4.1 煤

煤是一种固体可燃有机岩,主要由植物体经生物化学作用,埋藏后再经地质作用转变而成。

1. 煤的历史

中国是世界上最早利用煤的国家。辽宁省新乐古文化遗址中就发现有煤制工艺品,河南省巩义市也发现有西汉时用煤饼炼铁的遗址。《山海经》中称煤为石涅,魏、晋时称煤为石墨或石炭。明代李时珍著的《本草纲目》首次使用"煤"这一名称。希腊和古罗马也是用煤较早的国家,希腊学者泰奥弗拉斯托斯在公元前约 300 年著有《石史》,其中记载有煤的性质和产地;古罗马大约在 2000 年前已开始用煤加热。

2. 煤的成分

煤中有机质是复杂的高分子有机化合物,主要由碳、氢、氧、氮、硫和磷等元素组成,而碳、氢、氧三者总和约占有机质的 95% 以上;煤中的无机质也含有少量的碳、氢、氧、硫等元素。碳是煤中最重要的组分,其含量随煤化程度的加深而增高。泥炭中碳含量为 50%~60%,褐煤为 60%~70%,烟煤为 74%~92%,无烟煤为 90%~98%。硫是最有害的化学成分。煤燃烧时,硫生成 SO_2,腐蚀金属设备,污染环境。煤中硫的含量可分为 5 级:高硫煤,硫的含量大于 4%;富硫煤,为 2.5%~4%;中硫煤,为 1.5%~2.5%;低硫煤,为 1.0%~1.5%;特低硫煤,不大于 1%。煤中硫又可分为有机硫和无机硫两大类。

3. 煤的用途

煤作为一种燃料,早在 800 年前就已经开始。煤被广泛用作工业生产的燃料,是从 18 世纪末的产业革命开始的。随着蒸汽机的发明和使用,煤被广泛地用作工业生产的燃料,给社会带来了前所未有的巨大生产力,推动了工业向前发展,随之发展起煤炭、钢铁、化工、采矿、冶金等工业。煤炭热量高,标准煤的发热量为 29.26 kJ/kg。而且煤炭在地球上的储量丰富,分布广泛,一般也比较容易开采,因而被广泛用作各种工业生产中的燃料。

煤炭除了作为燃料以取得热量和动能以外,更为重要的是从中制取冶金用的焦炭和制取人造石油,即煤的低温干馏生成的液体产品——煤焦油。经过化学加工,从煤炭中能制造出成千上万种化学产品,所以它又是一种非常重要的化工原料,如我国相当多的中小氮肥厂都以煤炭做原料来生产化肥。我国的煤炭广泛用来作为多种工业原料。大型煤炭工业基地的建设对我国综合工业基地和经济区域的形成和发展起着很大的作用。此外,煤炭中还往往含有许多放射性元素和稀有元素如铀、锗、镓等,这些放射性元素和稀有元素是半导体和原子能工业的重要原料。煤炭在现代化工业中发挥着重要的作用,各种工业部门都在一定程度上要消耗一定量的煤炭,因此,有人称煤炭是工业的"真正的粮食"。

我国是世界上煤炭资源最丰富的国家之一,不仅储量大,分布广,而且种类齐全,煤质优良,为我国工业现代化提供了极为有利的条件。因此,综合、合理、有效开发利用煤炭资源,并着重把煤转变为洁净燃料,是努力的方向。

4.4.2 石油

石油又称原油,是从地下深处开采的棕黑色可燃黏稠液体,主要是各种烷烃、环烷烃、芳香烃的混合物,它是古代海洋或湖泊中的生物经过漫长的演化形成的混合物,与煤一样属于化石燃料。

1. 石油的历史

从地质学角度,石油在地球上的生成可以追溯到 200 万年到 52 000 万年以前(人类诞生仅 50～100 万年)。石油最初被人类用于照明,从 1782 年瑞士人发明煤油灯到 1853 年全球普遍使用,石油所发挥的功能几乎全是照明,然而石油对于人类真正的魅力却在另外两个功能,一是作为动力能源,二是作为功能材料。

我国是属于多煤少油的国家,从 20 世纪 60 年代以来相继发现大庆、胜利、大港油田。80 年代末,被开发的大小油田有 160 多处(但 80%用油仍然需要进口),并开始海洋石油的普查和勘探,东海最佳,南海渤海其次,黄海较差。

2. 石油的成分

组成石油的化学元素主要是碳(占 83%～87%)、氢(占 11%～14%),其余为硫(占 0.06%～0.8%)、氮(占 0.02%～1.7%)、氧(占 0.08%～1.82%)及微量金属元素(镍、钒、铁等)。由碳和氢化合形成的烃类构成石油的主要组成部分,约占 95%～99%,含硫、氧、氮的化合物对石油产品有害,在石油加工中应尽量除去。

不同产地的石油中,各种烃类的结构和所占比例相差很大,但主要属于烷烃、环烷烃、芳香烃三类。通常以烷烃为主的石油称为石蜡基石油;以环烷烃、芳香烃为主的称环烃基石油;介于二者之间的称中间基石油。

我国主要原油的特点是含蜡较多,凝固点高,硫含量低,镍、氮含量中等,钒含量极少。除个别油田外,原油中汽油馏分较少,渣油占 1/3。组成不同的石油,加工方法有差别,产品的性能也不同,应当物尽其用。大庆原油的主要特点是含蜡量高,凝点高,硫含量低,属低硫石蜡基原油。

3. 石油的加工

石油的加工主要是指对原油的加工。世界各国基本上都是通过一次加工、二次加工以生产燃料油品，三次加工主要生产化工产品。

石油是不同烃化合物的混合物，简单作为燃料是极大的浪费，只有通过加工处理，炼制出不同的产品，才能充分发挥其巨大的经济价值。石油经过加工，大体可获得以下几大类的产品：汽油（航空汽油、军用汽油、溶剂汽油），煤油（灯用煤油、动力煤油、航空煤油），柴油（轻柴油、中柴油、重柴油），燃料油，润滑油，润滑油脂以及其他石油产品（凡士林、石油蜡、沥青、石油焦炭等）。有的油品经过深加工，又获得质量更高或新的产品。

原油的一次加工主要采用常压、减压蒸馏的简单物理方法将原油分离为沸点范围不同、密度大小不同的多种石油馏分。各种馏分的分离顺序主要取决于分子大小和沸点高低。在常压蒸馏过程中，汽油因分子小、沸点低，首先馏出，随之是煤油、柴油、残余重油。重油经减压蒸馏又可获得一定数量的润滑油的基础油或半成品（蜡油），最后剩下渣油（重油）。一次加工获得的轻质油品（汽油、煤油、柴油）还需进一步精制、调配，才可作为合格油品投入市场。我国的一次加工原油只获得25%～40%（大庆原油为30%）的直馏轻质油品和20%左右的蜡油。

原油的二次加工主要用化学方法或化学-物理方法，将原油馏分进一步加工转化，以提高某种产品收率，增加产品品种，提高产品质量。进行二次加工的工艺很多，要根据油品性质和设计要求进行选择，主要有催化裂化、催化重整、焦化、减黏、加氢裂化、溶剂脱沥青等。如对一次加工获得的重质半成品（蜡油）进行催化裂化，又可将蜡油的40%左右转化为高牌号车用汽油，30%左右转化为柴油，20%左右转化为液化气、气态烃和干气。如以轻汽油（石脑油）为原料，采用催化重整工艺加工，可生产高辛烷值汽油组分（航空汽油）或化工原料芳烃（苯、二甲苯等），还可获得副产品氢气。

石油三次加工是对石油一次、二次加工的中间产品（包括轻油、重油、各种石油气、石蜡等）通过化学过程生产化工产品。如用催化裂化工艺所产干气中的丙烯生产丙醇、丁醇、辛醇、丙烯腈、腈纶；用 C_4 馏分生产顺酐、顺丁橡胶；用苯、甲苯、二甲苯生产苯酐、聚酯、涤纶等产品。最重要且最大量的是用石脑油、柴油生产乙烯。

经过加工石油而获得的各类石油产品，在不同的领域内有着广泛的、不同的用途。

4. 石油的用途

石油的利用是随着人类生产实践和科学技术水平的提高而逐步扩大的。从远古时代开始并在相当长的历史时期，古人只是直接、简单、零星地用作燃料、润滑、建筑、医药等方面。随着人们经验的积累，18世纪末，人们开始认识到把石油通过蒸馏并依次冷却、冷凝可获得不同的油品，如煤油和汽油等。初期的炼制由于对汽油和重油尚找不到用途而废弃或烧掉,因而主要生产是1782年发明了煤油灯以后用量急剧增大的煤油。19世纪以来,由于内燃机的发明,扩大了对石油产品的利用,有力地推进了石油加工技术的发展。又随着内燃机技术迅速发展,各类以内燃机作驱动的运载工具如汽车、飞机、船只等数量剧增,用于军事的坦克、装甲车、军舰相继出现,不仅要求质量不同的油品,而且用量也大大增加,石油的用途不断扩大。20世纪中叶,有机合成技术的出现和发展,进一步拓宽了石油和天然气的应用范围。因此,石油就成为当今人类社会中极其重要的动力资源和化工原料,作为一种战略物资更广泛地应用在工业、农业、军事、人民生活的各个领域。

石油产品几乎在人类社会的各个方面都显示其作用和存在。因此,石油被人们誉为"工业的血液",更为可赞的是它全身是宝,没有一点废物。随着科学技术的发展,其应用范围还将继续扩大。

4.4.3 天然气

在石油地质学中,天然气通常指油田气和气田气。其组成以烃类为主,并含有非烃气体。广义的天然气是指地壳中一切天然生成的气体,包括油田气、气田气、泥火山气、煤层气和生物生成气等。按天然气在地下存在的相态可分为游离态、溶解态、吸附态和固态水合物。只有游离态的天然气经聚集形成天然气藏,才可开发利用。

天然气是古生物遗骸长期沉积地下,经慢慢转化及变质裂解而产生的气态碳氢化合物,具可燃性,多在油田开采原油时伴随而出。我国天然气主要产地是四川省。

1. 天然气的成分

天然气蕴藏在地下约 3 000～4 000 m 的多孔隙岩层中,主要成分为甲烷,比空气轻,无色、无味、无臭,天然气公司皆遵照政府规定添加臭剂,以供用户嗅辨。

2. 天然气的用途

天然气是一种优质、洁净、燃用方便的能源,也是优质的化工原料,应用随着技术的发展日趋广泛,具体概括有以下四个方面的用途。

(1) 发电:具有缓解能源紧缺、降低燃煤发电比例,减少环境污染的有效途径,且从经济效益看,天然气发电的单位装机容量所需投资少,建设工期短,上网电价较低,具有较强的竞争力。天然气发电在世界发达国家发展快。1994年,美国天然气发电量达 466.8 TW·h,占总发电量的 13.6%;日本为 220.0 TW·h,居其火力发电的首位。据报道,采用的燃气轮机与汽轮机联合循环发电,建设周期 30～36个月,为建燃煤电厂周期的 70%;建设成本每千瓦装机容量大约 400～500 美元,投资费用仅为煤和核能发电装置的 2/3 左右;过程用水减少 50%;几乎不排放 SO_2,CO_2 排放量减少 50%,无粉尘,供电效率均在 45% 以上,最好的可超过 55%。

我国燃气电厂比例很小,随着天然气开发的扩大,燃气电厂将发挥特殊的作用。

(2) 化工工业:天然气是制造氮肥的最佳原料,具有投资少、成本低、污染少等特点。世界上天然气占氮肥生产原料的比重平均为80%左右。以天然气为原料还可以生产合成氨、乙炔、甲醇、氢氰酸、液态烃、甲烷氯化物、二硫化碳、炭黑等产品。

(3) 城市燃气:特别是居民生活用燃料。随着人民生活水平的提高及环保意识的增强,大部分城市对天然气的需求明显增加。天然气作为民用燃料的经济效益也大于工业燃料。

(4) 压缩天然气汽车:以天然气代替汽车用油,具有价格低、污染少、安全等优点。天然气汽车在世界许多国家正积极发展。目前,以压缩天然气驱动的汽车已达到80万辆。以天然气替代汽油作为燃料的优点包括:效率相同,但CO_2发生量减少25%;SO_2排放量为0;甲烷相对分子质量小于空气平均相对分子质量,即使有所泄漏,也会很快扩散,不会大量滞留地面而造成事故;可燃深度范围宽;自燃点火温度高,点火容易;辛烷值高,可提高发动机压缩比;可稀释燃烧,生成NO_x少;发动机低温性能好。

4.4.4 植物秸秆

秸秆是成熟农作物茎叶(穗)部分的总称。通常指小麦、水稻、玉米、薯类、油料、棉花、甘蔗和其他农作物在收获子实后的剩余部分。农作物光合作用的产物有一半以上存在于秸秆中,秸秆富含氮、磷、钾、钙、镁和有机质等,是一种具有多用途的可再生的清洁生物资源。

秸秆是一种很好的清洁可再生能源,每两吨秸秆的热值就相当于一吨标准煤,而且其平均含硫量只有3.8‰,而煤的平均含硫量约达1%。在生物质的再生利用过程中,排放的CO_2与生物质再生时吸收的CO_2达到碳平衡,具有CO_2零排放的作用,对缓解和最终解决温室效应问题将具有重要贡献。

秸秆作为能源有以下用途。

(1) 秸秆发电:秸秆作为一种可再生能源,它在生长和燃烧中不增加二氧化碳的排放量,秸秆发电不但可以替代部分化石燃料,而且能够减少温室气体的排放。测算数据显示,作为农民的生活用能,秸秆燃烧效率约15%,而生物质直燃发电锅炉可以将热效率提高到90%以上。据估算,建设一个25 000 kW的秸秆发电厂每年需要消耗秸秆200 000 t,按每吨秸秆收购价200元计算,可为当地农民增加约4 000万元收入,惠及农户将近5万户。

(2) 生物乙醇:用粮食生产乙醇,每3~4 t粮食可以生产1 t乙醇;用玉米秸秆,每7 t可生产1 t乙醇,平均每吨成本4 500元,比用粮食生产乙醇低1 000元。

4.5 二次化学能源

二次化学能源指由一次化学能源经过加工转换以后得到的能源,包括煤气、煤油、汽油、柴油、液化石油气,各种有机能源物(甲醇、乙醇、苯胺)等。

4.5.1 石油气

石油气是沸点低于 40 ℃,$C_1 \sim C_4$ 的饱和烃(甲烷~丁烷),$C_2 \sim C_4$ 的不饱和烃(乙烯~丁烯)。石油气可作气体燃料,但主要是可作化工原料,如乙烯。乙烯是现代石油化工的龙头产品,是所有化工原料的基础,是一个国家综合国力的指标之一。我国目前乙烯年产量为 200 多万吨,居世界第八位。乙烯聚合物中,高压聚乙烯用于制食品袋、奶瓶等,低压聚乙烯用于制脸盆、水桶等。

$$n\text{CH}_2\!=\!\text{CH}_2 \xrightarrow[20\text{ MPa,高温}]{O_2} \!\!-\!\!\!\left[\text{CH}_2\!-\!\text{CH}_2\right]\!\!-_n$$

高压聚乙烯

$$n\text{CH}_2\!=\!\text{CH}_2 \xrightarrow[\text{常压,高温}]{\text{TiCl}_4} \!\!-\!\!\!\left[\text{CH}_2\!-\!\text{CH}_2\right]\!\!-_n$$

低压聚乙烯

液化石油气作为城市居民用燃料,主要成分是饱和烃,以丁烷为主,还有少量戊烷、己烷(一般是液态,这就是为什么有些液化气稍微加热,或者摇晃又有气的原因,但是不能明火加热,可水浴加热),这也是液化气要除渣的原因。

4.5.2 煤气、煤油

以煤为原料加工制得的含有可燃组分的气体称为煤气。煤气化得到的是水煤气、半水煤气、空气煤气(或称为发生炉煤气),因其发热值较低,统称为低热值煤气;煤干馏法中焦化得到的气体称为焦炉煤气,属于中热值煤气,可作为城市民用燃料;煤气中的一氧化碳和氢气是重要的化工原料,可用于合成氨、合成甲醇等,习惯上将这类用作化工原料的煤气称为合成气,它也可用天然气、轻质油和重质油制得。

煤油是轻质石油产品的一类,由天然石油或人造石油经分馏或裂化而得,为 $C_9 \sim C_{16}$ 的多种烃类混合物。纯品为无色透明液体,含有杂质时呈淡黄色。平均相对分子质量为 200~250。不同用途的煤油,其化学成分不同。同一种煤油因制取方法和产地不同,其理化性质也有差异。各种煤油的质量依如下顺序降低:航空煤油、动力煤油、溶剂煤油、灯用煤油、燃料煤油、洗涤煤油。

4.5.3 汽油、柴油

1. 汽油

汽油是 40～180 ℃馏分，为 C_6～C_{10} 的化合物，根据馏分沸点不同，又可分为航空汽油、车用汽油、溶剂汽油(即溶剂油)。

汽油的质量用"辛烷值"表示，汽油在正常燃烧时，发动机能够平稳工作，机器就能有规律地运动，但如果燃烧不正常，发动机就会产生震动，发出尖锐的金属撞击声，称为"爆震燃烧"，这会降低汽油的使用效率，据研究，抗震性能最好的是异辛烷，其结构式为

$$CH_3-CH-CH_2-C(CH_3)_2-CH_3$$
$$||$$
$$CH_3CH_3$$

将抗震性能最好的异辛烷标定为辛烷值 100，最差的正庚烷 C_7H_{16} 定为 0，如汽油的辛烷值为 90，表示它的抗震性能与 90％异辛烷和 10％正庚烷的混合物相当，商品上称为 90# 汽油，现在市场上的汽油牌号有 70#、86#、90#、93#、97#。汽油的牌号与发动机的要求要符合，才能提高发动机功率，节约燃料，如压缩比 6.5 的发动机，用 70#；压缩比 8.5 的，用 86#、90#；压缩比 10，用 97#。

过去加四乙基铅作为抗震剂，其作用原理是燃烧生成氧化铅(PbO)，这种化合物将烃类过氧化物分解成含氧有机化合物，从而减少了烃类过氧化物分解成自由基的机会，使汽缸内汽油-空气混合物的自燃(异辛烷的自燃点最高 418 ℃，正庚烷最低 223 ℃)倾向大大减少，起到抗爆作用，四乙基铅加入 0.1％，辛烷值可提高 14～17。为防止 PbO 沉积，往往加入二溴乙烷使铅形成溴化铅($PbBr_2$)随废气一道排除，这是大气中铅污染的主要来源，环境中的铅会通过呼吸道和食物进入人体，使人体血铅含量增高，继而因累积作用逐步危急肾脏和神经。更因为铅废气的密度较大，常常滞留在靠近地面的大气中，对于儿童影响更大(智力减退，发育缓慢)。据上海市调查，85％的儿童受到铅污染的危害。1997 年 10 月 1 日，上海全面禁止含铅汽油，是继北京以后的第二个禁用城市，1999 年全国禁止生产含铅汽油，2000 年元旦全国禁用含铅汽油。新的抗爆剂如甲醇、甲基叔丁基醚(MTBE)是一种无铅的替代材料，但是添加率为 3％～15％，远远高于四乙基铅的加入量，因此不能称为添加剂，而应称为调和剂了。

2. 柴油

柴油是沸点范围和黏度介于煤油与润滑油之间的液态石油馏分，是组分复杂的混合物，沸点范围有 180～370 ℃和 350～410 ℃两类，由原油、页岩油等经直馏或裂化等过程制得。根据原油性质的不同，有石蜡基柴油、环烷基柴油、环烷-芳烃

基柴油等。根据密度的不同,对石油及其加工产品,习惯上对沸点或沸点范围低的称为轻,相反称为重。一般分为轻柴油和重柴油。石蜡基柴油也用作裂解制乙烯、丙烯的原料,还可作吸收油等。

商品柴油按凝固点分级,如10、-20等,表示最低使用温度,柴油广泛用于大型车辆、舰船。主要用作柴油机的液体燃料,由于高速柴油机(汽车用)比汽油机省油,柴油需求量增长速度大于汽油,一些小型汽车也改用柴油。

柴油的主要指标是十六烷值、黏度、凝固点等。对柴油质量要求是燃烧性能和流动性好。燃烧性能用十六烷值表示,愈高愈好,大庆原油制成的柴油十六烷值可达68。高速柴油机用的轻柴油十六烷值为42~55,低速的在35以下。

4.5.4 甲醇、乙醇

汽油、柴油是最常规的燃料,都是合格的原油提炼物,但是原油储存量有限。而乙醇汽油和甲醇汽油是国家现在推广的新型环保燃料。

甲醇、乙醇作为燃料能源,主要从煤炭、石油、植物(玉米、土豆、植物秸秆等)中提取。

1. 甲醇燃料汽车

从20世纪90年代开始,由于国际原油价格的下降,特别是由于防止地球变暖问题的提出,在世界范围内兴起了气体燃料汽车的开发和研究热潮。世界各国对甲醇燃料汽车的开发研究兴趣有所下降。从1998年开始,美国汽车工业界再没有提出甲醇燃料汽车新的车型。美国加州的甲醇汽油加油站也逐渐减少。许多FFV(灵活燃料)汽车已转向使用汽油或柴油。目前,甲醇燃料汽车的发展处在一个低谷。但HCCI(双燃料的均质压燃)燃烧新概念的提出以及以甲醇为燃料的燃料电池的开发,可望为甲醇燃料在汽车上的应用开辟一个新天地。

2. 乙醇燃料汽车

继巴西1975年,美国1979年推广应用乙醇汽油之后,为缓解石油短缺和解决农产品深加工问题,欧共体一些国家于20世纪90年代,中国于2001年开始实施乙醇汽油计划,在汽油中掺入小比例乙醇燃料。

1999年美国环保局(EPA)与国会合作,针对汽油增氧剂MTBE对水资源的污染,研究了2002—2011年期间新的国家清洁燃料替代计划,该计划要求从2002年开始逐年增加可再生燃料的使用。2002年可再生燃料比例要求达到0.6%,2006年达到1.0%,2011年达到1.5%。目前,美国的一些州已明令禁止使用MTBE。2004年,美国在全国范围内全面禁止使用MTBE,乙醇燃料将成为MTBE的替代品。因此,会极大地刺激乙醇燃料的发展。

与此同时为保持汽油、柴油生产与消费比例的平衡,拓宽乙醇燃料的应用领域,美国、欧洲正在积极开展乙醇柴油的研究工作。如美国ADM公司使用80%

柴油、15%乙醇和5%其他添加剂的混合燃料已进行了240 000 km的行车试验。美国福特基金会2001年资助中国开展乙醇柴油的基础研究工作。德国大众公司也使用乙醇柴油混合燃料进行了车队试验等。

此外,美国Purdue大学可再生能源实验室利用基因工程发现了可将五碳糖转化为乙醇的转基因酶,使技术难度极大的"五碳糖发酵制乙醇技术"获得重大突破,展现了纤维素、半纤维素制乙醇的良好前景,为乙醇燃料生产成本的降低提供了技术上的保证。

因此,随着MTBE的禁止使用以及乙醇燃料生产成本的降低,定会兴起一个乙醇燃料汽车的开发和研究热潮。

4.6 新能源的开发

随着科学急速的发展和人们生活水平的提高,对能源的需求量越来越大,我国长期面临能源供不应求的局面,人均能源水平低,能源利用率低,单位产品能耗高,如国际先进水平每炼1 t钢需要消耗0.7~0.9 t标准煤,而我国是1.3 t,约是国际水平的1.6倍(1.3 t/0.8 t)。因此,需要节能的同时也要开发新的能源,尤其是没有污染或者污染很少的清洁能源。

4.6.1 核燃料

化学燃料总有枯竭的一天,随着常规能源价格的不断上涨,核能的利用日益普遍。化学燃料是通过化学反应产生能源,而核能是通过核反应产生,化学反应与核反应的不同之处如下。

(1) 一般化学反应不涉及元素的变化,也就是说,每一种参加反应的元素不变,只是它们的组合发生了变化;而核反应则是元素发生变化的反应,它从一种元素变成另一种元素。

(2) 一般化学反应的能量要比核反应的能量小得多。

(3) 核反应和元素的价态无关,也就是说,无论这种元素处于何种状态,或以何种化合物形态出现,只要是这种元素,就会发生反应,而一般化学反应中的价态的变化是衡量反应发生变化的重要标志(如氧化还原反应等)。从实质上看,普通化学反应是外层电子的变化,核反应是原子核的变化。

核能产生的热效应来源于原子核的变化,所以核能也叫原子能,反应过程主要有核聚变和核裂变两种。

1. 核裂变、原子弹、核电站

核裂变反应是用高能中子轰击较重原子核使之分裂成较轻原子核,同时又产生几个中子(可使反应持续下去),并释放大量的能量的反应。

(1) 临界质量:天然铀仅含 0.714% ^{235}U,其余均为 ^{238}U。由裂变产生的大部分快中子打在 ^{238}U 上,不能产生裂变。如果一块铀全部由 ^{235}U 组成,但是体积太小的话,裂变射出的中子来不及和足够数量的 ^{235}U 碰撞而变慢,就全部飞出去了;但是如果体积足够大,就足以产生足够的碰撞,从而产生更多的中子使反应持续下去。所以,最低限度的铀块体积称为临界体积,那么,这块铀的质量,也就称为临界质量。这也就是为什么要求浓缩铀(增加 ^{235}U 的比例)和原子弹不可能太小的原因。

(2) 原子弹:在原子弹中,有分隔开的两块小于临界质量的 ^{235}U,由于它们各自的质量小于临界质量,所以能安全运输和存放,而不发生爆炸。一旦引爆其中的 TNT 炸药,其冲击力就将两块 ^{235}U 合拢,使之发生雪崩式的链式核反应,引起强烈的爆炸。

(3) 核电站:如果能够控制链式反应,使能量一点点地释放出来,就可以利用来发电了。驾驭链式反应可通过控制棒来实现,控制棒可用中子吸收截面积很大但本身又不发生裂变的材料如镉、硼等制成,这种反应堆叫热中子反应堆。

2. 核聚变、氢弹

核聚变反应是由两个或多个轻原子核(如氢的同位素氘或氚)聚合成一个较重的原子核,同时发生质量亏损释放出巨大能量的反应称为核聚变反应,其释放出的能量称为核聚变能。氢弹就是利用原子弹作为引爆装置,产生很高温度,使聚变发生。

如何实现可控聚变还在研究中,一旦研究成功,就可以不受能源限制的危害。因为海水中氘的含量占氢的 0.015%,是取之不尽、用之不竭的能源宝库。同时提炼氘比提炼铀更加容易,并且聚变产物是稳定的氦核,没有放射性污染,没有后处理核废料的问题。我们期望在 21 世纪中期可实现可控核聚变。

3. 放射性物质的"三废"处理

废气可采取药用炭吸附和过滤后向高空排放;废液可采取蒸发浓缩,离子交换处理,部分循环再用,其余排放;废渣可采取装桶深埋;燃料元件可置于反应堆旁水池内半年以上进行衰变,然后化学处理未烧尽的铀、钚,再装桶深埋。

目前,"三废"的处理尚未找到完全安全、有效的方法。

4.6.2 生物质能

生物质是地球上最广泛存在的物质,它包括所有动物、植物和微生物,以及由这些有生命物质派生、排泄和代谢的许多有机质。各种生物质都具有一定能量。以生物质为载体、由生物质产生的能量便是生物质能。生物质能是太阳能以化学能形式贮存在生物中的一种能量形式,直接或间接来源于植物的光合作用。地球上的植物进行光合作用所储存的能量占太阳照射到地球总辐射量的 0.2%,这个比例虽不大,但绝对值很惊人。可见,生物质能是一个巨大的能源。

生物质能是世界第四大能源,仅次于煤炭、石油和天然气。根据生物学家估算,地球陆地每年生产 1 000 亿~1 250 亿吨干生物质,海洋年生产 500 亿吨干生物质。我国可开发为能源的生物质资源到 2010 年可达 3 亿吨。随着农林业的发展,特别是薪炭林的推广,生物质资源还将越来越多。

1. **生物质的分类**

依据来源的不同,可以将适合于能源利用的生物质分为林业资源、农业资源、生活污水和工业有机废水、城市固体废物、畜禽粪便等五大类。

(1) **林业资源**:林业生物质资源是指森林生长和林业生产过程提供的生物质能源,包括薪炭林、在森林抚育和间伐作业中的零散木材、残留的树枝、树叶和木屑等;木材采运和加工过程中的树枝、锯末、木屑、梢头、板皮和截头等;林业副产品的废弃物,如果壳和果核等。

(2) **农业资源**:农业生物质资源是指农业作物(包括能源作物);农业生产过程中的废弃物,如农作物收获时残留在农田内的农作物秸秆(玉米秸、高粱秸、麦秸、稻草、豆秸和棉秆等);农业加工业的废弃物,如农业生产过程中剩余的稻壳等。能源植物泛指各种用以提供能源的植物,通常包括草本能源作物、油料作物、制取碳氢化合物植物和水生植物等几类。

(3) **生活污水和工业有机废水**:生活污水主要由城镇居民生活、商业和服务业的各种排水组成,如冷却水、洗浴排水、盥洗排水、洗衣排水、厨房排水、粪便污水等。工业有机废水主要是酒精、酿酒、制糖、食品、制药、造纸及屠宰等行业生产过程中排出的废水等,其中都富含有机物。

(4) **城市固体废物**:城市固体废物主要是由城镇居民生活垃圾,商业、服务业垃圾和少量建筑业垃圾等固体废物构成。其组成成分比较复杂,受当地居民的平均生活水平、能源消费结构、城镇建设、自然条件、传统习惯以及季节变化等因素影响。

(5) **畜禽粪便**:畜禽粪便是畜禽排泄物的总称,它是其他形态生物质(主要是粮食、农作物秸秆和牧草等)的转化形式,包括畜禽排出的粪便、尿及其与垫草的混合物。

2. **生物质能的利用**

有关专家估计,生物质能极有可能成为未来可持续能源系统的组成部分,到 21 世纪中叶,采用新技术生产的各种生物质替代燃料将占全球总能耗的 40% 以上。目前,人类对生物质能的利用,包括直接用作燃料的秸秆、薪柴等;间接作为燃料的有农林废弃物、动物粪便、垃圾及藻类等,它们通过微生物作用生成沼气,或采用热解法制造液体和气体燃料,也可制造生物炭。生物质能是世界上最为广泛的可再生能源。据估计,每年地球上仅通过光合作用生成的生物质总量就达 1 440 亿~1 800 亿吨(干重),其能量约相当于 20 世纪 90 年代初全世界总能耗的 3~8 倍。但是尚未被人们合理利用,多半直接当薪柴使用,效率低,影响生态环境。现代生物质能的利用是通过生物质的厌氧发酵制取甲烷,用热解法生成燃料气(发电)、生物油和生物炭,用生物质制造乙醇和甲醇燃料,以及利用生物工程技术培育能源植物,发展能源农场。例如,"石油树"的种植与利用。"石油树"是一些可直接利用其树干流出的油来发动汽车,或稍加提炼就可作为燃料油的植物。以下是常见的几种。

(1) 麻风树:果实的含油率高达 50%～80%,通过改造麻风树基因中的"碳链",可生产出各类不同黏性的工业用油。一般每亩可提炼 500 kg 柴油。印度政府已划定 4 000 万公顷土地用来种植麻风树,希望能在 5 年内,以麻风树油取代 20% 的柴油消耗量。英国石油公司正耗资 940 万美元在印度研究麻风树油。英国 D1 石油公司也在印度、印度尼西亚和菲律宾投资 2 000 万美元研究替代能源,其中大部分款项用作研究麻风树。我国西南地区也种植了大约 67 km^2,计划至 2010 年发展到 6 700 km^2。

(2) 桉叶油:世界上现有 600 多种桉树,含油率高的约有 50 种。7 份桉叶油、3 份汽油的混合燃料可使普通小汽车的时速达到 40 km。我国自 1980 年开始引进桉树,至今已发展到 170 万公顷,植树 15 亿株,跃居世界第二位,仅次于巴西。

(3) 椰子油:椰子油与其他燃油相比较黏稠,杂质及水分含量较高,需在发动机上装预热器和过滤器,在椰子油进入发动机前降低油的黏性和杂质含量。菲律宾已经与美国合作开发出一种以椰子油为主要成分的"生物柴油"。南太平洋岛国瓦努阿图也将椰子油和柴油混合作燃油使用。

(4) 油楠:树高 30 余米,芯材部分能形成棕黄色的油状液体,颇似柴油。一般长到 12～15 m 高就能产"油"。一棵大树每采集一次,能得到"柴油"3～4 kg。

此外,现代火力发电厂的燃料成员也不断增多,其中就有人类司空见惯的植物,如在欧洲和北美大陆生长的象草,高约 4 m,其植株上的银色叶子可燃性很强,经过简单加工即可制成燃料用于发电,1 公顷象草燃料产生的能量能替代 36 桶石油。在西班牙首都马德里,有 300 多幢建筑物使用的火电都来自橄榄核。西班牙是世界最大的橄榄产地,故而因地制宜,成为世界第一大橄榄核燃料产地。

3. 生物质能的研究

生物质能技术的研究与开发已成为世界重大热门课题之一,受到世界各国政府与科学家的关注。许多国家都制定了相应的开发研究计划,如日本的阳光计划、印度的绿色能源工程、美国的能源农场和巴西的酒精能源计划等,其中生物质能源的开发利用占有相当的比重。目前,国外的生物质能技术和装置多已达到商业化应用程度,实现了规模化产业经营。以美国、瑞典和奥地利三国为例,生物质转化为高品位能源利用已具有相当可观的规模,分别占该国一次能源消耗量的 4%、16% 和 10%。在美国,生物质能发电的总装机容量已超过 10 000 MW,单机容量达(10～25) MW;美国纽约市的斯塔藤垃圾处理站投资 2 000 万美元,采用湿法处理垃圾,回收沼气,用于发电,同时生产肥料。巴西是乙醇燃料开发应用最有特色的国家,实施了世界上规模最大的乙醇开发计划,如今乙醇燃料已占该国汽车燃料消费量的 50% 以上。美国开发出利用纤维素废料生产酒精的技术,建立了 1 兆瓦的稻壳发电示范工程,年产酒精 2 500 t。

4.6.3 氢能

氢是一种理想的、极有前途的二次能源,其优点有:①资源不受限制,因为氢的原料是水;②热值高,氢燃烧时反应速率快;③不污染环境,产物是水。关键在于廉价的制氢技术。目前,工业上制氢的方法主要是水煤气法和电解水法,这两种方法都需要消耗能量,离不开化工燃料,最有前途的方法是光解水。反应式为

$$2H_2O(液态) \xrightarrow[催化剂]{光照} 2H_2(气体) + O_2(气体)$$

常见催化剂有金属氧化物、半导体电极等,但目前仍处于发展阶段。

另外一个问题是液态氢。氢的储存和运输需要使气体液化,但是由于加压液化需要很大的能量,并且容器需要绝热,不安全,因此现在的方法是使用合金与氢化合形成固态金属氢化物,如镧镍合金与氢化合反应式为

$$LaNi_5 + 3H_2 \xrightarrow[微热]{200 \sim 300 \text{ kPa}} LaNi_5H_6$$

加热此合金氢化物可放出氢气,镧镍合金可以长期循环使用,并且储氢量大,在 250 kPa 下 1 kg 合金储氢 15 g。为了降低成本,人们用未经分离的混和稀土 Mm 来代替单一稀土 La,研制出 MmNiMn、MmNiAl 等储氢合金,以上是稀土系储氢材料。此外,还有钛系储氢合金(如 TiH_2),镁系储氢合金(如 MgH_2、Mg_2Ni)等。液态氢已经作为人造卫星和宇宙飞船的能源,并且用于燃料电池作为电动车的能源。

4.6.4 沼气

沼气是有机物质在厌氧环境中,在一定的温度、湿度、酸碱度的条件下,通过微生物发酵作用,产生的一种可燃气体。沼气含有多种气体,主要成分是甲烷。有机物变成沼气有两道工序:首先是分解细菌将粪便、秸秆、杂草等复杂的有机物加工成半成品——结构简单的化合物;再就是在甲烷细菌的作用下,将简单的化合物加工成产品,即生成甲烷。

4.6.5 太阳能

太阳能是一种取之不尽、用之不竭又无污染的能源,太阳能来自氢核聚变成氦(也就是氢弹的发生过程)的核反应。

(1) 光-热转换:用聚光器或集热器(如太阳能热水器)把太阳辐射能转化为热能,用于加热保暖等。欧美家庭安装太阳能热水器比例为 20%～40%。

(2) 光-电转换:安全可靠、无污染,不需要燃料、不需要铺设电网,但制造成本高,且受半导体材料供应的限制。目前,太阳能电池局限在 1 000 W 以内,还处于起步阶段。

4.6.6 风能

风能是太阳辐射造成地球各部分受热不均匀而引起空气运动产生的能量。

风力发电机的翼片最早采用木质(风车),后来用轻金属,现在采用先进的复合材料如碳纤维(网球拍的材料)增强塑料来做。目前,世界上最大的风力发电机在夏威夷,风机直径为 97.5 m,装机容量为 3 200 kW。按照人均风电装机容量来算,丹麦第一,其次是美国和荷兰。近年来由于德国、西班牙、印度大力促进风力发电,也得到了较大的增长。

我国风力资源丰富,现在拥有新疆、内蒙古、南澳岛三大风能发电场,其中以南澳岛、新疆规模最大。南澳岛是广东省第一大岛,面积128 km^2,山上年平均风速为10.14 m/s,素有"风县"之称。自1987年第一台风力发电机投入使用以来,分为5期工程已经安装了 185 台风力发电机,总装机容量为125 000 kW,成为亚洲最大的海岛风力发电场。新疆达坂城的茫茫戈壁上,一年四季风能密度位居亚洲第一,20 世纪 80 年代初以来,已经建成达坂城风力发电总厂,共 58 台风力发电机,总装机容量为 17 900 kW。

4.6.7 其他新能源

此外,还有水能(水力发电)、海洋能(潮汐发电)、地热能(地热发电、地热供暖)、自然冷能(利用自然温差)等未来能源。

4.7 能源发展与节能

经济发展与能源密切相关,因此确定正确的能源发展战略与各种节能手段,将是保证未来经济平稳快速发展的关键。

4.7.1 能源发展的战略措施

长期以来,能源一直是中国经济发展中的热点和难点问题。能源问题解决得好不好,直接影响到国民经济能否实现可持续发展。随着国际能源格局的风云变幻,中国正面临着世界各国能源战略部署所带来的挑战,这是中国国民经济发展的一个"瓶颈"问题,也是对中国和平崛起的严峻考验。

1. 世界各国能源发展战略概况

随着世界范围内对能源的需求和争夺态势的加强,世界各国都根据各自的国情,综合考虑本国的经济发展状况和能源储备、能耗效率、未来能源需求预测、环境条件制约等因素,采取相应的对策和措施,力求缓和能源问题。如调整能源消费结构,避免能源消费单一化,积极开发新能源,建立新的海上石油基地以及开展节能研究和采取节能措施等。

1) 世界发达国家能源发展战略

随着国际能源市场的风云变幻,世界各发达国家纷纷制定了相应策略,以保证本国能源供应的稳定。综观这些国家的能源战略和政策,可以概括出以下基本特点。

(1) 积极开拓海外能源市场。

发达国家一直都在全球范围不断勘探、开发石油和天然气,加紧对世界油气资源争夺和控制。对任何国家来说,多渠道的能源都是保障能源安全的基本条件。

(2) 建立和加强战略能源储备。

战略石油储备是石油消费国应付石油危机的最重要手段,所以,西方国家都把建立战略石油储备作为保障石油供应安全的首要战略。美、日是建立战略石油储备最早、储备量最多的国家。

(3) 积极开发利用新能源和可再生能源。

日本政府于 1993 年就提出了旨在开发利用新能源的"新阳光计划",大力开发新能源,采用太阳能、风能、燃料电池、氢能、超导能等。同时,日本还在积极开展潮汐、波浪、地热、垃圾等发电的研究和实验。美国在 1998 年推出的《国家综合能源战略》确定的新能源开发利用目标是发展先进的可再生能源技术,开发非常规甲烷资源,发展氢能的储存、分配和转化技术。

(4) 提高能源的利用效率,厉行节能政策。

近年来,世界各国尤其是发达国家,都已经把提高能源的利用效率、节约能源作为其能源发展战略的重要目标。如美国《国家综合能源战略》中,就要求电力系统到 2010 年燃煤发电效率由目前的 35% 提高到 60% 以上,燃气发电效率由目前的 50% 上升到 70%;到 2010 年,主要能源密集型工业部门的能源消费总量将比现在减少 25%,交通领域将推出燃料利用率 3 倍于常规交通工具的新型私人交通工具等。

(5) 大力发展清洁能源。

自 1997 年京都环境会议以来,世界各国都以保障居民健康、改善区域及全球环境质量为目标,大力推广使用清洁能源。如丹麦大力发展风能、美国政府对国内天然气生产实行扶持政策、挪威开发水力发电的高效能源系统、德国实行地下煤气化和煤的液化等。

2) 发展中国家能源发展战略

为了应对全球性的能源竞争,发展中国家在能源问题上也采取了一系列的对策,力求缓和能源问题。概括起来,发展中国家采取的能源发展战略主要如下:大力开展节能活动,用法律和经济手段促进节能降耗和能效的提高;积极开发和利用新能源和再生能源,尽快完成可再生能源替代常规能源的进程;加大对能源产业的资金投入,加强能源利用研究;吸收先进的经验技术,加强国际交流与合作;加大教育方面的投资,加强环境与能源的宣传教育,促进节能与新能源开发,等等。

2. 我国"十一五"能源发展战略与措施

随着我国经济持续快速的增长,我国对能源的需求越来越大。目前,我国是世界第二大能源生产大国和消费大国,国内能源消费尤其是石油消费大幅增长,对外依存度明显提高,能源供求关系日趋紧张。因此,充足而稳定的能源成为影响和制约我国经济发展的重要因素。"十一五"时期我国能源发展战略面临着重大转型。

1) 能源发展面临的主要问题和挑战

"十五"时期,我国能源发展成就显著,基本满足了国民经济和社会发展的需要,为"十一五"及更长时期的发展奠定了坚实基础。面向未来,我国能源工业站在新的历史起点上。"十一五"是全面建设小康社会的关键时期,新时期新阶段能源发展既有新的机遇,也面临更为严峻的挑战。

(1) 消费需求不断增长,资源约束日益加剧。我国能源资源总量比较丰富,但人均占有量较低,特别是石油、天然气人均资源量仅为世界平均水平的 7.7% 和 7.1%。随着国民经济平稳较快的发展,城乡居民消费结构升级,能源消费将继续保持增长趋势,资源约束矛盾更加突出。

(2) 结构矛盾比较突出,可持续发展面临挑战。目前,煤炭消费占我国一次能源消费的 69%,比世界平均水平高 42 个百分点。以煤为主的能源消费结构和比较粗放的经济增长方式带来了许多环境和社会问题,经济社会可持续发展受到严峻挑战。

(3) 国际市场剧烈波动,安全隐患不断增加。最近几年,国际石油价格大幅震荡、不断攀升,这给我国经济社会发展带来多方面的影响。我国战略石油储备体系建设刚刚起步,应对供应中断能力较弱;影响天然气电力安全供应的因素趋多;煤矿安全生产形势不容乐观,维护能源安全任务艰巨。

(4) 能源效率亟待提高,节能降耗任务艰巨。与国际先进水平比较,我国能源效率还有很大差距。"十一五"规划纲要提出了 2010 年单位 GDP 能耗降低 20% 左右的目标。一方面,从我国产业结构调整和技术管理水平提高的潜力看,经过努力,实现上述目标是可能的;另一方面,我国尚处在工业化、城镇化加快发展的历史阶段,高耗能产业在经济增长中仍将占有较大比重,转变能源生产和消费模式,提高能源效率,减少能源消耗,是一项长期而艰巨的任务。

(5) 科技水平相对落后,自主创新任重道远。科技发展是解决能源问题的根本途径。与世界先进国家比较,我国的能源高新技术和前沿技术领域还有相当大的差距,能源科技自主创新任重道远。

(6) 体制约束依然严重,各项改革有待深化。煤炭企业社会负担沉重,竞争力不强。完善原油、成品油和天然气市场体系,还有大量需要解决的问题。电力体制改革方案确定的各项改革措施有待进一步落实。

(7) 农村能源问题突出,滞后面貌亟待改观。农村能源存在的主要问题,一是生活用能商品化程度偏低,二是地区发展不平衡。西部农村普遍存在能源不足问题,东中部山区和贫困地区用能状况也需要进一步改善,全国尚有1 000多万无电人口。加快农村能源建设,改善农村居民生产生活用能条件,是建设社会主义新农村的必然要求。

2) 能源发展目标

"十一五"时期我国能源发展目标是:2010年,一次能源消费总量控制目标为27亿吨标准煤左右,年均增长4%;煤炭、石油、天然气、核电、水电和其他可再生能源分别占一次能源消费总量的66.1%、20.5%、5.3%、0.9%、6.8%和0.4%;与2005年相比,煤炭、石油比重分别下降3.0和0.5个百分点,天然气、核电、水电和其他可再生能源分别增加2.5、0.1、0.6和0.3个百分点;一次能源生产目标为24.46亿吨标准煤,年均增长3.5%。煤炭、石油、天然气、核电、水电和其他可再生能源分别占74.7%、11.3%、5.0%、1.0%、7.5%和0.5%;与2005年相比,煤炭、石油比重分别下降1.8和1.3个百分点,天然气、核电、水电和其他可再生能源分别增加1.8、0.1、0.8和0.4个百分点。

3) 能源发展建设重点

《能源发展"十一五"规划》提出,根据资源条件,按照"优化结构、区域协调、产销平衡、留有余地"的原则,重点建设五大能源工程,即能源基地建设工程、能源储运工程、石油替代工程、可再生能源产业化工程、新农村能源工程。"十一五"时期我国能源建设的总体安排是:有序发展煤炭;加快开发石油天然气;在保护环境和做好移民工作的前提下积极开发水电,优化发展火电,推进核电建设;大力发展可再生能源。适度加快"三西"(山西、陕西、内蒙古西部地区)煤炭、中西部和海域油气、西南水电资源的勘探开发,增加能源基地输出能力;优化开发东部煤炭和陆上油气资源,稳定生产能力,缓解能源运输压力。

4) 能源行业节能和环保的总体指标

我国"十一五"能源行业节能和环保的总体指标是:2010年,万元GDP(2005年不变价,下同)能耗由2005年的1.22吨标准煤下降到0.98吨标准煤左右。"十一五"期间年均节能率4.4%,相应减少排放二氧化硫840万吨、二氧化碳(以碳计)3.6亿吨。

要实现能源节约和环境保护目标，必须依靠全社会的共同努力，发挥科技的基础作用，走转变经济增长方式，提高经济增长质量和效益的道路。在落实直接节能与环境保护措施的同时，大力发展循环经济，加快培育高科技产业，扩大现代服务业在国民经济中的比重，通过优化经济结构，提升间接节能和环保贡献率。

5）能源行业重点发展的技术

我国能源行业"十一五"重点发展的先进适用技术如下：

（1）资源勘探开发——煤炭高效开采、复杂地质条件油气资源勘探开发、海洋油气资源勘探开发和煤层气开发等技术；

（2）煤炭清洁利用——煤炭洗选、清洁高效发电、煤基液体燃料和化工等技术；

（3）核电站——百万千瓦级大型先进压水堆核电技术；

（4）超大规模输配电和电网二次系统——柔性输电、高等级电压输电、间歇式电源并网、电能质量监测与控制、大规模互联电网安全保障和电网调度自动化技术等；

（5）可再生能源低成本规模化开发利用——大型风电机组、农林生物质发电、沼气发电、燃料乙醇、生物柴油和生物质固体成型燃料、太阳能开发利用关键技术等。

我国能源行业"十一五"重点发展的前沿技术如下：

（1）氢能及燃料电池——高效低成本化石能源和可再生能源制氢、经济高效氢储存和输配、燃料电池关键技术等；

（2）分布式供能系统——微小型燃气轮机、新型热力循环等终端能源转换、储能、热电冷系统综合技术等；

（3）未来核电——高温气冷堆和快中子增殖反应堆、核聚变反应堆技术等；

（4）天然气水合物——天然气水合物地质理论、资源勘探评价、钻井和安全开采技术等。

6）我国能源行业发展战略实施的保障措施

（1）增加勘查投入，提高资源保障程度。

落实《国务院关于促进煤炭工业健康发展的若干意见》，完善资源有偿使用制度，增加基础地质勘探投入，提高煤炭资源保障程度。制定油气资源勘探开发投入激励政策，鼓励尾矿和难动用储量开发利用，逐步建立完善油气区块矿权招标制度和退出机制。增加对水能、风能、生物质能等资源调查的投入，为加快新能源和可再生能源开发利用奠定资源基础。

（2）发挥规划调控作用，规范开发建设秩序。

建立和完善能源规划调整与公开发布制度。滚动修订各类能源规划，公开发布实施，规范政府监管和企业行为，接受社会公众监督。地方和部门组织制定的相关规划,必须与国家能源发展规划衔接一致。严格建设项目核准和备案制度,不符合国家能源规划要求的建设项目,国土、环保等部门不予办理相关审核、许可手续,金融机构不予贷款。进一步完善项目核准备案制度,形成更加科学、规范、透明的管理办法。

(3) 加快法规建设,改进行业管理。

修订《煤炭法》、《电力法》、《节约能源法》,制定《能源法》、《石油天然气法》和《国家石油储备管理条例》等法律法规,尽快完善与社会主义市场经济体制相适应的能源法律法规体系。健全煤炭行业准入制度,规范煤炭资源勘查开发和生产经营活动。实施煤炭资源整合,推进企业重组,淘汰落后小煤矿。引导企业增加投入,加快瓦斯抽采利用和安全改造,提高装备水平,改善安全生产条件。加强石油天然气行业监管,完善市场准入制度。制定天然气利用政策,强化需求重管理,保障供气安全。完善电力市场监管体系和运行规则,创造公平竞争的市场环境。引导电网和发电企业加强管理、节能降耗、降低成本、改进服务,为全社会提供稳定可靠、价格合理、质量优良的电力供应。

(4) 深化体制改革,完善价格体系。

继续推动煤炭企业完善现代企业制度,减轻企业的社会负担,增强竞争力。完善流通体制,建立现代煤炭交易市场。逐步理顺成品油价格,加大天然气价格调整力度,引导油气资源合理使用,促进资源节约与开发。按照国务院确定的电力体制改革方案,巩固厂网分开成果,加快电网企业主辅分离步伐,推进区域电力市场建设,继续开展大用户与发电企业直接交易试点,稳步实施输配分开。深化电价体制改革,完善输配电价,加快推进竞价上网,建立与用电质量要求、用电性质和发电上网电价挂钩的分类售电电价机制。制定可再生能源发电配额制度,完善可再生能源发电电价优惠政策,施行有利于生产和使用可再生能源的税收政策。

(5) 强化资源节约,保护生态环境。

提高能源矿产资源回采率。实行与回采率挂钩的资源税费计征办法,完善监管制度,促进企业加强管理、增加投入、改进工艺装备,提高能源资源利用率。发展循环经济。鼓励企业充分利用劣质煤、煤炭洗选加工副产品、煤矿瓦斯、矿井水等资源,因地制宜发展综合利用产业。完善热电联产产业政策,鼓励大中型城市和热负荷相对集中的工业园区实行热电联产、集中供热,逐步淘汰分散供热锅炉,提高综合能效,保护生态环境。建立煤炭矿区生态环境恢复补偿机制。制定煤炭清洁生产标准,明确企业和政府责任,加大生态环境保护和治理投入。改革电力调度方式,实行节能、环保、经济、公平的发电调度制度,激励企业加快发展高效清洁机组,淘汰和改造低效率、高能耗、高排放的现役机组,促进电力行业整体能效和环保水平的提高。

(6) 扩大对外开放,加强国际合作。

以引进先进技术和管理为主要目标,适时修订《外商投资产业指导目录》,完善能源对外开放政策,按照平等互利、合作双赢的原则加强能源国际合作。

(7) 建立应急体系,提高安全保障。

加快政府石油储备建设,适时建立企业义务储备,鼓励发展商业石油储备,逐步完善石油储备体系,以应对大规模电网事故和石油天然气供应中断为核心,建立完善能源安全预警制度和应急机制。

4.7.2 节能

能量既不会凭空产生,也不会凭空消失,它只能从一种形式转化为别的形式,或者从一个物体转移到别的物体,在转化或转移的过程中其总量不变。能源在一定条件下可以转换成人们所需要的各种形式的能量。例如,煤燃烧后放出热量,可以用来取暖;可以用来生产蒸汽,推动蒸汽机转换为机械能,推动汽轮发电机转变为电能。电能又可以通过电动机、电灯或其他用电器转换为机械能、光能或热能等。又如太阳能,可以通过聚热器加热水,也可以产生蒸汽用以发电;还可以通过太阳能电池直接将太阳能转换为电能。

节能就是尽可能地减少能源消耗量,生产出与原来同样数量、同样质量的产品;或者是以原来同样数量的能源消耗量,生产出比原来数量更多或数量相等质量更好的产品。换言之,节能就是应用技术上现实可靠、经济上可行合理、环境和社会都可以接受的方法,有效地利用能源,提高用能设备或工艺的能量利用效率。

随着社会的不断进步与科学技术的不断发展,现在人们越来越关心我们赖以生存的地球,世界上大多数国家也充分认识到了环境对我们人类发展的重要性。各国都在采取积极有效的措施改善环境,减少污染。这其中最为重要也是最为紧迫的问题就是能源问题,要从根本上解决能源问题,除了寻找新的能源,节能是关键的也是目前最直接有效的重要措施。在最近几年,通过努力,人们在节能技术的研究和产品开发上都取得了巨大的成果。

1. 技术工艺节能

技术工艺节能是指通过技术改造,降低单位产品能耗。我国主要针对以下几个方面进行技术改造:

(1) 推广热电联产、集中供热,提高热电机组的利用率,发展热能梯级利用技术,热、电、冷联产技术和热、电、煤气三联供技术,提高热能综合利用率;

(2) 逐步实现电动机、风机、泵类设备和系统的经济运行,发展电机调速节电和电力电子节电技术,开发、生产、推广质优、价廉的节能器材,提高电能利用效率;

(3) 发展和推广适合国内煤种的流化床燃烧、无烟燃烧和气化、液化等洁净煤技术,提高煤炭利用效率。

2. 结构节能

结构节能是指通过调整产业结构、行业结构、产品结构、企业结构、地区结构、贸易结构、能源结构等，达到节能目的。

技术工艺节能只能完成节能目标的30%～40%，而结构节能更具节能潜力。仅仅有技术工艺节能是远远不够的，调整产业结构，调整终端需求，可能是更重要的方案。工业结构的调整依赖于终端需求的调整。近几年来，我国工业用能增长迅速，主要高耗能产品产量增长超出想象和预期。我国仍将保持高增长速度。在这样的形势下，我国的工业结构节能遭遇了许多困难。国家采取的一些结构节能政策开始有了效果。但是，要想实现"十一五"节能目标，仍旧必须采取更多推动企业节能的政策和措施，包括必须将节能行为和效果纳入企业经营业绩考核中，要对新增固定资产能力开展节能评审，要启动企业"国际节能达标"活动，建立推动企业达标生产的机制，建立企业完成节能目标的考核体系等。

3. 管理节能

由节能专业服务公司带资金、技术为能源用户实施节能改造，提供诊断、设计、融资、改造、运行、管理一条龙服务，它可以为能源用户减轻节能技术改造的资金负担和投资风险，称为管理节能。

能源管理从20世纪70年代开始兴起，全球已有80多个国家通过节能服务公司对企业进行节能改造，并制定了一系列法律和法规，为节能的高成本买单。如美国，1985年以后，政府曾以25亿美元的财政预算支持政府机构的节能项目，其目的是使政府在节能和环境保护方面起带头示范作用，效果明显。凡是实施节能项目的政府楼宇，平均能耗下降15%，而且工作环境得到了改善。再如加拿大，银行对节能项目优先给予资金支持。我国政府应该建立节能长效机制，出台鼓励推进能源管理的"管理办法"，设立相关管理机构，包括技术研究机构、评估检测机构，为企业和能源公司制定游戏规则，从而引导其健康发展。

4. 热利用过程的节能

热能在传导和利用中总存在热损失，如何减少热损失以及如何利用损失的热能进行再利用，是热利用过程节能的关键问题。热能是一个低品位能源，将低品位能源转换成高品位能源（如机械能）需要附加额外的能源才能实现，况且其储存、运输和转换都不方便，目前热利用的节能主要为以下几个方面：

(1) 电能的移峰填谷（将晚上剩余的电能储存起来以供白天使用）；

(2) 太阳能、地热能、风能等可再生能源的储存和利用（这些能源大多是间歇能源，需要先储存起来才能向外稳定地供应能源）；

(3) 低温余热的回收；

(4) 火箭、电子元件等的散热（很多器件在温度较高的情况下工作，寿命都会大大降低）；

(5) 建筑墙体的蓄热保温(节约空调用电或者暖气)。

科学背景

切尔诺贝利核泄漏事件

切尔诺贝利核电站是苏联时期在乌克兰境内修建的第一座核电站,共有4个装机容量为1 000 MW的核反应堆机组。其中1号机组和2号机组在1977年9月建成发电,3号机组和4号机组于1981年开始并网发电。

1986年4月26日,在进行一项实验时,切尔诺贝利核电站4号反应堆发生爆炸,造成31人当场死亡,8 t多强辐射物泄漏。此次核泄漏事故使电站周围6万多km^2土地受到直接污染,320多万人受到核辐射侵害,酿成人类和平利用核能史上的一大灾难。事故发生后,苏联政府和人民采取了一系列善后措施,清除、掩埋了大量污染物,为发生爆炸的4号反应堆建起了钢筋水泥"石棺",并恢复了另3个发电机组的生产。此外,离核电站30 km以内的地区还被辟为隔离区,很多人称这一区域为"死亡区"。苏联解体后,乌克兰继续维持着切尔诺贝利核电站的运转,直至2000年12月15日才全部关闭。

苏联专家在总结这起核电站事故的教训时指出,有关人员玩忽职守、粗暴违反工艺规程是造成事故的主要原因。按规定,反应堆的反应区内至少应有15根控制反应的控制棒,但事故发生时反应区内只有8根控制棒。反应堆产生的蒸汽是供给两台涡轮发电机的。当关掉涡轮机时,自动保护系统会立即关掉反应堆。但事故当天,电站工作人员在进行实验之前却先切断了自动保护系统,致使涡轮机被关闭并开始实验时,反应堆却在继续工作。此外,电站工作人员还关掉了蒸汽分离器的安全连锁系统。这种做法宛如飞机要降落时,驾驶员却没有放下起落架。

思 考 题

1. 什么叫一次能源、二次能源、可再生能源、非再生能源、常规能源和新能源?
2. 氢能源有何优点?目前大规模应用氢能源存在哪些主要问题?
3. 与常规能源相比,太阳能有哪些优点和不足?开发利用前景如何?
4. 什么是生物质能?当前世界利用生物质能的技术主要有哪些?
5. 简述我国"十一五"能源发展战略与措施。

第 5 章　化学与环境

科学技术的发展和社会的进步,使我们对化学、环境方面的知识有了更深入的了解,空气质量、水资源污染这些与我们的生活息息相关的问题从来也没有像今天这样受到关注,人类对自然环境的干扰、破坏造成的污染越来越严重。人们为保护蓝天、获得洁净水而呼吁,为已出现的环境问题而担忧。随着地球人口的激增及工业的飞速发展,人类对水的需求量以惊人的速度增长,水污染蚕食着大量的水资源,人们从心底发出共同的呼声:为了人类社会的可持续发展,必须保护环境,防止大气污染,保护水资源,不要让地球上剩下的最后一滴水是人的眼泪。

5.1　环境和环境问题

5.1.1　环境与环境系统

人类生存的环境,是指以人类社会为主体的外部世界的总和,包括自然环境和社会环境。本书所指的环境主要指自然环境,它是人类生活和生产所必需的自然条件和自然资源的总称,即阳光、温度、气候、地磁、空气、水、岩石、土壤、动植物、微生物以及地壳的稳定性等自然条件的总和。为便于研究,人们把环境分为大气圈、水圈、土壤-岩石圈、生物圈 4 个圈层。

环境中各个要素间相互联系、相互依赖、相互制约,彼此间的能量流动和物质交换生生不息,从而构成一个完整的有机体系,我们称之为环境系统。当环境系统中各要素的种类和数量趋于稳定时,其间的能量流动和物质交换也逐渐地达到一种平衡但永不停息,这是一种动态平衡。环境系统的这种平衡还体现出了一定的缓冲体系的特征:对于外部较小的冲击,可以作出一定自身调节和缓冲。这种能力对维持环境系统的稳定性具有重要作用。和其他动态平衡一样,环境系统的平衡点也会随着外界条件的某种变化而发生移动,进而影响到整个系统中各要素成员的数量,直到建立新的平衡为止。当这个平衡由于外界作用向不利于人类生存和发展的方向移动时,我们就认为出现了环境问题。

5.1.2　环境问题

所谓环境问题,是指环境系统的物质组成、结构和性质发生了不利于人类生存和发展的变化。狭义上说,就是指由于人类的生产和生活方式所导致的各种环境污染、资源破坏和生态系统失调。

环境为人类的进化、社会的发展提供了无尽的资源。然而,得到大自然无私滋养的人类,却成为破坏环境、污染环境的罪魁祸首。当人类社会进入工业时代后,科技水平和社会生产力得到大幅度提升,人类改造自然的速度得到前所未有的提高,也在短时间内创造出空前的物质财富。但与此同时,人口剧增、环境污染、生态破坏、资源过度消耗、地区发展不平衡而导致贫富差距扩大等全球性问题也日益突出,已经对人类社会的长远发展,甚至对人类未来的生存构成了严重威胁。尤其是环境污染,更是在其中扮演了重要角色。特别是 20 世纪中叶,震惊全球的八大污染事故的出现(见表 5-1)使世界环境污染进入泛滥期。在随后的 30 年中,全球整体环境状况持续恶化。国际社会普遍认为,贫困和过度消费导致人类无节制地开发和破坏自然资源,这是造成环境恶化的罪魁祸首。

表 5-1 20 世纪中叶世界环境公害事件

名称	地点	时间	污染物	成因及结果
马斯河谷烟雾事件	比利时马斯河谷	1930 年 12 月	烟尘、SO_2	山谷中工厂多,逆温天气,工业污染物积聚,又遇雾日。SO_2 被氧化为 SO_3 进入肺深部。数千人发病,60 多人死亡
多诺拉烟雾事件	美国多诺拉	1948 年 10 月	烟尘、SO_2	工厂多,遇雾天和逆温天气,SO_2 与烟尘作用生成硫酸,吸入人肺部,4 天内 42% 的居民患病,17 人死亡
伦敦烟雾事件	英国伦敦	1952 年 12 月	烟尘、SO_2	居民烧煤取暖,煤中硫含量高,排出的烟尘量大,遇逆温天气,Fe_2O_3 使 SO_2 变成硫酸沫,吸附在烟尘上,吸入肺部,5 天内 4 000 人死亡
洛杉矶光化学烟雾事件	美国洛杉矶	1943 年 5—10 月	光化学烟雾	汽车多,每天有 1 000 多吨碳氢化合物进入大气,市区空气水平流动慢。石油工业和汽车废气在紫外线作用下生成光化学烟雾,使大多数居民患病,65 岁以上老人死亡 400 人
水俣病事件	日本九州南部熊木县水俣镇	1953 年	甲基汞	氮肥生产采用氯化汞和硫酸汞作催化剂。含甲基汞的毒水废渣排入水体,甲基汞被鱼吃后,人吃中毒的鱼而生病,水俣镇患者 180 多人,死亡 50 多人
富山事件	日本富山县	1931—1972 年	镉	炼锌厂未经处理净化的含镉废水排入河流。人吃含镉的米、喝含镉的水而中毒,全身骨痛,最后骨骼软化,患者超过 280 人,死亡 34 人

续表

名称	地点	时间	污染物	成因及结果
四日事件	日本四日市	1955年	SO_2、烟尘、金属粉尘	工厂向大气排放 SO_2 和煤粉尘数量多,并含有钴、锰、钛等。有毒重金属微粒及 SO_2 吸入肺部,患者500多人,36人在气喘病折磨中死去
米糠油事件	日本本州	1968年	多氯联苯	米糠油生产中,用多氯联苯作载热体加热,因管理不善,毒物进入米糠油中。人食用含多氯联苯的米糠油而中毒。患者5 000多人,死亡16人

当前,人类仍面临着一系列全球性的环境问题,包括全球气候变化、臭氧层破坏、森林植被破坏、水土流失、土地荒漠化、水资源危机和海洋环境破坏、生物多样性减少、酸雨污染、有毒物品及废弃物污染等。就我国而言,尽管大规模的工业化进程只有最近几十年的历史,但由于人口多、发展速度快以及过去一些政策上的问题,使得环境与资源问题十分突出。虽然我国政府在最近几年不遗余力进行补救,出台了一系列政策,也取得了一定的效果,在一定程度上抑制了环境恶化的加剧,但环境问题仍然十分严峻。目前,我们是以最脆弱、恶化的生态环境,供养历史上最大规模的人口。

有调查显示,作为地球上最大、最复杂的生态系统的森林,其面积在过去30年内急剧减少,仅在20世纪90年代,全球森林面积就减少了2.4%。乱砍滥伐、过度耕作使世界23%的耕地严重退化,全球1/3以上的土地面临沙漠化威胁,水土流失严重。我国荒漠化土地面积已达国土陆地面积的27%,发生水土流失的土地面积占38%。全球一半的江河水流量大幅减少或被严重污染,淡水供应亮起了红灯,导致目前包括中国在内的80多个国家严重缺水。环境污染导致生物多样性受到严重破坏,生物物种加速灭绝。全球已有10%~15%的动植物种类受到威胁,而这个数据在我国为15%~20%。大气污染造成的酸雨为人类带来了灾难性后果,而我国属于世界三大酸雨区之一。另外,城市固体废物污染问题、城市噪音污染问题、放射性污染与电磁辐射污染问题等都日益突出、形势严峻,对人类健康构成潜在威胁。

环境的恶化及其带来的恶果让人们开始反思当前的发展模式,总结以往的经验教训,共同探索未来的发展之路。1972年6月5日,联合国人类环境会议第一届会议在瑞典首都斯德哥尔摩召开,113个国家代表出席,会议提出了著名的《人类环境宣言》。后来于该年度召开的第27届联合国大会将每年的6月5日定为"世界地球日"。1992年联合国环境与发展大会通过了《里约环境与发展宣言》、《21世纪议程》和《关于森林问题的原则声明》等重要文件,可持续发展得到各国政府的认可,相继签署了一系列有关环境资源保护的国际公约,如《气候变化公约》、《生物多样性公约》、《荒漠化公约》、《湿地公约》等。1995 年,联合国在希腊雅典召开了环境教育会议。1997 年 12 月,联合国教科文组织在希腊召开了"环境与社会"国际会议,主题为"教育和公众意识为可持续未来服务"。这一系列会议都表明,世界各国政府已经逐步开始重视环境保护、环境治理及环境教育。

我国政府在加快经济建设的过程中,清醒地看到我国环境面临的严峻形势,充分地认识到环境恶化的危害和环境治理的重要性,并逐年增加投入,加大环境污染防治工作的力度。特别是最近十多年来,国家不断采取措施,控制环境恶化局势,取得了较大的成绩。

5.2 水体污染及治理

地球表面上水的覆盖面积约占 3/4,其中海洋含水量占地球上总水量的 97%,高山和极地的冰雪含水量占地球总水量的 2.14%,但能被人类利用的水资源仅占地球总水量的 0.64%,并且这部分水在地球上的分布极不均衡,一些国家和地区的淡水资源极度匮乏。人类年用水量已近 4 万亿立方米,而全球有 60% 的陆地面积淡水供应不足,造成近 20 亿人饮用水短缺。目前,拥有世界人口 40% 的约 80 个国家正面临水源不足,其农业、工业和人民健康受到威胁。我国属于全球 13 个贫水大国之一。目前,我国国土面积的 30%、人口面积的 60% 处于缺水状态。联合国早在 1977 年就向全世界发出警告:不久以后,水源将成为继石油危机之后的另一个更为严重的全球性危机。因此,水,特别是淡水已经成为极其宝贵的自然资源。

就人类生活、生产、建设而言,水是不可缺少的物质。比如工业,几乎没有一种工业能离开水,可以毫不夸张地说,水已经成为工业城市的动脉。就生命机体自身而言,水是一切生命机体的组成物质,如人体,水约占体重的 2/3。在生物体的新陈代谢中,水是一种重要介质,担负着养分在生物体内的输送、代谢产物的排出等重要任务。可以说,没有水就没有生命。

水在环境体系中不断地循环着。在太阳辐射作用下,地球表面的大量水分被蒸发至空中,被气流输送至各地。同时,水蒸气在空中冷凝成为液体或固体而以雨、雪、冰雹等形式降落到地球表面,汇集到河流并进入江、河、湖泊和海洋。水分的这种往返循环不断转移交替的现象叫做水循环。这种循环也有一定的周期或规律。如整个大气圈的水汽应当在 10 天内完成一次循环,其更新交换时间为 0.027 年,而整个水圈的更新交换时间是 2 800 年,地下水的更新交换时间是 5 000 年,陆地上地表水更新交换时间为 7 年,河流的更新交换时间为 0.031 年。

5.2.1 水体污染

水是常见的溶剂,可溶解多种物质,这种性质使天然水中富含各种矿物质及其他可溶性物质。由于水的循环作用,使得各种可溶性物质或悬浮物质都能被带进自然界各种形态的水中。当污染物质进入水体后,将影响水质。如果污染物的含量过大,超出了水体的自净能力,破坏了水体的生态平衡,使水和水体的物理、化学性质发生变化而降低了水体的使用价值,就称之为水体污染。全世界75%左右的疾病与水体污染有关,如常见的伤寒、霍乱、痢疾等疾病的发生与传播都和直接饮用污染水紧密相关。

水体污染分为自然污染和人为污染两大类,以后者为主。自然污染是由于自然原因所造成的,如天然植物在腐烂过程中产生有毒物质,以及降雨淋洗大气和地面后将各种物质带入水体,都会影响该地区的水质;人为污染是人类生产和生活中产生的废水对水体的污染,包括工业废水、农田排水、矿山排水、城市生活污水等。

水体污染也可以根据污染性质分为化学性污染、物理性污染、放射性污染及生物性污染。其中,化学性污染是指由于化学物质所引起水体自身化学成分的改变而引起的污染;物理性污染包括色度、浊度、温度等变化或泡沫状物质引起的污染;放射性污染主要是由于核燃料的开采及炼制、核反应堆的运转、核武器试验等引起的污染;生物性污染指水体中的微生物或病毒等引起的水污染。下面介绍几种主要的水体污染现象。

1. 重金属污染

有毒物质对水体的危害性非常大,比如重金属汞、镉、铜、铅、铬、砷等,都具有较大的毒性,只需要少量便可污染大片水体。虽然水中的微生物对许多有毒物质有降解功能,但对于重金属,这些微生物无能为力。相反,部分重金属还可在微生物作用下转化为金属有机化合物,产生更大的毒性。更为严重的是,此类物质可通过食物链层层积累,最终在人类食用水产品后进入人体,与蛋白质、酶发生作用而使其失去活性,导致中毒。

震惊日本的水俣病事件就是因为居民长期食用汞(以甲基汞形式存在)含量超标的海产品所致,其发病症状为智力障碍、运动失调、视野缩小、听力受损等。水中的汞主要来源于汞极电解食盐厂、汞制剂农药厂、用汞仪表厂等的废水。

20世纪60年代发生于日本的骨痛病是因为居民饮用水中镉含量(主要以Cd^{2+}形式存在)超标造成。当饮用水中镉含量超过0.01 mg/L后,将积存于人体肝、肾等器官,最终造成肾脏再吸收能力不全,干扰免疫球蛋白的制造,降低机体的免疫能力并导致骨质疏松和骨质软化。含镉污水主要来源于金属矿山、冶炼厂、电镀厂、某些电池厂、特种玻璃制造厂及化工厂等。

铅及其化合物均有毒性,人体中毒后易引发贫血、肝炎、神经系统疾病,表现为痉挛、反应迟钝、贫血等,严重时可引发铅性脑病。含铅废水来源于金属矿山、冶炼厂、电池厂、油漆厂等的废水(主要以 Pb^{2+} 形式存在)。汽车尾气中也含有铅(以四乙基铅的形式存在)。

铬可引起皮肤溃烂、贫血、肾炎等,甚至可能引发癌症。水中铬(主要以铬酸根 CrO_4^{2-} 或重铬酸根 $Cr_2O_7^{2-}$ 形式存在)来源于冶炼厂、电镜厂及制革、颜料等工业的废水。

砷的有毒形态主要是 As_2O_3(砒霜),对细胞有强烈的毒性。人体中毒表现为呕吐、腹泻、神经炎、肾炎等。砷可致癌。

2. 有机物污染

自从农药问世并大量使用以后,有毒合成有机物成了水体污染的又一大来源。其中,比较有代表性的有滴滴涕(DDT)、六六六、多氯联苯(PCB)等,这些物质性质稳定,难以被降解,对水体危害大,危及面广。曾经有人在生长于南极的企鹅体内测出 DDT,生长于北冰洋的鲸鱼中测出 PCB。

除了直接污染水体的有毒物质外,还有一类有机物通过消耗水中溶解的分子态的氧来使水体性质改变进而污染水体,这类有机物叫耗氧有机物。生活污水和工业废水中所含的碳水化合物、蛋白质、脂肪等有机物都属于耗氧有机物。它们的存在对饮用水和水养殖业危害甚大。

3. 水体的富营养化

随着城市人口的不断增长,城市生活污水排放量也急剧增加,而污水处理能力的发展速度却远远落后,加之工业废水、农田排水等大量排放,从而造成湖泊、水库、河流水流缓慢段的污水含量迅速增大。同时,这些污水中所含的氮、磷等植物生长所必需的营养物质含量也迅速超标。由于营养物质的过剩,使得藻类及其他浮游生物迅速繁殖,一方面大量消耗掉水中的溶解氧,一方面其覆盖于水面遮挡了阳光,导致水中的鱼类和其他生物大量死亡与腐烂,使水质不断恶化,这种现象称为水体富营养化。富营养化污染若发生于海洋水体,将使海洋中浮游生物暴发性增殖、聚集而引起水体变色,这种现象称为赤潮。我国近年来频发赤潮,给海洋资源、渔业带来巨大损失。富营养化污染若发生于淡水,同样引起蓝藻(严格意义上应称为蓝细菌)、绿藻、硅藻等藻类迅速生长,使水体呈蓝色或绿色,这种现象称为水华。我国的洞庭湖在近年就发生了比较严重的富营养化污染。三峡工程蓄水后,支流水质有恶化趋势,部分区域出现水华,且发生范围、持续时间、发生频次明显增加。另外,太湖、滇池、巢湖、洪泽湖都曾发生水华。"50年代淘米洗菜,60年代洗衣灌溉,70年代水质变坏,80年代鱼虾绝代。"水质的恶化使本来就严重缺水的状态雪上加霜。因此,保护水资源已经成了关系国计民生的头等大事。

5.2.2 水质指标、水质评价

1. 水质指标

为了监测水体的污染程度,以便为科学防治水污染提供科学的数据,就必须对水质进行评价。水质是指水和其中所含的杂质共同表现出来的物理、化学和生物的综合特性。我们将水中所含杂质的种类和数量的具体衡量尺度称为水质指标,这是判断水质的具体衡量标准。

水质指标根据其用途不同而有所变化,但有其自身的参考依据,即国家相关部门制定的一系列水质标准。其中,包括生活饮用水标准、地面水环境质量标准、海水水质标准、渔业水质标准、农田灌溉水质标准、污水综合排放标准等。我们常见的水质分类也都是依据这些标准进行划分的,比如江、河、湖泊等地面水,可根据地面水环境质量标准并按照使用功能划分为以下5类:

Ⅰ类水:主要适用于源头水及国家自然保护区;

Ⅱ类水:主要适用于集中式生活饮用水水源地一级保护区、珍稀鱼类保护区、鱼虾产卵场等;

Ⅲ类水:主要适用于集中式生活饮用水水源地二级保护区、一般鱼类保护区及游泳区;

Ⅳ类水:主要适用于一般工业用水区及人体非直接接触的娱乐用水区;

Ⅴ类水:主要适用于农业用水区及一般景观要求水域。

水质指标可以分为物理性、化学性和生物学性三大类。其中,物理性水质指标包括色度、混浊度、透明度、溶解固体、可沉固体、电导率等;化学性水质指标包括pH值、酸度、各种离子含量、溶解氧、化学需氧量、生物需氧量等;生物学性水质指标一般包括细菌总数、总大肠菌群数、各种病原细菌、病毒等。

下面介绍一些常用的水质指标。

1) pH值

水体的pH值对水的使用功能和水中动植物的生长都有很大影响。一般生活用水的pH值限定在6.5~8.5,我国渔业用水的标准对淡水域规定pH值为6.5~8.5,海水pH值为7.0~8.5;农田灌溉用水pH值为5.1~8.5,工业用水水质标准的pH值则比较复杂。

2) 悬浮物

悬浮物指水体中的不溶性固体物质,它们的存在将影响水体的透明度,影响水体中阳光照射强度,进而影响水中生物的生长和繁殖。所以水体中悬浮物的种类和数量也是一个重要指标。

3) 有毒物质

要为综合防治水体污染提供科学数据,有毒物质的含量是一个非常重要的指标。包括重金属、有毒有机物的种类和含量等。

4）溶解氧（DO）

溶解氧指溶解在水中的分子态的氧。水中 DO 的含量一般应大于 5 mg/L；天然降水中的溶解氧一般为 8～14 mg/L，海水中的 DO 一般为天然降水的 80%。大多数鱼类生长要求 DO 大于 4 mg/L。

5）耗氧有机物

这里所说的有机物是指除上述直接污染水体的有毒有机物外的其他能引起水体污染的有机物质。这些有机物是通过消耗水中的溶解氧来使水体性质改变进而污染水体。其含量都是通过下面一系列的指标表示的。

(1) 生物化学需氧量（BOD）。天然水体中溶解氧含量一般为 5～10 mg/L，大量耗氧有机物进入水体后，使水中溶解氧急剧减少，水体出现恶臭，破坏水生态系统，对水产品养殖业的影响甚大。这类物质对水体的污染程度，可间接地用单位体积水中耗氧有机物生化分解过程所消耗的氧量（以 mg/L 为单位），即生物化学需氧量（BOD）来表示。通常以 20 ℃、5 天内 BOD（BOD_5）来衡量水中有机物含量的多少。BOD_5 值越高，表示水中耗氧有机物越多，水质越差。一般情况下，水体中 BOD_5 低于 3 mg/L 时，水质较好；达到 7.5 mg/L 时，水质不好；大于 10 mg/L 时，水质很差，鱼类已不能存活。

(2) 化学需氧量（COD）。水体中许多有机物是可以使用化学氧化剂进行氧化的，在氧化过程中每升水所需的氧量即为化学需氧量，以 mg/L 为单位。目前，常用的氧化剂主要是重铬酸钾和高锰酸钾。同样，COD 越高，表明水中的耗氧有机物越多，水质越差。

(3) 总有机碳（TOC）与总需氧量（TOD）。TOC 指溶解于水体中的有机物总量，折合成碳计算。TOD 指水体中几乎可全部被氧化的物质变成稳定氧化物时所消耗水中溶解氧的总量。TOC 与 TOD 的测定，弥补了测试 BOD_5 测试时间长、不能快速反映水体被耗氧有机物污染程度的缺点，也是重要的综合指标。

2. 水质评价

要判断水质污染程度、污染等级、污染类型以及各项指标是否满足水的使用要求，必须对水质进行科学的评价。水质评价需要根据不同的目的和要求，按一定的原则和方法来进行。水质的评价是一个系统工程，包括如下步骤：水质环境背景值的评价、污染源调查与评价、水污染现状与评价、水污染影响与评价、水域综合防治评价等。

在水质评价过程中，首先应根据需要选择评价因子，如感观性因子（气味、颜色、混浊度、悬浮物、总固体等）、氧平衡因子（DO、BOD、COD、TOC、TOD 等）、营养盐类因子（氮、磷等元素的盐类物质）、毒物因子（重金属、有机氯等）、微生物因子（大肠杆菌等）。其次，应根据水体使用目的选择参照标准，如前文所述的生活饮用水标准、地面水环境质量标准、海水水质标准、渔业水质标准、农田灌溉水质标准、污水综合排放标准、背景值与本底值、毒性标准、经济指标等。对采取的水样通过现代化学手段(包括常规化学测试、现代仪器检测等)得到相关数据后,根据数学模型对水质进行多因子综合评价,得到水质指数。

5.2.3 水体污染的防治

工业废水和城市污水的任意排放是造成水污染的主要原因。要控制并进一步消除水污染,必须从污染源抓起,即从控制废水的排放入手,妥善处理城市污水及工业废水,积极对各种废水实施有效的技术处理,将废水中所含的污染物质分离出来,或将其转化为无害物质。同时,加强对水体及其污染源的监测和管理,尽可能防止水污染。将"防""治""管"三者结合起来。

污水处理通常分为三级处理。

一级处理:属于初级处理或预处理,目的是去除水中的悬浮物和漂浮物。经过一级处理后,悬浮固体去除率可达70%~80%。

二级处理:目的是去除废水中呈胶体状态和溶解状态的有机物。经二级处理后,废水中有机物可被除去80%~90%,通常都能达到排放标准。

三级处理:属于深度处理,处理后的水通常可达到工业用水、农业用水和饮用水的标准。但成本高,一般只用于严重缺水的地区和城市。

城市污水处理以一级处理为预处理,二级处理为主体,三级处理使用较少。

对污水的技术处理而言,要针对不同的污染物采取对应的处理方法,主要方法如下。

(1) 物理法:主要用于分离废水中呈悬浮状态的污染物质,使废水得到初步净化。包括沉淀、过滤、离心分离、气浮、反渗透、蒸发结晶等方法。

(2) 化学法:通过化学反应的作用来分离或回收废水中的污染物,或将其转化为无害物质。常采用的方法有中和、混凝、氧化还原等。

中和法是针对污水排放前,pH值需接近中性的要求而采取的一种化学处理方法。对酸性污水,一般加入无毒的碱性物质如石灰、石灰石等,中和水中的酸性物质而使水质接近中性,如用氢氧化钙处理污水中含有的硫酸反应式为

$$Ca(OH)_2 + H_2SO_4 \longrightarrow CaSO_4 + 2H_2O$$

同理,对碱性污水,可加入酸性物质加以中和,通常对碱性不是太高的污水,可通入烟道气体(含大量的CO_2气体),CO_2溶于水生成碳酸,从而中和污水中的碱。

混凝法即是废水处理中加入明矾、聚合氯化铝、硫酸亚铁、三氯化铁等物质,这些物质在水中会发生水解生成带电胶体,这些带电的微粒有助于污水中带电细小悬浮物的沉淀。

氧化还原法是针对废水中的部分在氧化剂(如氧气、漂白粉、氯气等)或还原剂

(如铁粉、锌粉等)的作用下,可被氧化或还原成无毒或微毒物质的污染物而采取的治理手段。

(3) 物理化学法:包括萃取、吸附、离子交换、反渗透、电渗析等,该法主要是分离废水中的溶解物质,同时回收其中的有用成分,从而使废水得到进一步处理。

(4) 生物处理法:是通过微生物的代谢作用,将废水中部分复杂的有机物、有毒物质分解为简单的、稳定的无毒物质。目前,常用的有需氧的活性污泥法、生物滤池法,厌氧的生物还原法等。

生物处理法可用来处理多种废水,适应大量污水的处理且效果好,近年来已成为处理生活污水和某些有机废水的主要方法。

另一方面,就国家政策角度而言,要从根本上防治水体污染,除了需要加强宣传教育外,还需要以法律的形式来强制执行污水排放等方面的约束。目前,我国水环境治理方面的法规主要是《中华人民共和国水污染防治法》,该法规的发布和实施为我国水环境的治理提供了有力的法律保障。

5.3 大气污染及防治

包围地球并随地球运动的气体外壳称为地球大气,简称大气、大气层或大气圈。人类生活在大气圈中,依靠空气中的氧气而生存。一般成年人每天需要呼吸约 $10\sim12$ m³ 的空气,相当于一天进食量的 10 倍、饮水量的 5 倍。同时,大气层也是地球生命的保护伞,因为它吸收了来自外层空间且对地球生命有害的大部分宇宙射线和电磁辐射,尤其是紫外辐射。可见,大气对地球和地球生命是极端重要的。

然而,人类在战胜自然、利用自然、改造自然的同时,却让大气环境"很受伤"。近代工业的高速发展和当初人们对环境保护的不重视,让人类付出了惨重的环境代价。洛杉矶光化学烟雾事件、伦敦烟雾事件等几次严重的大气环境污染公害事件的出现,让各国政府开始正视人类赖以生存的大气环境问题,其中,大气污染问题更是越来越得到科学家和公众的关注,大气污染原理及防治的研究工作也得到政府部门的大力支持。逐渐地,从大气科学和环境科学中分化出一门独具特色而又无可替代的分支学科——大气环境化学。大气环境化学是研究对环境有重要影响的大气组分在大气中化学行为的一门科学。其研究对象几乎涵盖所有与大气相关的气态物质、颗粒物质、大气降水以及一些不稳定物质,研究内容主要涉及大气环境中物质的迁移转化规律、气候变化的大气化学原理、大气污染原理及治理、大气环境评价等诸多方面。随着全球和区域性大气污染问题的出现以及一些全球性国际公约的制定和执行,大气环境化学在短短几十年内得到了快速的发展,对于控制环境污染、改善大气质量具有重要意义,同时又促进了其母体学科即大气科学与环境科学的长足发展。

5.3.1 大气的组成和影响

地球表面上大气层的厚度约 1 000～3 000 km(也有人认为是约 1 000～4 400 km)。根据世界气象组织(WMO)执行委员会 1962 年正式通过的国际大地测量和地球物理联合会(IUGG)建议的分层系统,以大气温度垂直变化特征为依据,按照距地球表面从低到高一般划分为对流层(0～12 km)、平流层(12～50 km)、中间层(50～85 km)、热层(85～800 km)和外逸层(800 km 以上)。其中,从地面到平流层顶端的范围又叫低层,属气象学研究范围;平流层以上则叫高层,属空间科学研究的范围。或者将从地表至 90 km 左右的大气层称之为同质层,其密度随着高度的增加而减小。在同质层的上面,由于成分很不一致,所以称为异质层。同质层大气的成分除个别有变动外,一般相当稳定。地球大气的总质量约为 5.2×10^{18} kg,相当于地球质量的百万分之一,其中约 50%集中在 5 km 高度以下,75%集中在 10 km 高度以下,90%的质量集中在 30 km 高度以下。

大气是由空气、少量水蒸气、粉尘和其他微量杂质组成的混合物。近地空气的组成相对稳定,其主要成分按体积比约为:氮气 78.09%、氧气 20.95%、氩气 0.93%、二氧化碳 0.03%。此外,还有稀有气体氦、氖、氪、氙和甲烷、氮的氧化物、臭氧等共占 0.1%,如表 5-2 所示。

大气中的水蒸气主要来自水体、土壤和植物中水分的蒸发,大部分集中在低层大气中,其含量随地区、季节和气象等因素而异。水蒸气在干旱地区和温湿地带的含量差可高达 3 倍。大气中的水蒸气含量虽然不多,但对天气变化起着重要的作用,同时也是大气化学污染中的重要角色。

大气中的悬浮微粒是指由于自然因素和人为活动而生成的颗粒物,如岩石的风化、火山喷尘、物质燃烧、工业烟尘等。它的存在或含量的剧增,对大气质量而言,是重要的破坏者。

表 5-2 大气的基本组成

组 分	体积分数/(%)	组 分	体积分数/(%)
氮气(N_2)	78.09	氢(H_2)	5.0×10^{-5}
氧气(O_2)	20.95	一氧化二氮(N_2O)	3.0×10^{-5}
氩气(Ar)	0.93	氙(Xe)	8.0×10^{-6}
二氧化碳(CO_2)	0.03	一氧化碳(CO)	$4.0 \times 10^{-6} \sim 8.0 \times 10^{-6}$
氖(Ne)	1.8×10^{-3}	臭氧(O_3)	$1.0 \times 10^{-6} \sim 4.0 \times 10^{-6}$
甲烷(CH_4)	5.24×10^{-4}	氡(Rn)	6.0×10^{-18}
氪(Kr)	1.1×10^{-4}		

5.3.2 光化学反应和自由基

1. 吸光物质及光化学反应

大气中存在着吸光物质,诸如氧气分子(O_2)、臭氧分子(O_3)、二氧化氮(NO_2)、醛酮类化合物、硝基类化合物等。这些物质有的本就存在于大气中,有的则为人类生产活动产生的气体排放物质。吸光物质的一个分子、原子、自由基或离子吸收一个光子所引发的反应称为光化学反应。它是大气化学的主要内容之一,也是地球上最重要的化学反应之一,在地球大气与生命的进化过程中起着决定性的作用。例如,大家熟知的一个光化学反应——植物的光合作用,就是典型的光化学过程,它不仅提供了动物赖以生存的碳水化合物,还为生命体提供了必不可少的氧气。目前,人类所知的光化学反应已经涉及生命科学、环境、能源、材料、信息等相关领域,并已经成功应用到影像技术、医疗技术、信息储存及输出技术、太阳能应用等方面。

从理论角度简单地说,吸光物质吸收光子后,发生的光化学反应分初级过程和次级过程,其初级过程包括化学物质吸收光量子形成激发态,同时产生自由基等活泼物质。初级过程后相继发生的其他过程叫次级过程。如某物质 A 的光化学反应为

$$A + h\nu \longrightarrow A^*$$

式中,$h\nu$ 表示一个吸光粒子吸收的光量子,A^* 表示 A 物质吸收光量子后形成的激发态物质。而这种激发态是一种不稳定状态,它能自发地或借助外界因素通过各种途径,如通过辐射出荧光、磷光或通过与其他可吸收能量的分子碰撞等回到基态,从而失去活性;或者参与反应,失去能量后以其他形式回到稳定状态,如:

(1) 发生光解离反应生成新的物质,可表示为

$$A^* \longrightarrow B_1 + B_2 + \cdots$$

(2) 直接与其他物质反应生成新物质,可表示为

$$A^* + C \longrightarrow D_1 + D_2 + \cdots$$

在以上的初级过程中,反应物和生成物还可能进一步反应,或者初级反应的生成物与其他物质反应,生成新的物质,这个过程叫次级过程。

2. 自由基及自由基反应

自由基是具有未成对电子的原子或分子。未成对电子的存在,使自由基虽然只能在瞬间存在,但是具有很高的活性。它能够和分子反应生成新的化学键和一个新的自由基,反复循环,直至反应物浓度降低,自由基之间碰撞机会增大,而导致自由基逐渐消失,反应结束。这种反应叫自由基型的链反应。

3. 大气中的自由基

大气中存在的重要自由基包括 $HO\cdot$、$HO_2\cdot$、$RO\cdot$、$RO_2\cdot$ 等。其中最重要

的当属 HO· 与 HO$_2$·，它们在大气化学中有着特殊的作用。

1) HO· 与 HO$_2$· 的来源

HO· 的第一个来源是太阳光对臭氧的分解。臭氧分子 O$_3$ 吸收光子后生成氧气分子 O$_2$ 和激发态原子氧 O*；激发态原子氧 O* 和大气中的水分子 H$_2$O 作用，生成 HO·，其反应式可表示为

$$O_3 + h\nu \longrightarrow O_2 + O^*$$

$$O^* + H_2O \longrightarrow 2HO\cdot$$

HO· 的第二个来源是大气中亚硝酸 HNO$_2$ 的光解，其反应式为

$$HNO_2 + h\nu \longrightarrow HO\cdot + NO$$

HO$_2$· 的主要来源是大气中醛类物质（尤其是甲醛 HCHO）的光解，其反应式为

$$HCHO + h\nu \longrightarrow H\cdot + CHO\cdot$$

$$H\cdot + O_2 \longrightarrow HO_2\cdot \text{（以某种物质为媒介）}$$

$$CHO\cdot + O_2 \longrightarrow HO_2\cdot$$

其他诸如亚硝酸酯类物质光解、过氧化氢的光解等，也能生成 HO$_2$·。

2) HO· 与 HO$_2$· 的作用与转化

HO· 与 HO$_2$· 是大气中重要的氧化剂，对流层大气中几乎所有可被氧化的痕量气体成分都主要是通过与它们反应而被转化和去除的。大气中 HO· 的浓度水平可作为大气氧化能力的指标，也是大气对痕量污染气体成分自清洁能力的一个量度，所以 HO· 又有大气"清洁剂"之称。

其一，HO· 能促进大气中的有机物完全氧化。HO· 的高活性使其能比较轻松地从有机化合物中夺取 H 原子生成水，最终使有机化合物失去所有 H 原子而氧化成 CO$_2$。

其二，HO· 能将有害的大气污染物如 NO$_2$、SO$_2$ 转化成硝酸、硫酸，并随降水落下。这一方面清除了有害物质；另一方面，当 NO$_2$、SO$_2$ 含量过多的时候，降水中的酸浓度也将增大，这也是酸雨形成的重要机理，其反应式为

$$HO\cdot + NO_2 \longrightarrow HNO_3$$

$$HO\cdot + SO_2 \longrightarrow HSO_3\cdot$$

$$HSO_3\cdot + O_2 + H_2O \longrightarrow H_2SO_4 + HO_2\cdot$$

其三，HO· 能清除 CO 等大气污染物，其反应式为

$$HO\cdot + CO \longrightarrow CO_2 + H\cdot$$

$$H\cdot + O_2 \longrightarrow HO_2\cdot$$

而 HO$_2$· 可将其中一个原子氧与某个受体（M）结合，从而释放出更多的 HO·，其反应式为

$$HO_2\cdot + M \longrightarrow MO + HO\cdot$$

5.3.3 大气污染物及大气环境标准

1. 大气污染物及污染源

国际标准化组织将大气污染定义为:"通常系指由于人类活动和自然过程引起某些物质介入大气中,呈现出足够浓度,持续了足够的时间,并因此而危害了人体健康和环境。"世界卫生组织则阐述为:"室外的大气若存在人为造成的污染物质,其含量与浓度及持续时间可引起多数居民的不适感,在很大范围内危害公共卫生,并使人类、动植物生存处于受妨碍的状态。"

造成大气污染的物质是多种多样的,各个地区也略有差异,但主要种类都变化不大。其中对大气质量影响较大的主要有硫氧化物(SO_x)、氮氧化物(NO_x)、碳氧化物(CO_x)、碳氢化合物、卤化物及粉尘等。大气污染物主要来自于工业、农业、交通运输和生活与生产建设。交通污染源又称移动污染源,农业污染源、生活污染源和工业污染源又称固定污染源。

对直接从污染源排放出来的污染物质,我们称之为一次污染物。而一次污染物有可能与大气中某些物质发生化学或光化学反应,生成新的污染物,这些新污染物我们称之为二次污染物。

2. 大气环境标准

自世界各国开始重视大气环境污染以来,各国政府部门纷纷制定了大气环境标准。我国目前执行的大气环境标准是将环境空气质量按功能区分为三类:一类区为自然保护区、风景名胜区和其他需要特殊保护的地区,执行一级标准;二类区为城镇规划中确定的居民区、商业交通居民混合区、文化区、一般工业区和农村地区,执行二级标准;三类区为特定工业区,执行三级标准。我们平常在天气预报中看到的空气质量分级,是根据空气污染指数(air pollution index,API)来确定的,表 5-3、表 5-4 分别为空气污染指数对应的污染物浓度限值和空气污染指数范围及相应的空气质量类别。

表 5-3 空气污染指数对应的污染物浓度限值

空气污染指数 (API)	污染物浓度/(mg/m^3)				
	SO_2(日均值)	NO_2(日均值)	PM_{10}(日均值)	CO(小时均值)	O_3(小时均值)
50	0.050	0.080	0.050	5	0.120
100	0.150	0.120	0.150	10	0.200
200	0.800	0.280	0.350	60	0.400
300	1.600	0.565	0.420	90	0.800
400	2.100	0.750	0.500	120	1.000
500	2.620	0.940	0.600	150	1.200

注:PM_{10}指可吸入悬浮颗粒。

表 5-4 空气污染指数范围及相应的空气质量类别

空气污染指数（API）	空气质量状况	对健康的影响	建议采取的措施
0～50	优	可正常活动	
51～100	良		
101～150	轻微污染	易感人群症状有轻度加剧，健康人群出现刺激症状	心脏病和呼吸系统疾病患者应减少体力消耗和户外活动
151～200	轻度污染		
201～250	中度污染	心脏病和肺病患者症状显著加剧，运动耐受力降低，健康人群中普遍出现症状	老年人、心脏病和肺病患者应当留在室内，并减少体力活动
251～300	中度重污染		
>300	重污染	健康人运动耐受力降低，有明显强烈症状，提前出现某些疾病	老年人和病人应当留在室内，避免体力消耗，一般人群应避免户外活动

5.3.4 大气污染及治理方案

1. 光化学烟雾

所谓光化学烟雾,是指大气中的碳氢化合物、氮氧化物(NO_x)等一次污染物,及其在太阳光中紫外线照射下发生光化学反应而衍生的二次污染物的混合物(气体和颗粒物)所形成的烟雾(主要成分仍然是NO_x)。在日本、加拿大、德国、澳大利亚等国都先后出现过较严重的光化学烟雾事件,甚至在我国的兰州、成都、广州都曾经出现过较轻微的光化学烟雾事件。而光化学烟雾中的一次污染物主要来自目前正在激增的汽车所排放的尾气,其形成光化学烟雾机制与自由基反应密切相关,反应过程可表示为

$$NO + O_2 \longrightarrow NO_2 + O\cdot$$
$$NO_2 + h\nu \longrightarrow NO + O\cdot$$
$$O\cdot + O_2 \longrightarrow O_3$$

所生成的O_3是一种强氧化剂,可与大气中的有机物发生反应生成一系列复杂的有机化合物,其中有的物质挥发性小,容易凝聚成气态溶胶而降低空气能见度;部分醛酮类物质具有较强刺激性。反应过程中,还会生成一种过氧乙酰自由基,这种自由基将和NO_2作用生成过氧乙酰硝酸酯(PAN)。这些物质对动植物和建筑物伤害很大,其中对人和动物的伤害主要是刺激眼睛和呼吸道组织,引起眼红流泪、气喘咳嗽等。特别是PAN,是一种对生物具有强烈作用的氧化剂,也是一种强烈的催泪剂,其催泪作用是甲醛的200倍。1952年12月5—8日,英国伦敦发生烟雾事件,历史上称为伦敦烟雾事件。因为当时燃煤产生的烟雾不断积聚,能见度

只有 5 m,大气中烟尘浓度最高达 4.46 mg/m³,二氧化硫浓度最高达 1.34 mg/m³。形成的酸雾 pH 值达到 1.6,数千市民感到胸闷并伴有喉痛、呕吐等症状,支气管炎、冠心病、肺结核、肺癌等患者死亡率成倍增长。1970 年 7 月 18 日,东京发生光化学烟雾事件,部分东京学生突发咳嗽、喉痛,均住院治疗。其后的 7 月 19—21 日、23—25 日又连续发生光化学烟雾,许多居民眼睛感到不适,约有 2 万人患上红眼病。经东京都公害研究所调查,认定此次事件是由于氮氧化物超过警戒标准所致。

目前,汽车领域已经制定了一系列的尾气排放标准,其中影响最大的就是欧洲排放标准。欧洲排放标准是由欧洲经济委员会(ECE)的排放法规和欧盟(EU)的排放指令共同构成的。排放法规由 ECE 参与国自愿认可,排放指令是 EU 参与国强制实施的。汽车排放的欧洲法规(指令)标准 1992 年前已实施若干阶段,欧洲从 1992 年起开始实施欧 I 型(欧 I 型认证排放限值),1996 年起开始实施欧 II 型(欧 II 型认证和生产一致性排放限值,下同),2000 年起开始实施欧 III 型,2005 年起开始实施欧 IV 型。

2. 臭氧层的破坏

O_3 90%分布于平流层,主要集中在 20~25 km 的大气层中,故这段大气层又称臭氧层。臭氧层对地球生物而言,无异于一把天然的保护伞,因为它阻挡或吸收了来自太阳的高能量紫外线辐射。这种辐射若没有经大幅减弱直接到达地面,则将损害乃至破坏生物体内的蛋白质和 DNA,造成细胞死亡,对地球生物造成不可估量的损失,甚至导致地球生态系统的全面崩溃。有研究认为,如果平流层的 O_3 总量减少 1%,预计到达地面的有害紫外线将增加 2%。

然而,人类活动却在不经意地破坏着这把保护伞。1984 年,英国科学家首先发现南极上空出现了臭氧层空洞。1985 年,美国的气象卫星探测到了这个"洞",其面积与美国领土相等,深度相当于珠穆朗玛峰的高度。1989 年,科学家又在北极上空发现臭氧层空洞。1994 年,南极上空的臭氧层破坏面积已达 24 000 000 km²,北半球上空的臭氧层比以往任何时候都薄,欧洲和北美上空的臭氧层平均减少了 10%~15%,西伯利亚上空甚至减少了 35%。我国的青藏高原等地上空也发现臭氧层在逐渐变稀薄。尤其让人担心的是,臭氧层空洞扩大的趋势并没有得到明显有效的控制。科学家警告说,地球上臭氧层被破坏的程度远比一般人想象的要严重得多,臭氧层破坏的后果是很严重的。

对人类而言,紫外线的增强将导致皮肤癌患病概率大幅提高、白内障发病率激增、人体免疫系统机能降低等严重后果。大量疾病的发病率和严重程度都会增加,尤其是麻疹、水痘、疱疹等病毒性疾病,疟疾等通过皮肤传染的寄生虫病,肺结核和麻风病等细菌感染以及真菌感染疾病等。

对陆生植物而言,紫外线的增强使得植物的生理和进化过程都将受到影响,比如豆类、瓜类等作物,另外某些作物如土豆、番茄、甜菜等的质量将会下降;对森林和草地,可能会改变物种的组成,进而影响不同生态系统的生物多样性分布。

对水生生态系统来说,海洋浮游植物的生长和分布也将受到紫外线增强的较大影响,而这些植物是大气中 CO_2 气体的重要吸收者,进而将导致温室效应的加剧。同时,鱼、虾、蟹、两栖动物和其他动物的繁殖力、幼体发育等受到损害。要知道,世界上 30% 以上的动物蛋白质来自海洋,满足人类的各种需求。

另外,紫外线的增强对生物化学循环、材料等也将造成负面影响。

现在,人们普遍认为氟氯烃类物质的大量使用和排放是造成臭氧层破坏的主要原因。氟氯烃类物质是 20 世纪以来,随着工业的发展,人们在制冷剂、发泡剂、喷雾剂以及灭火剂中广泛使用的一种性质稳定、不易燃烧、价格便宜的有机物质。但是,当这种物质进入大气平流层后,受紫外线辐射而很容易分解出原子态的 Cl 自由基(Cl·),而 Cl·可轻易地引发破坏臭氧分子的连锁反应。但它仅仅充当了催化剂的角色,自身并没有消耗,从而能反复分解 O_3。

另外,人类的其他活动诸如汽车尾气、大型喷气式飞机的尾气、核爆炸烟尘甚至氮肥的使用,都将向大气排放一定的氮氧化物,进入大气平流层的部分氮氧化物也将引起 O_3 的破坏。平流层的 NO 在破坏 O_3 的过程中起的是催化作用。

3. 酸雨

1) 酸雨的形成

未受污染的天然降水由于吸收了大气中的 CO_2 而显弱酸性,其 pH 值为 5.6。当降水的 pH 值小于 5.6 时,我们称其为酸雨。显然,酸雨的形成是因为天然降水中溶入了其他酸性物质。1852 年在英国曼彻斯特首次发现酸性降水,1872 年英国科学家史密斯首先提出"酸雨"这一专有名词。现在,世界上形成了欧洲、北美和中国三大酸雨区。欧洲酸雨区主要以德、法、英等国为中心,波及大半个欧洲地区;北美酸雨区包括美国和加拿大在内的北美地区。这两个酸雨区的总面积大约 1 000 多万平方千米。我国酸雨区覆盖四川、重庆、贵州、广东、广西、湖南、湖北、江西、浙江、江苏和青岛等省(自治区)市地区,面积达 200 多万平方千米,个别地区曾出现 pH 值小于 4.0 的降水。我国酸雨区面积扩大之快、降水酸化率之高,在整个世界上也是罕见的。

酸雨,被称为"天堂的眼泪"或"空中的死神",给地球生态环境和人类社会经济都带来了严重的影响和破坏。研究表明,酸雨会造成土壤酸化、肥力降低,影响农作物生长,对森林的危害也很大。据报道,北美酸雨区已发现大片森林死于酸雨,欧洲中部有 100 万公顷的森林由于酸雨的危害而枯萎死亡;意大利的北部也有 9 000 多公顷的森林因酸雨而死亡。我国四川、广西等省(自治区)有 10 多万公顷森林也正在衰亡。

对水体而言,酸雨会污染河流、湖泊和地下水,影响浮游生物的生长繁殖,减少鱼类食物来源,破坏水生生态系统。如在瑞典的90 000多个湖泊中,已有20 000多个遭到酸雨危害,4 000多个成为无鱼湖;挪威有260多个湖泊鱼虾绝迹;加拿大有8 500余个湖泊全部酸化;美国至少有1 200个湖泊全部酸化,成为"死湖",鱼类、浮游生物,甚至水草和藻类纷纷绝迹。

酸雨对建筑、桥梁、名胜古迹等均带来严重危害。世界上许多古建筑和石雕艺术品遭酸雨腐蚀而严重损坏,如古希腊、罗马的文物遗迹,加拿大的议会大厦,我国的乐山大佛等均遭酸雨侵蚀而严重损坏。

酸雨成分中,90%以上为硫酸和硝酸,其余是盐酸、碳酸和少量有机酸。我国的酸雨中主要是硫酸。酸雨是由于煤和石油在燃烧过程中所排放出的二氧化硫和氮氧化物等气体,在空气中发生自由基氧化等反应,生成物溶解于雨水而形成的。

对于SO_2,从其自身性质来看,既能够被氧化成SO_3,又能够被还原成单质S或H_2S。在通常情况下,气态SO_2并不容易直接被氧化。但是在大气的氧化环境中,由于强烈的太阳光辐射的影响,SO_2比较容易被激发成激发态,而后发生光化学氧化。由于SO_2极易溶解于水,因此部分SO_2也会溶解于大气中的水蒸气而生成亚硫酸H_2SO_3,并吸附于其周围的固体颗粒,而液相状态下,H_2SO_3很容易就被空气中的各种氧化性物质氧化成H_2SO_4,这就是SO_2的液相氧化过程。

NO是燃烧过程中直接排放到大气中的污染物,容易被氧化成NO_2,NO_2在大气中能发生光分解反应,并能与大气中的氧化性物质反应,比如与HO·反应生成硝酸(HNO_3)。HNO_3在大气中的光解速度很慢,但沉降速度很快,加之其具有很大的溶解度,故容易成为酸雨的重要成分。

全球每年排放进大气的SO_2约1亿吨,NO_2约5 000万吨。所以,要控制酸雨形势不断严峻的势头,只有世界各国联手行动,控制SO_2和NO_2的排放。我国在1995年8月颁布了新修订的《中华人民共和国大气污染防治法》,其中明确规定要在全国划定酸雨控制区和SO_2污染控制区,以求在双控区内强化对酸雨和SO_2的污染控制。双控政策实施至今,效果显著。

2) 酸雨问题解决方案

酸雨引起的社会问题已非一日,因为酸雨问题的特殊性使得对策的确定和实施遇到很多共同的难题,比如,远距离传输使得污染的生产者和受害者之间难以取得一致的认识和采取协调一致的行动,大范围的污染也需要地区间、国际的大力合作,而国际合作往往受到整体利益等多方面的限制。

酸雨问题的一般解决方案如下。

(1) 人类应该充分地认识到酸雨问题的严重性和紧迫程度,这是全人类必须共同面对的严峻挑战。在人类自己铸成的"悬顶之剑"面前,人类社会必须达成共识,环境问题的解决,只有采取协调一致的行动,才能得以缓解。人们应该认识到,彼此虽然没有共同的国度,却共有一个地球;虽然没有共同的现在,但都面临共同的未来。

(2) 发展环境外交和国际合作。实际上,近二十多年中,保护和改善全球环境已经引起世界各国的普遍关注。酸雨问题是全人类面临的共同挑战,它是没有国界的。正是由于酸雨的环境污染可以跨越国家疆界,所以必须依靠国际社会真诚的通力合作,磋商对策,协调行动。酸雨问题的解决还需要大量的资金,发展中国家不可能有足够的资金和精力来解决本地的环境问题,发达国家由于长期的经济利己政策,对酸雨问题的恶化有着不可推卸的责任,因而有责任帮助发展中国家解决和治理酸雨的问题。针对酸雨问题,国际上已经提出一些解决方案,并达成了共识,取得了一定的效果。1969 年经济合作开发组织(OECD)首先提出酸雨问题,各国才开始作酸雨灾害的观察。1979 年联合国欧洲经济委员会签订了《长距离越境大气污染条约》,共有 9 个国家签署。1980 年在国际又缔结了《赫尔辛基条约》,有 18 个国家同意在 1993 年前硫化物排出量必须较 1980 年减少 30%。1985 年索菲亚协定签订,有 12 国宣布从 1989 年起 10 年间,各国应削减氮氧化物 30%。1988 年美国与加拿大也在缔结《越境大气污染同意书》,以共同合作防治酸雨。

(3) 从技术上控制酸雨。自从 20 世纪 70 年代以来,为控制酸雨发展,工业化国家已经采取了一系列措施,从减少能源消费的硫排放量出发,有四种基本的控制途径:能源转化、燃料代换、使用低硫燃料和燃烧前后的脱硫。

近 20 年来,工业化国家的酸性污染物排放控制主要依赖的技术是烟气脱硫脱硝,即烟气"洗涤"技术。在今后相当长一段时间内,洗涤式或湿式脱硫技术可能仍然是控制 SO_2 的主要技术。但是无论采取什么措施都不能同时解决 CO_2 的排放问题。目前,还没有什么技术能够减少燃烧化石燃料排放的 CO_2,唯一办法是少烧这类燃料。这除了开发新的化石燃料能源外,唯一的办法就是节能。因此,从环境和持续发展角度看,节能是一个长期的一举多得的战略措施,尤其是化石燃料被取代之前,节能可能是唯一有助于全面、综合地解决酸雨问题的措施。

(4) 法制管理控制酸雨。控制酸化需要加强管理,在行使管理时,最富成效的控制是需要必要的法规进行指令控制。20 世纪 70 年代以后,工业化国家大都建立了完善的反污染法规体系作为主要的管理措施。法规迫使工业企业开发控制技术,安装控制设备。

4. 温室效应加剧

地球有其自身的保护装置和防护手段。如果说臭氧层是地球的"保护伞"或"防晒霜",那么,CO_2 等温室气体就是地球的"防寒服"或"棉被"。通常,人们将育苗的玻璃房称为温室,因为玻璃可以让阳光能量较高的短波辐射(可见光、紫外线)顺利穿透,室内的物质受到辐射后,温度将升高。任何有一定温度的物质都将发出红外辐射(红外成像系统、狙击步枪的红外瞄准仪等就部分或全部地利用这一特点),而玻璃可以吸收红外辐射,导致室内温度升高。大气中的一些气体的作用和温室的玻璃相似,能强烈吸收地面长波辐射(红外线)从而加热大气,使大气升温的现象就叫温室效应。能产生温室效应的气体称为温室气体,包括 CO_2、CH_4、O_3、氟利昂(CFC)等,其中含量最大的是 CO_2。

据研究,如果地球没有温室气体的保温,其表面平均温度将稳定在 $-20\ ℃$ 左右,基本不适合地球现有生物的正常生长,而目前地球表面平均温度为 $15\ ℃$,这 $35\ ℃$ 的温差,就是温室气体的功劳了。可见,温室气体"防寒服"或"棉被"的称号并非言过其实。

然而,随着现代工业的快速发展,人类越来越多地从地球上获取大量的化石燃料作为能源,过多燃烧煤炭、石油和天然气,其燃烧过程中释放出大量的 CO_2。同时,森林被大范围破坏,对 CO_2 的吸收减弱,使大气中 CO_2 的浓度大幅度增加。据统计,仅 1995 年,全球 CO_2 排放量就达到 220 亿吨。此外,温室气体 CH_4 的排放量也在不断增多,而 CFC 则由于人类减少使用而有所缓解。据预测,以目前 CO_2 的排放速度,大气中 CO_2 浓度将会翻一番,届时地球的气温将增加 $2\sim4\ ℃$。温室效应的加剧,使地球开始由"暖和"变得"过热",其弊端逐渐显现,为人类的生产生活带来严重隐患。

温室效应加剧,地球温度升高,将引起地球冰川的融化,势必造成海平面上升。研究表明,欧洲阿尔卑斯山的冰川面积比 19 世纪中叶缩小了 1/3,体积减小了一半;非洲最高山乞力马扎罗山的冰川,从 1912 年至今,其山顶的冰冠缩小了 80%。专家调查分析表明,过去几十年,北极冰川和冻土在融化,南极在过去十几年里也有部分冰架坍塌,冰川活动显著加速,冰层也随之变薄。仅 2006 年夏季,欧洲北部至北冰洋区域大约 5%~10% 的永冻冰开始松动融化。同时,近百年来地球表面平均气温上升了 $0.6\ ℃$,而海平面大约上升了 $10\sim15\ cm$。如果温室气体排放按目前速度增长,海平面将平均每 10 年上升 6 cm,2030 年将上升 20 cm,2100 年将上升 66 cm。沿海国家或者岛国的淡水源、陆地面积、海洋养殖、湿地等必将受到严重影响,海洋生态发生变化,居民的生活甚至生存都将面临严峻形势。同时,温室效应加剧,大气温度升高,也将引起气候带的移动,对生物多样性而言,也将是一个重要的影响。

为了控制温室气体的排放量,抑制全球变暖趋势,各国政府及一些世界组织都在不断地采取措施,并制定了一系列世界规则:1985 年,世界气象组织和联合国环境规划署在奥地利召开全球学者和政府官员大会,向全世界呼吁认真对待气候变暖,由此引发了一系列国际性的政策措施的制定;1992 年在巴西召开的联合国环境与发展大会上,166 个国家联合签署了《气候变化框架公约》;1997 年 12 月,150 多个联合国气候变化公约签字国又在日本京都召开了气候会议,最后签署了《京都议定书》,对工业化国家的温室气体排放量规定了削减指标;2007 年,联合国环境规划署将该年世界环境日的主题确定为"冰川消融,后果堪忧"。为此,各国政府都在积极采取措施,如开发水能、太阳能、核能等新型能源,并积极调整能源结构、提高能源利用率、大量植树造林等,为抑制全球变暖作出应有的贡献。

5.4 土壤污染及防治

土壤是人类环境的主要构成因素之一,处于陆地生态系统中的无机界和生物界的中心。土壤系统不仅在内部进行着能量和物质的循环,而且与水域、大气和生物之间也不断进行物质交换。可以说,土壤是人类社会和文明发展的温床。如果土壤遭到大规模的严重破坏,人类将面临巨大的灾难。然而,如今土壤污染已成为世界性问题,受到世界各国的高度重视,并把每年的4月22日定为"地球日"。

所谓土壤污染,是指由于人为输入土壤的各种污染物影响了土壤的正常功能,降低了农作物的产量和生物学质量,影响了人类健康。例如,蛔虫病和钩虫病等寄生虫病能够通过土壤传播,人们生吃被污染的蔬菜、瓜果就容易被感染;又如,伤寒、痢疾、病毒性肝炎等传染病也容易通过土壤进行传播,病原体随病人粪便或洗涤病人衣物、器皿的污水进入土壤,被雨水带入地面水或地下水中,这可能引起疾病的流行。

我国是耕地资源极其匮乏的国家,其数量正不断减少。但是,我国的土壤污染问题也比较严重。据初步统计,全国目前至少有1 300万~1 600万公顷的耕地受到农药污染;每年因土壤污染减产粮食1 000多万吨,因土壤污染而造成的各种农业经济损失合计约200亿元。专家指出,不断恶化的土壤污染形势已经成为影响我国农业可持续发展的重大障碍,将对我国经济的高速发展提出严峻挑战。因此,采取有效措施防治土壤污染对于合理利用土地、保护人民身体健康、提高人民生活质量具有极其重要的意义。

作为与环境息息相关的学科,环境化学理所当然地要将土壤列入研究范围之类,并由此衍生出了一门新的专业学科——土壤环境化学。土壤环境化学是研究土壤环境的形成、组成和性质,污染物在土壤-植物系统中的迁移、转化、降解与归趋的一门学科,是环境学和土壤学的重要分支学科。

5.4.1 土壤的组成、结构

土壤的组成分为固体、液体、气体三相。其固体部分中包含有土壤矿物质等无机体,也有土壤有机质、土壤生物等有机体;其液体部分主要指土壤中的水分和溶液;气体指土壤孔隙中的空气,也叫土壤空气。液体部分和气体部分组成了土壤的孔隙部分。孔隙部分的存在,让土壤具有疏松的结构,以适合植物的生长和土壤生物的生存。从体积上说,土壤的固体部分与孔隙部分约各占一半。

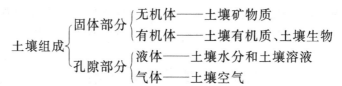

土壤矿物质在体积上约占整个土壤组成的38%,在质量上则占整个固体部分的95%以上。土壤矿物质主要是由无数年来岩石风化而成,其中一部分在风化过程中保留了原始的化学组成,叫原生矿物质;另一部分则在风化过程中改变了其化学组成,从而形成了新的物质,叫次生矿物质。

土壤有机质在土壤中含量很小(质量小于整个固体部分的5%),但它是土壤不可缺少的组成部分。土壤有机质包括土壤中各种动物和植物残骸、微生物和其他有机物质,具体可以分为碳水化合物、含氮化合物和腐殖质三大类。其中腐殖质元素组成多样,对植物成长而言,营养丰富。

土壤生物指土壤中的生物种群,包括动物和微生物。它们的存在对土壤有机物质的降解、土壤物质和能量的循环、土壤污染物的转化和迁移、食物链系统平衡的维持等具有重要的影响。

土壤水分主要来源于降水、灌溉和地下水,对土壤的物理、化学和生物性质及土壤功能的影响极其关键。因为土壤中的各种营养成分必须溶解于水形成土壤溶液,才能自如地在土壤中转化迁移。

土壤空气存在于土壤空隙中,其组成与大气基本一致。但与大气相比,土壤空气中的氧含量相对较少,二氧化碳含量相对较多。

5.4.2 土壤的性质

1. 土壤的物理性质

土壤能表现出一定的胶体的物理特性,如带有电荷(通常为负电荷),并且各胶体微粒间由于带同种电荷相互排斥而使土壤具有分散性。当外界由于灌溉等原因加入电解质(可在水中电离成带电的离子)时,胶体微粒间的电荷排斥力消失,溶胶变凝胶,从而使土壤具有凝聚性。同时,由于土壤微粒带负电性而使其具有一定的吸附土壤中带电阳离子的能力。阳离子的电荷越多、离子半径越小,就与土壤胶粒吸附越紧密,并且能将其他相对吸附不紧密的离子置换下来,这个过程叫离子交换吸附。例如,钙离子(Ca^{2+})能将吸附在土壤胶粒上的钠离子(Na^+)交换下来。

2. 土壤的化学性质

1) 土壤的酸碱性

土壤中CO_2溶于水形成的碳酸,矿物质氧化产生的无机酸,有机物质分解产生的有机酸以及人为施用的无机肥料中残留的无机酸,均能在土壤溶液中电离出H^+,使土壤显酸性,H^+浓度越大,酸性就越强。另一方面,由于土壤胶粒的吸附作用,土壤微粒表面往往吸附部分 H^+,这些 H^+ 需要被其他离子交换下来才能对土壤的酸度作出贡献。同时,在被吸附的离子中有一定含量的 Al^{3+},它在被其他离子交换下来的时候,容易在土壤溶液中发生水解,生成 H^+,从而使土壤表现出酸性。反之,当土壤溶液中存在较大量的弱酸强碱盐类(如 Na_2CO_3 和 $NaHCO_3$)时,溶液会因为这类盐水解所生成 OH^-,并使 OH^- 浓度高于 H^+ 而显碱性。在通常情况下,Na_2CO_3 可使土壤呈较强的碱性,pH 值高达 10 以上;$NaHCO_3$ 则使土壤呈较弱的碱性,pH 值常为 7.5~8.5。碱性的土壤往往不利于农作物的生长。

2) 土壤的氧化还原性

土壤中往往含有一些能发生氧化还原反应的物质,这些物质的氧化态和还原态在溶液中形成一系列的平衡体系,从而使土壤既具有氧化性,又具有还原性。比如,Fe^{3+}-Fe^{2+} 体系、SO_4^{2-}-H_2S 体系、NO_3^--NH_4^+ 体系等。这些体系的存在,对土壤的氧化性、还原性有极大的影响,进而影响到土壤中各种物质的转化和迁移。

3) 土壤的缓冲性

土壤缓冲性是指酸、碱、盐类等外界物质进入土壤后,在一定限度内,土壤酸度、氧化还原等性质的变化能稳定地保持在一定范围内。土壤缓冲性是土壤的重要性质之一,为植物生长和土壤生物的活动创造比较稳定的生活环境。

3. 土壤的生物性质

土壤生物是土壤的重要组成部分,如细菌、真菌、藻类、动物甚至病毒等。从某种意义上说,土壤生物的群落分布反映出该地区土壤的质量(肥力)。土壤生物的存在,不仅可以分解土壤有机质和促进腐殖质形成,而且可以影响土壤有机碳、有机氮不断分解进而影响土壤气体的组成;不仅可以通过吸收、固定并释放养分,改善和调节植物营养状况,而且可以与植物共生促进植物生长;同时,土壤生物在土壤的自净功能中也表现突出,在有机物污染和重金属污染治理中起重要作用。

5.4.3 土壤污染及防治措施

1. 土壤污染物的分类及来源

土壤污染物主要来自于工业生产、农业生产及生活污水的排放等,所以有人把污染按来源分为生活性污染和生产性污染。通常情况下,根据污染物性质不同,可把土壤污染物分为如下四类。

(1) 化学污染物。包括汞、镉、铅、砷等重金属,过量的氮、磷植物营养元素,氧化物和硫化物等无机污染物;各种化学农药、石油及其裂解产物以及其他各类有机合成产物等有机污染物。

(2) 物理污染物。包括来自工厂、矿山的固体废弃物如尾矿、废石、粉煤灰和工业垃圾等。

(3) 生物污染物。指带有各种病菌的城市垃圾和由卫生设施(包括医院)排出的废水、废物以及厩肥等。

(4) 放射性污染物。主要存在于核原料开采和核爆炸地区,以锶和铯等在土壤中生存期较长的放射性元素为主。

也有人把污染物分为病原体、有毒物质和放射性物质三类。

2. 土壤污染的特征

与水体污染、大气污染不同,土壤污染一般无法通过人类感观系统直接感知。通常,都是发现对人畜产生危害后,通过现代分析手段对土壤样品进行分析检测才能判定,所以土壤污染不太容易被发现,具有隐蔽性。由于土壤不像水体和大气一样具有较强的流动性,所以土壤中的污染物还具有累积性和区域性,同时还导致土壤污染的难治理性。

3. 土壤污染物在土壤环境中的转化和迁移

进入土壤的污染物,因其类型和性质的不同而主要有固定、挥发、降解、流散和淋溶等不同去向。

(1) 重金属离子的转化和迁移。重金属一般是指相对密度等于或大于 5.0 的金属,引起土壤污染的重金属主要包括汞、镉、铅、铬以及类金属砷等生物毒性显著的元素,以及具有一定毒性的一般重金属,如锌、铜、镍、钴、锡等。重金属不易随水淋失,不能被土壤微生物分解。更令人担忧的是,重金属可以在生物体内富集,甚至在土壤中转化为毒性更大的物质。重金属可以通过和胶体的结合、溶解和沉淀作用等多种途径被包含于矿物颗粒内或被吸附于土壤胶体表面上,从而在土壤中积累,大部分将被固定在土壤中而难以排除。虽然一些化学反应能缓和其毒害作用,但仍是对土壤环境的潜在威胁。重金属的某些形态的离子可以由植物根系从土壤中吸收并在植物体内积累起来,从而转化为对作物的污染。人们也可以通过这种方式对土壤重金属污染进行净化,但如果这种受污染的植物残体再进入土壤,会使土壤表层进一步富集重金属。

(2) 化学农药的转化和迁移。化学农药进入土壤后,将通过气态挥发、扩散进入大气并污染大气,或随土壤中水分的流动而污染水源,或发生化学降解、光化学降解和生物降解等过程而最终从土壤中消失。例如,大部分除草剂均能发生光化学降解;一部分农药(特别是有机磷和氨基甲酸酯类农药)能在土壤中产生化学降解;目前使用的农药多为有机化合物,故也可产生生物降解,即土壤微生物通过氧化还原作用(如甲拌磷、氟乐灵)、脱卤作用(如 DDT)、水解作用(如有机磷酸酯类、氨基甲酸酯类)、脱烷基作用(如烷基胺三氯苯)、环破裂作用(如西维因)、芳环羧基化作用或异构化作用等,破坏农药的化学结构,而使农药降解。

4. 土壤污染的防治措施

(1) 加强土壤污染的调查和监测工作。在我国,党中央、国务院高度重视土壤污染的防治工作。2003 年 12 月,时任国务院副总理曾培炎曾批示,要求"环保总局会同国土资源部就我国部分地区土壤地球化学状况恶化,查清异常原因,并提出综合治理的意见";2005年,中共中央总书记胡锦涛在中央人口资源环境工作座谈会上提出"要把防治土壤污染提上重要议程";在第六次全国环境保护大会上,国务院总理温家宝明确要求"积极开展土壤污染防治";《国民经济和社会发展第十一个五年规划纲要》明确提出"开展全国土壤污染现状调查,综合治理土壤污染";《国务院关于落实科学发展观加强环境保护的决定》指出,要"以防治土壤污染为重点,加强农村环境保护"。为此,环保总局和国土资源部共同编制了《全国土壤现状调查及污染防治专项总体实施方案》,并依据方案紧锣密鼓展开土地污染调查工作。

(2) 重视土壤污染治理实用技术的开发,加强对垃圾和生活污水进行无害化处理;加强对工业废水、废气、废渣的治理和综合利用;积极开发高效、低毒、低残留的农药等。

(3) 加强宣传、监督和管理工作的力度,同时加强宣传工作,提高公众的土壤环境保护意识。

5.5 环境保护与可持续发展

5.5.1 可持续发展的概念及其提出

1972年6月联合国人类环境会议第一届会议,是人类环境保护史上的第一座里程碑。自此次会议以来,人类开始在全球范围内发起各国政府重视环境问题的倡议。1987年世界环境与发展委员会在《我们共同的未来》报告中第一次阐述了可持续发展(sustainable development)的概念,得到了国际社会的广泛共识。所谓可持续发展,我国研究可持续发展理论的专家叶文虎先生定义为:"可持续发展是这样一种发展,它满足当代人的需求,又不对后代人满足需求的能力构成危害;它满足一个地区或一个国家人群的需求,又不对别的地区或别的国家人群满足需求的能力构成危害。"也就是说,在一定的区域甚至全球范围内,经济、社会、资源和环境保护要协调发展,既要达到发展经济、满足人类不断增长的物质需求的目的,又要保护好人类赖以生存的自然资源和环境,使子孙后代也能够长期发展。1988年7月9—10日,世界环境发展委员会及联合国环境规划署等国际组织首脑在挪威首都奥斯陆召开了"可持续发展会议"。1992年6月,在巴西首都里约热内卢召开了联合国环境与发展大会,178个联合国成员国派出了高级政府代表团,此次会议被认为是人类环境保护史上的第二座里程碑。我国于2003年制定了《中国21世纪初可持续发展行动纲要》,提出了可持续发展的指导思想、目标与原则,规定了可持续发展的重点领域,提出了实现可持续发展目标的保障措施,是进一步推进我国可持续发展的重要政策性文件。

5.5.2 可持续发展的含义及举措

人类在改造自然的漫长历史中,逐渐地形成了一种惯性的发展思想,就是充分利用大自然的资源,为人类创造尽可能多的物质财富。这种发展思想可以称为传统发展思想,它对人类多种辉煌文明的出现和发展作出了杰出的贡献,将人类历史文明大大地向前推进了一步。在几千年的历史长河中,这种发展思想曾经是人类的唯一选择,具有不可替代的作用。但时至今日,传统发展思想指导下的发展模式已经与人类社会和文明的发展产生了尖锐的矛盾。这种发展模式只是从自然界索取,并且同时把自然界当成了天然垃圾场,严重破坏了人类赖以生存的环境。这种矛盾在20世纪后半叶终于毫无遮掩地摆在人类面前,形成了人与自然关系的总体性危机。从某种意义上说,这是一种掠夺性发展模式,也遭到了自然界一次更甚一次的报复。

与之相对的就是可持续发展思想,它是对传统发展思想进行深刻反思后的一个彻底的否定。今天,人类必须重新调整各项发展思想和政策,认真探讨并建立资源与人口、环境与发展的科学合理的比例,努力建设人与自然和谐共处的美好未来。《我们共同的未来》报告中写道:"我们需要一个新的发展途径,一个能持续人类进步的途径,我们寻求的不仅仅是在几个地方、在几年内的发展,而是在整个地球遥远将来的持续发展。"1992年的联合国环境与发展大会以来,世界各国政府纷纷大力推进可持续发展的进程,使可持续发展成了时代的最强音。这是人类文明前进步伐的历史性转折,是人类开拓现代文明的一个新的起点。

作为一个负责任的大国,中国政府严正向世界表明,将坚定不移地走可持续发展道路,并随之制定了一系列保护环境的法律、法规和政策措施,开展了积极有效的环境保护与生态建设。1994年,我国第一个国家级"21世纪议程"——《中国21世纪议程》颁布,明确指出"作为国际社会中的一员和世界上人口最多的国家,中国深知自己在全球可持续发展和环境保护中的重要责任。因此,中国政府将继续以强烈的历史责任感,高度重视自然资源和环境保护工作,以积极、认真、负责的态度参与保护地球生态环境,追求全人类可持续发展的各种国际努力"。1996年,科教兴国和可持续发展被正式提出作为国家发展的基本战略。"九五"期间,"跨世纪绿色工程规划"污染防治工程顺利启动。同时,天然林保护工程、退耕还林工程、退耕还草工程等生态保护措施也得以大力推进。中国共产党十七大报告把建设生态文明,基本形成节约能源、资源和保护生态环境的产业结构、增长方式、消费模式提到了发展战略的高度,要求到2020年全面建设小康社会目标实现之时,"主要污染物排放得到有效控制,生态环境质量明显改善,生态文明观念在全社会牢固树立",使中国成为生态环境良好的国家。这是中共中央首次把建设"生态文明"写入党代会报告中。报告把环境保护摆上了重要的战略位置,在分析前进中面临的困难和问题时,要将"经济增长的资源环境代价过大"作为首要问题;强调要"坚持生产发展、生活富裕、生态良好的文明发展道路,建设资源节约型、环境友好型社会";要"在优化结构、提高效益、降低消耗、保护环境的基础上,实现人均国民生产总值到2020年比2000年翻两番";"要完善有利于节约资源和保护生态环境的法律和政策,加快形成可持续发展体制机制。落实节能减排工作责任制"。报告还对发展环保产业、加大节能环保投入以及建立健全资源有偿使用制度和生态环境补偿机制等工作提出了具体要求,并呼吁国际社会"环保上相互帮助、协力推进,共同呵护人类赖以生存的地球家园"。党的十七大会议还决定将"建设资源节约型、环境友好型社会"写入《中国共产党章程(修正案)》。

这一切都充分表明中国政府走可持续发展道路的信心和决心,中国环保事业必将走向新的历史时期。中国政府的这种负责任的态度和举措,得到世界各国人民的高度赞扬,必将为整个人类文明的健康发展作出卓越的贡献。

科学背景

美国洛杉矶光化学烟雾事件

洛杉矶位于美国西南海岸,西面临海,三面环山,是个阳光明媚、气候温暖、风景宜人的地方。早期金矿、石油和运河的开发,加之得天独厚的地理位置,使它很快成为一个商业、旅游业都很发达的港口城市。洛杉矶市很快就变得空前繁荣,著名的电影业中心——好莱坞和美国第一个"迪斯尼乐园"都建在了这里。城市的繁荣又使洛杉矶人口剧增。白天,纵横交错的城市高速公路上拥挤着数百万辆汽车,整个城市仿佛一个庞大的蚁穴。

然而好景不长。从20世纪40年代初开始,人们就发现这座城市一改以往的温柔,变得"疯狂"起来。每年从夏季至早秋,只要是晴朗的日子,城市上空就会出现一种弥漫天空的浅蓝色烟雾,使整座城市上空变得混浊不清。这种烟雾使人眼睛发红,咽喉疼痛,呼吸憋闷,头昏、头痛。1943年以后,烟雾更加肆虐,以致远离城市100千米以外,海拔2 000米高山上的大片松林也因此枯死,柑橘减产。仅1950—1951年,美国因大气污染造成的损失就达15亿美元。1955年,因呼吸系统衰竭死亡的65岁以上的老人达400多人;1970年,约有75%以上的市民患上了红眼病。这就是最早出现的新型大气污染事件——光化学烟雾污染事件。

洛杉矶在20世纪40年代就拥有250万辆汽车,每天大约消耗1 100吨汽油,排出1 000多吨碳氢化合物,300多吨氮氧化物,700多吨一氧化碳。另外,还有炼油厂、供油站等其他石油燃烧排放,这些化合物被排放到洛杉矶上空。

光化学烟雾是由于汽车尾气和工业废气排放造成的,一般发生在湿度低、气温在24~32 ℃的夏季晴天的中午或午后。汽车尾气中的烯烃类碳氢化合物和二氧化氮被排放到大气中后,在强烈的阳光紫外线照射下,会吸收太阳光所具有的能量。这些物质的分子在吸收了太阳光的能量后,会变得不稳定起来,原有的化学键遭到破坏,形成新的物质。这种化学反应被称为光化学反应,其产物为剧毒的光化学烟雾。

光化学烟雾可以说是工业发达、汽车拥挤的大城市的一个隐患。20世纪50年代以来,世界上很多城市都不断发生过光化学烟雾事件。光化学烟雾的形成机理十分复杂,其主要污染物来自汽车尾气。因此,目前人们主要在改善城市交通结构、改进汽车燃料、安装汽车排气系统催化装置等方面做着积极的努力,以防患于未然。

思 考 题

1. 何谓环境、环境系统及环境污染?
2. 水体污染的分类有哪些?如何治理?目前进展如何?
3. 大气污染的分类有哪些?如何治理?目前进展如何?
4. 土壤污染的分类有哪些?如何治理?目前进展如何?
5. 调查并论述环境保护与可持续发展的关系。

第6章 今日绿色化学

化学工业为人类发展作出了重要贡献,同时产生的污染也危及人类生存。在21世纪里,绿色化学将大有可为。绿色化学是利用化学原理从根本上减少或消除化学工业对环境的污染的一种创造性思想。绿色化学从源头上避免和消除对生态环境有毒有害的原料、催化剂、溶剂和试剂的使用和产物、副产物的产生,这与可持续发展的基本要求是相符合的。绿色化学是可持续发展思想在化学领域的实现,传统化学中那些破坏环境的反应将逐渐被绿色化学的环境友好化学反应所代替。

6.1 绿色化学的兴起和原则

6.1.1 绿色化学的兴起

随着工业的发展,人类在利用科学技术创造了巨大的物质财富、基本需要得到满足的同时,也使人类自身赖以生存与发展的生态环境遭到严重破坏,能源和资源短缺日益困扰着人们。1972年联合国在瑞典斯德哥尔摩召开人类环境会议,通过了《人类环境宣言》,郑重声明,现在已达到历史上这样一个时刻:我们在决定采取行动的时候,必须更加审慎地考虑它们对环境产生的后果。该会议成为人类环境保护工作的历史转折点。

在经历了几十年的环境污染末端治理后,一些发达国家重新审视了他们的环境保护历程,发现虽然他们在大气污染控制、水污染控制以及固体和有害废物处置方面均取得了显著进展,但仍有许多环境问题,如全球气候变暖和臭氧层破坏、重金属和农药污染物在环境介质间转移等。我国近年"三废"治理费用为GNP的0.7%,已使大部分城市感到不堪重负,但环境质量总体仍趋恶化。人们逐渐认识到,仅仅依靠开发污染控制技术,实行末端治理已经不能有效地治理工业污染。因此,一种着眼于从源头上消除污染的被称为环境无害化学或环境友好化学的绿色化学应运而生。

1990年,美国颁布了《污染预防法》,从法律上确认了污染首先应削减或消除在其产生之前,从而推动了绿色化学在美国的迅速兴起与发展。1995年,美国政府设立了"总统绿色化学挑战奖",奖励在利用化学原理从根本上减少化学污染方面的成就,所设奖项包括:①变更合成路线奖;②改变溶剂、反应条件奖;③设计更安全化学品奖;④小企业奖;⑤学术奖。1997年,美国化学会成立了"绿色化学研究所"。之后,欧洲、拉美地区纷纷制定了绿色化学和技术的科研计划。日本制定了以环境无害制造技术等绿色化学为内容的"新阳光计划"。1995 年,中国科学院化学部确定了《绿色化学与技术——推进化工生产可持续发展的途径》的院士咨询课题;1997 年,香山科学会议以"可持续发展问题对科学的挑战——绿色化学"为主题召开了第 72 届学术讨论会;1998 年,在合肥举办了第一届国际绿色化学高级研讨会;1999 年,在成都举办了第二届国际绿色化学高级研讨会。这些活动的举办进一步推动了我国绿色化学研究的发展。可以说,绿色化学与技术已经成为世界各国政府关注的最重要的问题与任务之一。

6.1.2 什么是绿色化学

绿色化学是一种创造性思想,其基本观点是研究新反应体系包括寻求新的反应原料,探索新的反应条件与合成路线,设计绿色产品。这就要求化学家与科研工作者要应用当代最新科学技术成就如物理、化学、生物学方面的技术与手段,以实现化学与生态协调发展为目标,研究环境友好的新反应、新过程、新产品。

绿色化学与其说是一门新学科,不如说是化学学科发展的新价值观。绿色化学从源头上避免和消除对生态环境有毒有害的原料、催化剂、溶剂和试剂的使用和产物、副产物的产生,这与可持续发展的基本要求即资源的永续利用和环境容量的持续承载能力是相符合的,是可持续发展思想在化学领域的实现,是传统化学与技术的全面"绿化"。

绿色化学的核心内容是原子经济性(atom economy)。原子经济性这一概念最早是 1991 年美国 Stanford 大学的著名有机化学家 M. M. Trost 教授提出的(为此他获得了 1998 年度的"总统绿色化学挑战奖"的学术奖),即原料分子中究竟有百分之几的原子转化成了产物。理想的原子经济反应是原料分子中的原子百分之百地转变成产物,不产生副产物或废物,实现废物的"零排放"。他用原子利用率衡量反应的原子经济性,认为高效的有机合成应最大限度地利用原料分子的每一个原子,使之结合到目标分子中(如完全的合成反应:A+B $=\!=$ C)。

对于一般的有机合成反应
$$A+B =\!= C(主产物)+D(副产物)$$
反应副产物 D 往往是废物,并且可能成为环境的污染源。

传统的有机合成反应以产率来衡量反应的效率,有些反应尽管产率高但原子利用率很低,这和绿色化学的原子经济性有本质区别。原子经济性反应有两个显著优点,一是最大限度地利用了原料,二是最大限度地减少了废物的排放。原子利用率的表达式是

$$原子利用率 = \frac{期望产品的摩尔质量}{化学方程式按计量所得物质的摩尔质量} \times 100\%$$

各国环境标志制度和环境管理标准的相继问世、1996 年 6 月美国首届"总统绿色化学挑战奖"的颁发和 1999 年世界第一本以《Green Chemistry》为名的杂志的诞生这三个事件标志着绿色化学的诞生。从化学的四维定义,即 21 世纪化学学科研究的目的来看,它在原来"认识世界,改造世界"的基础上又增加了"保护世界"这一重要思想,从而使绿色化学和绿色技术成为当前化学学科重要的研究和开发领域。

绿色化学不同于环境化学。环境化学是一门研究污染物的分布、存在形式、运行、迁移及其对环境影响的科学。绿色化学的最大特点在于它是在开始就采取预防污染的科学手段,因而过程和终端均为零排放。它研究污染的根源——污染的本质在哪里,而不是对终端或过程污染进行控制和处理。绿色化学主张在通过化学转换获取新物质的过程中充分利用每个原子,具有原子经济性。因此,它既能够充分利用资源,又能够防止污染。

今后绿色化学的主要发展趋势是探索利用化学反应的选择性(包括位置选择性、化学选择性和立体选择性),这不仅与合成产品的效率有关,而且可能影响产品的生态效应和对环境的友好程度;发展和应用对人和环境无毒、无危险性的试剂和溶剂,特别是开发以水或超临界流体为反应介质的化学反应;大力开发新型环境友好催化剂;开发新型分离技术。

6.1.3 绿色化学的原则

过去,人们多着眼于开发新材料、新产品、新工艺,注重的是新材料的性质、新产品的功能、新工艺的效率,追求的是产品的产量、质量以及寿命,同时也考虑产品成本,以获取更大的利润,而工业产品本身及工业生产过程对环境的破坏和危害却长期被忽略。因此造成了资源的大量消耗浪费,污染物的大量排放,甚至还使用或产生了很多有毒、有害物质,对人类危害深重。

绿色化学是近十几年才产生和发展起来的,它涉及化学的有机合成、催化、生物化学、分析化学等学科,内容广泛。P. T. Anastas 和 J. C. Warner 于 1998 年提出了绿色化学的 12 项原则,这些原则可作为评估一条合成路线、一个生产过程、一个化合物是不是绿色的标准。这 12 条原则目前为国际化学界所公认,它反映了近年来在绿色化学领域中所开展的多方面的研究工作内容,同时也指明了未来发展绿色化学的方向。绿色化学实质上就是设计没有或只有尽可能小的对环境产生负面影响的,并在技术上、经济上可行的化学品和化学过程的科学。12 条原则具体如下。

(1) 防止污染优于污染治理——最好是防止废物的产生而不是产生后再来处理。

(2) 提高原子经济性——合成方法应设计成能将所有的起始物质嵌并入最终产物中。

(3) 无害化学合成——反应中使用和生成的物质应对人类健康和环境无毒或毒性很小。

(4) 设计安全化学品——设计的化学产品应在保持原有功效的同时,尽量使其无毒或毒性很小。

(5) 采用安全的溶剂和助剂——应尽量不使用辅助性物质(如溶剂、分离试剂等),如果一定要用,也应使用无毒物质。

(6) 提高能源经济性——能量消耗越小越好,应能为环境和经济方面的考虑所接受。

(7) 利用可再生资源合成化学品——只要技术上和经济上可行,使用的原材料应是能再生的。

(8) 减少衍生物——应尽量避免不必要的衍生过程(如基团的保护与去保护,物理与化学过程的临时性修改等)。

(9) 尽量使用选择性高的催化剂,而不是靠提高反应物的配料比。

(10) 设计可降解化学品——设计化学产品时,应考虑当该物质完成自己的功能后,不再滞留于环境中,而可降解为无毒的产物。

(11) 预防污染的现场实时分析——分析方法需要进一步研究开发,使能做到实时、现场监控,以防有害物质的形成。

(12) 防止生产事故的安全工艺——化学过程中使用的物质或物质的形态,应考虑尽量减小实验事故的潜在危险,如气体释放、爆炸和着火等。

要实行这 12 条原则,化学家必须发展新的合成方法,使用其他合适的替代材料,找出具备更高选择性及节省能源的反应条件及溶剂,以及使用毒性较低的安全化学品。

绿色化学使用化学品的原则如下。

(1) 减量(reduction)　减量是从"省资源、少污染"角度提出的。①减少用量。要在保持产量的情况下减少用量,有效途径之一是提高转化率、减少损失率。②减少"三废"排放量。主要是减少废气、废水及废弃物(副产物)排放量,必须达到或低于排放标准。

(2) 重复使用(reuse)　重复使用这是降低成本和减废的需要。诸如化学工业过程中的催化剂、载体等,从一开始就应考虑能重复使用的设计。

(3) 回收(recycling)　主要包括回收未反应的原料、副产物、助溶剂、催化剂、稳定剂等非反应试剂。

(4) 再生(regeneration)　再生是变废为宝,节省资源、能源,减少污染的有效途径。它要求化工产品生产在工艺设计中应考虑到有关原材料的再生利用。

(5) 拒用(rejection)　拒绝使用是杜绝污染的最根本办法。它是指对一些无法替代,又无法回收、再生和重复使用的毒副作用、污染作用明显的原料,拒绝在化学过程中使用。

上述 5 条原则简称为 5R 原则,它的核心是预防污染。

事实上,没有一种化学物质是完全良性的,因此,化学品及其生产过程或多或少会对人类产生负面影响,绿色化学的目的是用化学方法在化学过程中预防污染。绿色化学的发展可以将传统的化学研究和化工生产从"粗放型"转变为"集约型",充分地利用每个原料的原子,做到物尽其用。

针对一般仅用经济性来衡量工艺是否可行的传统做法,M. M. Trost 教授明确指出应用原子经济性这一种新的标准来评估化学工艺过程,即原料分子中究竟有多大比例的原子转化成了产物。用选择性和原子经济性两个概念,这一新的标准来评估化学工艺过程,既要求尽可能地节约那些一般是不可再生的原料资源,又要求最大限度地减少废物排放。

6.1.4 绿色化学与传统化学的区别

绿色化学是全新的概念,是化学学科发展的新价值观。它从源头上避免和消除对生态环境有毒和有害的原料、催化剂、溶剂及试剂的使用,以及产物、副产物的产生,这与可持续发展的基本要求,即资源的永续利用和环境容量的持续承载能力是相符的。绿色化学是可持续发展思想在化学领域的实现。

传统化学的化学反应体系把环境视为无尽的源和无底的汇,正是由于此,引起了资源短缺和污染严重的生态危机。传统化学与环境系统的物流关系如图 6-1 所示。

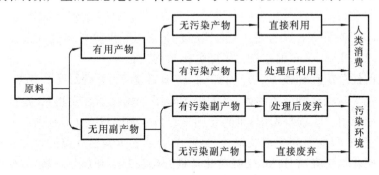

图 6-1 传统化学与环境系统的物流关系

传统化学的反应体系多数是线性的非循环结构,其系统的生命期各阶段排放物绝大部分不再进行循环,直接或间接地排入环境,致使环境系统的无序度增大,环境的熵增加。化学反应体系的产物都是从环境资源中提取转换而成,这是一个从无序到有序的过程,但以牺牲环境的更大无序为代价,而产物的线性生产过程越长,进入环境的废物就越多,环境的熵增加就越大。

绿色化学是传统化学与技术的全面"绿化",传统化学中那些破坏环境的反应将逐渐被绿色化学的环境友好化学反应所代替。绿色化学有三个特点：①从科学观点认识，绿色化学是对传统化学思维方式的更新和发展；②从环境观点认识，它是从源头上消除污染；③从经济观点认识，它合理利用资源和能源，降低生产成本，符合经济可持续发展的要求。

绿色化学的目的就是要把现有化学和化工生产的技术路线从"先污染，后治理"改变为"从源头上根除污染"。

传统化学与技术对环境造成的污染与危害需要采用环境化学的方法及理论去解决，使已被污染的环境恢复到被污染前的状态，这是一种被动的治理；而绿色化学是从源头上阻止污染物的生成，是一种主动的预防。既然没有污染物的使用、生成和排放，也就没有环境被污染的问题。因此，只有通过绿色化学的途径，从科学研究出发，发展环境友好化学和化工技术，才能解决环境污染与经济可持续发展的矛盾，是解决环境污染的根本出路。

6.2　各国政府对绿色化学的奖励和政策

应运而生的绿色化学，已经成为整个化学界一颗耀眼的明珠，它是已进入成熟期的且使人类和环境协调发展更高层次的化学，是"粗放型"化学向"集约型"化学的转轨。绿色化学受到了世界各国高度的重视，已成为各国政府关注的重要问题和任务之一。在美国、欧洲和亚洲举行的有关绿色化学主题的会议逐年增加，反映了科学界以及公众对绿色化学日益增进的关注，绿色化学组织和绿色化学网络在美国、意大利、英国等国家的创立也表明绿色化学已是世界科技发展的热点。为了大力推广绿色化学，很多国家设立了绿色化学奖项。

美国前任总统克林顿于1995年3月16日设立了"总统绿色化学挑战奖"，创建了绿色化学专项奖励的里程碑，极大地推动了绿色化学在美国的发展。这在化学界和工业界引起了积极影响，世界各国纷纷仿效美国设立了众多绿色化学奖项。例如，澳大利亚和意大利分别在1999年宣布了绿色化学挑战奖的设立，分别为澳大利亚皇家化学研究所(RACI)绿色化学挑战奖和意大利保护环境大学化学联盟(INCA)奖励计划，德国汉堡的Haltermann公司设立了Haltermann革新奖，主要针对来自英国、德国、比利时、丹麦及瑞典的博士生的研究成果项目，一等奖奖金为12 500欧元。2000年英国也紧随其后设立了绿色化学奖。

6.2.1　美国"总统绿色化学挑战奖"

1995年3月16日，美国宣布设立"总统绿色化学挑战奖"，这是世界上首次由一个国家的政府出台的对绿色化学实行的奖励政策。从1996年开始，每年在华盛顿科学院对在绿色化学方面做出了重大贡献的化学家和企业颁奖。该奖项旨在推动社会各界合作,防止化学污染和进行工业生态学的研究,鼓励支持重大的创造性科学技术突破,从根本上减少乃至杜绝化学污染源,通过美国环保局与化学化工界的合作实现新的环境目标。美国环保局和美国国家科学基金会也设立专项基金,资助有重要实用前景的绿色化学课题。

"总统绿色化学挑战奖"强调:规定范围内的发明、创造,提出的技术和方法要能较容易地转移到工业中去,适宜大规模地生产,能有效地解决现实中的环境问题。申请提名的绿色化学工艺要求在过去的5年内创造了里程碑的业绩,包括项目已经研究成功,投入生产使用或已申请专利等。此奖项面向所有个人、团体及各种赢利性或非赢利性的组织,如科研所、政府部门、工业界等。所有申请项目经由美国化学会遴选的各行业专家组成的评委会审评,审评结果在华盛顿公布并举行授奖仪式,向获奖项目的赞助单位授予水晶质奖牌,向获奖个人颁发奖状,不设奖金。

另外,还有两个在美国首先发起的绿色化学有关奖项,分别是 Hancock 绿色化学纪念奖学金以及 Joseph Breen 绿色化学领导奖和 Joseph Breen 纪念联谊会员奖。

(1) Hancock 绿色化学纪念奖学金

Hancock 博士是绿色化学和环境友好化学合成过程的最早倡导者之一,曾担任美国国家科学基金会化学部的负责人。1993 年秋天,他在东欧参加一次环境化学会议时意外地逝世。Hancock 博士在学术界、政府和工业部门的同事为缅怀他为绿色化学思想的传播和发展所作出的巨大贡献,于 1997 年创立了一年一度的 Hancock 绿色化学纪念奖学金。该奖在"总统绿色化学挑战奖"颁奖仪式上颁发,以鼓励那些在绿色化学学习或研究中取得突出成绩的大学生或研究生。奖学金由美国化学会提供赞助,由其下属的绿色化学研究所负责提名获奖候选人,最后的获奖者则由美国化学会环境化学部成员组成的一个评委会决定。

(2) Joseph Breen 绿色化学领导奖和 Joseph Breen 纪念联谊会员奖

Joseph Breen 是美国绿色化学研究所的首任负责人,他被认为是世界范围内绿色化学运动的领导人。Joseph Breen 绿色化学领导奖和 Joseph Breen 纪念联谊会员奖就是为表彰他为绿色化学发展所作出的杰出贡献而设立的。其中,Joseph Breen 绿色化学领导奖为绿色化学研究、教育等活动提供资金,以促进绿色化学尤其是绿色化学教育的发展。它鼓励的绿色化学活动包括:绿色化学教育书籍、音像制品和其他相关资料的开发和购买;绿色化学客座兼任教师的聘请;绿色化学会议的举办,专题论文集的出版;捐赠设备的运送、安装和相关人员的培训;大学生组织的绿色化学研究会和其他同绿色化学有关的活动等。可见,该奖的重点放在促进青年学生的绿色化学教育上,目的是培养未来的绿色化学家和领导人。

Joseph Breen 纪念联谊会员奖由美国绿色化学研究所和美国化学会于 2000 年共同设立,而 Joseph Breen 纪念基金由美国化学会通过其国际捐赠基金筹措。奖励基金主要用来鼓励至少一位年轻的国际青年学者参加绿色化学技术会议或培训项目,获奖者将自动成为 Joseph Breen 纪念联谊会会员。被资助者必须是对绿色化学研究和教育有浓厚兴趣的大学生、研究生或是职称为助理教授以下的青年教师。2003 年,该基金用来资助了一位年轻的国际绿色化学学者参加 2003 年 6 月 23—26 日在华盛顿举行的绿色化学和工程会议,包括交通费用和会议期间的生活费用。

表 6-1　历届"总统绿色化学挑战奖"获奖项目

名称 年代	变更合成路线奖	变更溶剂、反应条件奖	设计更安全化学品奖	小企业奖	学术奖
1996 年	孟山都公司的氨基二乙酸钠合成新工艺	Dow 化学公司发明用纯二氧化碳为起泡剂生产聚苯乙烯泡沫塑料的方法	美国罗姆斯公司研制的 Sea-Nine™ 海洋生物防垢剂	Donla 公司热聚天冬氨酸聚合物的生产与应用	Holtzapple 教授开发了把废弃的生物质转化成动物饲料、化学品和燃料的技术
1997 年	BHC 公司的合成布洛芬的新工艺	Imation 公司的医学造影底片处理的"干视"技术,不产生废液	Albright&Wilson 公司研制的杀菌剂四羟基甲基硫酸磷	Legacy 公司发明的"冷臭氧"工艺	Desimone 教授发明的能用于超临界 CO_2 中的表面活性剂
1998 年	佛列克西斯公司研制的 4-氨基-二苯基胺合成新工艺	阿尔贡国立实验室利用玉米发酵生产乳酸乙酯的方法	罗姆-哈斯公司的选择性毛虫剂和选择性昆虫控制剂的发明及市场化	Pyrocool 公司开发的可生物降解的表面活性剂	M. M. Trost 教授提出的"原子经济性"概念
1999 年	Eli Lilly 实验室将生物酶催化剂用于制药工业	Nalco 公司开发的在水基分散体系中生产聚合物的方法	Dow 公司发明的新型天然杀虫剂产品 Spinosad	Biofine 公司将廉价废弃纤维素转化为乙酰丙酮及其衍生物	在绿色化学中用作氧化剂及漂白剂的过氧化氢的活化
2000 年	RCC 开发了合成一种抗病毒药物 Cytovene 的新工艺	Bayer 公司开发出二组分水基聚氨基甲酸酯涂料,并为市场设计了多种配方	Dow 公司发明了对环境友好的控制白蚁的杀虫剂	Revlon 发明的一种新颜料可通过紫外线照射使玻璃着色	翁启惠教授研究酶催化剂并研发出一种新型抗生素

续表

名称＼年代	变更合成路线奖	变更溶剂、反应条件奖	设计更安全化学品奖	小企业奖	学术奖
2001年	Bayer公司的与环境友好并可生物降解的螯合剂亚氨基双琥珀酸钠盐的合成	Novozymes公司的BioPreparation技术的开发：以酶处理棉织物的工艺	PPG公司在阳离子电涂工艺中以钇代替铅	Eden公司开发的Messenger®：一种激活作物防御病虫害的自我保护体系的技术	C. J. Li教授的设计一系列能在水和空气中，而不是在有机溶剂和惰性气体中进行的过渡金属催化的有机的反应
2002年	Pfizer公司在舍曲林（sertraline）工艺改革中的绿色化学	Cargill Dow公司的从可再生资源玉米谷物制备聚乳酸（PLA）工艺开发	Chemical Specialties公司开发的碱性季铜盐（ACQ），替代有毒的铬酸化的砷酸铜（CCA）作为木材防腐剂	SC Fluids公司开发的超临界CO_2流体清洗保护层技术	E. J. Beckman教授在CO_2中具有很高溶解能力的无氟材料的设计
2003年	Süd-Chemie公司设计的一种无废物排放的制备固体氧化物催化剂的工艺	DuPont公司设计的1,3-丙二醇（PDO）的微生物发酵制备方法	Shaw公司的EcoWorx^{TX}：开发以聚烯烃为主要组分的可再生使用的地毯片	AgraQuest公司的Serenade^R：一种环境友好的高效生物杀菌剂	R. A. Gross教授应用脂肪酶在温和条件下进行高选择性聚合反应
2004年	Bristol-Myers Squibb公司研究开发出紫杉醇抗癌药物	Buckman实验室开发出纸再生的酶技术	Engelhard公司开发的环境友好的Rightfit™偶氮颜料	Jeneil Biosurfactant公司开发的鼠李糖脂生物表面活性剂	C. A. Eckert和C. L. Liotta教授开发的环境友好、性质可调的溶剂，实现反应分离一体化

续表

名称＼年代	变更合成路线奖	变更溶剂、反应条件奖	设计更安全化学品奖	小企业奖	学术奖
2005年	① Merck公司开发的神经激肽-1拮抗剂（aprepitant）新工艺 ② ADM & Novozymers公司利用脂肪酶从植物油提取反式油脂制品	BASF公司开发出紫外光可固化的单组分低挥发性汽车修补底漆	ADM公司开发出一种非挥发性具有反应活性的聚结剂，降低乳胶漆中挥发性的有机物用量	Metabolix公司利用生物技术合成聚羟基脂肪酸酯（PHA）天然塑料	R. D. Rogers教授建立了一种用离子液体溶解和处理纤维素制备新型材料的平台
2006年	Merck公司开发了一条由标题 β-氨基酸制备Januvia™活性成分的新颖的绿色合成路线	Codexis公司采用先进的基因技术开发了一种酶法过程	SC Johnson & Son公司研发出了Greenlist™系统，该系统用来评估其产品中各成分对环境和人类健康的影响，并指导消费品配方的改进	Arkon咨询公司和NuPro技术公司开发了苯胺印刷工业中对环境安全的溶剂和循环利用方法	G. J. Suppes教授从天然甘油合成出生物基的丙二醇和多元醇的单体
2007年	K. C. Li教授与Columbia木业公司及Hercules集团公司开发了用大豆粉为原料制备黏合剂的代替品	Headwaters技术公司利用纳米技术开发出了一种新型催化剂，实现了直接由氢气和氧气合成过氧化氢	Cargill公司利用可再生的生物质资源为原料合成出了己内酯多元醇，用以替代石油基多元醇	Nova Sterilis公司发明了采用 CO_2 的灭菌新技术，利用超临界 CO_2 和一种过氧化物进行医疗灭菌的环境友好技术	M. J. Krische教授开发了一种全新的催化氢转移反应，用于碳碳键的形成

6.2.2 澳大利亚的绿色化学挑战奖

澳大利亚皇家化学研究所(RACI)(该研究所于1917年创办,拥有9 000名成员,1932年被授予皇家称号)于1999年设立绿色化学挑战奖。下设3个奖项:科研技术奖、小型企业奖及绿色化学教育奖。

该奖旨在推动绿色化学在澳洲的发展,奖励为防止环境污染而研制的各种易推广的化学革新及改进,表彰为绿色化学教育的推广做出重大贡献的单位和个人。其重点是:①更新合成路线,提倡使用生物催化、光化学过程,仿生合成及无毒原料等;②更新反应条件,以降低对人类健康和环境的危害,鼓励使用无毒或低毒的溶剂,提高反应选择性,减少废弃物的产生与排放;③设计更安全的化学产品。此奖项面向的范围及提名要求同美国的总统绿色化学挑战奖类似。

申请该奖的项目必须符合以下4条标准:①提名的项目要求体现以上3条重点中的至少1个;②提名的工艺必须对人类健康和环境的改善有一定贡献;③必须切实可行,易于广泛推广,适宜大规模应用;④应具有创新性和科学性。

1999年的得主是健康科学与工业有机研究所的Chris Strauss教授。Chris教授主要从事微波化学的研究,贡献突出。1988年Chris教授开始微波辅助有机合成的研究,那时可供参考资料极少,该领域几乎是一片空白,Chris教授认为只要研制出一台微波反应器让有机反应可控制安全地进行,微波工艺将会是开发洁净化学过程极具价值的工具。事实证明这的确是一个成功的设想。Chris教授及其合作者研制了世界上第一台连续微波反应器(CMR)及首台微波批反应器(MBR),将其应用于有机合成的反应实现封闭式的反应,成果显著,均达到预期效果。Chris教授在微波化学方面开创性的工作成功地应用于有机合成领域,降低了有机合成反应对环境所造成的负面影响,他被授予澳大利亚首届绿色化学挑战奖。

6.2.3 英国的绿色化学奖

英国的绿色化学奖有英国绿色化学优胜奖、Astra Zeneca绿色化学和工程奖。

首届英国绿色化学优胜奖在2000年颁发,此奖项由英国皇家化学会(RSC)、Salter公司、Jerwood基地、工商部、环境部联合赞助,意在鼓励更多的人投身于绿色化学研究工作,推广工业界最新发展成果。有3项奖项:Jerwood Salter环境奖、工业奖及小型企业奖。其中的Jerwood Salter环境奖用来奖励年龄低于40岁的科研人员,特别是那些和工业界有合作的工作人员,奖金为10 000英镑,由Salter公司和Jerwood基地共同赞助。工业奖及小型企业奖将会获得奖品和证书。Astra Zeneca绿色化学和工程奖是Ichem E环境奖中10种奖项之一,该奖由英国化学工程师协会等30个组织共同发起,奖项设置会根据实际情况的变化进行适时的调整,其中针对绿色化学和工程进行奖励的Astra Zeneca奖2003年设立,用来奖励那些从源头上减少或消除污染,融合了跨学科的方法并且具有很强生命力的化学产品新生产过程的设计、发展和使用。

6.2.4 意大利保护环境大学化学联盟奖励计划

意大利保护环境大学化学联盟(INCA)由意大利 30 所大学的代表组成,主要讨论用于环境保护的化学计划并拟订联盟的研究和教育计划。1999 年 2 月 22 日,INCA 发起了一项对采用绿色化学/清洁化学生产过程对工业作出贡献进行奖励的计划,该计划是每年一度在威尼斯举行的 INCA 会议议题的一部分。自此,意大利成为响应经济合作与发展组织(OCED)工作组 1998 年可持续发展化学报告并正式实施奖励计划的第一个 OCED 国家,该报告基于美国"总统绿色化学挑战奖"的成功经验而建议 OCED 成员国设立类似奖项。

6.2.5 日本的绿色化学奖

日本社会对化学家和化学工程师解决环境问题的期望值很高,化学和化工界的这些行业组织意识到他们对改善全球环境所肩负的重大责任,是有必要通过政府、学术界和化学行业协会的合作和共同努力来实现上述目标。而绿色化学这一新概念正好反映了化学发展的目标、方向和实施途径,即保护环境和发展经济同等重要。因此,绿色化学兴起后,日本政府迅速制定了"新阳光计划",重点研究和发展环境无害制造、污染减少等绿色化学技术。该计划还指出,绿色化学就是化学与可持续发展相结合,其方向是化学的发展应适应于公众健康和保护环境的要求。日本化学及其相关行业的代表联合发出了绿色化学的倡议。1999 年 11 月,这些组织的代表聚会东京,一致同意建立一个新的组织——绿色和可持续发展化学网(GSCN),2000 年 3 月,该组织正式宣告成立。其成员包括日本化工学会、日本化学会、日本国际化学信息协会、日本新化学进展协会、日本生物工业协会、日本化学评价和研究所、日本化学工业协会、日本高分子聚合物学会、日本化学创新研究所和日本国家科技进步研究所共 10 个团体会员,另外还有日本经济贸易和工业部、日本新能源和工业技术发展组织、国际理论和应用化学联合会日本分会三个团体观察员。GSCN 的主要目标是促进绿色和可持续发展化学的研究与发展,开展的一系列活动包括国际合作、信息交流、通讯、教育以及为基金资助机构提供建议等。

日本的"绿色和可持续发展化学奖"由 GSCN 发起,2002 年 1 月首次颁奖。自此,日本成为继意大利之后又一个响应 OCED 工作组 1998 年可持续发展化学报告并正式实施奖励计划的 OCED 国家。获得 2002 年日本"绿色和可持续发展化学奖"的研究成果有三项,分别是水性涂料再循环系统、涂水光热敏性(照相)软片和利用性质独特的无机晶体材料开发环境友好多相催化剂。

6.2.6 我国绿色化学的进展

早在1993年世界环境与发展大会之后,我国政府就编制了《中国21世纪议程》白皮书,郑重表明了走经济与社会协调发展道路的决心。面对国际上兴起的绿色化学与清洁生产技术浪潮,有关部门和机构也开展了相应的行动,有关绿色化学的研究活动也逐渐活跃。1995年,中国科学院化学部确定了《绿色化学与技术——推进化工生产可持续发展的途径》院士咨询课题。1996年,召开了"工业生产中绿色化学与技术"研讨会,并出版了《绿色化学与技术研讨会学术报告汇编》。1997年,国家自然科学基金委员会与中国石油化工集团公司联合立项资助了"九五"重大基础研究项目"环境友好石油化工催化化学与化学反应工程";中国科技大学绿色科技与开发中心在该校举行了专题讨论会,并出版了"当前绿色科技中的一些重大问题"论文集;香山科学会议以"可持续发展问题对科学的挑战——绿色化学"为主题召开了第72次学术讨论会。1998年,在合肥举办了第一届国际绿色化学高级研讨会;《化学进展》杂志出版了"绿色化学与技术"专辑。1999年在北京召开第16次九华山科学论坛,主题为"绿色化学的基本问题"。2000年科技部国家重点基础研究发展规划项目立项"石油炼制和基本有机化学品合成的绿色化学"。上述活动极大地推动了我国绿色化学的发展。

我国政府根据科学家的建议已把绿色化学列入重点支持的重大基础领域,并根据我国已有的基础,确定如下具体目标:

(1) 对我国的环境至关重要的一些工业,如煤炭、石油、化工、造纸、制革、酿造和制药中的绿色化学开展基础研究;

(2) 在原子经济性和可持续发展的基础上研究合成化学和催化化学的基础问题,即绿色合成和绿色催化等;

(3) 综合利用现代生物技术和化学化工技术的绿色生化工程,如生物煤炭脱硫、微生物造纸、新生物煤炭脱硫和新生物质能源等;

(4) 研究如何用类似于生物分子的自复制和自组装过程生产一般分子(特别是无机小分子)和特殊功能的纳米粒子。

目前国内研究绿色化学的机构主要有:中国科学技术大学的绿色化学科技研究中心,有6个系的30多位教授在从事相关领域的研究;中国石化总公司的石化研究院,着重研究石化工业中的绿色化学问题;中国科学院上海有机所主要研究有机化学化工中的绿色化学问题;四川大学的绿色化学研究中心,偏重化肥和皮革方面的研究;广东华南理工大学的造纸方面的国家重点实验室,专门研究造纸过程中的绿色化学问题;山东大学的微生物研究中心,主要尝试用生物学、微生物降解的方法实现绿色化学的可能性。

6.2.7 促使绿色化学诞生和迅速发展的重要事件

1987年联合国提出关于"Our Common Future"的报告,率先提出了可持续发展的概念。随后,1992年在巴西里约举行的联合国环境与发展大会上得到百余国家元首一致肯定。这意味着工业增长、经济发展必须既符合当代社会需要又能为人类后代保护资源和环境。

美国1990年通过了《污染预防法》,这是关于着眼源头污染预防的第一个环境法规。它促使USEPA于1991年建立了绿色化学规划,当时在Office of Pollution Prevention & Toxics 的 P.T.Anastas 创造并定义了绿色化学专名词。USEPA 与USNSF合作支持开展并在 ACS 范围内组织了题为"Design for the Environment of 21 Century""Environmentally Benign Chemistry""Environmental Friendly Chemistry"等专题学术讨论会。美国EPA及其他政府部门、学术界、工业界等联合提出利用化学开发新的污染预防技术并建议设立"总统绿色化学挑战奖"以资鼓励。美国于1995年建立了此种特殊奖励,每年颁发一次。

目前在英国、澳大利亚、意大利、德国等国都设立了类似的国家级奖励。

P.T.Anastas 和麻省理工学院的 J.C.Warner 教授提出了有关绿色化学的12条原则,为绿色化学奠定了理论基础。

美国建立了世界第一个绿色化学研究所(GCI)。1997年5月由工业界、学术界、国家重点实验室等在互联网上组成虚拟非盈利组织,目前已在17个国家有它的联合分部。2001年初GCI已与ACS合作,以便加强化学在环境研究中的作用。GCI已在ACS总部中设立办公室,并且ACS将提供给GCI核心基金。

GCI所长D.L.Hjeresen当前致力于把绿色化学从学术领域扩展到社会各个方面,使其成为有力的重要工具。

6.3 绿色化学与技术的发展趋势

6.3.1 酶催化与生物降解

1. 酶催化

在生命活动中,构成新陈代谢以及遗传信息传递和表达的所有化学变化都是在酶的催化下进行的。

酶具有专一性和可逆性的特性,即某种酶只能催化特定的化学反应,而生物化学反应在不同条件下可以逆转进行,但也有少数化学反应过程是不可逆的,酶在这些生化反应中具有关键性的作用。

2. 生物酶的应用与生物降解

目前,化学家不仅能够利用纯化的酶或直接使用微生物(含酶)来催化有机反应,合成有用化合物,而且还能够利用微生物发酵法大规模生产抗生素类药物(如青霉素)。生物催化由于其高效率和无污染,因而在工业上具有广阔应用前景。

1) 应用于染整工业

生物酶应用于染整工业最早是从织物退浆开始的。用淀粉酶催化水解织物上的淀粉浆料已经有多年历史,目前仍然是该工艺的主要方法。应用于棉织物精炼加工的生物酶主要是果胶酶、脂肪酶和纤维素酶等。用果胶酶可以去除棉纤维表面的果胶物质,但单独使用果胶酶,很难达到理想的精炼效果。一般添加合适的表面活性剂(非离子型表面活性剂),帮助酶向微生物孔和裂缝中渗透,并使它们在有利于发挥催化作用的位置上排列。另可加入纤维素酶,以大大提高生物精炼的效果。用纤维素酶去除粗毛中的草刺等纤维素杂质,可避免羊毛纤维的损伤。蛋白水解酶用于蚕丝精炼比淀粉酶退浆更早地被研究和利用。丝胶是一种易溶于温水和碱水的物质,易受到酶的作用,由于酶的作用并不损伤蚕丝本身,所以酶炼时没有皂碱法精炼残留肥皂产生的麻烦。

2) 生物酶应用于食物保鲜技术

酶是一种有高度催化活性的生物催化剂,它能大大降低反应的活化能。活化能越小,温度对反应速度常数的影响也就越小,所以许多由酶催化的反应在比较低的温度下,仍然能够以一定的速度进行。这也是农产品贮藏过程中许多酶促反应会发生的重要原因。

生物酶用于保鲜是一种全新的保鲜技术。生物酶的保鲜原理是借助于某些酶对食品中的酶进行抑制,以降低食品中酶的活性。具体就是利用"以酶攻酶,以酶治酶"来实现很多食品或相关产品的保鲜,特别是果蔬产品等,其呼吸与衰老都是由酶的作用导致的。果蔬呼吸作用就是一系列呼吸酶的催化作用,使体内有机物质发生生物氧化过程。尤其是在温度升高时,酶的活性增强,生物反应速度加快,果蔬的呼吸加速,而且果蔬温度每升高 $10\ ℃$,其呼吸强度就要增加到原来的 $2\sim4$ 倍。因此,某些生物酶可以对果蔬等生鲜食品中的酶进行抑制,而使之保鲜寿命延长。

3) 生物酶在循环水处理中的应用

在循环水系统漏入大量油品时以及装置在检修后的开工阶段,常规水处理工艺是采用杀菌剥离、酸洗预膜、排污置换处理。而采用生物酶水处理技术可在不置换、不排污的条件下对设备及管网进行除油、净化、清洗和保护处理,在满足系统的缓蚀、阻垢要求的条件下,运行费用约为常规处理方法的 3%,并且可节省大量的清洗、置换用水。

4) 生物酶提高油层渗透率的应用

生物酶在压裂施工中具有多种技术和应用优势。例如,酶的使用避免了入井液对地层的伤害;适用井况范围广;破胶速度可控;半衰期长,破胶持久;彻底破胶和低残渣极大提高裂缝的导流能力;高效酶活极低用量($10 \times 10^{-3} \sim 20 \times 10^{-3}$ mg/L);流体投料简易可控、分散均匀;易于储存,便于运输;杜绝硫酸盐还原菌营养源的注入,保护管道。在环保方面,作为无污染液体生物破胶剂,酶可以完全均匀地分散到胶体中,不会造成局部胶团堵塞;且破胶后平均残渣粒径小,酶水解后的压裂液对储层孔隙堵塞和岩心的伤害小。

6.3.2 分子氧的氧化

氧化反应是精细化学品生产中最重要的反应,通过氧化可使碳氢化合物官能化,从而得到各种有机合成中间体。

用 H_2O_2 和 O_2 作氧源,在温和条件下实现有机物的氧化始终是一个极富挑战性的课题。近年来虽然开发和发展了许多催化体系,但各体系都存在一定的缺点和不足。如果能够直接利用空气中的 O_2 作氧化剂,开发出符合绿色化学和原子经济性原则的新催化体系,必将给化学工业带来新的革命。

环氧丙烷(PO)是重要的石油化工基本原料,主要用于生产聚醚、丙二醇、聚氨酯等,也是第四代洗涤剂非离子表面活性剂、油田破乳剂、增塑剂、阻燃剂、润滑剂等的主要原料,广泛用于化工、轻工、医药、食品和纺织等行业。目前环氧丙烷的工业生产方法主要为氯醇法和 Halcon(共氧化)法。氯醇法消耗大量的氯气,设备腐蚀和环境污染严重;Halcon 法生成大量的副产品,生产过程复杂,而且投资大。近年来,一直在积极研究环境友好、无副产品生产环氧丙烷的新方法。而以分子氧为氧源直接催化丙烯环氧化作为环氧丙烷清洁生产的发展方向,因最具原子经济性和环境友好而备受关注。

氧化反应过程中催化剂的选用将直接关系到反应的成败。美国 1994 年用于氧化反应的催化剂销售额为 1 100 万美元,占整个催化剂市场的 1/6,其平均单价最高达 16 美元/千克。由于资源的短缺和对环境保护要求的提高,催化氧化工艺中有机原料的充分利用、节能降耗、环境友好工艺的开发越来越受到普遍关注。

H_2O_2 和 O_2 作为最廉价、清洁的氧源自然成为研究和开发的热点。温和条件下实现烃类的分子氧氧化是将碳氢化合物转化为含氧有机物最理想的方法。在此条件下实现烯烃的环氧化,如环氧丙烷的合成;芳烃的羟基化,如由苯直接合成苯酚;饱和烃的官能化,如苯甲醛的直接合成;此外,环己烯直接合成己二酸等都是石油化工生产中待解决的非常重要的问题。但由于分子氧的动力学惰性,使得分子氧的高温催化活化过程还无法控制。目前,石油化工中一些非常重要的催化氧化工艺都是在温和条件下用廉价氧源——H_2O_2 实现的。因此,高效、高选择性、能够活化分子氧的催化剂的研究与开发一直是氧化反应研究中的热门课题。

6.3.3 绿色能源

绿色能源也称清洁能源,它可分为狭义和广义两种概念。狭义的绿色能源是指可再生能源,如水能、生物能、太阳能、风能、地热能和海洋能。这些能源消耗之后可以恢复补充,很少产生污染。广义的绿色能源则包括在能源的生产及消费过程中,选用对生态环境低污染或无污染的能源,如天然气、清洁煤(将煤通过化学反应转变成煤气或"煤"油,通过高新技术严密控制的燃烧技术将其转变成电力)和核能等。

1. 太阳能

太阳能是人类可以利用的最丰富的能源,可供地球人类使用几十亿年,取之不尽,用之不竭。太阳能是地球上一切能源的最根本来源,它不受资源分布地域的限制,地球上无论何处,只要有太阳能资源的地方,就可以开发利用,不存在运输问题,而且可以免费使用。

太阳能还是一种洁净的能源,在开发利用时,不会产生废渣、废水和废气,也没有噪音,不会影响生态平衡,更不会造成污染与公害。但太阳能能流密度低,强度受各种因素的影响,如季节变换、地点不同和气候不同等,使其不能维持常量,大大限制了太阳能的有效利用。太阳每分钟给地球输送大约 1.7×10^{17} W 的巨大热能,这还只占太阳辐射热能总量的二十二亿分之一。21世纪应是太阳能的世纪,只要把地球接收到的太阳能的 0.01% 加以利用,就可以满足全世界对能源的需求。有关专家预测,到21世纪中期,全世界消耗的电力的 20%~30% 将由太阳能电池供给,太阳能将会成为未来人类的三大能源之一。

人类对太阳能的利用有着悠久的历史。我国早在两千多年前的战国时期就知道利用钢制凹面镜聚焦太阳光来点火,利用太阳能来干燥农副产品。发展到现代,太阳能的利用已日益广泛。太阳能的利用分为直接利用和间接利用。太阳能直接利用有三种基本能量转换方式:光化学转换、光电转换和光热转换。最常见的光化学转换便是植物的光合作用,光合作用是把二氧化碳和水在阳光照射下,借助植物叶绿素,吸收光能转化为碳水化合物的过程;光电转换是利用太阳能电池的光电效应,将太阳能直接转变为电能;光热转换是通过反射、吸收或其他方式收集太阳辐射能,使之转换为热能并加以利用。利用太阳光热转换技术的产品最多,如热水器、干燥器、采暖和制冷、温室和太阳房、太阳灶和高温炉、海水淡化装置、水泵、热力发电装置及太阳能医疗器具。

除了上述太阳能直接利用的三种方式,地球上的风能、水能、海洋温差能、波浪能、生物质能以及部分潮汐能都是来源于太阳;即使是地球上的化石燃料(如煤、石油、天然气等)从根本上说也是远古以来贮存下来的太阳能,所以广义的太阳能所包括的范围非常大,狭义的太阳能则限于太阳能的直接利用。

2. 风能

风能是太阳能的一种转化形式,太阳的辐射造成地球表面受热不均,引起大气层中不同地点的压力分布不均,压力不同的空气沿水平方向运动形成了风。风能的利用形式主要是将大气运动时所具有的动能转化为其他形式的能。风是绿色的可再生资源,只要持续存在风的地方,就可以产生风能,并且风力越强,能量越多。人们可以利用风能发电,其成本与燃煤发电差不多,但好处是几乎不对环境造成污染。因此,全球风力发电发展很快。

人类利用风能的历史可以追溯到公元前,我国是世界上最早利用风能的国家之一。公元前数世纪我国人民就利用风力提水、灌溉、磨面、舂米以及用风帆推动船舶前进。宋代更是我国应用风车的全盛时代,当时流行的垂直轴风车,一直沿用至今。在国外,公元前2世纪,古波斯人就利用垂直轴风车碾米。10世纪伊斯兰人用风车提水,11世纪风车在中东已获得广泛的应用。13世纪风车传至欧洲,14世纪已成为欧洲不可缺少的原动机。在荷兰,风车先用于莱茵河三角洲湖地和低湿地的汲水,以后又用于榨油和锯木。只是后来由于蒸汽机的出现,才使欧洲风车数目急剧下降。

风能与其他能源相比,既有其明显的优点,又有其突出的局限性。风能蕴量巨大、可以再生、分布广泛且没有污染;但其能流密度低、不稳定、地区差异大。由于风能来源于空气的流动,而空气的密度是很小的,因此风力的能量密度也很小,只有水力的1/816。由于气流瞬息万变,因此风的脉动、日变化、季变化以至年际的变化都十分明显,波动很大,极不稳定。地形对风能的影响也很大,一个邻近的区域,有利地形下的风力,往往是不利地形下的几倍甚至几十倍。

风能主要应用于四个方面:风力提水,风力发电,风帆助航和风力致热。

(1) 风力提水。至20世纪下半期,为解决农村、牧场的生活、灌溉和牲畜用水以及为了节约能源,风力提水机有了很大的发展。现代风力提水机根据用途可以分为两类。一类是高扬程小流量的风力提水机,它与活塞泵相配提取深井地下水,主要用于草原、牧区,为人畜提供饮用水。另一类是低扬程大流量的风力提水机,它与螺旋泵相配提取河水、湖水或海水,主要用于农田灌溉、水产养殖或制盐。

(2) 风力发电。利用风力发电已越来越成为风能利用的主要形式,受到世界各国的高度重视,而且发展速度最快。风力发电通常有三种运行方式:一是独立运行方式,通常是一台小型风力发电机向一户或几户提供电力,它用蓄电池蓄能,以保证无风时的用电;二是风力发电与其他发电方式(如柴油机发电)相结合,向一个单位或一个村庄或一个海岛供电;三是风力发电并入常规电网运行,向大电网提供电力,常常是一处风场安装几十台甚至几百台风力发电机,这是风力发电的主要发展方向。

(3) 风帆助航。在机动船舶发展的今天,为节约燃油和提高航速,古老的风帆助航重新得到了发展。航运大国日本已在万吨级货船上采用电脑控制的风帆助航,节油率达15%。

(4) 风力致热。风力致热是将风能直接转换成热能。最简单的是搅拌液体致热,即风力机带动搅拌器转动,从而使液体(水或油)变热。液体挤压致热是用风力机带动液压泵,使液体加压后再从狭小的阻尼小孔中高速喷出而加热工作液体。此外还有固体摩擦致热和涡电流致热等方法。

3. 水能

水由高处流向低处时的势能释放成了人类可以持续利用的绿色能源。我国古代劳动人民就懂得利用水能驱动水车来磨面、纺织等,人类利用河水(或溪流)的流动或者从堤坝或瀑布上落下的水流来带动水车旋转,这种机械能的来源是否充足,决定了古时候的磨坊和后来的工厂的位置。

19世纪末,发电机和水轮机的发明为通过发电来开发水力资源提供了手段。水力发电就是利用水力(具有水头)推动水力机械(水轮机)转动,将水能转变为机械能。如果在水轮机上接上另一种机械(发电机),则随着水轮机转动便可发出电来,这时机械能又转变为电能。水力发电在某种意义上讲是水的势能变成机械能又变成电能的转换过程。水力资源的开发方式是按照集中落差而选定,大致有三种基本方式,即堤坝式、引水式和混合式等。但这三种开发方式还要各适用一定的河段自然条件。按不同的开发方式修建起来的水电站,其枢纽布置、建筑物组成等也截然不同。

4. 生物质能

生物质能是以生物质为载体的能量。生物质是指生物界一切有生命的可以生长的有机物质,包括动植物和微生物。所有生物质都有一定的能量,并可转化成不同形式的能。生物质中可以被人们当作能源加以利用的部分称为生物质能资源。生物质能为人类提供了基本燃料,煤、石油和天然气等化石能源也是由生物质能转变而来的。在世界能耗中,生物质能约占14%,在不发达地区占60%以上。全世界约25亿人的生活能源的90%以上是生物质能。

在地球上,每年通过光合作用产生而以生物质能形式蓄积的能量是全世界消耗的各种能源的10倍,由此可见生物质能的潜力是十分巨大的。生物质能来源于农产品、林产品和食品加工厂等的副产品,又可以细分为薪柴、秸秆和人畜粪便等。人畜粪便配以农作物的残渣、树叶杂草、工业有机废物等在适当的温度、湿度和酸碱条件下,经过多种微生物的作用,就可以制造出洁净的沼气,同时产生的生物质残渣还可以用作肥料,从而使生物质能得到了充分的利用。

当前利用生物质能的主要问题是能量利用率很低,使用上也很不合理。千百年来农村一直是使用农作物的秸秆作为燃料,山区、林区则直接燃用木材,造成资源的巨大浪费。而生物转换和化学转换目前的转化效率低,生产成本高,也制约了生物质能大规模的有效利用。但由于生物质能的巨大潜力,在现代高科技群体的支撑下,生物质能利用必将上一个新台阶,在解决发展中国家的农村能源中起重要作用。大规模的生物质的生物和化学转化必将成为21世纪生物质能利用的发展方向。

5. 海洋能

海洋能源通常指海洋中所蕴藏的可再生的自然能源,主要为潮汐能、波浪能、海流能(潮流能)、海水温差能和海水盐差能。更广义的海洋能源还包括海洋上空的风能、海洋表面的太阳能以及海洋生物质能等。究其成因,潮汐能来源于太阳和月亮对地球的引力变化和地球的离心力作用,其他均源于太阳辐射。海洋能源按储存形式又可分为机械能、热能和化学能。其中,潮汐能、海流能和波浪能为机械能,海水温差能为热能,海水盐差能为化学能。

近20多年来,受化石燃料能源危机和环境变化压力的驱动,作为主要可再生能源之一的海洋能事业取得了很大发展,在相关高技术后援的支持下,海洋能应用技术日趋成熟,为人类充分利用海洋能展示了美好的前景。现代海洋能源开发主要是利用海洋能发电。利用海洋能发电的方式很多,其中包括波力发电、潮汐发电、潮流发电、海水温差发电和海水含盐浓度差发电等,而目前已开发的主要是潮汐发电。由于潮汐发电较高的开发成本和技术上的原因,因此发展速度不快。

6. 地热能

法国著名科幻小说大师儒勒·凡尔纳曾提出去月球旅行和入地心探险的设想。自20世纪60年代以来,人类已完成凡尔纳的愿望之一——拜访了"月宫"。对人类来说,"登天"已不是什么难事。然而,"入地"却要难得多!人们至今伸向地球深处最深不到万米,事实上至今根本没人能克服地球深处的高温和高压,所以也不可能乘坐一辆钻地探险的车去拜访"地宫"。

半径6 300多千米的地球,其内部是一个谜一般的高温高压世界。地球内部蕴藏着难以想象的巨大能量。地热能是蕴藏在地球内部的天然能源,是地球在漫长的形成演变过程中积累起来的地球内部的热能,它主要来源于地球形成过程中积累的势能和成型之后地球所含放射性物质因衰变而放出的大量热能。地质学上常把地热资源分为蒸汽型、热水型、干热岩型、地压型和岩浆型五大类。

蒸汽型地热田是最理想的地热资源,它是指以温度较高的干蒸汽或过热蒸汽形式存在的地下储热。这种地热资源最容易开发,可直接送入汽轮机组发电,腐蚀较轻。可惜蒸汽型地热田很少,仅占已探明地热资源的0.5%,而且地区局限性大。

热水型地热田是指以热水形式存在的地热田,通常既包括温度低于当地气压下沸点的热水和温度高于沸点的有压力的热水,又包括湿蒸汽。这类资源分布广,储量丰富,温度范围很大。

地压型地热是一种目前尚未被人们充分认识的,但可能是十分重要的一种地热资源。地压型资源中的能量,实际上是由机械能(高压)、热能(高温)和化学能(天然气)三个部分组成。由于沉积物的不断形成和下沉,地层受到的压力会越来越大。地压型地热通常与石油资源有关。地压水中溶有甲烷等碳氢化合物,形成有价值的副产品。

干热岩是指地层深处普遍存在的没有水或蒸汽的热岩石,其温度范围很广,在 150~650 ℃ 之间。干热岩的储量十分丰富,比蒸汽、热水和地压型资源大得多。目前大多数国家都把这种资源作为地热开发的重点研究目标。

岩浆是指蕴藏在地层更深处处于黏弹性状态或完全熔融状态的高温熔岩。温度高达 600~1 500 ℃。在各种地热资源中,从岩浆中提取能量是最困难的。岩浆的储藏深度在 3 000~10 000 m。这种资源目前尚未被开发,美国这方面的研究计划已于 1991 年终止,有待于在今后开展进一步研究。

地热能是自然储存在地下的,使用上不受天气状况的影响。人类很早以前就开始利用地热能,例如,利用温泉沐浴、医疗,利用地下热水取暖、建造农作物温室、进行水产养殖及烘干谷物等。由于地热能利用技术的进展,这些资源的开发利用得到较快的发展,也使许多国家经济上可供利用的资源潜力明显增加。

我国地大物博,蕴藏着丰富的地热资源。目前已知的热水点有 3 430 个(包括温泉、钻孔和矿坑热水),遍布全国,可以说在我们的脚底下,有着一个广阔无比的地下热水海洋。我国的地热资源大致呈两个密集带,一个是东部沿海带,另一个是西藏、云南、川西带。

位于西藏拉萨市西北的羊八井盆地闻名世界,在那里发现了目前最大最深的热水湖,它的面积为 7 350 m^2,最深处为 16.10 m,水面温度达 46~57 ℃。海拔 4 300 m 的神奇的羊八井地热田,热水沼泽星罗棋布,许多温泉、热泉和沸泉连成一片。整个羊八井热田的天然热流相当于一年燃烧 450 000 t 优质煤。地热田的开发,确实有着广阔的前景。

7. 氢能

氢能是最清洁的能源。氢常温常压下为气态,超低温高压下为液态。作为能源,氢有以下特点:在所有元素中重量最轻;导热性最好,比大多数气体的导热系数高出 10 倍;是自然界存在最普遍的元素,据估计它构成了宇宙质量的 75%;燃烧性能好,点燃快,与空气混合时有广泛的可燃范围,而且燃点高,燃烧速度快;与所有的化石燃料和生物燃料相比,氢的发热值是除核燃料外最高的,燃烧 1 g 氢能释放出 142 kJ 的热量,是汽油的 3 倍;本身无毒,燃烧时清洁,不会产生对环境有害的污染物质;利用形式多,既可以通过燃烧产生热能,在热力发动机中产生机械功,又可以作为能源材料用于燃料电池,或转换成固态氢用作结构材料;可以以气态、液态或固态的金属氢化物出现,能适应贮运及各种应用环境的不同要求。由以上特点可以看出氢是一种理想的、新的含能体能源。有关专家预测,氢能将会成为 21 世纪最理想的能源。

目前液氢已广泛用作航天动力的燃料,但氢能大规模的商业应用还有待解决两个关键问题。一是廉价的制氢技术,氢是一种二次能源,它的制取不但需要消耗大量的能量,而且目前制氢效率很低,因此寻求大规模的廉价的制氢技术是各国科学家共同关心的问题;二是安全可靠的贮氢和输氢途径,由于氢易气化、着火、爆炸,因此如何妥善解决氢能的贮存和运输问题也就成为开发氢能的关键。

早在第二次世界大战期间,氢即用作 V-2 火箭发动机的液体推进剂。1960 年液氢首次用作航天动力燃料,1970 年美国发射的"阿波罗"登月飞船使用的起飞火箭也是用液氢作燃料,现在氢已是火箭领域的常用燃料了。对现代航天飞机而言,减轻燃料自重,增加有效载荷变得更为重要。氢的能量密度是普通汽油的 3 倍,这意味着燃料的自重可减轻 2/3,这对航天飞机无疑是极为有利的。

现在科学家们正在研究一种"固态氢"的宇宙飞船。固态氢既作为飞船的结构材料,又作为飞船的动力燃料。在飞行期间,飞船上所有的非重要零件都可以转作能源而"消耗掉"。这样飞船在宇宙中就能飞行更长的时间。相信随着制氢技术的进步和贮氢手段的完善,氢能将在 21 世纪的能源舞台上大展风采。

8. 核能

核能,也叫做原子能或原子核能,是由铀 235 等放射性矿物通过核反应生成的,在高技术安全保障条件下,利用核能发电高效而清洁。有关专家预测,核能将是 21 世纪最有发展潜力的三大能源之一。自 1954 年世界上第一台核电站在原苏联建成发电以来,世界核电蓬勃发展,至 20 世纪 60、70 年代,出现了世界核电发展的高潮。美国、法国、比利时、德国、英国、日本、加拿大等发达国家都建造了大量核电站,目前,世界上运行的核电机组约 430 台,其发电量约占世界总发电量的 20%,其中法国核电站的发电量已占到该国总发电量的 75%,在这些国家,核电的发电成本已经低于煤电。国际经验证明,核电是一种经济、安全可靠、清洁的新能源。

世界核电领先的国家有美国(1992 年为 111 座核电站)、法国(1992 年为 56 座核电站)等。20 世纪 70 年代初,我国开始筹划建设核电站,1983 年 6 月,我国自行设计、建造的第一座核电站——浙江秦山核电站破土动工。1984 年 4 月中外合资,设备成套进口的大亚湾核电站开始平整场地。1994 年秦山核电站、大亚湾核电站相继投入运行,结束了我国大陆无核电的历史。进入 90 年代以后,国家批准立项的核电项目还有广东岭澳核电站、秦山核电三期和江苏连云港核电站,到 21 世纪初,我国建成的核电装机容量已达 870 万千瓦。

9. 燃料电池

燃料电池是新型的清洁能源,它直接将化学能转化为电能,没有任何机械和热的中间媒介,且污染物的排放少。特别是以氢为原料的燃料电池,其燃烧放热高,产物为水,被认为是未来最理想的高效清洁能源。以燃料电池为动力的新一代电动汽车被普遍认为是解决城市机动车排气污染的最有效途径,其中以氢氧燃料电池为动力的机动车,各种污染物排放量几乎为零。

汽车用燃料电池研究最多的是天然气转化氢气为燃料的质子交换膜燃料电池(PEMFC)。国外 PEMFC 的技术已趋于成熟,开始进入商品化阶段。我国有三种类型的电动汽车研究和发展水平与国外不相上下,而研发的成本却低得多,经济上相对占优势。上海的神力公司制造的氢动力旅游车已在沪诞生。中国科学院大连化学物理研究所多年来一直研发氢燃料电池,其技术与国外相比各有千秋。

10. 自然冷能

地球上到处存在着温差,如冬夏季节温差、昼夜温差、土地与大气温差、物体的阴面与阳面温差、房屋的内外温差等。有温差,就有热量传递与交换,这就产生了能量。利用自然温差可以使人们酷暑时节降温、严寒季节增温,这就是自然冷能,它的科学定义是:常温环境中,自然存在的低温差和低温热能,简称冷能。实际上冷热感觉都是相对的,无论气温高低,温差的存在就意味着能量。由于大自然维持环境温度的能力为无限大,而温差又无处不在,所以该能量的数量也为无限大,是一种潜在的巨量低品位能源。我国大部分处于大陆性气候区,气温的昼夜变化与季节变化都很大,比起低平原海洋气候区,自然冷能潜力要大得多,利用成本相对较低。自然冷能与风能、太阳能一样具有经济价值,利用过程中也不会产生环境污染,是一种理想的绿色能源。

自然冷能的应用很广,如"无能耗"冷藏、塑料大棚调温、自然冷能空调、"无能耗"苦咸水淡化、调温式集装箱、局部降温、工业余热回收、汽车尾气余热利用、自然冷能降温、永久性有害毒物保存库等。自然冷能是可持续利用的潜在的绿色能源,在应用上具有现实性、普遍性和一定的不可替代性。它是有望在国家能源结构中占有很大比例的新型洁净能源。

6.3.4 可再生资源的利用

传统化学反应很多是采用不可再生资源,如石油、煤或者是对环境有害的物质如氢氰酸、光气、苯、甲苯、硫酸二甲酯等作为原料。绿色化学则致力于采用无毒、无害原料和可再生资源做原料替代有毒的、对环境有害的原料来生产化品。原料的绿色化是绿色化学的重要目标之一。

生物质是理想的石油替代品,其对人类健康和环境的影响较石油原料要小得多,是作为绿色原料的最重要来源。包括了天然大分子和天然生物小分子。其中天然生物大分子包括:①纤维素、半纤维素、果胶与其他多糖类;②木质素;③淀粉;④蛋白质;⑤聚烯类如橡胶等。天然生物小分子包括:生物碱、氨基酸、抗生素、酶、糖、脂肪、脂肪酸、黄酮、激素、醌类、萜烯等。图6-2为天然生物资源在化工中的应用示意图。

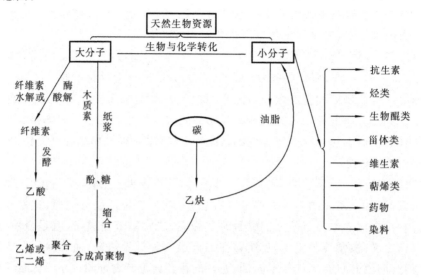

图6-2 天然生物资源在化工中的应用

生物质资源不仅储量丰富,而且可再生。据估计,作为植物生物质的最主要成分——木质素和纤维素每年以约1 640亿吨的速度不断再生,如以能量换算,相当于目前石油年产量的15~20倍。如果这部分资源能得到利用,人类相当于拥有了一个取之不尽、用之不竭的资源宝库。由于生物质来源于CO_2(光合作用),燃烧后产生CO_2,但不会增加大气中的CO_2含量,因此生物质与矿物燃料相比更为清洁。

实例一:由生物质制造汽油。

目前,世界大约有7.5亿辆机动车,每年共需消耗约9亿吨汽油和10亿吨柴油。汽油和柴油绝大部分来源于石油。1998年美国《油气》杂志估计世界石油探明储量为141.1 Gt。美国能源部预测世界石油年需求量将从当前的3.5 Gt左右增加到2020年的5.5 Gt。按此速度消耗,世界石油资源将在50年内面临枯竭的危险。因此,开发可再生生物质资源生产汽油技术的重要性已日益突出。

以谷物淀粉为原料的发酵法制造酒精,是一门具有4 000~5 000年的古老工艺,而酒精作为机动车燃料的潜力多年来已为人所知。事实上,福特公司早期制造的许多汽车就是用酒精驱动的。一直到今天,印第安纳波利斯的客车也用的几乎是纯酒精。目前酒精作为机动车燃料主要还是掺入汽油中,与汽油混合使用。在德国进行的实验中,科学家们使用由酒精和85%汽油组成的混合燃料,驾驶了45辆汽车行驶了近160万千米,经受了各种气候条件的考验,结果表明情况良好。据称,巴西大部分汽车和公共用车用的是汽油-酒精混合燃料,酒精已占汽油燃料消耗量的一半以上。美国环保署早已批准汽油-酒精燃料作为无铅汽油的代用品,最近,又提出在汽油中采用酒精代替具有争议的 MTBE 以达到新配方汽油氧含量的要求。

酒精可作为机动车燃料已成为不争的事实。但传统的发酵工艺以谷物为原料,原料成本高且利用率低,能耗很大,因此酒精产品成本较高。要想将其大规模用于机动车燃料还必须降低成本。降低成本的办法有二,一是利用基因工程改进酵母的性能以提高过程效率,二是采用更为廉价的纤维素原料。日本三得利公司把从酶菌中分离得到的葡萄糖淀粉酶基因克隆到酵母中,可直接发酵生产酒精,省去了淀粉原料蒸煮糊化的传统工序及蒸煮物冷却设备,可减少 60% 的能耗。一些发达国家均在开发和利用固定化酵母细胞连续发酵工艺,并培育出适宜于连续发酵苛刻条件的固定化酵母,使生产效率比间歇式生产工艺数倍、数十倍地提高。据报道,美国一家公司已成功开发以廉价的农业和林业废弃物为原料的制造酒精新工艺,年产几十万吨的工厂正在筹建之中。目前在美国,酒精燃料已经进入实用化阶段,只要在税收政策上给予适当优惠,就可以大规模用作汽车燃料。

将木材等生物资源直接加工成石油的研究最近也取得了重要进展。美国俄勒冈州建成以木材为原料加工原油的装置,每吨木材可产出 300 kg 木质石油。英国建成一套采用液化技术的装置,每吨木材可产出 240 kg 木质石油、160 kg 沥青和 159 kg 气态物质,木质石油的成分与中东地区生产的原油相近。

实例二:由生物质制天然气。

天然气有时也称为沼气,其主要成分是甲烷,目前广泛用作发电厂和家庭用燃料,部分天然气还用作化工原料。尽管目前天然气资源储量多于石油,但其储量也是有限的,估计如以天然气为人类的主要能源,充其量也只能使用 100 年。天然气储量分布不均,而输送设备建设投资巨大,因此开发生物质资源制备天然气技术具有重大意义。

农、林、畜产的废物和家庭的有机垃圾可通过甲烷发酵过程制取沼气。其过程是,把上述有机废物放在容器中并与细菌混合,细菌便在容器中迅速繁殖起来,细菌在分解过程中释放出甲烷、氨和二氧化碳。据报道,美国俄克拉荷马州的一家热回收处理厂已建成一套将牛粪转化为沼气的生产工厂。10 万头牛的粪便每日能转化成 50 000 m^3 的沼气,可供当地近 3 万户家庭使用。

生物技术制取天然气,因同时具有处理废物与获得资源的双重效果而备受重视,具有长远发展前景。

实例三:生物制氢。

以氢燃料电池驱动的汽车早已问世,但由于传统的电解制氢等方法成本较高,而缺乏实用价值。生物制氢技术,以制糖废液、纤维素废液和污泥废液为原料,采用微生物培养方法制取氢气。在微生物生产氢气的最终阶段起着重要作用的酶是氢化酶。氢化酶极不稳定,例如在氧存在下就容易失活。因此,生物制氢的关键是要提高氢化酶的稳定性,以便能采用通常发酵方法连续较高水平生产氢气。目前国外的研究主要集中在固定化微生物制氢技术上。近期的研究表明,以聚丙烯酰胺将氢产生菌丁酸梭菌(clostridium butyricum)包埋固定化,发现这种固定化微生物能由葡萄糖连续生产氢气。以后又用琼脂固定化,其生成氢气的速度约为前者的3倍。利用这种固定化氢生产菌的催化作用,可以从工业废水有效地生产氢气,氢气的转化率为30%。国内对制氢技术的研究也已取得重要突破,以厌氧活性污泥为原料的"有机废水发酵法制氢技术"研究目前已通过中试验证,实现了中试规模连续非固定菌长期操作生物制氢,据称生产成本已低于电解法制氢。

实例例四:大豆在化妆品中的应用。

我国盛产大豆,其产量居世界第3位,年产量1 800万吨。大豆是营养丰富的油料作物,在大豆油生产过程中毛油水化脱胶时的副产物——大豆磷脂(soybean phosphilipid,简称SBPL)通常是由卵磷脂、脑磷脂、磷脂肌醇和磷脂醇等成分组成的混合物,是一种具有全面生理功能的天然营养素,一种性能良好的天然离子型表面活性剂,并且具有胶体性质。磷脂成分中的肌醇,可以改善人的发根微循环,供给发根足够的营养,保发护发。磷脂可使肠毒化解并输送到体外,使体内保持清净,消除青春痘、雀斑、老年斑,让肌肤光滑柔润,被誉为"可食用的化妆品"。SBPL对人体皮肤有着良好的保湿性和渗透性,具有抗氧化、抗静电、乳化分散、润湿、渗透保湿、软化润肤、稳定剂型和柔发等多种功能。

大豆中的维生素E(vitamin E,简写为VE)也可在很多化妆品中应用。VE是生育酚类化合物的总称。VE不仅是一种常用药品兼营养保健品,在其他领域也有许多重要用途,目前已成为国际市场上用途最多、产销量极大的主要维生素品种。商品VE可分为天然VE和合成VE。天然VE比合成的功能好、价格高,它主要存在于植物油脂中,在大豆毛油精制过程中,副产品脱臭馏分(又名DD油),含VE约5%~10%,可经提取、蒸馏而得VE。天然VE制法主要有萃取法(包括超临界CO_2萃取)、酯化法、皂化法、酯化-硅胶吸附法、酶法及凝胶过滤法等几种制备方法。根据提取原理不同,可分为溶剂萃取、化学处理和分子蒸馏等。

近年来的研究表明,蛋白质中存在一些具有一定生理活性的肽,蛋白质许多特性与功能在很大程度上是由这些肽所决定的。已有多种肽制品应用于食品、药品及化妆品领域,而迄今开发最广泛的是植物蛋白肽——大豆肽。

大豆肽具有易消化吸收、溶解度高、黏性低、很强的保湿性与吸湿性,可用作保湿性添加剂生产各种化妆品,制造洗发香波和护发素。可提高香波的发泡性,缓解香波刺激作用。大豆肽中含有丰富的必需氨基酸,护发品可使毛发柔润、光滑,有助于毛发损伤的修复,护肤品能达到理想的保湿护肤效果。

大豆中含有的黄豆甙原和染料木因及其苷黄豆甙和染料木甙等异黄酮类化合

物也常可作为增白化妆品的原料。

6.4 典型的绿色化学品

6.4.1 绿色水处理剂

1. 绿色缓蚀阻垢剂

为了尽量减少缓蚀剂的缺点而充分发挥其良好的缓蚀性能和优良的协同效应，缓蚀阻垢剂的发展经历了从无机物到有机共聚物，从高磷、低磷到无磷，从单一使用到复配使用的发展历程。目前，绿色缓蚀阻垢剂的总发展趋势是非铬非磷、具有缓蚀阻垢性能的全有机聚合物、共聚物等系列绿色产品将替代对生态环境有害的铬磷等产品，生产逐步由单一技术向多元化技术发展，产品性能也在向多功能、高效无毒方面发展。

1) 天然聚合物阻垢剂

20 世纪 60 年代，人们曾用木质素、单宁、腐殖酸钠、壳聚糖、淀粉和纤维素等天然聚合物作为冷却水阻垢剂，下面将上述阻垢剂作简要介绍。

木质素是一种存在于植物纤维中的芳香型化合物，分子中含有醚键、碳碳双键、苯甲醇羟基、酚羟基、羰基和苯环等。这些官能团可进一步发生烷基化、羟甲基化、酯化、酰化等反应，这些基团中氧原子上的未共用电子对能与金属离子形成配位键，生成木质素的金属螯合物，从而抑制结垢。木质素经过化学改性，可进一步提高其阻垢性能，如经烷基化改性后的木质素磺酸盐对 Ca^{2+} 的螯合能力从 40 mg/g 增加到 146 mg/g，可用作循环冷却水系统中的阻垢剂。

单宁是一类含有许多酚羟基而聚合度不同的物质(包括一些单体的混合物)，相对分子质量一般在 2 000 以上。其特点是能与 Ca^{2+}、Mg^{2+} 等形成溶解度较大的螯合物；可在金属表面形成单宁酸铁保护膜而具有阻垢效果。其次，它还具有一定的杀菌作用。

腐殖酸钠是复杂的高分子羧酸盐混合物，可抑制碳酸钙晶体的生长发育。

壳聚糖是甲壳素脱除乙酰基后的产物，分子中具有羟基、氨基，在 pH<9.8 时，能与 Ca^{2+} 形成稳定的螯合物而具有良好的阻 $CaCO_3$ 垢性能，并且很少剂量的壳聚糖就能显示出优异的阻垢效果。壳聚糖对 $CaCO_3$ 晶核和晶体的活性点有特殊的吸附能力，这会引起晶体变形而无法正常生长，使 $CaCO_3$ 晶体无法形成。此外，壳聚糖分子结构中的—NH_2 对 Ca^{2+} 有较高的容忍度。若将壳聚糖与丙烯酸共聚进行改性，其阻垢性能会更好。

淀粉和纤维素都属于碳水化合物中的多聚糖类。由于分子中含有大量羟基，经羟甲基化后，CH_2OH 基团变成 CH_2OCH_2COONa，成为羟甲基淀粉和羟甲纤维素(CMC),因而对 Ca^{2+}、Mg^{2+} 形成的盐垢晶体的生长有一定的抑制作用,可作为阻垢分散剂使用。

由于天然聚合物不稳定、药剂用量大(50～200 mg/L)、阻垢和分散效果不及合成聚合物阻垢剂,现已很少使用。但是其来源广、价廉、可生物降解,并可以通过对其进行改性以制备经济、环保、高效的聚合物阻垢剂。如壳聚糖与丙烯酸的共聚物,其阻垢性能优于壳聚糖;将木质素、单宁改性可得到具有阻垢、缓蚀、絮凝、杀菌作用的多功能水处理剂。因此,它是一类开发前景见好的绿色缓蚀阻垢剂。

2) 聚环氧琥珀酸型阻垢剂

聚环氧琥珀酸(PESA)是一种无磷、无氮,具有生物降解性的缓蚀阻垢剂。美国在 20 世纪 90 年代初就开发了这种药剂,日本及其他发达国家也相继对 PESA 及其衍生物进行了研究。在我国,北京化工大学、兰州理工大学等对 PESA 的合成及阻垢性能进行了一定的研究。他们以马来酸酐为原料,在水和碱的共同作用下水解生成马来酸盐,然后在过氧化物和钒系催化剂的作用下进行环氧化反应生成环氧琥珀酸,进而以稀土催化剂使之聚合,得到 PESA。其产物聚合度一般在 2～50,最佳值在 25 左右。

PESA 的最佳阻垢性能相对分子质量范围为 400～800。在 80 ℃、加热 6 h、pH 值为 9.0、Ca^{2+} 1 000 mg/L、HCO_3^- 500 mg/L(均以 $CaCO_3$ 计)的条件下,极小剂量 PESA(3 mg/L)对 $CaCO_3$ 垢的阻垢率就可达 95% 以上。用量为 10 mg/L 时,对 $CaCO_3$ 垢的阻垢率可达 100%,并保持不变。而同等剂量的有机膦酸(ATMP 和 HEDP)的阻垢率,则随着 Ca^{2+} 浓度和碱度的增大而显著下降。在单一药剂的情况下,PESA 的阻垢性能比常用的 HEDP、HPMA 阻垢剂要好,但比 PBTCA 稍差。另外,PESA 具有一定的缓蚀性能和较好的协同作用,与其他药剂复配可以形成性能较好的低磷或无磷缓蚀阻垢剂,因而有着十分广阔的应用前景。

3) 聚天冬氨酸型阻垢剂

聚天冬氨酸(PASP)是受动物代谢过程启发于近年开发成功的一种绿色阻垢剂。软体动物在其外壳形成期间是利用叫做母体蛋白的化合物控制碳酸钙结晶过程的。在这些蛋白质中,含有丰富的天冬氨酸,其聚合形态实际上是一种聚羧酸,这种天然产品具有很好的生物降解性质。PASP 具有优异的阻垢分散性能和良好的可生物降解性,是公认的绿色聚合物和水处理剂的更新换代产品。

美国 Donla 公司已建成了 18 000 吨/年的生产装置,其开发的热聚天冬氨酸(TPA)获得 1996 年度美国"总统绿色化学挑战奖"。TPA 作为 $CaCO_3$、$CaSO_4$、$BaSO_4$ 和 $Ca_3(PO_4)_2$ 的阻垢剂,广泛应用于冷却水处理、锅炉水处理以及脱盐、反渗透和闪蒸等过程中。TPA 还可作为缓蚀剂应用于油田,抑制采油管线中由二氧化碳引起的腐蚀。德国拜尔公司 1997 年建成了 1 000 吨/年的中试装置,其产品也在工业上获得成功应用。美国罗门哈斯公司也已建成了 450 吨/年的装置。此外,英国、日本、俄罗斯、法国、波兰等国的多家公司也正在积极研究开发这种产品。

4) 钨系水处理剂

钨系水处理剂是能充分结合我国自然资源研究开发的一类新型水处理剂。通过调查研究证实我国具有丰富的钨矿资源,其储藏量、生产量和出口量均占世界第一。经医学卫生单位测试,钨酸钠的 $LD_{50} \approx 2\,000$ mg/L,属低毒物质,在此基础上研究开发成功钨系复合水处理缓蚀剂,并已应用于炼油、医药等企业,取得良好的缓蚀、阻垢效果。

钨系水处理剂是一项我国享有知识产权的新型水处理剂,它既开拓了我国自然资源的用途,又能代替或部分代替目前大量使用的磷系水处理缓蚀剂,可减轻因富营养化引起的环境公害,有利于环境保护。但目前钨系水处理剂的生产和应用规模还不大,仅在部分工厂和宾馆的冷却水及空调水中应用,需要加快和加大其推广应用规模和步伐,并争取出口创汇。

2. 绿色杀菌灭藻剂

过氧乙酸是应用绿色化学原理开发的有利于生态保护的水处理杀菌剂。在工业水处理系统中,对控制微生物的杀菌剂通常的要求是有效、投加浓度低、反应快、有广谱的活性,并与其他缓蚀剂阻垢剂具有匹配性等。此外,要求杀菌剂的生产过程中不产生有毒的副产物,其分解产物应是环境可以接受的。过氧乙酸的生产过程和使用基本上都能符合上述要求。它的制备简单,例如:

$$CH_3COOH + H_2O_2 \rightleftharpoons CH_3COOOH + H_2O$$

它不产生有毒性的副产物,而且它的分解产物是乙酸、水和氧,都是环境可接受的,可用下式表示:

$$CH_3COOOH + H_2O \rightleftharpoons CH_3COOH + H_2O_2$$

$$H_2O_2 = H_2O + \frac{1}{2}O_2$$

过氧乙酸的杀菌效果好,与其他的缓蚀剂、阻垢剂有很好的相容性和匹配性。经比较,过氧乙酸的综合效果优于目前常用于工业水处理的杀菌剂(如异噻唑啉酮等),因而在工业冷却水、海水淡化和反渗透纯水制备过程中对微生物的控制方面具有广泛的应用前景。

3. 绿色絮凝剂

1) 天然有机高分子改性絮凝剂

天然有机高分子改性絮凝剂包括淀粉、纤维素、含胶植物、多糖类和蛋白质等的衍生物,目前世界上其产量约占高分子絮凝剂总量的20%。天然有机高分子絮凝剂具有原料来源广泛、价格低廉、无毒、易于生物降解等特点,显示出良好的应用前景。主要可分为三大类:碳水化合物类(多聚糖类)、甲壳素类以及木质素类。

(1) 碳水化合物类。

这类物质广泛存在于植物中,包括淀粉、纤维素、木素、单宁等。这类物质含有活性基团,如羟基、酚羟基等,表现出较活泼的化学性质,通过羟基的酯化、醚化、氧化、交联、接枝、共聚等化学改性,其活性基团大大增加,对悬浮体系的悬浮物有更强的捕捉与促沉作用。例如,以硫脲过氧化氢为催化剂,制得玉米淀粉与丙烯酰胺接枝共聚物,可用于含 Hg^{2+} 的造纸废水处理;若将氢氧化钠和碳酸钠在醇溶液中搅拌,加入淀粉成浆,再加入溶于醇溶液的氯乙酸和碳酸钠,进行羧甲基化反应制得的羧甲基淀粉钠,可用于油田污水的处理。

此外,还可通过阳离子改性、磺酸化等改性处理,制得改性絮凝剂。如以天然高分子植物粉F691为原料通过羧甲基化,接枝共聚和曼尼希反应合成了两性天然高分子改性絮凝剂,对污泥脱色有较好效果。

(2) 甲壳素类。

甲壳素是自然界中含量仅次于纤维素的天然有机高分子化合物,它是许多甲壳类动物外壳的主要成分,也存在于某些植物,如菌、藻类的细胞壁中,质量分数为30%~60%,是一种十分丰富的自然资源。壳聚糖是甲壳素脱乙酰化的产物,甲壳素可分为三类(A、B、C),以A型最为稳定,也是自然界中较普遍的存在方式。由于这类物质分子中含有酰胺基及氨基、羟基,因此具有絮凝吸附等功能。作为高分子絮凝剂,它的最大优势是对食品加工废水的处理,壳聚糖可使各种食品加工废水中的固形物减少70%~80%。近年的研究又发现,它对金属离子如 Mn^{2+}、Cu^{2+}、Pb^{2+}、Cr^{3+}、Zn^{2+}、Ag^+ 等有很强的去除能力。

但由于壳聚糖中游离的氨基可接受质子和盐,故在酸性水溶液中可溶解而流失,使其应用受到限制。因此,近年来对其进行了改性研究。例如,通过甲壳素和氯乙酸反应引入羧甲基,同时进行水解脱乙酰基,或利用壳聚糖中的氨基与醛基反应生成西弗碱,并选择分子结构中含有羧基的醛,制成的两性壳聚糖可显著提高脱色及COD去除效果。

(3) 木质素类。

木质素是一种天然芳香族高分子化合物,它是由松伯醇、芥子醇、对-香豆醇三种类型的苯丙烷结构单元经各种连接方式和无规则耦合产生的。木质素与纤维素、半纤维素一起是植物纤维的主要组成部分,是制浆造纸工业的蒸煮废液中的一种主要组分。全世界陆生植物每年可产生500亿吨木质素,其中制浆造纸工业的蒸煮废液中产生的工业木质素有3 000万吨。制浆过程中产生的含木质素等物质的废液,若不进行回收利用不仅会对环境带来严重的污染,而且造成了物质资源的极大浪费。因此,如何有效地利用好木质素资源,提高其附加值,并解决环境污染问题成为备受研究工作者关注的一个方向。同时,木质素本身具有甲氧基、酚羟基、羰基和羧甲基等多种官能团和多种化学键,有很强的反应活性,这为其进行化学改性、实现综合利用提供了可能性。

木质素是一种有复杂三维网状结构的有机高分子聚合物,其絮凝过程大致可归纳为两个步骤:第一步,先是通过静电吸引或氢键作用吸附水中的胶粒;第二步,片状絮体将胶粒和悬浮物网捕、卷扫,产生沉降。由于木质素的网状结构与溶剂分子相互作用形成溶剂化外壳,透过溶剂化外壳,木质素分子呈局部伸展的网状结构。由于溶剂化外壳的屏障作用阻碍木质素分子之间和木质素与其他胶体或悬浮粒子的直接接触而使胶体具有一定的稳定性,因此,木质素能发生混凝作用的前提是克服其溶液状态下自身胶体结构中溶剂化外壳的束缚作用,即要求水样 pH≤4;由于其网状结构具有的强大吸附作用和网捕作用,木质素分子之间和木质素与其他胶体或悬浮粒子相互搭接,形成坚实絮体沉出。

国外研究机构在研究木质素反应机理的过程中,曾利用曼尼西反应研制出 3 种木质素絮凝剂,并分别用于处理硫酸盐浆厂漂白废水。结果表明,在相同的条件下,木质素絮凝剂的絮凝效果明显优于硫酸铝。当其用量为 250 mg/L,废水的 pH 值为 7.2 时,硫酸盐浆厂漂白废水的色度去除率高达 95%。国内研究了利用蒸煮废液中的木质素合成木质素阳离子表面活性剂,用其处理阳离子染料、直接染料及酸性染料废水,结果表明,该木质素阳离子表面活性剂具有较好的絮凝效果,脱色率超过 90%。

当前我国水处理剂的生产正面临挑战,一是来自国外的絮凝剂竞争越来越激烈,二是人们对环境质量的客观要求也越来越严。因此新型絮凝剂的开发研究显得十分迫切。天然高分子絮凝剂以其优良的絮凝性、不致病性和安全性、可生物降解性,正引起世人的关注,开发此类絮凝剂是大有前途的。

2) 微生物絮凝剂

天然的微生物絮凝剂是一类由微生物产生的可使液体中不易降解的固体悬浮颗粒、菌体细胞及胶体等凝集、沉淀的特殊高分子代谢产物。该类絮凝剂是利用生物技术,通过微生物发酵、分离提取而得到的一种新型、高效、廉价的水处理剂。与传统的无机和有机高分子絮凝剂相比,微生物絮凝剂具有许多独特的性质和优点:①具有比表面积大、转化能力强、繁殖速度快、易变异、分布广等特点,且生物絮凝剂的来源广,生产周期短,效率高;②易于固液分离,形成沉淀物少;③易被微生物降解,无毒无害,安全性高;④由于微生物絮凝剂的相对分子质量都在 10^5 以上,具有可生化性,因此可消除二次污染;⑤絮凝广泛、脱色、除浊效果独特;⑥有的微生物絮凝剂还具有不受 pH 值的影响、热稳定性强、用量小等特点。此外,产生絮凝剂的微生物绝大多数来自土壤中,资源极其丰富,获得的方法也较简单,成本低廉。

因此，生物絮凝剂作为一类高效、安全絮凝剂已经得到研究者的关注和认可。

(1) 微生物絮凝剂的絮凝机理。

关于微生物絮凝机理的说法有很多，如黏质假说、酯合学说、菌体外纤维素丝学说等。目前普遍接受的是"桥联作用"机理。"桥联作用"机理认为，大分子微生物絮凝过程是几个物理化学过程共同作用的结果。其中，包括吸附架桥作用、电中和作用和卷扫作用。絮凝剂大分子借助离子键、氢键和范德华力，同时吸附多个胶体粒子，在颗粒间产生架桥现象，从而形成一种网状三维结构沉淀下来。这种吸附架桥作用是桥联机理的核心内容，但电中和作用也是不可忽视的，溶液中带有多个电荷的电解质能够与颗粒表面带着的相反电荷发生电中和，从而减弱颗粒间彼此的相互排斥力，促进颗粒的絮凝沉降，为絮凝剂的架桥提供了有利条件。卷扫作用基本是一种机械作用，形成小粒絮体的絮凝剂在重力作用下的沉降过程中，犹如一个过滤网下降，迅速卷扫水中胶粒产生沉降。

(2) 微生物絮凝剂的种类。

按化学组成的不同，可将微生物絮凝剂分为蛋白质、多糖、DNA 和脂类等四种类型。

① 蛋白质。早在 1976 年，国外已研究出了主要活性成分是蛋白质和己糖胺的合成絮凝剂。絮凝剂 NOC-1 是其中的代表之一。人们发现 NOC-1 的主要成分是蛋白质，其絮凝活性与蛋白质有重要的关系，而且分子中含有较多的疏水氨基酸，其最大相对分子质量为 75 万，可溶于吡啶等两性溶液中。

② 多糖。目前已经鉴定的微生物絮凝剂有很多种属于多糖类物质。如纤维素作为一种多糖物质，是某些微生物絮凝剂的主要活性组分，由于它主要引起产生菌细胞本身的絮凝，因而适用范围较广。

③ DNA。高相对分子质量的天然双链 DNA 是菌细胞凝集的直接原因。研究发现此类絮凝剂的絮凝活性与该类菌分泌到胞外的 DNA 有着直接的关系。

④ 脂类。国外于 1994 年首次分离到了一种脂类絮凝剂，这是此类微生物絮凝剂的首次报道，也是目前发现的唯一的脂类絮凝剂。

从目前的研究结果看，微生物产生的絮凝剂大多为多糖类和蛋白质类物质，脂类、DNA 等其他类型的生物絮凝剂较少。

(3) 微生物絮凝剂的应用。

废水脱色一直是废水处理中的一个难题，而用微生物的培养物处理某造纸厂有色废水时，80 mL 废水中加入 2 mL 微生物的培养物和 1.5 mL、1% 的聚氨基葡萄糖，即可在废水中形成肉眼可见的絮凝体，浮于水面，脱色效率为 94.6%，下层清水的透光率几乎与自来水相近。用聚铁絮凝剂处理焦化废水时，效果不好，悬浮固形物仅去除 47%。在焦化废水中加入 2% 的微生物培养物，并加入 Ca^{2+}，就可有效地去除悬浮固形物，去除率为 78%。

在用活性污泥处理废水时,处理效果常因污泥的沉降性能变差而降低。而从微生物分离出来的絮凝剂则能有效地改善污泥的沉降性能,防止污泥解絮,提高整个处理系统的效率。将絮凝剂加入已经膨胀的活性污泥中,可以使污泥的污泥体积指数从 290 下降到 50,而在污泥的沉降性能得到恢复的同时,却不会降低有机物的去除效率。

已有的研究表明,微生物絮凝剂可以对包括细菌、真菌、放线菌以及藻类在内的大多数微生物产生絮凝作用,具有广谱的絮凝活性,其可生物降解性和应用安全性,使微生物絮凝剂在废水处理、发酵工业和食品工业都具有很好的应用前景。

微生物絮凝剂可广泛应用于畜产废水、粪尿废水、膨胀污泥、砖厂废水和染料纸浆废水等的处理。目前研究得比较多的有酱油曲霉、拟青霉属微生物和红平红球菌(原称红平诺卡氏菌)等,混合菌株产生的絮凝剂正在开发之中。

美国、日本等国家对微生物絮凝剂进行了大量的研究,已取得初步的研究成果。微生物絮凝剂研制的关键问题是成本过高,而利用有机废物作为培养基则是一条有效途径。日本学者已进行过应用方面的研究,并申请了日本专利,而在国内尚未见报道。针对目前水处理剂技术市场的现状,微生物水处理剂的创制有三个层次:①利用现有的有效微生物技术;②按原水水质和处理要求,用天然微生物种专门配制能进行优化生物处理的微生物制剂;③利用生物技术,为存在疑难的水处理问题生产特效的人工细菌物种或物种群体。我国对此方面的研究尚处于实验室阶段。

6.4.2 绿色涂料

关于绿色涂料的界定,清华大学的洪啸吟先生认为应分为三个层次。

第一层次是涂料的总有机挥发量(VOC)。有机挥发物对我们的环境、我们的社会和人类自身构成直接的危害。涂料是现代社会中的第二大污染源。仅次于交通运输业带来的汽车尾气、油品渗透等。涂料对环境的污染问题也越来越受到重视。美国洛杉矶地区在 1967 年实施了限制涂料溶剂容量的《66 法规》。自此以后,国外对涂料中溶剂的用量的限定愈来愈严格。开始只对一些可发生光化学反应的溶剂实施限制,但后来发现几乎除水、丙酮等以外所有的溶剂都能发生化学反应。因此,常用的一些溶剂如甲苯、二甲苯、丁甲苯、丁酮都在限制之列,乙醇也不例外。总之,应该尽量减少这些溶剂的用量。

第二层次是溶剂的毒性,亦即那些和人体接触或吸入后可导致疾病的溶剂。大家熟知的苯、甲醇便是有毒的溶剂。乙二醇的醚类曾是一类水性涂料常用的溶剂,在 20 世纪 70 年代,它作为无毒溶剂而被大量使用,但在 80 年代初发现乙二醇醚是一类剧毒的溶剂,那时,实验室里此类溶剂都被严格禁止使用。例如,聚乙烯吡咯烷酮曾被认为是一种无毒的化学品,80 年代末被介绍给光固化涂料界,认为它是一种具有高稀释效率、高聚合速度的活性单体,而且用它作为活性稀释剂所得漆膜性能优异。但是不久就发现它是一种致癌物,因此被禁止使用。有毒的溶剂对生产和施工人员会造成直接危害。

第三个层次是用户的安全问题。一般来说,涂料干燥以后,它的溶剂基本上可挥发掉,但这要有一个过程,特别是室温固化的涂料,有的溶剂挥发得很慢,这些溶剂的量虽然不大,但由于用户长时间的接触,溶剂若有毒,也会造成对人体健康的伤害,因此在制备时一定要限制有毒溶剂的使用。

绿色涂料即对生态环境不造成危害,对人类健康不产生负面影响的涂料,也有人称之为环境友好涂料。它必须是不含有害的有机挥发物和重金属盐的涂料,后者主要指对生物有害的铅、铜、镉、汞等作为颜料的重金属盐。

从减少 VOC 排放量的手段考虑,涂料发展方面有:①涂料水性化;②高固体分化;③粉末化。

1. 粉末涂料

粉末涂料是发展最快的涂料品种,目前世界粉末涂料的总产量为 70 万吨。西欧占总产量的 50%。粉末涂料有 2 种类型:热塑性粉末涂料和热固性粉末涂料。热塑性粉末涂料以热塑性树脂作为成膜物质,要求热塑性树脂具有很高的相对分子质量以显示涂膜所具有的耐化学性和韧性,故价格较高,只有在特殊用途的厚保护涂层或功能性涂层,例如绝缘涂层才选用这种涂料。热固性粉末涂料成膜物质是热固性树脂和固化剂,热固性树脂的相对分子质量较高,但比热塑性树脂相对分子质量低,固化剂的相对分子质量较低。在固化期间,低分子物的流动性和表面浸润性好,因而对底材有较强的附着力,涂膜有较好的外观。近年来世界研究开发的最为瞩目的粉末涂料是低温固化型粉末涂料(烘烤温度在 150 ℃之下),其次是预涂用粉末涂料和氟树脂粉末涂料等功能性粉末涂料,再次是消光、高光泽及高鲜映性等美术型粉末涂料,并开始研究开发薄膜化、高耐候型、耐热型、高涂装效率粉末涂料品种。

2. 高固体分涂料

高固体分涂料的固含量在 60%~80%,在调节黏度高低的同时,保证涂膜性能和涂料应用性能达到一般溶剂型热固性涂料的水平或更高,这是一个十分复杂的课题。普通涂料中聚合物相对分子质量大,在交联成膜时,只需不多的基团参与反应,而高固体分涂料中的聚合物相对分子质量低,交联成膜需要更多的基团参与反应,才能达到预期的相对分子质量,保证官能团分布均匀的聚合技术对高固体分涂料制备是十分重要的,其低聚物制备,目前主要以缩聚反应和自由基聚合为主。应用树脂主要是丙烯酸树脂低聚物,作为高固体分化的手段是树脂改性(低相对分子质量化、低极性化和粒子化),添加活性稀释剂等,高固体分涂料最终目标一般认为在 80%(质量)左右。目前涂料工业最先进的美国也不过才实现中等水平的固体分,今后随着合成树脂方法的发展,高固体分涂料的开发竞争将会更加激烈。

3. 水性涂料

涂料的水性化的研究进展非常迅速,最近建筑涂料水性化率已超过45%。美国的工业涂料中水性涂料已占18%,西欧和日本水性化率较低,仅占5%～8%,我国建筑涂料水性化率已达到50%,今后还会快速上升,在水性涂料领域,由各国的竞相研究与开发已实现具有接近溶剂型涂料的乳胶涂料,研制出耐水型、耐候型等物性优良的涂料。

1) 水溶性醇酸树脂

水溶性醇酸树脂的主要成分包括多元醇、多元酸、植物油、脂肪酸等。国内醇酸树脂占涂料用树脂总量1/2以上,美、日、英等国也占30%～40%。这是因为该树脂在技术上、经济上有无可比拟的优越性,原料易得,工艺简便,涂膜柔韧,抗冲击,耐水性、耐酸性、耐盐水性、耐溶剂性极佳,使醇酸树脂水性化的方法如下。

(1) 在醇酸树脂中引入偏苯三酸、均苯四酸等多元酸,制成高酸值醇酸树脂,用氨中和。

(2) 用顺丁烯二酸与醇酸树脂中的双键加成引入羧基,然后用氨中和增溶。在醇酸树脂的制备中,多元醇最好是难水解的三羟甲基丙烷和三羧甲基乙烷,多元酸用苯二甲酸,干燥性能和硬度较好,脂肪酸以亚麻油酸的干燥性能较好。

2) 水溶性环氧树脂

水溶性环氧树脂有两种类型,一种是阴离子型,另一种是阳离子型。前者可用于阳极电泳漆,后者用于阴极电泳漆。阴离子型水溶性环氧树脂主要原料为环氧树脂、顺酐、油酸;阳离子型水溶性环氧树脂主要原料是环氧树脂、三亚乙基四胺、正新醇和正癸醇缩水甘油醚。水溶性环氧树脂具有很好的附着力、耐水性、耐化学性、防腐性,最适宜作底漆。水性环氧树脂还可对丙烯酸涂料进行改性,提高其耐化学品性及硬度等性能。鉴于水溶性环氧树脂涂料在生态和安全上的优点,许多国家投入大量的研究工作,以期解决水性环氧涂料的施工时限、干燥时间和闪锈等性能。

3) 水溶性聚氨酯树脂

水溶性聚氨酯树脂由多羧基化合物和脂及酸酯化后再与二异氰酸脂反应生成。反应产物中有过剩的羧基,可用多元酸交联也可用油和多元醇醇解后再与二异丁氰酸脂反应再加入顺酐加成,也可将部分游离的二异丁氰酸脂用低级一元醇或酚类化合物封闭,再用含羧基和仲胺基的化合物反应,这样生成的是阳离子型聚氨酯。

水溶性聚氨酯涂料具有优良的耐磨性、柔韧性和力学性能。其光泽好,防紫外线,耐水、耐溶剂性能好并可以室温固化。在国外水溶性聚氨酯地板漆作为溶剂型聚氨酯涂料的替代品受到用户的青睐。

6.4.3 聚碳酸酯

聚碳酸酯,又称为 PC 塑料,化学名为 2,2′-双(4-羟基苯基)丙烷聚碳酸酯,英文名称为 polycarbonate。

1. 聚碳酸酯的物理性能

聚碳酸酯密度为 $1.18\sim1.20$ g/cm^3,成型收缩率 $0.5\%\sim0.8\%$,成型温度 $230\sim320$ ℃,干燥条件 $110\sim120$ ℃ 8 h。冲击强度高,尺寸稳定性好,无色透明,着色性好,电绝缘性、耐腐蚀性、耐磨性好,但自润滑性差,有应力开裂倾向,高温易水解,与其他树脂相溶性差。适于制作仪表小零件、绝缘透明件和耐冲击零件等。

2. 聚碳酸酯的成型性能

聚碳酸酯的成型性能如下。①无定形料,热稳定性好,成型温度范围宽,流动性差。吸湿小,但对水敏感,须经干燥处理。成型收缩率小,易发生熔融开裂和应力集中,故应严格控制成型条件,塑件须经退火处理。②熔融温度高,黏度高。大于 200 g 的塑件宜用加热式的延伸喷嘴。③冷却速度快,模具浇注系统以粗、短为原则,宜设冷料井,浇口宜取大,模具宜加热。④料温过低会造成缺料,塑件无光泽;料温过高易溢边,塑件起泡。模温低时收缩率、伸长率、抗冲击强度高,抗弯、抗压、抗张强度低;模温超过 120 ℃时塑件冷却慢,易变形,粘模。可用挤出、注塑、吹塑和真空成型方法进行加工,制造各种板材、制件、容器、管件和薄膜等,其中最常用的是注塑成型法。

3. 聚碳酸酯的应用

聚碳酸酯的应用开发是向高复合、高功能、专用化、系列化方向发展,目前已推出了光盘、汽车、办公设备、箱体、包装、医药、照明、薄膜等多种产品各自专用的品级牌号。其消费应用领域主要在以下方面。

1) 光盘基础材料

近年来随着信息产业的崛起,由光学级聚碳酸酯制成的光盘作为新一代音像信息存储介质,正在以极快的速度迅猛发展,聚碳酸酯以其优良的性能特点因而成为世界光盘制造业的主要原料。目前世界光盘制造业所耗聚碳酸酯量已超过聚碳酸酯整体消费量的 20%。平均 1 kg 聚碳酸酯树脂大约可生产 55 张光盘。标准的 CD/VCD 盘单面可储存 600 兆字节的信息,用直径为 127 mm、1.2 mm 厚的聚碳酸酯盘作为有数据存储标记的铝膜基础盘。DVD 盘可存储 18 G 字节的信息,用 2 张直径为 127 mm、0.6 mm 厚的聚碳酸酯盘粘在一起,作为有存储数据标记的铝膜基础盘。DVD 技术要求基础盘的树脂具有必要的光学性质、物理性质和流变学性质,以缩短加工时间,增加数据标记的密度和降低盘的厚度,其年均增长速度超过 10%。我国光盘产量增长迅速,据国家新闻出版总署公布的数字,2002 年全国共有光盘生产线 748 条。2005 年耗光学级聚碳酸酯约 150 000 t,因而聚碳酸酯在光盘制造领域的应用前景十分广阔。

2）汽车制造工业

聚碳酸酯具有优良的抗冲击、抗热畸变性能，而且耐候性好，硬度高，因此适用于生产轿车和轻型卡车的各种零部件。聚碳酸酯树脂在汽车领域的应用和消费均有所增加，例如灯具。现代汽车头灯要求造型美观，形状复杂多样，灯玻璃要有很高的弯曲率，使用传统玻璃制造头灯在工艺技术上相当困难，而用聚碳酸酯代替玻璃之后，就大大降低了加工难度。聚碳酸酯生产巨头 GE 和拜耳公司就曾宣布，投资 4 000万美元成立合资公司，开发以聚碳酸酯为主要原料的耐磨损车用玻璃，这种玻璃质轻、抗碎、耐用，成本与普通玻璃不相上下，预计将有 50 亿～60 亿美元的市场。

在轿车和轻型卡车的各种零部件中，主要集中在照明系统、仪表板、加热板、除霜器及聚碳酸酯合金制的保险杠等。根据发达国家数据，聚碳酸酯在电子电气、汽车制造业中使用比例在 40%～50%，目前中国在该领域的使用比例只占 10% 左右，电子电气和汽车制造业是中国迅速发展的支柱产业，未来这些领域对聚碳酸酯的需求量将是巨大的。预计 2006 年我国汽车总量将达 350 多万辆，届时需求量也将达到 36 000 t，因而聚碳酸酯在这一领域的应用是极有拓展潜力的。

3）光学透镜领域

聚碳酸酯透镜的优点是抗冲击强度高，安全性好；折射指数高，可使用较薄的镜片；相对密度较低，可减轻镜片的质量；对紫外光具有高屏蔽性。由于聚碳酸酯可以注塑成型，因而可提高镜片的生产效率。聚碳酸酯镜片主要用于儿童眼镜（约占总量的 30%）、太阳镜和安全镜（占 20%）和成人眼镜（占 50%）。成人眼镜是增长最快的市场，在过去的七八年内，国外成人眼镜市场以年均 20%～25% 的速度增长。采用光学级聚碳酸酯制作的光学透镜不仅可用于照相机、显微镜、望远镜及光学测试仪器等，还可用于电影投影机透镜、复印机透镜、红外自动调焦投影仪透镜、激光束打印机透镜，以及各种棱镜、多面反射镜等诸多办公设备和家电领域，其应用市场极为广阔，显示出极大的市场活力。

4）建材行业

聚碳酸酯及防碎玻璃和片材的抗冲强度比普通玻璃高 250 多倍，比标准丙烯酸酯玻璃片材高 30 多倍，具有优良的抗碎性能和抗磨性能，而且抗热畸变性能优于丙烯酸酯玻璃，但价格高于丙烯酸酯玻璃和普通玻璃，可用于学校、医院、住宅、银行。聚碳酸酯板材具有良好的透光性、抗冲击性、耐紫外线辐射，制品具有尺寸稳定性和良好的成型加工性能，使其比建筑业传统使用的无机玻璃具有明显的技术性能优势。目前，国内建有聚碳酸酯建材中空板生产线 20 余条，年需用聚碳酸酯 7 万吨左右。

5）包装领域

近年来，在包装领域出现的新增长点是可重复消毒和使用的各种型号的储水瓶。聚碳酸酯制品具有质量轻,抗冲击和透明性好,用热水和腐蚀性溶液洗涤处理时不变形且保持透明的优点。聚碳酸酯在包装领域消费量最大的市场是 20 L 左右的大水瓶。除个别高消费市场外,聚碳酸酯瓶已取代玻璃瓶。据预测,随着人们对饮用水质量重视程度的不断提高,聚碳酸酯在这方面的用量增长速度将保持在10%以上。

6) 电子电气领域

聚碳酸酯在较宽的温、湿度范围内具有良好而恒定的电绝缘性,是优良的绝缘材料。同时,其良好的难燃性和尺寸稳定性,使其在电子电气行业具有广阔的应用领域。聚碳酸酯树脂主要用于生产各种食品加工机械,电动工具外壳、机体、支架,冰箱冷冻室抽屉和真空吸尘器零件等。对于零件精度要求较高的计算机、视频录像机和彩色电视机中的重要零部件,聚碳酸酯材料也显示出了极高的使用价值。

7) 航空航天领域

近年来,随着航空航天技术的迅速发展,对飞机和航天器中各部件的要求不断提高,使得聚碳酸酯在该领域的应用也日趋增加。据统计,仅一架波音飞机上所用聚碳酸酯部件就达 2 500 个,单机耗用聚碳酸酯约 2 t。而在宇宙飞船上则采用了数百个不同构型并由玻璃纤维增强的聚碳酸酯部件及聚碳酸酯的宇航员防护用品等。

8) 医疗器械

由于聚碳酸酯制品可经受蒸汽、清洗剂、加热和大剂量辐射消毒,且不发生变黄和物理性能下降,因而被广泛应用于人工肾血液透析设备和其他需要在透明、直观条件下操作并需反复消毒的医疗设备中,如生产高压注射器、外科手术面罩、一次性牙科用具、血液分离器等。

9) 照明灯具和器材

主要用于室外和商厦灯具,这些应用要求其材料具有防破坏功能。聚碳酸酯也用于透镜散射器、舞台用灯和机场跑道标志。

6.4.4 绿色溶剂

绿色溶剂的范畴可包括:①不在挥发性有机化合物及毒性释放名单范围内;②不危害人体健康;③对环境无害;④最好还应具有生物降解性,属自然资源型物质,可用于化妆品及药品工业。

溶剂在化学品生产过程中,广泛地用作反应分离的介质或清洗剂。在释放至环境或需处理的化学物质中,溶剂所占比重是大量的,而且目前广泛使用的有机溶剂如苯、甲苯等都是有害的、易挥发的、易燃的物质。绿色化学要求抛弃这些对环境有害的溶剂,采用环境友好的绿色溶剂。可以说,减少溶剂的使用,改进传统的溶剂,采用环境无害的替代溶剂及开发无溶剂反应是绿色化学的重大任务。其中设计无溶剂、水溶剂以及超临界流体介质中的化学反应,越来越受到人们的青睐。

目前,各国化学家都在抓紧绿色溶剂的研究工作。一是寻找环境有毒溶剂的替代物,例如用甲苯作为安全溶剂取代可引起血液中毒及白血病的苯,用2,5-二甲基己烷代替过度接触会引起人体神经系统中毒的正己烷。二是开发无溶剂反应的新途径或是寻找环境无害可再生的溶剂。美国 Las Alamos 国家实验室开发的以超临界 CO_2 作为溶剂,在咖啡因除去、蛇麻子萃取、精油制造、废物萃取和加氢反应等方面的工作和 Argonne National 实验室采用碳水化合物为原料合成高纯度的乳酸甲酯和其他乳酸酯的研究,就是环境友好溶剂的成功范例。

下面对水及超临界流体、离子液体等绿色溶剂做一详细介绍。

1. 水

水是最好的溶剂,它具有无毒、不燃、价廉而且来源丰富等特点,但发掘以水为介质的有机化学反应,是一个具有挑战性的课题。通常大多数有机物因在水中难溶解而不能进行其化学反应。但生命体中的有机反应均是在水相中反应的,这给研究者带来有益的启示。Rideout 报道了环戊二烯与甲基乙烯酮的环加成反应,在水中比在异辛烷介质中的反应速度快 700 倍。尤其是水相中的生化反应合成化学品将会成为绿色化学的增长点。

另外,也可采用水溶性的过渡金属配合物在水相中作为催化剂的方法使反应在液/液(水)两相中进行,从而解决水与多数有机溶剂不互溶的问题。这种在两相间反应的金属有机催化剂,其优点是催化剂在水相中易于回收再用。因此使均相催化剂多相化(heterogenization)是在传统方法中的一项引人入胜的革新,克服其易失去活性与选择性的缺点。固相化的方法是将水溶性金属有机配合物在稀溶液中涂膜于表面高度亲水载体如硅胶(silica)或可控表面多孔玻璃(controlled pore glasses)上,得到的催化剂放在含反应物的水不相溶的液相中,反应在水与有机溶剂界面上进行,催化剂经过简单的过滤就可回收。这种两相金属有机催化反应在工业上成功应用的一个例子是 Ruhrchemie-Rhonepoulenc 法,使丙烯羰基化生成正丁醛(采用水溶性的三磺酸三苯膦的铑配合物为催化剂)。后人还将此概念推广到许多过渡金属催化反应中去,例如不饱和醛的化学选择性氢化反应。

C. A. Ecker 等最近著文介绍了近临界水(near critical water)可以作为一种完美的无害溶剂用于有机合成。近临界水与常态及超临界水的性质大不相同。超临界水用于废弃物的脱毒已有 20 多年历史,在 400~500 ℃,200~400bar,它与氧和典型的环境毒物相混合,主要发生自由基反应,使毒物变成小分子如 CO_2、H_2O、HCl 等。与此不同,近临界水则显示出很好的合成分子的用途,而不是破坏它们,它比超临界水的温度、压力都低些,而介电常数与密度都高些,这种性质使其有利于化学合成。与常态水一样,近临界水也能够水合离子,但它也能溶解非极性的有机化合物。这种特性使近临界水成为有机反应的好溶剂。近临界水的另一个特征

是强化电离为 H^+ 与 OH^-，这有利于酸碱催化反应，从 25 ℃ 到 250 ℃ 离解常数增加了三倍。由于近临界水能提供更多的 H^+ 与 OH^- 离子，可以催化化学反应，免除了外加的酸和碱，它们在许多工艺过程中都要中和后弃去。因此在传统的酸碱催化反应中，近临界水可以同时作为溶剂、催化剂与反应剂。

此外，对超临界水的研究也显示出特殊的吸引力。超临界水由于其特殊的物理性质可以溶解许多有机物，且在 O_2 与其他氧化剂如 H_2O_2、硝酸盐等存在下可使有机物几乎完全转化。例如，在 500～650 ℃ 下，1～100 s 内可转化 99%～99.99%，形成单体或其他小分子，从而消除其危险性，显示出很好的应用前景。

2. 超临界流体

近年来，超临界流体(SCF)特别是超临界 CO_2 用作反应介质的研究有较多报道。超临界 CO_2 是指温度和压力均在其临界点(311 ℃，7 777.79 kPa)以上的 CO_2 流体。它只有液体的密度，因而具有常规液态溶剂的溶解性能。其最大优点是无毒、无害、不可燃、成本低。目前正在开发其在非对称催化还原、超临界聚合、超临界自由基溴化等方面的应用。如 Tanke 发现了超临界流体中的自由基卤化反应的选择性和收率优于常规体系。de Simome 报道了在超临界流体中甲基丙烯酸的聚合比在有机卤化物溶剂中有显著的优越性。Burk 等人研究了环氧化合物的聚合、烯烃氧化和不对称加氢等化学过程，在超临界流体中不出现中间产物，比在常规溶剂中反应性能更好，尤其是不对称加氢反应。Dow 公司已开发成功了采用超临界 CO_2 替代氟氯烃作为苯乙烯泡沫塑料包装材料的发泡剂。

超临界流体由于具有在基质及间隙中很快透过的能力，表面张力小，在溶解了杂质后很容易完全分开，是很有效的清洗剂。超临界 CO_2 可溶解许多的有机化合物。CO_2 的优点是具有接近室温的临界温度(31 ℃)，中等的临界压为(7.86 MPa)及无毒、无害的环境友好性能。超临界流体在作为卤化和芳香溶剂的替代溶剂、燃料加工、生物催化、聚合及合成等方面都得到广泛的应用。

绿色化学要求尽量不用溶剂等辅助物质，不得已使用时必须是无害的。目前广泛使用的有机溶剂一般都是挥发性有机化合物，它们是环境的严重污染源。无毒无害溶剂研究最活跃的是采用超临界流体作溶剂。如 CO_2 当温度与压力均在临界点(31 ℃ 和 73.8 Pa)以上时，具有液体的密度，同时具有气体的黏度，且密度与黏度均可由压力与温度的变化来调节，使超临界 CO_2 成为优良的溶剂，具有无毒、不可燃、来源广泛等特点。目前已经发现许多能在超临界 CO_2 中进行的反应，有可能代替挥发性有机化合物成为反应溶剂。

当 CO_2 被压缩成液体，或超过其临界点($T_c=304.2$ K，$p_c=7.39$ Pa，$\rho_c=0.468$ g/mL)成为超临界流体时，它具有许多优良性能，无毒、不可燃、价廉，而且可以使许多反应的速度加快和(或)选择性增加，因此可以成为一种优秀的绿色化学溶剂。

CO_2 超临界萃取法是精细化工中应用较广、成效很大的技术,对于天然产物(植物资源)尤其是中草药有效成分的提取、分离可以发挥很大的作用。我国科学家在茶叶、银杏叶有效成分的萃取中采用超临界 CO_2 方法取得了显著的成果。

R. Noyori 及其合作者在探寻对环境友好的合成化学时,报道了一个新的合成实例:即 N,N-二甲基甲酰胺可在 $RuCl_2(PMe_3)_4$ 催化剂作用下,用超临界 CO_2 既作溶剂又作反应试剂合成制得,如下式所示:

$$CO_2 + H_2 + HNMe_2 \xrightarrow[\text{超临界} CO_2]{RuCl_2(PMe_3)_4} HCONMe_2 + H_2O$$

该反应原子利用率为 80.2%,除目标产物外,只有水生成,因而是环境友好合成。而且催化效果比以前所得结果高两个数量级。

3. 离子液体

迄今为止,我们所知道的大多数化学反应都是在分子溶剂(molecular solvent)中进行的。清洁工艺的最新进展之一就是在有机合成中采用离子液体作溶剂。离子液体是由离子片断(ionic species)组成,即由大的阳离子与阴离子组成。它们在常温下呈液态,具有以下特点。

(1) 熔点低,作为溶剂能适应于 $-100 \sim +200$ ℃ 之间操作,熔点的高低由组成的离子来调节,因此又可称为"设计者的溶剂"(designer solvent)。

(2) 蒸气压等于零。从环保观点来看,就意味着无泄漏(emissions),不逸散(fugitive)。

(3) 从催化的角度来看,其优点在于溶解性独特,如 N-取代反应中,催化剂溶解而产品不溶,因此可以自动地分出产品,不存在分离出均相催化剂的困难。

(4) 不燃烧。在两相反应器中,离子液体溶解催化剂处于下层,反应试剂溶于有机试剂中处在上层,反应在界面上进行,产品留在有机相中。反应完毕后蒸去溶剂得到产品,此法所需的有机溶剂极少。

一般制药工业采用的均相配合催化剂不十分稳定,难以回收,不可避免地有损失,因此价格昂贵。由于离子液体是黏稠性的,它不适用于多相催化反应——反应剂与产品不能够很快地、充分地渗到液体中。因此,将离子液体制成薄膜涂在分子筛上,此薄膜能够使均相催化剂溶于其中,而反应剂与产物不溶解,就形成了一个多孔的反转体系,反应在膜与溶剂的结合处发生,实际上均相反应成了多相反应,不会失去活性也不会改变反应机理。

离子液体有许多优点,引起了学术界与企业界的高度重视,并开展了广泛的研究,在经典的有机合成反应中都得到了应用,甚至在酶催化反应中也取得了效果。离子液体以其优异的溶解性能以及无毒、无烟、稳定、价廉、易制备等特点,给化学带来了革命性的变化,为绿色工业铺平了道路。

科学背景

泰晤士河变清的启示

英国首都伦敦位于大不列颠岛的东南部,它以悠久的历史、多重的色彩、雄伟的风姿屹立于世界名城之列。苏格兰诗人威廉·邓巴称伦敦为"万城之花"。伦敦优越的地理位置使英国历代王朝都愿意将首都建在此地。横贯伦敦的泰晤士河更使水上交通十分便利,为伦敦这座城市的形成和发展提供了基础。

泰晤士河是一条能吸引不少游人的美丽河流,河水洁净清澈,碧波荡漾,水清见底,河中丰富的鱼虾供应着伦敦的水产市场。随着18世纪后半叶产业革命的兴起,英国的资本主义进入了大发展时期。从此,英国崛起为一个庞大的殖民帝国,工业革命更给伦敦带来了繁荣。然而,工业革命也给伦敦带来了严重的环境污染。工业的废水和城市的污水,使清清的泰晤士河遭到了毁灭性的破坏。

渐渐地,泰晤士河的两岸盖起了工厂,那些工厂的污染物和五颜六色的废水统统流进河中,沿岸居民的生活污水也大量排入泰晤士河,河水变得污浊不堪,成为一条不折不扣的"死河",鱼类根本无法生活。1856年,河水的污染达到了顶点。这年夏天,河水发出的阵阵臭气简直到了难以容忍的程度,伦敦的标志——大本钟所在地的议会大厦,因紧靠着泰晤士河,不得不挂起了一条条浸透了消毒药水的窗帘,紧闭门窗,以阻挡这令人无法忍受的臭气。

1878年,"爱丽丝公子"号游艇不幸沉没,游艇上的人们纷纷跳入河中,造成了640人死亡,酿成了泰晤士河上有名的惨剧。事后警察对死者的调查结果使人们颇感意外,落水游客是中了被污染河水的毒而死亡的。泰晤士河的污染问题一直延续到20世纪60年代。20世纪60年代以后,在民众的强烈要求下,英国政府下决心对泰晤士河进行彻底的治理。通过详细的调查,发现造成河水污染的污水有79%来自未经认真处理的污水处理厂,有12%直接来自工矿企业。这使得他们认识到,要改善河水的水质,必须大规模更新和改良污水处理设备,严格控制工业水的排入,并制定严格的法规。泰晤士河沿岸的工厂建起了污水处理厂,经过长期的治理,河水变清了,河水中氧气含量达到了36%,河里长了水草,鱼群重新出现了。河中现有95种鱼类,其中包括早已在泰晤士河上绝迹了的珍贵的鲑鱼,这算是一个奇迹!此外,河里还出现了小虾和欧洲非常罕见的河蟹。鱼来了,飞鸟也来了,麻鸭、水鸭、什尾鸭、大雁、黑雁等在这里过冬的鸟类达1万只以上,甚至天鹅也在河里悠闲地觅食。泰晤士河重新成为人们喜爱的旅游观光胜地。

泰晤士河由清到臭,再由臭到清,给人们带来的教训和经验是深刻的,而在这场水质的变化中,扮演主要角色的人所起的作用又是令人深思的。它从一个侧面给当今世界上水资源匮乏、水污染严重的地区以启迪:要保护水源,要积极治理水源,因为水是生命之源!

或许,保护人类生存的环境,防治水资源污染已成为世界各国政府所关注的问题。怎样才能既满足人类的生活、工业和农业上用水的需要,又不破坏自然界中有限的水资源呢?泰晤士河的水质变化给我们以深刻的启示。

实现无污染工艺的根本性措施才是保护水资源的发展方向。所谓无污染工艺,就是在工业生产中用无毒或低毒原材料取代有毒的原材料;采用高新技术,实现资源、能源综合利用;建立闭路循环系统,使有害废物消灭在生产过程中,不让其排入水环境;采用先进的科学技术,生产无污染的新型产品以取代旧产品。同时,改进水处理技术,提高水处理的效率,降低水处理的费用和能耗也是重要的方面。一些新的分离技术、循环用水技术、土地处理系统和生物处理技术,是今后水污染防治的重要的发展方法。

思 考 题

1. 简述绿色化学的原则,试从中任选2项加以简单论述。
2. 简述绿色化学的目标。
3. 为什么要大力发展绿色化学?
4. 简述绿色化学及其与环境污染治理的异同。
5. 举例说明原子经济反应是不产生污染的必要条件。
6. 举例说明什么是催化剂,它在化学反应中有何作用?
7. 为什么说催化剂能全方位地促进绿色化学的发展?
8. 简述反应原料的重要性及绿色化学对反应原料的选择原则。
9. 简述生物质作为反应原料的优缺点。
10. 超临界流体与普通流体相比有何特点?试述超临界CO_2作为反应溶剂的局限性。

第 7 章　化学与材料

材料是人类赖以生存和发展的物质基础。人类的一切活动都离不开材料,人类使用材料的历史就是人类社会的发展史。从古代的石器时代、公元前的青铜器时代、铁器时代、钢时代,18世纪以后的硅时代、高分子材料时代,到如今的新材料时代,历史的发展充分证明,材料与人类社会的发展密切相关,材料在人类社会的发展中具有不可替代的作用和地位。

7.1　材料与社会的发展

人类从诞生之日起,就开始开发和利用材料;而材料从被人类利用的那天起,就与我们的生活息息相关。可以毫不夸张地说,世界上的万事万物,就其与人类生存和发展的密切关系来说,没有任何东西可与材料媲美。那么,究竟什么是材料呢?材料当然是宇宙万物中的一部分,但更具体地说,材料是指人类用来制作物件的物质。

材料是人类社会进化和人类文明的里程碑,是人类赖以生产和生活的物质基础,是社会进步的物质基础和先导。因为对材料的认识和利用能力决定着社会的形态和人类生活的质量,所以,历史学家往往用制造工具的原材料作为历史分期的标志。纵观人类发展的前期,就是沿着旧石器时代、新石器时代、青铜器时代和铁器时代(包括钢时代)的历史轨迹发展[①]。由此我们不难发现材料在社会进步中的巨大作用。青铜器曾经显赫一时,但又很快被铁器所取代,原因是铁这种材料性能比铜更优越,资源比铜更丰富,冶炼、加工制造比铜更容易。为什么在酚醛树脂(1909年)合成后100年的时间内,合成橡胶、塑料、纤维和各种各样的合成高分子材料如雨后春笋般地涌现出来?原因是曾经在历史上起过革命性作用的钢铁已远远无法满足人类日益增长的物质和文明需要。可见,每一种重要材料的发现和利用都会把人类支配和改造自然的能力提高到一个新的水平,给社会生产力和人类生活带来巨大的变化,把人类物质文明和精神文明向前推进一步,也就是说材料技术的突破直接引发了人类文明的飞跃。从某种意义上说,一部人类文明史就是一

---

① 20世纪末期,国外有人基于人类使用材料的历史并充分考虑近三四十年的发展,认为从过去到现在共经历了7个时代:石器时代(公元前10万年)、青铜器时代(公元前3000年)、铁器时代(公元前1000年)、水泥时代(1796年)、钢时代(1800年)、硅时代(1950年)、新材料时代(1990年)。

部材料科学的发展史。

当历史的车轮步入21世纪后,新材料已成为各个高新技术领域发展的突破口,并在很大程度上影响新兴产业的发展进程。高技术发展中遇到的很多难题有不少实际上就是材料问题,没有新材料的开发和应用就谈不上新技术、新产品和产业的进步。如果没有半导体材料加工技术的日新月异,就没有计算机芯片的更新;没有耐高温材料和涂层材料,人类遨游太空的梦想就无法实现;没有低损耗的光导纤维,便不会出现光信息的长距离传输,也无当今的光通信,更无"信息公路"可言了;找不到价格低、寿命长、光电转化率高的光电转换材料,太阳能也就无法充分利用了。可见,新材料技术的不断发展为整个科学技术的进步和国防现代化提供了坚实的基础,而科学技术的进一步发展,又对材料的品种和性能提出了更高的要求。因此,一部科学技术发展史也称得上是一部材料发展史。

世界各国对材料的分类不尽相同,若按照材料的使用性能来看,可以分为结构材料和功能材料;从材料的应用对象来看又可以分为信息材料、能源材料、建筑材料、生物材料、航空材料等多种类别;但就大的类别可以分为金属材料、无机非金属材料、高分子材料和复合材料四大类。

7.2 无机非金属材料

无机非金属材料指某些元素的氧化物、碳化物、氮化物、硼化物、硫系化合物(包括硫化物、硒化物及碲化物)和硅酸盐、钛酸盐、铝酸盐、磷酸盐等含氧酸盐为主要组成的无机材料。包括陶瓷、玻璃、水泥、耐火材料、搪瓷及天然矿物材料等。

无机非金属材料用途各异,目前尚没有一个统一而完善的分类方法。但通常把它们分为传统(普通)无机非金属材料和新型(特种)无机非金属材料两大类。前者指以硅酸盐为主要成分的材料,这类材料一般生产历史较长、产量较高、用途也较广。后者主要指20世纪以来发展起来的、具有特殊性质和用途的材料,如压电、铁电、导体、半导体、磁性、超硬、高强度、超高温、生物工程材料以及无机复合材料等。直至今日,无机非金属材料的应用范围已从品种与数量极为浩繁的建筑及日用两个方面进一步拓展到了冶金、化工、交通、能源、机械、电工电子、食品、光学、医药、照明、新闻媒体、情报技术、国防军工、航空航天以及其他尖端科技领域。

现在国际上无机非金属材料的发展动态主要涉及以下几个方面:固体电解质材料的制备,结构和性能研究;结构陶瓷的制备,组织结构和性能的研究;磁性材料、电性材料、压电陶瓷、半导体陶瓷等功能材料的制备和研究;古陶瓷(黏土制成的土陶)和日用陶瓷的研究和开发;高温陶瓷、耐火材料的制备和开发等。21世纪无机非金属材料的发展将集中在适应下列几方面的形势要求。首先,信息技术已从电子技术进入光电子技术,并接着达到光子技术。其次,动力机械受到热力学限制,预料在本世纪初叶,承受高温的材料有可能实现重大突破;燃料电池和太阳能利用也将成为重点材料的研究方向。再次,纳米技术与纳米材料是有着广泛应用前景的重要发展领域。最后,生物医用材料也将进入"春华秋实"的新时代。制造无机非金属材料所用的原材料,除了廉价而丰富的众多自然矿物原料外,近年来又多改用人工合成原料,以进一步提高材料产品的最终质量品位,从而开拓了更高层次的科技应用范畴。

由此不难看出,无机非金属材料工业在国民经济中占有重要的先行地位,具有超前特性,其发展速度常常高于国民经济的发展速度。可以说,无机非金属材料工业是整个国民经济兴衰的"晴雨表",与人类的文明生活和国民经济的发展息息相关。

7.2.1 传统无机非金属材料

传统无机非金属材料主要指硅酸盐材料,传统的硅酸盐材料一般是指以天然的硅酸盐矿物(黏土、石英、长石等)为主要原料,经高温窑炉烧制而成的一大类材料,故又称窑业材料。包括日用陶瓷、一般工业用陶瓷、普通玻璃、水泥、耐火材料等,这类材料具有非常悠久的历史。传统的无机非金属材料是工业和基本建设所必需的基础材料。如水泥是一种重要的建筑材料;各种规格的平板玻璃、仪器玻璃和普通的光学玻璃以及日用陶瓷、卫生陶瓷、建筑陶瓷、化工陶瓷和电瓷等,与人们的生产、生活息息相关。其他产品,如搪瓷、铸石(辉绿岩、玄武岩等)、碳素材料、非金属矿(石棉、云母、大理石等)也都属于传统的无机非金属材料。这里主要介绍四种常见的无机非金属材料:水泥、玻璃、陶瓷和天然石材。

1. 水泥

水泥呈粉末状,与水混合后成为可塑性浆体,经一系列物理化学作用凝结硬化变成坚硬石状体,并能将散粒状材料胶结成为整体。水泥浆体不仅能在空气中硬化,还能在水中硬化,保持并继续增长其强度,故水泥属于水硬性胶凝材料。

胶凝材料的发展史极为悠久。距今4 000~10 000年的新石器时代,劳动力提高,挖穴建室兴起。用黏土抹砌建筑,或掺入植物纤维以加筋增强。在中国新石器时代遗址中,还发现用天然姜石(SiO_2含量高,石灰质,选自黄土)夯实而成光滑坚硬的柱础、地面与墙壁。随着火的发现,公元前2000~3000年,中国、埃及、希腊及罗马等将经煅烧的石膏或石灰调成砌筑砂浆用于如长城、金字塔及其他许多宏伟建筑。18世纪后期,有了煅烧黏土质石灰石所得的水硬性石灰和罗马水泥。进而煅烧天然水泥岩(含黏土20%~25%的石灰石),再磨细制得天然水泥。最后用石灰石和黏土制成水硬性石灰,为近代硅酸盐水泥制造雏形。它在19世纪初(1810—1825年)已在高温煅烧并烧结成块下组织生产。因其凝结后的外观色泽极似英国波特兰所产石灰石,故称波特兰水泥(即硅酸盐水泥)。随着该类水硬性材料的应用,19世纪后混凝土成为应用最广泛的建筑材料。

水泥作为最主要的建筑材料之一,广泛应用于工业与民用建筑、交通、水利电力、海港和国防工程。水泥与骨料及增强材料制成混凝土、钢筋混凝土、预应力混凝土构件,也可配制砌筑砂浆用于装饰、抹面,防水砂浆用于建筑物砌筑、抹面和装饰等。但仅仅硅酸盐水泥、石灰、石膏等几种胶凝材料还远远不能满足建筑工程之需。自20世纪初至今,各国一直不断地在开发各种用途与特性的水泥品种;与此同时,相应的新技术、新工艺、新设备,乃至水泥科学基础理论也都与时俱进。2008年,一座座用生态水泥建造的奥运场馆在北京拔地而起,新颖漂亮的建筑生动展示了水泥行业的发展和进步。以生态水泥作为建设材料的奥运场馆让世界惊叹,也更让水泥业同仁惊叹。

水泥种类很多,中国GB4131—1984将水泥按其用途和性能分为:通用水泥、专用水泥和特性水泥三大类。通用水泥用于大量土建工程的一般用途,有硅酸盐水泥、普通硅酸盐水泥以及矿渣的、火山灰质的、粉煤灰的、复合的硅酸盐水泥六个品种。专用水泥则指有专门用途的水泥如油井的、大坝的、砌筑的等。特性水泥是指某种性能较突出的水泥,如快硬的、低热的、抗硫酸盐的、膨胀的、自应力的等。按水硬性矿物分类,有硅酸盐的、铝酸盐的、硫酸盐的、少(无)熟料的等。水泥品种虽然已有100多种,但从应用方面考虑,硅酸盐类水泥是最基本的。

2. 玻璃

玻璃是由熔融物冷却、硬化而得到的非晶态固体,其内能和构形熵高于相应的晶体。其结构为短程有序,长程无序。广义的玻璃包括无机玻璃、有机玻璃、金属玻璃等;狭义上仅指无机玻璃,最常见的是硅酸盐玻璃。

人类早期玻璃制造技术的发生和发展,与制陶和青铜冶炼技术的进步有关。距今约4 000年前,美索布达米亚地区和地中海沿岸的埃及和腓尼基人已能制造玻璃。其组成基本上属 $Na_2O\text{-}CaO\text{-}SiO_2$ 系统。由于铁、锰及铜杂质氧化物较多,大都呈深绿色。中国已知最早的玻璃是在距今约3 000年前的西周早期墓葬(陕西宝鸡)中发现的。到战国(公元前475~221年)时,玻璃制品制作精巧,已成为商品。其组成大都属 $BaO\text{-}PbO\text{-}SiO_2$ 系统。公元前300年到公元300年这一时期(相当于日本的弥生时代),中国玻璃的制品和技术还向邻国日本流传。由于东方和西方的文明发展在一定程度上是相似的,有可能存在着中国和美索布达米亚及地中海沿岸地区两种不同的玻璃制造的起源。公元前1世纪时,罗马人发明用铁管吹制玻璃。11—15世纪,玻璃的制造中心在威尼斯,生产窗玻璃、玻璃瓶、玻璃镜和装饰玻璃等。17世纪时,欧洲许多国家都建立了玻璃工厂,并开始用煤代替木柴燃料。1790年,瑞士的Guinand发明了用搅拌法制造光学玻璃。19世纪中叶,发生炉煤气和蓄热室池炉应用于玻璃的连续生产。随后,出现了机械成型和加工。制碱以及耐火材料质量的提高对于玻璃工业的发展都起了重大的促进作用。19

世纪末,德国的 Abbe 和 Schott 对光学玻璃进行了系统的研究,为建立玻璃的科学基础作出了杰出的贡献。

玻璃是由石英砂、纯碱、长石及石灰石等在 1 550～1 600 ℃高温下熔融后经控制或压制而成。如果在玻璃中加入某些金属氧化物、化合物或经过特殊工艺处理后,又可制得具有各种不同特性的特种玻璃及制品,以适应不同的使用要求。常见的玻璃品种有:平板玻璃、中空玻璃、压花玻璃、毛玻璃、钢化玻璃、夹层玻璃、空心玻璃砖、光致变色玻璃、热反射玻璃(镀膜玻璃)等。

玻璃具有一系列非常可贵的特性。特别是制造玻璃的原料丰富、价格低廉,因此获得了极其广泛的应用。其应用范围涉及建筑材料、化学工业、医药工业、轻工业、电子工业、交通运输、航空航天、核工业。玻璃制品中的普通玻璃是以硅酸盐系统为主要基础的传统玻璃,包括有平板玻璃、日用玻璃、光学玻璃、电真空玻璃、点光源玻璃、玻璃纤维等。

而特种玻璃则是一类根据特殊用途专门研制的,其成分、性能、制造工艺均与一般工业和日用玻璃有所差别的一类玻璃。特种玻璃逐渐脱离了传统玻璃的基础系统范围。常见的特种玻璃有光学玻璃、微晶玻璃、生化玻璃、溶胶-凝胶玻璃等。

3. 陶瓷

陶瓷是指以天然或人工合成的无机非金属物质为原料,经过成形和高温烧结而制成的固体材料和制品。中华民族的文明自古就与陶瓷的发展联系在一起。陶瓷材料的发明和应用,开创了新石器时代。中华民族早在距今 10 000 年的新石器时代早期,就在现今的江西省万年县大源仙人洞一带和陕西省华县老官台地区烧制质地粗糙的夹砂红陶了。到距今约 5 000～6 000 年的仰韶文化时期,出现了细泥彩陶(所以仰韶文化又称彩陶文化),这种陶器具有独特的造型,还有美丽的图案。到了商代以后,人们逐渐认识和掌握了釉料,出现了釉陶和原始瓷器,如著名的"唐三彩"。世界其他地区,如古埃及、印度、希腊等国的人们与我们的祖先一样,制陶工艺也是开始于新石器时代,并随着社会的发展而发展。后来,中国劳动人民在制陶技术的基础上又发明了瓷器,这是陶瓷材料发展的一次飞跃。瓷器(英译名为 china)因而成为中华民族文化的象征之一。

随着生产与科学技术的发展,陶瓷产品的种类也日益增多。按组成可分为硅酸盐陶瓷、氧化物陶瓷、非氧化物陶瓷。按性能可分为普通陶瓷、特种陶瓷。普通陶瓷是利用天然硅酸盐矿物(如黏土、石英、长石等)为原料制成的陶瓷,又称传统陶瓷,如日用陶瓷(餐盘等)、建筑陶瓷(墙面砖)、化工陶瓷等;特种陶瓷是采用高纯度的人工合成原料制成的具有各种独特的力学、物理或化学性能的陶瓷,又称新型陶瓷。它们都是在传统硅酸盐陶瓷基础上发展起来的新一代无机非金属材料,如结构陶瓷(陶瓷刀)、功能陶瓷(电子陶瓷)。按用途可分为日用瓷、艺术瓷、建筑瓷、化工瓷等。

传统陶瓷一般是以黏土为主要原料(可塑性)、石英为非可塑性(瘠性)原料、长石为助熔剂所烧成的三组成制品,是种多晶、多相(晶相、玻璃相和气相)的聚集体,其组成主要为硅酸盐。

传统陶瓷可以分为建筑卫生陶瓷、电工陶瓷和化工陶瓷三大类。特种陶瓷的品种繁多,其分类可按化学组成分类,也可以按性质分类。但通常都把它划分为结构陶瓷材料和功能陶瓷材料两大类。结构陶瓷是指利用其热功能、机械功能和化学功能的陶瓷制品。主要有耐磨损材料、高强度材料、耐热材料、高硬度材料、低膨胀材料和隔热材料等结构材料。功能陶瓷主要指的是利用电磁功能、光学功能、生物化学功能等的陶瓷制品,其中绝大多数是绝缘材料、电介质材料、磁性材料、压电材料、半导体和超导陶瓷等电子陶瓷材料,其他功能陶瓷材料还包括生物陶瓷材料、抗菌陶瓷材料、透光性陶瓷材料等。

4. 天然石材

建筑用石材有天然和人造两大类。由天然岩石开采的毛料或经加工制成的块状、板状石料统称为天然石材。天然石材是最古老的建筑材料之一,世界上许多的古建筑都是由天然石材建造而成的。早在2 000多年前的古罗马时代,就开始使用白色及彩色大理石作建筑饰面材料。意大利著名的比萨斜塔全是由大理石建成的,总重达144 500 t。希腊早在公元前5世纪就开始开采、加工和应用大理石。古埃及的金字塔和太阳神神庙都是最有历史代表性的石材建筑。中华民族几千年的文化源远流长,我们祖先发现和利用石材的历史,可追溯到80万年前的蓝田人和旧石器时代的河套人、山顶洞人。特别是创建于前秦建元二年(公元366年)的敦煌莫高窟,秦朝开始兴建的万里长城,始建于北魏时期的大同云冈石窟、河南洛阳的龙门石窟,隋初建成的河北赵州桥,元明清时期的宫殿和陵墓等都是自然与人文完美结合的杰作和人类文化的宝贵遗产。在现代建筑中,北京的人民英雄纪念碑、人民大会堂、北京火车站、毛主席纪念堂等,也都是大量使用天然石材的建筑典范。

我国有丰富的天然石材资源,可用于建筑工程的天然石材遍布全国。重质致密的块体石材,常用于砌筑基础、桥涵、垒土墙、护坡、沟渠与隧道衬砌等,是主要的石砌体材料;散粒石料,如碎石、砾石、砂等,则广泛用作混凝土骨料、道砟和铺路材料等。轻质多孔的块体石材常用作墙体材料,粒状石料可用作轻混凝土的骨料;坚固耐久,色泽美观的石材可用作建筑物的装饰材料。天然石材由于具有抗压强度高,耐久性和耐磨性良好,资源分布广,便于就地取材等优点而得到广泛应用。

今天,中国的石材业(进出口、生产、使用)是名副其实的世界第一,为世界石材业的发展起到了促进作用。从世界顶级的精品工程到平民百姓的房屋装修,石材因其高贵典雅、返璞归真的天然本色,成为当今室内外装饰工程的首选产品。

建筑中常用的石材有大理石和花岗岩。

1) 大理石

大理石是由石灰岩或白云岩变质而成，主要的造岩矿物是方解石或白云石。其主要化学成分为碳酸盐类。大理石具有等粒或不等粒的变晶结构，结构较致密，表观密度为 $2\,600\sim2\,700$ kg/m^3。抗压强度为 $70\sim110$ MPa，但硬度不大（莫氏硬度约 $3\sim5$），较易进行锯解、雕琢和磨光等加工。

大理石有着极佳的装饰效果，纯净的大理石为白色，俗称汉白玉，多数因含有其他深色矿物而呈红、黄、棕、绿等多种颜色，磨光后光洁细腻，文理自然，美丽典雅。我国大理石矿产资源极为丰富，储量大、品种也多。天然大理石的储量约为 173 853.4 万立方米，花色品种 390 多个。大理石可制成高级装饰工程的饰面板，用于宾馆、展览馆、影剧院、商场、图书馆、机场、车站等公共建筑工程内的室内墙面、柱面、栏杆、地面、窗台板、服务台的饰面等，是理想的室内高级装饰材料。此外，还可用于制作大理石壁画、画屏、座屏、挂屏、壁挂，也可用以拼镶花盆和镶嵌高级硬木雕花家具以及石制家具等。

国内大理石生产厂家较多，主要分布在云南大理、北京房山、湖北大冶和黄石、河北曲阳、山东平度和莱阳、广东云浮、安徽灵璧和怀宁、广西桂林、浙江杭州等地。国外名贵的大理石品种近几年开始进入中国石材市场，其特点是色彩鲜艳、装饰性好。著名的有挪威红、白水晶、大花绿、苹果绿。价格虽然昂贵，但具有独一无二的装饰性，特殊需求仍有其市场。

2) 花岗岩

花岗岩是岩浆岩中分布最广的一种主要矿物组成，是一种典型的形成岩，属酸性岩石。具有致密的结晶结构和块状构造，其色常呈深青、紫红、浅灰和纯黑等。

花岗岩致密坚硬，表观密度为 $2\,500\sim2\,700$ kg/m^3，孔隙率小（$0.04\%\sim2.8\%$）、吸水率小（$0.1\%\sim0.7\%$），抗压强度高达 $120\sim250$ MPa，材质坚硬（莫氏硬度 6 以上），具有优异的耐磨性，对酸具有高度的抗腐性，对碱类侵蚀也有较强的抵抗力，耐久性很高，使用年限达 $75\sim200$ 年。但花岗岩的耐火性较差，当温度达 800 ℃以上，花岗岩中的二氧化硅晶体产生晶形转化，使体积膨胀，故发生火灾时花岗岩会产生严重开裂而破坏。某些花岗岩含有微量放射性元素，应进行放射性元素含量的检验，若超过标准，则不能用于室内。花岗岩石材常用于重要的大型建筑物的基础、勒脚、柱子、栏杆、踏步等部位以及桥梁、堤坝等工程中，是建造永久性工程、纪念性建筑的良好材料。经磨切等加工而成的各类花岗岩建筑板材，质感坚实，华丽庄重，是室外高级装饰装修板材。

目前，我国花岗岩的产地主要有山东泰山和崂山（北京人民英雄纪念碑就取材于此），四川石棉县（毛主席纪念堂的台基取材于此，为红色花岗岩，象征着红色江山坚如磐石）、北京西山，江苏金山，安徽黄山，陕西华山，湖南衡山，浙江莫干山，广西岭溪县，河南太行山，云南以及贵州山区等。其中著名产品有"济南青""泉州黑"

等。近年又开发出山东"樱花红"、广西"岑溪红"、山西"贵妃红"等高档品种。

应当指出,建筑上所说的花岗岩常常是广义的,是指具有装饰功能并可磨光、抛光的各类岩浆岩及少量其他岩石,大致包括花岗岩、闪长石、辉绿岩、玄武岩等。

7.2.2 新型无机非金属材料

传统的无机非金属材料具有抗腐蚀、耐高温等许多优点,但也有质脆、经不起冲击等弱点。新型无机非金属材料扬长避短,使材料具有更加优异的特性,用途更加广泛。新型无机非金属材料的特性有:①能承受高温,强度高;②具有电学特性;③具有光学特性;④具有生物功能。

传统无机非金属材料是工业和基本建设所必需的基础材料,新型无机非金属材料则是现代高新技术、新兴产业和传统工业改造的物质基础,也是发展现代国防和生物医学所不可缺少的。这里介绍三种有代表性的新型无机非金属材料:氧化铝陶瓷、氮化硅陶瓷和光导纤维。

1. 氧化铝陶瓷

铝在地壳中藏量丰富,约占地壳总质量的25%。氧化铝有多种同质异晶体:α-Al_2O_3、β-Al_2O_3、γ-Al_2O_3等。通常所说的氧化铝指的是α-Al_2O_3,为六方晶系,刚玉结构,稳定温度高达熔点,密度3.96~4.01 g/cm^3,在自然界中以天然刚玉、红宝石、蓝宝石等形式存在。氧化铝陶瓷按氧化铝的含量,可分为高纯型与普通型两种。高纯型氧化铝陶瓷(透明氧化铝陶瓷)系Al_2O_3含量在99.9%以上的陶瓷材料,由于其烧结温度高达1 650~1 990 ℃,透射波长为1~6 μm,一般制成熔融玻璃以取代铂坩埚;利用其透光性及可耐碱金属腐蚀性用作钠灯管;在电子工业中可用作集成电路基板与高频绝缘材料。普通型氧化铝陶瓷系按Al_2O_3含量不同,分为99瓷、95瓷、90瓷、85瓷等品种,有时Al_2O_3含量在80%或75%者也划为普通氧化铝陶瓷系列。其中99瓷材料用于制作高温坩埚、耐火炉管及特殊耐磨材料,如陶瓷轴承、陶瓷密封件及水阀片等;95瓷主要用作耐腐蚀、耐磨部件;85瓷中由于常掺入部分滑石,提高了电性能与机械强度,可与钼、铌、钽等金属封接,有的用作电真空装置器件。因氧化铝陶瓷具有机械强度高、硬度大、高频介电损耗小、高温绝缘电阻高、耐化学腐蚀性和导热性良好等优良综合技术性能,以及原料来源广、价格相对便宜、加工制造技术较为成熟等优势,已被广泛应用于电子、电器、机械、化工、纺织、汽车、冶金和航空航天等行业,成为目前世界上用量最大的氧化物陶瓷材料。

随着科学技术的发展及制造技术的提高,氧化铝陶瓷在现代工业和现代科学技术领域中得到越来越广泛的应用。①在机械方面,有耐磨氧化铝陶瓷衬砖、衬板、衬片、氧化铝陶瓷钉、陶瓷密封件(氧化铝陶瓷球阀)、黑色氧化铝陶瓷切削刀具、红色氧化铝陶瓷柱塞等。②在电子电力方面,有各种氧化铝陶瓷底板、基片、陶瓷膜、高压钠灯透明氧化铝陶瓷以及各种氧化铝陶瓷电绝缘瓷件、电子材料、磁性材料等。③在化工方面,有氧化铝陶瓷化工填料球、氧化铝陶瓷微滤膜、氧化铝陶瓷耐腐蚀涂层等。④在医学方面,有氧化铝陶瓷人工骨、羟基磷灰石涂层多晶氧化铝陶瓷人工牙齿、人工关节等。⑤在建筑卫生陶瓷方面,球磨机用氧化铝陶瓷衬砖、微晶耐磨氧化铝球石的应用已十分普及,氧化铝陶瓷辊棒、氧化铝陶瓷保护管及各种氧化铝质、氧化铝结合其他材质耐火材料的应用随处可见。⑥在其他方面,各种复合、改性的氧化铝陶瓷如碳纤维增强氧化铝陶瓷、氧化锆增强氧化铝陶瓷等各种增韧氧化铝陶瓷越来越多地应用于高科技领域;氧化铝陶瓷磨料、高级抛光膏在机械、珠宝加工行业起到越来越重要的作用。此外氧化铝陶瓷研磨介质在涂料、油漆、化妆品、食品、制药等行业的原材料粉磨和加工方面应用也越来越广泛。

2. 氮化硅陶瓷

在自然界中,氮和硅都是极其普通、含量丰富的元素。氮元素绝大部分作为单质氮气存在于大气中,占大气总体积的78.6%,硅元素主要以二氧化硅、硅酸盐等化合物形式存在,硅在地壳中占总质量的26.09%。然而,至今人们尚未发现自然界中存在这两种元素的化合物。氮化硅(Si_3N_4)是通过人工方法合成的新材料。早在1857年,H. Dewill 就在实验室中用单质硅和氨或氮气反应直接合成了Si_3N_4。19世纪80年代,人们制备了Si_3N_4陶瓷。第二次世界大战后,原子能、火箭、燃气轮机等高技术领域对材料提出了更高的要求,迫使人们去寻找比耐热合金更能承受高温、比普通陶瓷更能抵御化学腐蚀的新材料。Si_3N_4陶瓷的优异性能激起了人们对它的热情和兴趣。20世纪60年代,英、法等国的一些研究机构和大学率先对Si_3N_4进行系统研究,深入认识它的结构、性能,探索它的烧结方法,开拓其应用领域。随后的10年时间里,Si_3N_4陶瓷的研究开发工作相继在世界各国开展起来。到了80年代,Si_3N_4陶瓷制品已经开始走向产业化、实用化。中国在70年代初着手开展Si_3N_4的研究工作,到80年代中期已取得较大进展。

作为高温结构陶瓷家族中重要一员的Si_3N_4陶瓷,之所以在近二三十年来受到如此青睐和重视,在于其具有优异的力学性能、热学性能以及化学稳定性,如高的室温强度和高温强度、高硬度、耐磨蚀性、抗氧化性和良好的抗热冲击及机械冲击性能,因此它被材料科学界认为是结构陶瓷领域中综合性能优良、最有应用潜力和最有希望替代镍合金并在高科技、高温领域中获得广泛应用的一种新材料。20世纪90年代以来,人们对Si_3N_4陶瓷的研究深度与力度不断加大。除高纯、超细Si_3N_4粉体合成新方法不断涌现外,人们更多地致力于开展先进实用的成形工艺及烧结工艺技术的研究,以使Si_3N_4制品能够在某些高科技领域中获得实用化并进一步形成工艺化生产。近年来,Si_3N_4的研究出现一些新的热点。1999年,Zerr等人报道了在高温(2 200 K)、高压(15 GPa)下合成了立方Si_3N_4,其硬度接近石英的硬度(33 GPa),有望在超硬材料和抗磨损方面获得应用。1995年以前所报道的多

晶 Si_3N_4 陶瓷室温导热系数为 20~70 W/(m·K)。最近几年,在研究高导热材料过程中,发现 Si_3N_4 符合 Slack 关于高热导材料的特性。1996 年 Hirosaki 通过气压烧结及控制晶粒的长大把导热系数提高到 100~122 W/(m·K)。Hirao 等通过加入柱状 β-Si_3N_4 小晶粒的方法,制出了微观结构上具有高各向异性的 Si_3N_4 陶瓷,其热导率达到了 120 和 60 W/(m·K)。Watari 等将这种材料在 200 MPa 氮气压下 2 500 ℃进一步退火,在平行于轧制方向和垂直于轧制方向上分别得到了 155 和 52 W/(m·K)的热导率。Yokota 等通过添加 β-Si_3N_4 晶核采用气压烧结获得了热导率达 143 W/(m·K)的陶瓷。鉴于高热导 Si_3N_4 陶瓷潜在的应用价值,高热导 Si_3N_4 陶瓷正在成为新的研究热点,有望在将来发挥其在半导体电子封装材料方面的作用。

先进结构陶瓷材料以其高强度、高硬度、耐磨损、抗腐蚀以及低热导等独特的优异性能,在国防、能源、航空航天、机械、石化、冶金、电子等行业,正日益显示出其广阔的发展应用前景,已引起世界各工业发达国家的广泛重视,各国竞相投入大量的人力、物力予以研究,以至形成世界性的"陶瓷热"。①在机械制造行业,Si_3N_4 陶瓷可制成车刀和铣刀、陶瓷轴承球及混合轴承的滚动体、陶瓷发动机等。②在化工行业,Si_3N_4 陶瓷具有极其优良的耐化学腐蚀性能,是制造各种易腐蚀部件的好材料,可用作制造坩埚、球阀、高温密封阀、各类水泵的密封件等。③在冶金行业,Si_3N_4 陶瓷对多数金属、合金熔体,特别是非铁金属(Zn、Al)熔体是稳定的,因此可制成马弗炉炉膛、燃烧嘴、发热体夹具、铸型、铝液导管、炼铝熔炉炉衬、铝电解槽衬里、铸造容器、输送液态金属的管道、阀门、泵、热电偶保护套以及冶炼用的坩埚和舟皿等热工设备上的部件。④在交通运输行业,Si_3N_4 陶瓷可制作发动机的电热塞、预热燃烧室镶块、增压器涡轮、摇臂镶块、透平转子、活塞顶定子、涡形管、喷射器连杆、气门、气门导管、刮片、气缸套、副燃烧室、燃气轮机的导向叶片和涡轮叶片等,从而为无水冷发动机的研制打下了基础。⑤在电子半导体行业,Si_3N_4 陶瓷用于制造开关电路基片、薄膜电容器、承高温或温度剧变的电绝缘体,用作熔化、区域熔融、晶体生长用的坩埚、舟皿、半导体器件的掩闭层,电视机的彩玻管和计量器部件。⑥在航空航天业,Si_3N_4 陶瓷用于制作雷达天线罩、火箭喷嘴、喉衬和其他高温结构部件。⑦在军事工业,Si_3N_4 陶瓷可以制作导弹尾喷管等部件。⑧在核工业原子反应堆中,Si_3N_4 陶瓷可制作支撑件和隔离件、核裂变物质的载体等。⑨在医学工程方面,Si_3N_4 陶瓷可以制成人工关节等。⑩在日常生活中,以氮化硅陶瓷为基体、以钨丝为发热源,并将钨丝埋在碳化硅基体中制成的电热元件,可用于电热水器、桑拿蒸汽发生器、大功率液体加热器、电暖器、电热器具等。

Si_3N_4 陶瓷材料具有许多优异的性能,但其致命的弱点就是其脆性。它不像金属那样具有塑性变形的能力、具有可滑移的位错系统,当外加能量超过一定的限度时,它只有以形成新的表面来消耗外加能量,即在陶瓷体内形成新的裂纹表面导致灾难性破坏。因此,改善和提高陶瓷材料的韧性成为研究者共同关注的课题。目前,Si_3N_4 陶瓷的增韧途径主要有颗粒增韧、晶须或纤维增韧、氧化锆相变增韧及柱状 Si_3N_4 晶粒的自增韧等四种途径。此外,Si_3N_4 陶瓷的制作成本相对较高,使其难以迅速推广使用,应积极研究 Si_3N_4 陶瓷的低成本制作途径,加速其产业化进程。

3. 光导纤维

光导纤维是现代科学创造的奇迹之一,是使光像电流一样沿着导线传输。不过,这种导线不是一般的金属导线,而是一种特殊的玻璃丝,人们称它为光导纤维,又叫光学纤维,简称光纤。

1870 年,英国科学家丁达尔做了一个有趣的实验:让一股水流从玻璃容器的侧壁细口自由流出,以一束细光束沿水平方向从开口处的正对面射入水中。丁达尔发现,细光束不是穿出这股水流射向空气,而是顺从地沿着水流弯弯曲曲地传播。这是光的全反射造成的结果。光导纤维正是根据这一原理制造的。它的基本原料是廉价的石英玻璃,科学家将它们拉成直径只有几微米到几十微米的丝,然后再包上一层折射率比它小的材料。只要入射角满足一定的条件,光束就可以在这样制成的光导纤维中弯弯曲曲地从一端传到另一端,而不会在中途漏射。科学家将光导纤维的这一特性首先用于光通信。一根光导纤维只能传送一个很小的光点,如果把数以万计的光导纤维整齐地排成一束,并使每根光导纤维在两端的位置上一一对应,就可做成光缆。用光缆代替电缆通信具有无比的优越性。比如 20 根光纤组成的像铅笔粗细的光缆,每天可通话 7.6 万人次。而 1 800 根铜线组成的像碗口粗细的电缆,每天只能通话几千人次。

1970 年,美国康宁公司的 Maurer 等人研制出了阶跃折射率多模石英光纤,在 630 nm 波长,损耗小于 20 db/km,这使光纤进行远距离信息传输成为可能。这是光纤通信史上划时代的事件。与此同时半导体激光器的研究也取得了突破性的进展,实现了 GaAs 半导体激光器室温连续工作,该激光器的输出波长为 850 nm,恰好与这一时期光纤的低损耗窗口波长一致。这一幸运的巧合无疑加快了光通信发展的进程。因此,1970 年被认为是值得纪念的光通信元年。

1972 年,随着光纤原材料的提纯、制棒和拉丝技术的提高,多模光纤的损耗降至 4 db/km。1976 年在长波长区发现了 1.31 μm 和 1.55 μm 两个低损耗窗口。1980 年,原料提纯和光纤制备工艺得到不断完善,从而加快了光纤的传输窗口由 0.85 μm 移至 1.31 μm、1.55 μm 的进程。此时 1.55 μm 的光纤损耗已降至 0.20 db/km,接近理论值。从此光纤通信得到了迅猛发展,目前已成为通信线路的骨干。我国自行研制、生产、建设的世界上最长的京汉广(北京—武汉—广州)通信光缆,全长 3 047 km,已于 1993 年 10 月 15 日开通,标志我国已进入全面应用光通信的时代。

光纤通信具有许多突出的优点:传输频带极宽,通信容量很大;传输衰减小,可用于远距离无中断传输；信号干扰少，传输质量高；抗电磁干扰，保密性好；光纤尺寸小，质量轻，便于运输和铺设；耐化学侵蚀，适用于特殊环境；原料资源丰富；节约有色金属等。

光导纤维的特性决定了其广阔的应用领域。由光导纤维制成的各种光导线、光导杆和光导纤维面板等，广泛地应用在工业、国防、交通、通讯、医学和宇航等领域。

(1) 光导纤维最广泛的应用在通信领域，即光导纤维通信。自20世纪60年代以来，由于在光源和光纤方面取得了重大的突破，光通信获得异常迅速的发展。作为光源的激光方向性强、频率高，是进行光通信的理想光源；光波频带宽，与电波通信相比，能提供更多的通信通路，可满足大容量通信系统的要求。

(2) 随着光通信的进展，光导纤维制造技术的进步为医学应用带来了可喜的前景。纤维内窥镜已应用多年，用光纤把激光导入体内进行诊断和治疗也已广泛开展。在医学上，光导纤维可以用于食道、直肠、膀胱、子宫、胃等深部探查内窥镜的光学元件和不必切开皮肉直接插入身体内部，切除癌瘤组织的外科手术激光刀，即由光导纤维将激光传递至手术部位。此外，在医学上光导纤维还可以制成光纤传感器，应用它可以组成氧饱和度传感器、光纤体温计、光纤体压计、光纤医用pH计等。

(3) 在照明和光能传送方面，利用光导纤维可以实现一个光源多点照明——光缆照明，可利用塑料光纤光缆传输太阳光作为水下、地下照明。由于光导纤维柔软易弯曲变形，可做成任何形状，以及耗电少、光质稳定、光泽柔和、色彩广泛，是未来的最佳灯具，如与太阳能的利用结合起来将成为最经济实用的光源。今后的高层建筑、礼堂、宾馆、医院、娱乐场所，甚至家庭都可直接使用光导纤维制成的天花板或墙壁，以及彩织光导纤维字画等，也可用于道路、公共设施的路灯，广场的照明和商店橱窗的广告。此外，还可用于易燃、易爆、潮湿和腐蚀性强的环境中不宜架设输电线及电气照明的地方作为安全光源。

(4) 在国防军事上，可以用光导纤维来制成纤维光学潜望镜，装备在潜艇、坦克和飞机上，用于侦察复杂地形或深层屏蔽的敌情。

(5) 在工业方面，可传输激光进行机械加工，制成各种传感器用于测量压力、温度、流量、位移、光泽、颜色、产品缺陷等；也可用于工厂自动化、办公自动化、机器内及机器间的信号传送、光电开关、光敏元件等。

此外，光纤还可用于火车站、机场、广场、证券交易场所等大型显示屏幕；短距离通信和数据传输；将光电池纤维布与光导纤维布巧妙地结合在一起制成夜间放光的夜行衣，不仅为夜行人起照明作用，还可提高司机的观察视距，能够有效地减少交通事故的发生。光导纤维必将在通信、国防、医疗、照明及各种技术传导的现有基础上出现新的突破，更广泛地普及应用于各个领域。

7.3 金属材料

金属是指具有良好的导电性和导热性,有一定的强度和塑性的并具有光泽的物质,如铜、锌和铁等。而金属材料则是指由金属元素或以金属元素为主组成的具有金属特性的工程材料,它包括纯金属和合金两类。在人类已发现的 112 种元素中,金属元素达 90 种(不包括半金属),但纯金属由于其强度、硬度一般较低,而且冶炼困难,价格较高,因此在工业使用上受到很大限制。目前在工业上应用最为广泛的是合金材料。

合金材料是指由两种或两种以上的金属或金属与非金属组成的材料,如黄铜是由铜和锌两种金属组成的合金。与组成合金的纯金属相比,合金具有更好的力学性能,还可通过调整组成元素之间的比例得到一系列性能不同的合金,从而满足工业生产上不同性能的要求。

金属材料,尤其是钢铁材料在国民经济建设的各个方面都有重要的作用,它们的发现和应用,开创了人类物质文明的新纪元,加速了人类社会发展的历史进程。金属材料通常可以分为两大类:黑色金属和有色金属(见图 7-1)。黑色金属是指铁、铬、锰,而有色金属指除铁、铬、锰(黑色金属)之外的其他金属,如铜、锌、铝等。下面将对两类材料做简要介绍。

7.3.1 有色金属

有色金属大体上可以分为重有色金属、轻有色金属、贵金属、稀有金属和半金属等(见图 7-2)。其中重金属的密度较大,一般在 6 600 kg/cm^3 以上,轻金属的密度都在 4 g/cm^3 以下,且化学性质活泼,而贵金属的共同特点则是化学性质稳定,密度大(10~22 g/cm^3),熔点较高。

稀有金属的命名并不是因为它们在地壳中丰度低,而是因为某些稀有金属在地壳中存储比较分散或发现较晚和冶炼较困难,生产和应用较晚,给人以稀有的概念,因此被称为稀有金属并沿用至今。但实际上有些稀有金属在地壳中的丰度也很高。稀有金属可以分为轻稀有金属、稀有高熔点金属、稀土金属和稀散金属。

半金属又称准金属或类金属,其性质介于金属和非金属之间。它们共同的特点是呈现金属光泽,在化学反应中都不能形成正离子,具有一种或几种同质异构体。许多半金属是典型的半导体。

与黑色金属相比,有色金属具有许多优良的性能,如镁、铝、钛等金属及其合金,由于具有相对密度小、比强度高的特点,在飞机、汽车、船舶制造等工业上应用十分广泛。有色金属已成为国民经济和国防所必需的材料,许多有色金属特别是

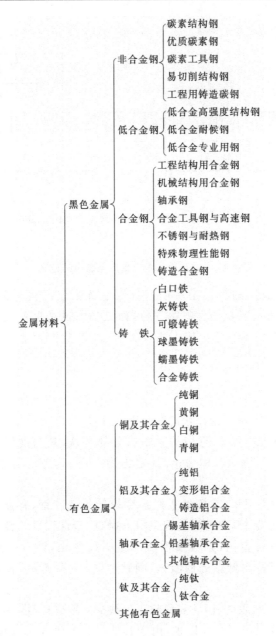

图 7-1　金属材料分类

稀有金属已成为国家重要的战略金属。虽然有色金属的年消耗量仅占金属材料的 5%，但任何工业部门都离不开有色金属材料，尤其是空间技术、原子能、计算机和电子等新兴工业领域。

我国是世界上最早进行有色金属冶炼和使用的国家之一，曾创造了灿烂的

H																	He
Li[5]	Be[5]											B[8]	C[8]	N	O	F	Ne
Na[3]	Mg[3]											Al[3]	Si[8]	P	S	Cl	Ar
K[3]	Ca[3]	Sc[7]	Ti[6]	V[6]	Cr[9]	Mn[9]	Fe[9]	Co[2]	Ni[2]	Cu[2]	Zn[2]	Ga[1]	Ge[8]	As[8]	Se[8]	Br	Kr
Rb[5]	Sr[3]	Y[7]	Zr[6]	Nb[6]	Mo[1]	Tc[4]	Ru[4]	Rh[4]	Pd[4]	Ag[2]	Cd[2]	In[1]	Sn[2]	Sb[2]	Te[8]	I	Xe
Cs	Ba[3]	La[7]	Hf[6]	Ta[6]	W[6]	Re[4]	Os[4]	Ir[4]	Pt[4]	Au[4]	Hg[2]	Tl[1]	Pb[2]	Bi[2]	Po	At[8]	Rn

1 稀散金属　　　　2 重金属　　　　3 轻金属　　　　4 贵金属　　　　5 稀有轻金属
6 稀有高熔点金属　　7 稀土金属　　　8 半金属　　　　9 黑色金属

图 7-2　有色金属在元素周期表中的位置

青铜文化。目前,我国的有色金属产量仅次于美国位居世界第二位,其中 Zn、Sn、Sb 和 W 的产量已经稳居世界第一位,而且我国也是世界上最大的稀土金属生产和出口国。常用的有色金属有铝及铝合金、铜及铜合金、钛及钛合金、镍及镍合金等。

7.3.2　黑色金属

黑色金属包括铁、铬和锰及它们的合金,应用最为广泛的是钢铁材料。钢铁材料实质为钢和生铁①的统称,它们的基本成分都是铁,其差别仅在于含碳量的不同,当碳含量小于 2.11% 时称为钢,反之称为铁,也就是说钢和生铁是"孪生兄弟"。

钢铁材料的种类很多,有塑性很好强度较低的低碳钢,有强韧性很好的中碳钢,有硬而耐磨的高碳钢,也有塑性很差但消振、铸造性很好的铸铁等。如果对其加入合金元素进行合金化,则会使性能产生明显变化,如可得到耐腐蚀的不锈钢、耐高温的耐热钢、耐低温的低温钢,削铁如泥的"高速钢"和具有导磁性的磁钢等。

钢铁是现代工业、农业、国防和科技不可缺少的重要材料。钢铁材料占金属材料的 95%,但自 20 世纪下半叶以来,由于其他材料的迅速崛起和发展,金属材料的地位有所下降,但钢铁材料绝对不是"夕阳工业"。

---

①　生铁也称白口铁,由铁矿石在高炉中熔炼而成,用于铸造原料时则称为铸造生铁,用于炼钢时称为炼钢生铁。

7.3.3 金属的腐蚀和防护

腐蚀源于拉丁文"corrdere",意为"损坏、腐烂",是指材料(包括金属和非金属)由于环境作用而引起的破坏或变质。这里的环境作用不仅仅只限于化学或电化学作用,还包括化学-机械、电化学-机械以及生物作用等。由于金属材料无论从使用数量、腐蚀损失价值还是腐蚀科学研究的内容来看,金属材料仍占主导地位,因此目前习惯上所说的腐蚀,大多数仍然指金属的腐蚀。

金属与周围介质发生化学反应或电化学作用而产生的破坏称为金属的腐蚀。从热力学的观点出发,金属的腐蚀是冶金的逆过程。除了极少数贵金属(Au、Pt等)外,一般金属材料发生腐蚀都是一个自发的过程,因此金属的腐蚀现象十分普遍,它几乎涉及国民经济的各个领域。从日常生活到交通运输、机械、化工、冶金,从极端科学技术到国防工业,凡是使用材料的地方都不同程度地存在腐蚀问题。据估计,全世界每年因腐蚀报废的钢铁相当于金属年产量的30%,其中2/3可再生,而1/3则完全变成废物。实际上由于金属腐蚀引起的工厂停产、设备更新、产品和原料的损失、能源的浪费以及污染环境及恶性事故(中毒、火灾、爆炸等)等间接经济损失远比金属材料的价值大得多。除此之外,腐蚀问题解决的好坏,还直接关系到新技术发展,如美国的阿波罗登月飞船储存 N_2O_4 的高压储罐因加入0.6%(质量分数)的 NO 解决了应力腐蚀破裂的问题。对此,美国著名的腐蚀科学家 Fortana 认为,如果找不到这个解决办法,登月计划可能会推迟若干年。可见,材料的腐蚀问题已经成为当今材料科学与工程领域不可忽视的课题,研究材料的腐蚀和防护是一项很重要且具有重大现实意义和经济意义的工作。

金属腐蚀分为化学腐蚀和电化学腐蚀。前者是金属与环境介质的氧化剂等发生化学反应产生的破坏,后者为则是当金属和电解质溶液接触时,由于电化学作用而引起的腐蚀。金属腐蚀是金属与环境发生界面反应而引起的破坏,因此防治金属的腐蚀可以从材料本身、环境和界面三个方面来考虑。关于金属防护的方法很多,这里只做简单介绍。

1. 正确选用材料,合理设计金属结构

正确选用材料就是要在保证材料使用性能的前提下,选用那些在具体工矿条件下不易被腐蚀的材料,即根据环境选择材料。如哈氏合金用于稀盐酸,钛用于热的强氧化性溶液,这种"材料-环境"搭配使用效果良好。

金属结构应力求简单,以便于采取防腐措施,有利于维修;设计时应防止积水,避免腐蚀电位不同的金属连接,要尽量避免或减少弯管的使用,以防止磨损腐蚀的发生。

2. 组成合金

组成合金就是向本来不耐蚀的纯金属或合金中加入热力学稳定性高的金属元

素,制成合金,从而提高合金整体的耐蚀性,如在铜中加入金,铬钢中加入镍等。这种方法不仅可以改变金属的耐蚀性,而且可以改变金属的使用性能。

3. 隔离介质

由于在腐蚀过程中,介质总是参加反应的,如果将金属制品和介质加以隔离,便可起到防腐作用。利用电镀、化学镀和真空镀等可以在材料表面形成金属保护层。将涂料、塑料、搪瓷、高分子材料等涂装在被保护材料的表面,可以形成非金属保护层。还可以对材料表面进行钝化、磷化或阳极氧化等工艺处理,形成氧化物薄膜、难溶盐薄膜等,这些方法都可以有效地防止材料的腐蚀,但要注意,一旦保护层破裂,就会丧失对材料的保护功能。如饮料、食品罐头盒用的薄板可以通过镀锡防止腐蚀,但镀层破坏后将会使铁质暴露在空气中,失去了对金属的保护作用,而且形成了以铁和锡为电极的腐蚀电池加速腐蚀。

4. 改善环境(介质)

腐蚀电池的形成离不开溶剂水和电解质,若能够有效地控制或减轻环境污染,就会不利于腐蚀电池电解质溶液的形成,从而减轻金属材料的电化学腐蚀。如采用密封包装,在包装空间内放入干燥剂或充入干燥气体(如氮气),使包装空间内相对湿度小于35%,从而使金属不宜腐蚀。目前这种方法已广泛应用于精密仪器封存,整架飞机、发动机的包装以及枪支等器械,并收到了良好的效果。

改变介质的氧化还原能力也是一种很好的办法,如在含氧的水溶液中容易发生吸氧腐蚀,那么加入还原剂 Na_2SO_3 便可除去水中的氧。

5. 添加缓蚀剂

缓蚀剂是指在腐蚀介质中加入少量便可使金属腐蚀速率降低或完全抑制的物质。常用的缓蚀剂有无机缓蚀剂和有机缓蚀剂,无机缓蚀剂如铬酸盐、硝酸盐、重铬酸盐、磷酸盐、碳酸氢盐和硅酸盐等;有机缓蚀剂一般是含有S、N、O的有机化合物,如胺盐类、醛(酮)类、杂环类、咪唑啉类和有机硫化物等。对于缓蚀剂的作用机理至今尚无统一的见解。缓蚀剂的缓蚀效果除了与其种类、浓度有关外,还与被保护体系的材料、介质、温度等有关,不同的缓蚀剂对不同的金属材料在特定的温度和浓度范围内才会有效,具体情况需要根据实验来确定。在各种防腐蚀方法中,加入缓蚀剂是工艺简便、成本低廉、适用性强的一种方法,已广泛用于石油、化工、机械、钢铁、动力和运输等行业。

6. 电化学保护法

电化学保护法适用于在电解质介质中工作的器件,已广泛应用于舰船、海洋工程、石油及化工等部门。按作用原理可将电化学保护法分为阴极保护法和阳极保护法。

阴极保护法是使被保护的金属作为腐蚀电池的阴极,一般可以通过两种方法实现。一种是将较活泼的金属与被保护的金属连接,较活泼金属作为腐蚀电池的阳极而被腐蚀,被保护金属作为阴极而达到保护的目的,这种方法称为牺牲阳极(阴极保护)法。与前面提到铁镀锡后镀层破坏后很容易被腐蚀不同,白铁(镀锌)镀层破坏后仍能起到保护作用,这是由于镀层 Zn 比 Fe 活泼,从而形成了电化学腐蚀过程的阳极,代替 Fe 被腐蚀。该方法可用于保护与水或潮湿土壤接触的大型钢铁物件,如船舶、地下管道等,在美国每年大约有 5 000 t 金属镁用作牺牲阳极。另一种方法是利用外加电流,将被保护的金属与外加电源负极相接,变为阴极,而用废铁等作阳极,这种方法称为外加电流阴极保护法。这种防腐蚀方法常用于比较大规模的设备保护,例如,通过建立的阴极保护站对城市地下管网的保护等。

阳极保护是将被保护设备与外加直流电源的正极相连,使被保护的金属进行阳极极化(电极电势向正的方向移动,金属"钝化"),而将被保护设备腐蚀速度降到最小的方法,该方法是一门较新的防护技术,1958 年才正式应用于工业生产,其关键是要能够在被保护设备与环境之间建立可钝化体系。阳极保护法特别适用于不锈钢和钛材等设备的防腐蚀,也可用来防止碳钢在多种盐溶液中的腐蚀,以及碳钢在碱溶液中的应力腐蚀等,但不适用于不能钝化的金属或在介质中含 Cl^- 的体系。

7.4 天然高分子材料

7.4.1 纤维素

1839 年,法国的科学家佩因(A. Payen)在研究从植物中提取某种化合物的过程中分离出了一种物质并把它称为纤维素。纤维素是世界上最丰富的天然有机物,占植物界碳含量的 50% 以上。棉花的纤维素含量接近 100%,为天然的最纯纤维素来源。一般木材中,纤维素占 40%~50%,还有 10%~30% 的半纤维素和 20%~30% 的木质素。此外,麻、麦秆、稻草、甘蔗渣等,都是纤维素的丰富来源。表 7-1 列出几种有代表性的纤维素的来源和组成。

表 7-1 几种有代表性的纤维素的来源和组成

种 类	俗 名	质量分数(干重)/(%)					
		纤维素	半纤维素	木质素	果胶质	脂肪和蜡	水溶物或灰分
木纤维[①]	软木	42.2	约 28	25~35			
	硬木	42.2	约 38	15~20			

续表

种 类	俗 名	质量分数(干重)/(%)					
		纤维素	半纤维素	木质素	果胶质	脂肪和蜡	水溶物或灰分
韧皮纤维	亚麻[2]	71.2	18.6	2.2	2.0	1.7	4.3
	黄麻	71.6	13.3	13.1	0.2	0.6	1.2
	大麻	74.4	17.9	3.7	0.9	0.8	2.3
	苎麻(中国)	76.2	14.6	0.7	2.1	0.3	6.1
	叶纤维	73.1	13.3	11.0	0.9	0.3	1.4
叶纤维	蕉麻(马尼拉)	70.2	21.8	5.7	0.6	0.2	1.5
种子纤维	皮棉	95.3			1.0	0.8	2.9
	纯化棉[3]	99.9					<0.1

①用有机溶剂和水提取后；②用发酵法分离出来的纤维；③用溶剂和碱提取纯化

纤维素的分子式是$(C_6H_{10}O_5)_n$，由 D-葡萄糖以 β-1,4 糖苷键组成的大分子多糖，相对分子质量 50 000～2 500 000，相当于 300～15 000 个葡萄糖基。不溶于水及一般有机溶剂，是维管束植物、地衣植物以及一部分藻类细胞壁的主要成分。醋酸菌(acetobacter)的荚膜以及尾索类动物的被囊中也发现有纤维素的存在，棉的种子毛是高纯度(98%)的纤维素。

纤维素二糖重复单元

所谓 α-纤维素(α-cellulose)是指从原来细胞壁的完全纤维素标准样品用 17.5%NaOH 溶液不能提取的部分。β-纤维素(β-cellulose)、γ-纤维素(γ-cellulose)是相应于半纤维素的纤维素，虽然 α-纤维素通常大部分是结晶性纤维素，β-纤维素、γ-纤维素在化学上除含有纤维素以外，还含有各种多糖类。细胞壁的纤维素形成微纤维。宽度为 10～30 nm，长度有的达数微米。应用 X 射线衍射法和负染色法(negative 染色法)，根据电子显微镜观察，链状分子平行排列的结晶性部分组成宽为 3～4 nm 的基本微纤维。推测这些基本微纤维集合起来就构成了微纤维。纤维素能溶于 Schwitzer 试剂或浓硫酸。虽然不易用酸水解，但是稀酸或纤维素酶可使纤维素生成 D-葡萄糖、纤维二糖和寡糖。在醋酸菌中有从 UDP 葡萄糖引子(primer)转移糖苷合成纤维素的酶。在高等植物中已得到具有同样活性的颗粒性酶的标准样品。此酶通常是利用 GDP 葡萄糖,在有 UDP 葡萄糖转移的情况下,发生 β-1,3 键的混合。另一方面就纤维素的分解而言,估计在初生细胞壁伸展生长时,微纤维的一部分由于纤维素酶的作用而被分解,成为可溶性。

纤维素不溶于水和乙醇、乙醚等有机溶剂,能溶于铜铵($Cu(NH_3)_4(OH)_2$)溶液和铜乙二胺($[NH_2CH_2CH_2NH_2]Cu(OH)_2$)溶液等。水可使纤维素发生有限溶胀,某些酸、碱和盐的水溶液可渗入纤维结晶区,产生无限溶胀,使纤维素溶解。纤维素加热到约 150 ℃时不发生显著变化,超过这温度会由于脱水而逐渐焦化。纤维素与较浓的无机酸起水解作用生成葡萄糖等,与较浓的苛性碱溶液作用生成碱纤维素,与强氧化剂作用生成氧化纤维素。

纤维素的实验室制法是先用水、有机溶剂处理植物原料,再用氯、亚氯酸盐、二氧化氯、过乙酸去除其中所含的木质素,得到纤维素和半纤维素,然后采用各种方法除去半纤维素,制得纯纤维素。工业制法是用亚硫酸盐溶液或碱溶液蒸煮植物原料,除去木质素,然后经过漂白进一步除去残留木素,所得漂白浆可用于造纸。

纤维素是制药业和棉纺业的主要原料。经过加工处理可制造人造丝和人造棉。如碱可使棉花纤维素部分溶解而形成碱纤维素,再经二硫化碳处理得水溶性的黄纤维素——人造丝原料。纤维素与乙酸结合成的乙酸纤维素是照相胶卷、人造丝及多种塑料的原料。纤维素经浓硝酸处理后要形成硝化纤维素,是制造炸药的原料。世界上每天有 6 亿多吨木屑、秸秆、旧报纸等废物未被利用,若将其中的纤维素加以利用,必为人类创造大量财富。科学家正在研究利用纤维素酶水解纤维素生产酒精以代替石油。农业上利用绿色木霉等微生物(内含纤维素酶)处理秸秆,可使纤维素部分水解,用作牲畜饲料。

纤维素的应用研究还有利用纤维素溶液进行纺丝或采用流延法加工成膜,这是应用研究最早,也是目前应用最多的膜材料。应用 $NMMO/H_2O$ 作溶剂成功纺出纤维素纤维,并且已经实现溶剂法再生纤维素纤维的工业化生产。目前已经商业化的纤维素纤维都统称为 lyocell(天丝)。

纤维素功能材料的研究日益活跃,主要有:用再生纤维素膜制备的用于仿生传感器/激发器和微电机系统的电活化纸(EAPap);纤维素热致液晶;由细菌直接生物合成具有纳米和微米结构的纤维素材料。

7.4.2 木质素

木质素是一种复杂的、非结晶性的、三维网状酚类高分子聚合物,它广泛存在于高等植物细胞中,是针叶树类、阔叶树类和草类植物的基本化学组成之一。在植物体内木质素与纤维素、半纤维素等一起构成超分子体系,木质素作为纤维素的黏合剂,以增强植物体的机械强度。自然界中,木质素是仅次于纤维素的第二大可再生资源,据估测,全球每年可产生约600亿吨。但是木质素复杂的无定形结构特点限制了其工业化利用。木质素主要存在于造纸工业废水和农业废弃物中,利用率非常低。例如,1998年,制浆造纸等工业产生的木质素仅仅只有1%转化为有价值的工业产品。因此,寻找木质素新的利用途径已经成为国内外的研究焦点。对于木质素的高附加值利用,从19世纪末就已经有研究,到目前为止,在国外一些先进的工业国家中,木质素的化学产品已经得到蓬勃发展,产品达到数百种,被广泛用作混凝土减水剂、水泥助磨剂、沥青乳化剂、燃料分散剂、稠油降黏剂、采油用表面活性剂、橡胶补强剂、水煤浆添加剂、树脂胶黏剂、土壤改良剂及农药缓释剂等。虽然我国对木质素综合利用的研究起步较晚,但是在已有的研究基础上也开发了多种木质素产品。近年来,国内外专家更加注重对木质素本身反应性能的研究,希望在木质素合成高分子领域有所突破。

木质素是由四种醇单体(对香豆醇、松柏醇、5-羟基松柏醇、芥子醇)形成的一种复杂酚类聚合物。木质素是构成植物细胞壁的成分之一,具有使细胞相连的作用。

一般认为,木质素主要含碳、氢、氧3种元素,质量分数分别约为60%、6%和30%,此外,还有0.167%左右的氮元素。但因来自不同的植物、不同的产地、不同的分离方法,木质素的元素组成往往也会存在一些差别。木质素的基本结构单元是苯丙烷,共有3种基本结构:愈创木基丙烷、紫丁香基丙烷和对羟苯基丙烷,工业木质素随着原料和分离提取工艺的不同大体可分为碱木素、木质素磺酸盐和其他工业木质素三大类。工业木质素实际上是木质素大分子降解形成的小的碎片和各种碎片缩合物的一种混合物(见图7-4)。当前工业上使用木质素的方式主要有两种:一是将木质素降解为小分子后作为化工原料使用,二是以大分子的形式加以改性后使用。

图7-4 木质素纤维

愈创木基丙烷

紫丁香基丙烷

对羟苯基丙烷

木质素降解的方法主要有化学法和生物法。化学方法主要是通过水解、醇解、氢解、热解、氧化降解等方法,使木质素降解为多种芳香族或脂肪族有机小分子。值得关注的是木质素加氢液化,将木质素转化为液体燃料的可再生资源。这将成为重要的获取绿色能源的重要途径之一。生物降解也是重要的研究热点,它是应用木质素降解酶使木质素分子中的分子键断裂,获得小分子。

木质素以其独有的理化性能在工农业等多个领域有着广泛的应用。在工业上,由于其良好的表面活性和分散性,可用作水泥减水剂、钻井泥浆调节剂、水煤浆添加剂等。干态木质素可以作为合成高分子树脂的填充剂。农业上主要是作为肥料和各种肥料的添加剂、农药缓释剂、植物生长调节剂、土壤改良剂等。另外,木质素还在医药、冶金、印染等方面有所应用。

7.4.3 甲壳素和壳聚糖

甲壳素(chitin)又名甲壳质、壳多糖、壳蛋白,法国科学家布拉克诺(Braconno)1811年首先从蘑菇中提取到一种类似于植物纤维的六碳糖聚合体,把它命名为fungin(蕈素)。1823年,法国科学家欧吉尔(Odier)在甲壳动物外壳中也提取了这种物质,并命名为chitin(几丁质),chitoin希腊语原意为"外壳、信封"的意思。1894年F. Hoppe-Seiler把经过化学修饰过的甲壳素称为壳聚糖(chitosan)。

自然界中,甲壳素广泛存在于低等植物菌类、藻类的细胞,节肢动物虾、蟹、蝇蛆和昆虫的外壳,贝类、软体动物(如鱿鱼、乌贼)的外壳和软骨,高等植物的细胞壁等(见图7-5)。每年生物合成的资源量高达100亿吨,是地球上仅次于植物纤维的第二大生物资源,其中海洋生物的生成量在10亿吨以上,可以说是一种用之不竭的生物资源。甲壳素经自然界中的甲壳素酶、溶菌酶、壳聚糖酶等的完全生物降解后,参与生态体系的碳和氮循环,对地球生态环境起着重要的调控作用。

图7-5 甲壳素及其来源

经结构分析知,甲壳素是自然界中唯一带正电荷的一种天然高分子聚合物,属于直链氨基多糖,学名为(1,4)-2-乙酰氨基-2-脱氧-β-D-葡萄糖,分子式为$(C_8H_{13}NO_5)_n$,单体之间以$\beta(1\rightarrow 4)$苷键连接,相对分子质量一般在10^6左右,理论含氮量为6.9%。其分子结构特点为:氧原子将每个碳原子的糖环连接到下一个糖环上，侧基团"挂"在这些环上。甲壳素分子化学结构与植物中广泛存在的纤维素非常相似。所不同的是，若把组成纤维素的单个分子单元中葡萄糖分子第二个碳原子上的羟基（—OH）换成乙酰氨基（—NHCOCH$_3$），这样纤维素就变成了甲壳素，从这个意义上讲，甲壳素可以说是动物性纤维。

几丁质

甲壳素有 α、β、γ 三种晶型。α-甲壳素的存在最丰富，也最稳定。由于大分子间强的氢键作用，甲壳素成为保护生物的一种结构物质，结晶构造坚固，一般不熔化，也不溶于一般的有机溶剂和酸碱，化学性质非常稳定，应用有限。甲壳素若脱去分子中的乙酰氨基就可以转化为可溶性甲壳素或称壳聚糖（壳聚胺、几丁聚糖）。这时它的溶解性大为改善，因而其应用范围也就变得十分广阔，在工业、农业、医药、化妆品、环境保护、水处理等领域有极其广泛的用途。

几丁聚糖

自然界中的甲壳素大多总是和不溶于水的无机盐及蛋白质紧密结合在一起。为了获取甲壳素，往往将甲壳动物的外壳通过化学法或微生物法来制备。当前，工业化生产常采用化学法，经过酸碱处理，脱去钙盐和蛋白质，然后用强碱在加热条件下脱去乙酰基就可得到应用十分广泛的可溶性甲壳素（壳聚糖）。国内外常从废弃的虾蟹壳中提取甲壳素。虾蟹壳中甲壳素含量为 20%～30%，无机物（碳酸钙为主）含量为 40%，其他有机物（主要是蛋白质）含量为 30% 左右。我国是甲壳素资源大国。单浙江省沿海年产海虾就达 670 000 t，按 40% 废弃物计算可制得甲壳素 1 万余吨，资源潜力巨大。

甲壳素是食物纤维素但不易被消化吸收。若甲壳素和蔬菜、植物性食品、牛奶和鸡蛋一起食用则可以被吸收。在植物和肠内细菌中含有的壳糖胺酶、去乙酰酶，体内存在的溶菌酶以及牛奶、鸡蛋中含有的卵磷脂等共同作用下可将甲壳素分解成低相对分子质量的寡聚糖而被吸收。当分解到六分子葡萄糖胺时其生理活性最强。1991年,欧美的一些医科大学和营养食品研究机构将甲壳素称为继蛋白质、脂肪、糖、维生素、矿物质之后的人体健康所必需的第六大生命要素。甲壳素作为机能性健康食品,它完全不同于一般营养保健品,对人体具有强化免疫、抑制老化、预防疾病、促进疾病痊愈和调节生理机能等五大功能。甲壳素来源于生物体结构物质,与人体细胞有很强的亲和性,可被体内的酶分解而吸收,对人体无毒性和副作用。加上良好的吸湿性、纺丝性和成膜性,因而广泛地被开发应用,成为优良的生物医学、药学材料。如制备医用敷料、手术缝合线、人造血管、医用微胶囊、药物缓释剂、止血剂和伤口愈合剂、骨病治疗剂、人工透析膜等。

甲壳素还是一种新型的环保材料,有望成为塑料的替代物。它是理想的制膜材料,不仅可应用于食品包装,可制成工业上用的过滤膜和反渗透膜,还可制成保健服装、医用纱布和手套等。另外,还可以制成废水处理吸附剂、污水处理絮凝剂,用于饮用水净化。甲壳素在食品工业、化学工业中也有着广泛的应用。

甲壳素是21世纪的新材料,它对人类社会的发展与进步有着巨大的作用。目前,全球几乎所有的国家均在研究开发甲壳素,每年发表的论文报告上万篇,有的国家平均每3天就申报一项甲壳素应用专利,甲壳素已是一种内涵丰富、前景广阔的全球化和高新技术化的物质,已成为世人瞩目的前沿学科领域。另外,甲壳素的商业产品已遍布全球,其应用领域已拓展到工业、农业、环境保护、国防、人民生活等各方面,无所不包,其产业渗透性之大,应用领域之广,获利之丰厚均超过其他资源产业。若干年后将形成数百亿美元的市场。甲壳素还是一种环保纤维源,它无毒、无味、耐晒、耐热、耐腐蚀,而且不怕虫蛀和碱的侵蚀,可生物降解,有望成为塑料的替代物,不仅可以解除人类所面临的"白色污染",而且可以消除人体内外环境所面临的有毒、有害物质对人体的威胁,实现经济社会的可持续发展。

7.4.4 淀粉

淀粉是葡萄糖的高聚体,水解到二糖阶段为麦芽糖,完全水解后得到葡萄糖。淀粉有直链淀粉和支链淀粉两类。直链淀粉含几百个葡萄糖单元,支链淀粉含几千个葡萄糖单元。在天然淀粉中直链淀粉约占22%~26%,它是可溶性的,其余的则为支链淀粉。当用碘溶液进行检测时,直链淀粉液呈现蓝色,而支链淀粉与碘接触时则变为红棕色。

淀粉是植物体中贮存的养分,存在于种子和块茎中,各类植物中的淀粉含量都较高,大米中含淀粉62%~86%,麦子中含淀粉57%~75%,玉蜀黍中含淀粉65%~72%,马铃薯中则含淀粉12%~14%。淀粉的化学组成见表7-2。淀粉是食物的重要组成部分,咀嚼米饭等时感到有些甜味,这是因为唾液中的淀粉酶将淀粉水解成了单糖。食物进入胃肠后,还能被胰腺分泌出来的淀粉酶水解,形成的葡萄糖被小肠壁吸收,成为人体组织的营养物。支链淀粉部分水解可产生称为糊精

表 7-2　淀粉化学组成

淀粉来源	各组分的质量分数/(%)				
	水分	脂(干基)	蛋白质	灰分	磷
玉米	13	0.60	0.35	0.10	0.015
小麦	14	0.80	0.40	0.15	0.060
黏玉米	13	0.20	0.25	0.07	0.007
马铃薯	19	0.05	0.06	0.40	0.080
木薯	13	0.10	0.10	0.20	0.010

的混合物。糊精主要用作食品添加剂、胶水、糨糊,并用于纸张和纺织品的制造(精整)等。

淀粉按来源分为四类:禾谷类(玉米、大米、大麦、小麦、燕麦、黑麦)、薯类(甘薯、马铃薯、木薯)、豆类(蚕豆、绿豆、豌豆、赤豆)及其他淀粉(如莲藕、菱角、板栗等)。淀粉颗粒的形状一般为球形、卵形和多角豆形。工业上采用酸浆工艺及湿法提取和分离淀粉。淀粉由于价廉、易加工和可生物降解,因而是目前应用最广泛的天然高分子之一。其中以玉米淀粉为原料的研究和开发较多。

淀粉化学结构式为$(C_6H_{10}O_5)_n$,n为不定数,因为直链淀粉和支链淀粉多是多种大小的高分子化合物。$C_6H_{10}O_5$为脱水葡萄糖单位,淀粉分子是葡萄糖脱去水分子单位经由糖苷键连接成的高分子。组成淀粉分子的脱水葡萄糖单位数量称为聚合度,被$C_6H_{10}O_5$相对分子质量162乘得淀粉相对分子质量。

马铃薯淀粉聚合度在1 000～6 000,平均约3 000,玉米淀粉聚合度在200～1 200之间,平均约为800。支链淀粉聚合度平均在100万以上,相对分子质量在2亿以上,为天然高分子化合物中最大的。谷物和薯类支链淀粉分子大小相同。淀粉分子间有的是经由水分子经氢键结合,水分子介于中间,尤如架桥。

淀粉在食品和非食品的应用有很大发展,主要的应用有:变性淀粉、淀粉塑料和燃料酒精等。

变性淀粉是利用物理、化学或酶法处理,在淀粉分子上引入新的官能团或改变淀粉分子大小和淀粉颗粒性质,从而改变淀粉的天然特性,使其更适合于一定应用要求的一类淀粉。其主要应用于纺织、造纸、食品、石油、医用、建筑、农业饲料、日用化工等行业。

淀粉糖是淀粉的又一类重要应用。利用含淀粉的粮食为原料制取的糖,包括麦芽糖、葡萄糖、果葡糖等,统称淀粉糖。我国历史上就有利用粮食制糖的记载。最近十年来,淀粉糖产量已经跃居世界第二位。2006年产量达到600万吨。品种由6种发展到27种。

α-1,4-苷键　　　　　　　　　　　　　　　　　　α-1,6-苷键

α-1,4-苷键

直链淀粉　　　　　　　支链淀粉

塑料以其来源丰富、产品美观、质轻、卫生、加工方便等特点而广泛应用于国民经济各部门和人民生活各领域,同时也给人类赖以生存的自然环境造成了不可忽视的负面影响。为了解决严重的"白色污染"问题,发达国家都很重视其替代材料的研究,近年来更强调采用天然原料来制造环境友好材料——降解塑料。天然原料一般会完全生物降解,所制造的塑料不会产生污染,且天然原料可再生,因而采用天然原料制造可降解塑料成为此领域的发展方向之一。淀粉塑料是降解塑料的一大类,它泛指组成中含有淀粉或其衍生物的塑料,以天然淀粉为填充剂的塑料和含天然淀粉的共混塑料都属此类。

以淀粉质为原料生产生物能源和石化产品是目前国内外的热门话题。我国淀粉工业作为商品和生物技术产品的原料,产量占世界第二位,用生物技术的酶法制糖产量也占世界第二位,发酵酒精产量占世界第二位,采用生物工程的味精和柠檬酸产量已达世界第一位,将成为世界赖氨酸生产基地。随着经济的发展用生物质原料生产生物能源和生物化工产品替代石化产品已成为当前发展的必然趋势,生物质原料不但可再生而且量更大。在生物质原料中农产品含淀粉质原料更是一大资源(粮食产量 5 亿吨/年,未含木薯等含淀粉质资源)。在含淀粉质原料利用中首先是生物转化成糖,然后用微生物发酵技术制备生物燃料和生物化工产品。以淀粉质原料生产生物燃料和生物化工产品是机遇,但也有挑战。

7.4.5 魔芋葡甘露聚糖

魔芋是单子叶植物纲天南星科魔芋属多年生草本植物,俗称花伞把、花连杆等(图 7-6)。魔芋块茎主要成分为魔芋葡甘露聚糖 KGM,成熟的鲜芋中 KGM 的含

图 7-6 魔芋块茎

量达 10%~30%,鲜魔芋的组成随生长期不同而异。我国魔芋资源丰富,种植历史已达两千年之久,主要分布在湖北、云南、四川、贵州等省,且多在山区,亩产可达数千斤。KGM 具有亲水性、凝胶性、成膜性、抗菌性、可食用性、低热值性等多种特性和一些特殊的生理功能,可广泛应用于食品、医药、化工以及生物领域。

KGM 是葡萄糖和甘露糖组成的大分子多糖,是一种优良的水溶性膳食纤维,具有高吸水性、高膨胀性、高黏度。从魔芋精粉出发,经过脱脂、脱蛋白、脱色、离心、沉淀等步骤纯化得到具有良好水溶性的 KGM。KGM 是主链由 D-甘露糖和 D-葡萄糖以 β-1,4 吡喃糖苷键连接的杂多糖。KGM 是一种中性多糖,为白色粉末状物质,无特殊味道,对水具有很强的亲和力,能自动吸收水分而膨胀形成溶胶。

KGM 的化学结构

KGM 作为可再生资源,对它的改性和利用一方面可节省大量石油资源,另一方面可以缓解大量非降解合成高分子材料废弃物造成的环境污染,KGM 及其改性材料废弃后可以在自然环境中实现生物量的循环,是环境友好材料。近年来关于 KGM 及其衍生物在食品、生物、医学、化工等领域的研究应用日益引人注目。KGM 具有优良的黏结性、成膜性、可溶性、增稠性和保水性等特点,是一种天然食品添加剂和保鲜剂。国内对 KGM 的研究起步较晚,除食品领域外,开发用于其他领域的产品很少,仅有纸张增强剂和石油钻井探头保护剂等少数几个品种。

KGM 可降低胆固醇,是抑制人体肥胖的理想保健品。其还被证明是优良的膳食纤维,将它添加到其他食品中,可制成非常流行的功能食品。魔芋精粉中含脂肪很少,KGM 对果蔬、肉食具有优良的防腐、防霉和保鲜作用。魔芋是食品工业上难得的优质原料。在魔芋深度开发上,生物全降解农地膜成果属世界首创,处于国际先进水平。以魔芋为原料研制的种子保良剂,可以防止病害侵袭,有效促进生产。以魔芋为原料研制的化肥缓释剂、土壤改良剂等,都具有很大的市场潜力。

KGM 的膨胀率极大,达 80～120 倍,黏着力强,可作黏合剂,毛、麻、棉纱的浆料,丝绸双面透印的印染糊料及后处理的柔软剂,可代替淀粉作纺织印染剂、建筑涂料及各种高级黏着剂,还可作农药的乳化剂、杀虫剂、防腐剂、毒鼠药等。近几年日本积极研究以魔芋为原料生产净水剂、印刷用胶滚和建筑中作凝固剂等,并取得一定的效果。魔芋精粉还可用于造纸,经化学处理、加工,可制作电影拷贝、照相用胶卷、录音带及化妆品,且无副作用。

7.4.6　蛋白质

蛋白质是化学结构复杂的一类有机化合物,是人体的必需营养素。蛋白质的英文是 protein,源于希腊文的 proteios,是头等重要的意思,表明蛋白质是生命活动中头等重要物质。蛋白质是细胞组分中含量最为丰富、功能最多的高分子物质,在生命活动过程中起着各种生命功能执行者的作用,几乎没有一种生命活动能离开蛋白质,所以没有蛋白质就没有生命。

蛋白质的来源如下。

植物蛋白质:包括大豆蛋白质、玉米醇溶蛋白质、绿豆蛋白质、小麦蛋白质等。其中大豆蛋白质来源最丰富,价格低廉,应用潜力大,被誉为"生长着的黄金"。

动物蛋白质:包括酪蛋白,主要来源是奶;蛋类蛋白质,主要存在于各种禽蛋中;胶原蛋白,主要存在于动物的皮、骨、软骨、牙齿、肌腱、韧带和血管中;丝蛋白,广泛存在于各种蚕丝和蜘蛛丝中。

各类蛋白质具有较高的应用价值和广阔的应用前景。科学工作者进行了大量的研究与探索,并且取得一系列成果。

国际上新兴的工业蛋白塑料日益受到重视。工业蛋白塑料是指以天然聚合物为原料,可通过各种成型工艺制成生物降解塑料制品的一类材料。这类材料包括由大豆分离蛋白、玉米醇溶蛋白等天然聚合物及其各种衍生物和混合物。其中热塑性淀粉已经产业化,例如,大豆分离蛋白经过化学改性后经过纺丝生产出大豆蛋白质纤维。其他天然材料尚处于基础研究阶段。

胶原蛋白最有价值的应用与研究是在生物材料与医药品方面。由于胶原蛋白具有保护和支持人体组织及骨骼的张力强度、黏稠性等特性,所以作为医疗材料的用途极为广泛。目前,正尝试将胶原蛋白覆盖在烧、烫伤患者的伤口上,促进表皮细胞的移入与生长能力,可大幅缩短伤口愈合的时间,提高烧、烫伤患者的生存质量。另据国外有关报告,胶原蛋白还可有效改善骨关节病及骨质疏松症,具有抑制血压上升、通过胃黏膜抗溃疡、调节免疫功能等作用。

人们还通过对天然丝纤维的结构、特性和制备方法的探索,已经成功地人工合成了蜘蛛丝蛋白。蜘蛛丝蛋白可用在军事、航空航天和医学等领域。例如,在医学领域,其可用作人工筋腱、人工韧带和人工器官等;用于组织修复及伤口处理等;其还可制成特细和超特细生物可降解外科手术缝合线,用于眼外科和神经外科手术中。

7.5 合成高分子材料

7.5.1 高分子的定义、基本概念和分类

说起高分子材料,普通人也许会觉得高深莫测,其实我们身边到处都是它们的身影。

无论是作为食物的蛋白质,还是作为织物的棉、毛和蚕丝,都是天然高分子材料,就连人体本身,基本上也是由各种生物高分子构成的。我国在开发天然高分子材料方面曾走在世界领先水平。利用竹、棉、麻等纤维的高分子材料造纸是我国古代的四大发明之一。另外,利用桐油与大漆等高分子材料作为油漆、涂料制作漆制品也是我国古代的传统技术。

1. 高分子的定义

高分子是碳、氢、氧、硅、硫等元素组成的高分子化合物的简称。高分子的相对分子质量从几千到几十万甚至几百万,所含原子数目一般在几万以上,而且这些原子是通过共价键连接起来的。英文的"高分子"主要有两个词,即 polymer 和 macromolecule。前者又可译作聚合物或高聚物;后者又可译作大分子。这两个词虽然常混用,但仍有一定区别,前者通常是指有一定重复单元的合成产物,一般不包括天然高分子,而后者指相对分子质量很大的一类化合物,包括天然和合成高分子,也包括无一定重复单元的复杂大分子。

高分子化合物由于相对分子质量很大,分子间作用力的情况与小分子大不相同,具有特有的高强度、高韧性、高弹性等,从而可以作为材料使用。这也是高分子化合物不同于一般化合物之处。又因为高分子化合物一般具有长链结构,每个分子都好像一条长长的线,许多分子纠集在一起,就成了一个扯不开的线团,这就是高分子化合物具有较高强度,可以作为结构材料使用的根本原因。另一方面,还可以通过各种手段,用物理或化学方法,或者使高分子与其他物质相互作用后产生物理或化学变化,从而使高分子化合物成为具有特殊功能的功能高分子材料(见图7-7)。功能高分子材料主要包括物理功能高分子材料及化学功能高分子材料。前者如导电高分子、高分子半导体、光导电高分子、压电及热电高分子、磁性高分子、光功能高分子、液晶高分子和信息高分子材料等;后者如反应性高分子、离子交换树脂、高分子分离膜、高分子催化剂及高分子试剂等,此外还有生物功能和医用高分子材料,如生物高分子、模拟器、高分子药物及人工骨材料等。

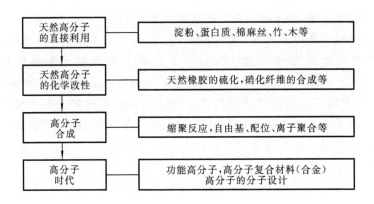

图 7-7 高分子应用与发展

2. 高分子的基本概念

(1) 主链:是指构成高分子骨架结构,以化学键结合的原子集合。最常见的是碳链,偶尔有非碳原子夹入,如杂入的氧、硫、氮等原子。

(2) 侧链或侧基:是指连接在主链原子上的原子或原子集合,又称支链。较小的支链称为侧基,较大的称为侧链。

(3) 单体:通常将生成高分子的那些低分子原料称为单体。

(4) 单体单元:是组成高分子链的基本结构单元,通常与形成高分子的原料相联系,所以称单体单元。

(5) 结构重复单元:又称链节,是高分子中重复出现的那部分。

(6) 聚合度:聚合物分子中,单体单元的数目称聚合度。聚合度常用符号 DP (degree of polymerization)表示,也可用 x 或 P 表示。

下面以烯类单体的自由基加成聚合物为例,解释这些基本概念。就拿乙烯($CH_2\!=\!CH_2$)来说,聚合时其中一个键打开,形成·CH_2—CH_2·(这里用"·"表示自由基)。因而可以把一个乙烯分子想象为一个小孩,有两只空闲的手,许多小孩相互拉起来,就会形成一个很长的队列(见图7-8)。

这一队列就是高分子链,其中每一个小孩就是一个单体单元,单体单元在这里

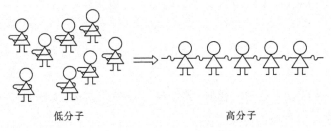

低分子 高分子

图 7-8 "乙烯"的"聚合"

也是重复单元或链节,而小孩的数目就是聚合度。

要特别注意单体单元和重复单元的异同。如果高分子是由一种单体聚合而成的,其重复单元就是单体单元。例如聚氯乙烯的重复单元和单体单元都是—CH_2—$CHCl$—,聚合度 $DP=n$。如果高分子是由两种或两种以上单体缩聚而成的,其重复单元由不同的单体单元组成。例如尼龙的重复单元是—$NH(CH_2)_6$ $NHCO(CH_2)_4CO$—,而单体单元分别是—$NH(CH_2)_6NH$—和—$CO(CH_2)_4CO$—两种,聚合度 $DP=2n$。如果两种或两种以上单体无规共聚,例如乙烯和丙烯共聚,所得聚合物不能写成

$$\text{--}[CH_2\text{---}CH_2\text{---}CH_2\text{---}CH(CH_3)]_n\text{--}$$

应写成

$$\text{--}[CH_2\text{---}CH_2]_m[CH_2\text{---}CH(CH_3)]_n\text{--}$$

3. 高分子的分类

高分子最常见的分类方法是按主链结构分类和按用途分类,其他分类方法不太重要。

(1) 按高分子主链结构可分为如下几种。

① 碳链高分子,主链完全由碳原子组成。例如聚乙烯。

$$\text{--}[CH_2\text{---}CH_2]_n\text{--}$$

② 杂链高分子,主链除碳原子外,还含氧、氮、硫等杂原子,例如聚酰胺 66。

$$\text{--}[NH(CH_2)_6NHCO(CH_2)_4CO]_n\text{--}$$

③ 元素有机高分子(主链上没有碳原子),例如硅橡胶。

$$\text{--}[Si(CH_3)_2\text{---}O]_n\text{--}$$

④ 无机高分子(完全没有碳原子),例如聚二硫化硅。

$$\text{--}[SiS_2]_n\text{--}$$

(2) 按用途可分为:塑料、橡胶(弹性体)、纤维三大类,如果再加上涂料、胶黏剂和功能高分子则有六大类。

(3) 按来源可分为:天然高分子、合成高分子、半天然高分子(改性的天然高分子)。

(4) 按分子的形状可分为：线形高分子、支化高分子和交联（或称网状）高分子。

(5) 按单体组成可分为：均聚物（homopolymer）、共聚物（copolymer）、高分子共混物（polyblend，又称高分子合金）。

4. 合成高分子的制备

合成高分子的制备方法是指通过化学反应将最简单的小分子化合物单体聚合制备性能优异的高分子材料。高分子聚合反应包括链式聚合反应和逐步聚合反应。

链式聚合反应一般由链引发、链增长、链终止等基元反应组成。自由基聚合、离子聚合和配位聚合均包含链引发、链增长和链终止等基元反应。单体一经引发形成自由基或离子形式的活性中心后，即迅速与其他单体反应而生成高相对分子质量的聚合物链，因此，若按反应机理而论，不管是自由基聚合、离子聚合还是配位聚合，皆属链式聚合反应。

自由基聚合反应机理如下：

链引发 $I \longrightarrow R^*$

     $R^* + M \longrightarrow RM^*$

链增长 $RM^* + M \longrightarrow RM_2^*$

     $RM_2^* + M \longrightarrow RM_3^*$

     $\vdots$

     $RM_{n-1}^* + M \longrightarrow RM_n^*$

链终止 $RM_n^* \longrightarrow$ 失活聚合物

与链式聚合反应相对应的是逐步聚合反应，其最大的特点是在反应中逐步形成聚合物分子链，即聚合物的相对分子质量随反应时间增长而逐渐增大，直至反应达到平衡为止。多数逐步聚合不像链式聚合那样有特定的活性中心形成，而是通过功能基之间的逐步反应来进行的。

聚合物的化学反应使得有可能对天然和合成的高分子进行化学改性，将它们转变成新的、用途更广的材料。利用化学反应还可制备具有功能性的聚合物。

研究高分子化学反应还有助于了解高分子的结构和稳定性之间的关系，聚合物在使用过程中，受空气、水、光等物理-化学因素综合的影响，引起不希望发生的化学变化，使性能变坏，这过程称为老化。如果将影响因素和性能变化间的规律研究清楚，则有可能采取防老化的措施。聚合物生产和消费日益增多，废聚合物的处理成为重要的研究课题，研究聚合物的降解有利于废聚合物的处理，实现高分子材料绿色化。此外，通过讨论聚合物的化学反应，理论上可以了解和验证聚合物的结构，由此看来，研究高分子的化学反应，无论在理论上和实用上都具有重大的意义。

7.5.2 高分子的结构和特性

1. 高分子的结构

由于高分子的分子链很庞大且组成可能不均一,所以高分子的结构很复杂的。整个高分子结构是由四个不同层次组成,分别称为一级结构和高级结构(包括二级、三级和四级结构)。

高分子链的一级结构指单个大分子内与基本结构单元有关的结构,包括结构单元的化学组成、键接方式、构型、支化和交联以及共聚物的结构。例如,单烯类单体聚合时可能出现两种键接方式,一种是头-尾键接,一种是头-头(或尾-尾)键接。一般聚合物以头-尾键接占大多数。

$$CH_2\!=\!CHR \longrightarrow -CH_2CH\!-\!CH_2CH- \quad 或 \quad -CH_2CH\!-\!CHCH_2- $$
$$||||$$
$$RRRR$$

头-尾键接   头-头键接

分子构型指的是高分子链的几何形状。一般高分子链为线型,也有支化或交联结构。

高分子化合物中的原子连接成很长的线型分子时,称为线型高分子(如聚乙烯的分子)。这种高分子在加热时可以熔融,在适当的溶剂中可以溶解。高分子化合物中的原子连接成线状但带有较长分支时,也可以在加热时熔融,在适当溶剂中溶解。如果高分子化合物中的原子连接成网状时,这种高分子由于一般不是平面结构而是立体结构,所以也称为体型高分子。体型高分子加热时不能熔融,只能变软;不能在任何溶剂中溶解,只能在某些溶剂中溶胀。

线型高分子的分子间没有化学键结合,在受热或受力时可以互相移动,因而线型高分子在适当溶剂中的溶解,加热时可以熔融,易于加工成形。

交联高分子的分子间通过支链联结起来成为一个三维空间网状大分子,犹如被五花大绑,高分子链不能动弹。因而不溶解也不熔融,当交联度不大时只能在溶剂中溶胀。

支化高分子的性质介于线型高分子和交联(网状)高分子之间,取决于支化程度。低密度聚乙烯是支化高分子的例子,热固性塑料是交联高分子,橡胶是轻度交联的高分子。

二级结构指的是若干链节组成的一段链或整根分子链的排列形状。高分子链由于单键内旋转而产生的分子在空间的不同形态称为构象(或内旋转异构体),属二级结构(见图 7-9)。构象与构型的根本区别在于,构象通过单键内旋转可以改变,而构型无法通过内旋转改变。

高分子链有五种基本构象,即无规线团、伸直链、折叠链、螺旋链和锯齿形链。

无规线团是线型高分子在溶液和熔体中的主要形态。这种形态可以想象为煮熟的面条或一团乱毛线。其中锯齿形链指的是更细节的形状,由碳链形成的锯齿形状可以组成伸直链,也可以组成折叠链,因而有时也不把锯齿形链看成一种单独的构象。

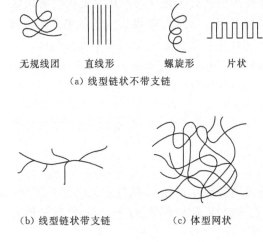

图 7-9 高分子的二级结构

三级结构指在单个大分子二级结构基础上,许多这样的大分子聚集在一起而成的结构,也称聚集态结构或超分子结构。三级结构包括结晶结构、非晶结构、液晶结构和取向结构等。三级结构中最重要的是结晶结构。低分子化合物的结晶结构通常是完善的,结晶中分子有序排列。但高分子结晶结构通常是不完善的,有晶区也有非晶区。一根高分子链同时穿过晶区与非晶区。也就是说,结晶高分子不能 100% 结晶,其中总是存在非晶部分,所以只能算半结晶高分子。晶区与非晶区两者的比例显著地影响着材料的性质。纤维的晶区较多,橡胶的非晶区较多,塑料居中。结果是纤维的力学强度较大,橡胶较小,塑料居中。

四级结构是指高分子在材料中的堆砌方式。在高分子加工成材料时往往还在其中添加填料、助剂、颜料等外加成分。有时用两种或两种以上高分子混合(称为共混)改性。这就形成更为复杂的结构问题。这一层次的结构又称为织态结构。

2. 高分子的特性

同样由于高聚物的相对分子质量很大,所以其力学性质、热性质、溶解性等与小分子化合物大为不同。

1) 力学性质

小分子化合物一般没有强度,是结晶性的硬固体。而高分子化合物的性质变化范围很大,从软的橡胶状到硬的金属状。有很好的强度、断裂伸长率、弹性、硬度、耐磨性等力学性质。高分子化合物的相对密度小(0.9~2.3),因而其比强度可与金属匹敌。

2）热性质

低分子化合物有明确的沸点和熔点,可成为固相、液相和气相。高分子化合物分热塑性和热固性两类,热塑性高分子化合物加热时在某个温度下软化(或熔解)、流动,冷却后成形;而热固性高分子化合物加热时固化成网状结构而成形。

高分子化合物没有气相。虽然大多数高分子的单体可以气化,但形成高相对分子质量的聚合物后直至分解也无法气化。就像一只鸽子可以飞上蓝天,但用一根长绳子拴住一千只鸽子,很难想象它们能一起飞到天上。况且高分子链之间还有很强的相互作用力,更难以气化。

3）溶解性

小分子化合物溶解很快,但高分子化合物都很慢,通常要过夜,甚至数天才能观察到溶解。高分子化合物溶解的第一步是溶胀,由于高分子难以摆脱分子间相互作用而在溶剂中扩散,所以第一步总是体积较小的溶剂分子先扩散入高分子中使之胀大。如果是线型高分子化合物,由溶胀会逐渐变为溶解;如果是交联高分子化合物,只能达到溶胀平衡而不溶解(见图 7-10)。因此一般来说,高分子化合物有较好的抗化学性,即抗酸、抗碱和抗有机溶剂的侵蚀。

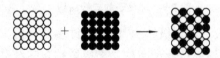

(a) 低分子:快速溶解

(b) 高分子:先溶胀后溶解

图 7-10 高分子与小分子溶解过程的示意图

高分子的溶解性受化学结构、相对分子质量、结晶性、支化或交联结构等的影响,总的来说有如下关系:相对分子质量越高,溶解越难;结晶度越高,溶解越难;支化或交联程度越高,溶解越难。

7.5.3 塑料、橡胶、纤维

1. 塑料

塑料,又称合成树脂,是指以树脂为主要成分(或在加工过程中用单体直接聚合),以增塑剂、填充剂、润滑剂,着色剂等添加剂为辅助成分,在加工过程中能流动成形的材料。

塑料主要有以下特性:①大多数塑料质轻,化学稳定性好,不会锈蚀;②耐冲击性好;③具有较好的透明性和耐磨耗性;④绝缘性好,导热性低;⑤一般成形性、着色性好,加工成本低;⑥大部分塑料耐热性差,热膨胀率大,易燃烧;⑦尺寸稳定性差,容易变形;⑧多数塑料耐低温性差,低温下变脆;⑨容易老化;⑩某些塑料易溶于溶剂。

塑料的分类体系比较复杂,各种分类方法也有所交叉,按常规分类主要有以下三种:一是按使用特性分类;二是按理化特性分类;三是按加工方法分类。

1) 按使用特性分类

根据各种塑料不同的使用特性,通常将塑料分为通用塑料、工程塑料和特种塑料三种类型。

(1) 通用塑料:一般是指产量大、用途广、成形性好、价格便宜的塑料,如聚乙烯、聚丙烯、酚醛等。

(2) 工程塑料:一般指能承受一定外力作用,具有良好的机械性能和耐高、低温性能,尺寸稳定性较好,可以用作工程结构的塑料,如聚酰胺、聚砜等。

在工程塑料中又将其分为通用工程塑料和特种工程塑料两大类。通用工程塑料包括:聚酰胺、聚甲醛、聚碳酸酯、改性聚苯醚、热塑性聚酯、超高相对分子质量聚乙烯、甲基戊烯聚合物、乙烯醇共聚物等。特种工程塑料又有交联型与非交联型之分。交联型的有:聚氨基双马来酰胺、聚三嗪、交联聚酰亚胺、耐热环氧树脂等。非交联型的有:聚砜、聚醚砜、聚苯硫醚、聚酰亚胺、聚醚醚酮(PEEK)等。

(3) 特种塑料:一般是指具有特种功能,可用于航空、航天等特殊应用领域的塑料。如氟塑料和有机硅具有突出的耐高温、自润滑等特殊功用,增强塑料和泡沫塑料具有高强度、高缓冲性等特殊性能,这些塑料都属于特种塑料的范畴。

增强塑料原料在外形上可分为粒状(如钙塑增强塑料)、纤维状(如玻璃纤维或玻璃布增强塑料)和片状(如云母增强塑料)三种。按材质可分为布基增强塑料(如碎布增强或石棉增强塑料)、无机矿物填充塑料(如石英或云母填充塑料)和纤维增强塑料(如碳纤维增强塑料)三种。

泡沫塑料可以分为硬质、半硬质和软质泡沫塑料三种。硬质泡沫塑料没有柔韧性,压缩硬度很大,只有达到一定应力值才产生变形,应力解除后不能恢复原状;软质泡沫塑料富有柔韧性,压缩硬度很小,很容易变形,应力解除后能恢复原状,残余变形较小;半硬质泡沫塑料的柔韧性和其他性能介于硬质与软质泡沫塑料之间。

2) 按理化特性分类

根据各种塑料不同的理化特性,可以把塑料分为热固性塑料和热塑性塑料。

（1）热固性塑料：是指在受热或其他条件下能固化或具有不溶（熔）特性的塑料，如酚醛塑料、环氧塑料等。热固性塑料又分为甲醛交联型和其他交联型两种类型。甲醛交联型塑料包括酚醛塑料、氨基塑料（如脲-甲醛-三聚氰胺-甲醛等）。其他交联型塑料包括不饱和聚酯、环氧树脂、邻苯二甲二烯丙酯树脂等。

（2）热塑性塑料：是指在特定温度范围内能反复加热软化和冷却硬化的塑料，如聚乙烯、聚四氟乙烯等。热塑性塑料又分烃类、含极性基团的乙烯基类、工程类、纤维素类等多种类型。

烃类塑料属非极性塑料，分为结晶性和非结晶性。结晶性烃类塑料包括聚乙烯、聚丙烯等；非结晶性烃类塑料包括聚苯乙烯等。

含极性基团的乙烯基类塑料：除氟塑料外，大多数是非结晶性的透明体，包括聚氯乙烯、聚四氟乙烯、聚醋酸乙烯酯等。乙烯基类单体大多数可以采用游离基型催化剂进行聚合。

热塑性工程塑料主要包括聚甲醛、聚酰胺、聚碳酸酯、丙烯腈-丁二烯-苯乙烯共聚物、聚苯醚、聚对苯二甲酸乙二酯、聚砜、聚醚砜、聚酰亚胺、聚苯硫醚等。聚四氟乙烯和改性聚丙烯等也包括在这个范围内。

热塑性纤维素类塑料主要包括醋酸纤维素、醋酸丁酸纤维素、玻璃纸等。

3）按加工方法分类

根据各种塑料不同的成形方法，可以分为膜压、层压、注射、挤出、吹塑、浇铸塑料和反应注射塑料等多种类型。

膜压塑料多为物性的加工性能与一般固性塑料相类似的塑料；层压塑料是指浸有树脂的纤维织物，经叠合、热压而结合成为整体的材料；注射、挤出和吹塑多为物性和加工性能与一般热塑性塑料相类似的塑料；浇铸塑料是指能在无压或稍加压力的情况下，倾注于模具中能硬化成一定形状制品的液态树脂混合料，如MC尼龙等；反应注射塑料是用液态原材料，加压注入膜腔内，使其反应固化成一定形状制品的塑料，如聚氨酯等。

2. 合成橡胶

橡胶是制造飞机、军舰、汽车、拖拉机、收割机、水利灌排机械、医疗器械等所必需的材料。根据来源不同，橡胶可以分为天然橡胶和合成橡胶。合成橡胶是以石油、天然气为原料，以二烯烃和烯烃为单体聚合而成的高分子，在20世纪初开始生产，从40年代起得到了迅速的发展。合成橡胶一般在性能上不如天然橡胶全面，但它具有高弹性、绝缘性、气密性、耐油、耐高温或低温等性能，因而广泛应用于工农业、国防、交通及日常生活中。世界橡胶产量中，天然橡胶仅占15%左右，其余都是合成橡胶。合成橡胶品种很多，性能各异，在许多场合可以代替、甚至超过天然橡胶。因此，目前世界上合成橡胶的总产量已远远超过了天然橡胶。

通过对天然橡胶的化学成分进行剖析，发现它的基本组成是异戊二烯。于是用异戊二烯作为单体进行聚合反应,得到了合成橡胶,称为异戊橡胶。异戊橡胶的结构与性能基本上与天然橡胶相同。由于当时异戊二烯只能从松节油中获得,原料来源受到限制,而丁二烯则来源丰富,因此以丁二烯为基础开发了一系列合成橡胶,如顺丁橡胶、丁苯橡胶、丁腈橡胶和氯丁橡胶等。随着石油化学工业的发展,从油田气、炼厂气经过高温裂解和分离提纯,可以得到乙烯、丙烯、丁烯、异丁烯、丁烷、戊烯、异戊烯等各种气体,它们是制造合成橡胶的好原料。合成橡胶可分为通用合成橡胶和特种橡胶。

1)通用合成橡胶

用量较大,例如,丁苯橡胶占合成橡胶产量的60%;其次是顺丁橡胶,占15%;此外还有异戊橡胶、氯丁橡胶、丁钠橡胶、乙丙橡胶、丁基橡胶等,它们都属通用橡胶。

(1)丁苯橡胶:是以丁二烯和苯乙烯为单体共聚而成,具有较好的耐磨性、耐热性、耐老化性,价格便宜。主要用于制造轮胎、胶带、胶管及生活用品。

(2)顺丁橡胶:是由丁二烯聚合而成。顺丁橡胶的弹性、耐磨性、耐热性、耐寒性均优于天然橡胶,是制造轮胎的优良材料。缺点是强度较低、加工性能差。主要用于制造轮胎、胶带、弹簧、减震器、耐热胶管、电绝缘制品等。

(3)氯丁橡胶:是由氯丁二烯聚合而成。氯丁橡胶的机械性能和天然橡胶相似,但耐油性、耐磨性、耐热性、耐燃烧性、耐溶剂性、耐老化性能均优于天然橡胶,所以称为"万能橡胶"。它既可作为通用橡胶,又可作为特种橡胶。但氯丁橡胶耐寒性较差(-35 ℃),相对密度较大(为1.23),生胶稳定性差,成本较高。它主要用于制造电线、电缆的包皮、胶管、输送带等。

2)特种橡胶

(1)丁腈橡胶:以其优异的耐油性著称。

(2)硅橡胶:其性能特点是耐高温和低温。

(3)氟橡胶:它是以碳原子为主链、含有氟原子的高聚物。氟橡胶具有很高的化学稳定性,它在酸、碱、强氧化剂中的耐腐蚀能力居各类橡胶之首,其耐热性也很好,缺点是价格昂贵、耐寒性差、加工性能不好。主要用于高级密封件、高真空密封件及化工设备中的里衬,火箭、导弹的密封垫圈。

合成橡胶按橡胶制品形成过程可分热塑性橡胶和硫化型橡胶;按成品状态可分为液体橡胶、固体橡胶、粉末橡胶和胶乳。合成的生胶具有良好的弹性,但强度不够,必须经过加工才能使用,其加工过程包括塑炼、混炼、成型、硫化等步骤。

3. 合成纤维

合成纤维是化学纤维的一种。以小分子的有机化合物为原料,经加聚反应或缩聚反应合成的线型有机高分子化合物,如聚丙烯腈、聚酯、聚酰胺等。从纤维的分类可以看出它属于化学纤维的一个类别。

合成纤维的主要品种如下。

① 根据化学组成,合成纤维可分为聚酰胺纤维、聚酯纤维、聚丙烯腈纤维、聚丙烯纤维、聚乙烯醇纤维等,它们习惯被称为锦纶(或尼龙)、涤纶、腈纶、丙纶、维纶。除这几种之外,常见的合成纤维还有氨纶。

② 按主链结构可分碳链合成纤维,如聚丙烯纤维(丙纶)、聚丙烯腈纤维(腈纶)、聚乙烯醇缩甲醛纤维(维尼纶);杂链合成纤维,如聚酰胺纤维(锦纶)、聚对苯二甲酸乙二酯(涤纶)等。

③ 按性能功用可分耐高温纤维,如聚苯咪唑纤维;耐高温腐蚀纤维,如聚四氟乙烯;高强度纤维,如聚对苯二甲酰对苯二胺;耐辐射纤维,如聚酰亚胺纤维;还有阻燃纤维、高分子光导纤维等。

合成纤维五十年来在全世界得到了迅速的发展,已成为纺织工业的主要原料。它广泛用于服装、装饰和产业三大领域,它的使用性能有的已经超过了天然纤维。

合成纤维工业是20世纪40年代初开始发展起来的,最早实现工业化生产是聚酰胺纤维,随后腈纶、涤纶等陆续投入工业生产。合成纤维性能优异,原料来源丰富,随着工业技术的不断发展,短短几十年间,世界合成纤维的产量已接近天然纤维,成为纺织纤维的重要原料。作为民用纤维,人们力求使合成纤维制品能保持天然纤维制品的优点,克服性能和产量的不足。

1) 生产合成纤维的原料

生产合成纤维的基本原料源于石油。苯、二甲苯、丙烯经过加工后制成合成纤维所需原料(通称为单体)。还有一些特种合成纤维不使用石化产品做原料,但它们产量少,不在日常生活中使用。

2) 合成纤维的生产方法

合成纤维的生产有三大工序:合成聚合物制备、纺丝成形、后处理。首先是将单体经聚合反应制成成纤高聚物,这些聚合反应原理、生产过程及设备与合成树脂、合成橡胶的生产大同小异,不同的是合成纤维要经过纺丝及后加工,才能成为合格的纺织纤维。高聚物的纺丝主要有熔融纺丝和溶液纺丝方法。熔融纺丝是将高聚物加热熔融成熔体,然后由喷丝头喷出熔体细流,再冷凝而成纤维的方法。熔融纺丝速度高,高速纺丝时每分钟可达几千米。这种方法适用于那些能熔化、易流动而不易分解的高聚物,如涤纶、丙纶、锦纶等。溶液纺丝又分为湿法纺丝和干法纺丝两种。湿法纺丝是将高聚物在溶剂中配成纺丝溶液,经喷丝头喷出细流,在液态凝固介质中凝固形成纤维。干法纺丝中,凝固介质为气相介质,经喷丝形成的细流因溶剂受热蒸发,而使高聚物凝结成纤维。溶液纺丝速度低,一般每分钟几十米。溶液纺丝适用于不耐热、不易熔化但能溶于专门配制的溶剂中的高聚物,如腈纶、维纶。熔融纺丝和溶液纺丝得到的初生纤维,强度低,硬脆,结构性能不稳定,不能使用。只有通过一系列的后加工处理,才能使纤维符合纺织加工的要求。不同的合成纤维,其后加工方法不尽相同。

按纺织工业要求,合成纤维分长丝和短纤维两种形式。所谓长丝,是长度为千米以上的丝,长丝卷绕成团。短纤维是几厘米至十几厘米的纤维。

合成纤维因具有强度高、耐磨、耐酸、耐碱、耐高温、质轻、保暖、电绝缘性好及抗霉蛀等特点,在国民经济的各个领域得到了广泛的应用。在民用上,合成纤维既可以纯纺,又可以与天然纤维或人造纤维混纺、交织。用它做衣料比棉、毛和人造纤维都结实耐穿;用它做被服,冬装又轻又暖。锦纶的耐磨性优异,有某些天然纤维的特色,如腈纶与羊毛相似,俗称人造羊毛;维纶的吸水性能与棉花相似;锦纶经特种加工,制品与蚕丝相似。在工业上,合成纤维常用做轮胎帘子线、渔网、绳索、运输带、工业用织物(帆布、滤布等)、隔音、隔热、电气绝缘材料等。在医学上,合成纤维常用作医疗用布、外科缝合线、止血棉、人造器官等。在国防建设上,合成纤维可用于降落伞、军服、军被,一些特种合成纤维还用于原子能工业的特殊防护材料、飞机、火箭等的结构材料。

7.5.4 涂料与胶黏剂

1. 涂料

涂料,在中国传统称为油漆。涂料是一种材料,这种材料可以用不同的施工工艺涂覆在物件表面,形成黏附牢固、具有一定强度、连续的固态薄膜。这样形成的膜通称涂膜,又称漆膜或涂层。早期大多以植物油为主要原料,故被称做"油漆"。按照现代通行的化工产品的分类,涂料属于精细化工产品。现代的涂料正在逐步成为一类多功能性的工程材料,是化学工业中的一个重要行业。

涂料主要具备以下功能。

(1) 保护功能:防腐、防水、防油、耐化学品、耐光等。物件暴露在大气之中,受到氧气、水分等的侵蚀,造成金属锈蚀、木材腐朽、水泥风化等破坏现象。在物件表面涂以涂料,形成一层保护膜,能够阻止或延迟这些破坏现象的发生和发展,使各种材料的使用寿命延长。所以,保护作用是涂料的一个主要作用。

(2) 装饰功能:颜色、光泽、图案和平整性等。不同材质的物件涂上涂料,可得到五光十色、绚丽多彩的外观,起到美化人类生活环境的作用,对人类的物质生活和精神生活作出不容忽视的贡献。

(3) 其他功能:标记、防污、绝缘等。对现代涂料而言,这种作用与前两种作用比较越来越显示其重要性。现代的一些涂料品种能提供多种不同的特殊功能,如:电绝缘、导电、屏蔽电磁波、防静电产生等作用;防霉、杀菌、杀虫、防海洋生物黏附等生物化学方面的作用;耐高温、保温、示温和温度标记、防止自燃、烧蚀隔热等热能方面的作用;反射光、发光、吸收和反射红外线、吸收太阳能、屏蔽射线、标志颜色等光学性能方面的作用;防滑、自润滑、防碎裂飞溅等机械性能方面的作用;还有防噪声、减振、卫生消毒、防结露、防结冰等各种不同作用等。随着国民经济的发展和科学技术的进步,涂料将在更多方面提供和发挥各种更新的特种功能。

涂料主要由四部分组成:成膜物质、颜料、溶剂、助剂。

(1) 成膜物质:是涂料的基础,它对涂料和涂膜的性能起决定性的作用,它具有黏结涂料中其他组分形成涂膜的功能。

(2) 颜料:是有颜色的涂料(色漆)的一个主要的组分。颜料使涂膜呈现色彩,使涂膜具有遮盖被涂物体的能力,以发挥其装饰和保护作用。

(3) 溶剂:能将涂料中的成膜物质溶解或分散为均匀的液态,以便于施工成膜,当施工后又能从漆膜中挥发至大气的物质,原则上溶剂不构成涂膜,也不应存留在涂膜中。

(4) 助剂:也称为涂料的辅助材料组分,但它不能独立形成涂膜,它在涂料成膜后可以作为涂膜的一个组分而在涂膜中存在。助剂的作用是对涂料或涂膜的某一特定方面的性能起改进作用。

经过长期的发展,涂料的品种特别繁多,以涂料产品的用途为主线,并辅以主要成膜物的分类方法进行分类。中华人民共和国国家标准(GB/T 2705—2003)将涂料产品划分为三个主要类别:建筑涂料、工业涂料和通用涂料及辅助材料。

科技水平的不断提高,为涂料工业提供了多种新型原材料和技术装备,促使涂料工业的生产水平和技术水平得到迅速提高。目前使用涂料最广泛的航空、造船、车辆、机械、电器制造、电子工业等部门都在高速发展,这就对作为保护、装饰材料的涂料产品提出了更高要求。要求涂料能够实现对材料的改性或赋予特殊功能,例如,防污涂料、防腐涂料、阴极电泳涂料等。20世纪90年代初,世界发达国家进行了"绿色革命",促进了涂料工业的发展向"绿色"涂料方向大步迈进。主要有水性涂料、光固化涂料、粉末涂料等。

2. 黏合剂

黏合剂(又称胶黏剂)是因表面键合和内力(黏附力和内聚力等)作用,能使一固体表面与另一固体表面结合在一起的非金属材料的总称。胶黏剂本身是使物质与物质黏接成为一体的媒介,是赋予各物质单独存在时所不具有的功能的材料。

胶黏剂是由多种物质协调组合在一起的产物,下面将主要组成物质作一介绍,当然,并非每种胶黏剂均需要它们的参与。

(1) 黏合物质:又称基料,是起黏合作用的主体物质,胶黏剂的主要性能主要由其决定,如淀粉、橡胶、合树脂、高聚物的共聚物等。

(2) 溶剂:可溶解黏合物质或调节胶黏剂黏度,增加胶黏剂的渗透能力,并改善其工艺性能。主要有水以及苯、甲苯、丙酮、醇类四氯化碳等有机溶剂。

(3) 增黏剂:可提高胶黏剂的黏结力和初黏力。松香及其衍生物、萜烯及多种树脂均可作增黏剂。

(4) 消泡剂:可减小气泡表面张力,使气泡膜变薄,以至破裂,从而减少泡沫,提高黏合强度。辛醇、磷酸三丁酯、脂肪酸甘油酯、玉米油是常用的消泡剂。

(5) 增塑剂:能减少树脂聚合物分子之间的引力,改善流动性,降低黏度。胶黏剂种类不同,增塑剂也不同。如热熔胶黏剂的增塑剂有聚异丁烯润滑脂、苯二甲酸二辛酯等;乳液型胶黏剂的增塑剂有邻苯二甲酸酯、磷酸酯等。

(6) 填料:可增加胶黏剂稠度、耐热性,提高干燥速度和挺度,降低成本。常用的填料有白黏土、硅藻土、轻质碳酸钙等粉状无机物。

(7) 防腐剂:能防止某些胶黏剂受细菌作用产生霉变,保持其黏性及黏合能力。常用的防腐剂有甲醛、苯酚、磷酸、硼砂等。

(8) 稀释剂:能降低胶黏剂黏度,改善其渗透能力和工艺性能,降低其活性,从而延长胶黏剂的寿命。常用稀释剂有尿素、二氰胺、硫氰酸铵等。

(9) 其他添加剂:有促进固化的固化剂,抑制或减缓氧化的抗氧剂,降低脆性的增韧剂,使黏合物质充分湿润的湿润剂,使乳液稳定的稳定剂等。

胶黏剂的种类很多,通常可按材料来源、使用特性或包装材料作如下分类。

(1) 按材料来源分为天然胶黏剂和人工胶黏剂。

① 天然胶黏剂:取自于自然界中的物质,包括淀粉、蛋白质、糊精、动物胶、虫胶、皮胶、松香等生物胶黏剂,也包括沥青等矿物胶黏剂。

② 人工胶粘剂:是人工制造的物质,包括水玻璃等无机胶黏剂,以及合成树脂、合成橡胶等有机胶黏剂。

(2) 按使用特性分为水溶型、热溶型、溶剂型、乳液型和无溶剂液体胶黏剂。

① 水溶型胶黏剂:用水作溶剂的胶黏剂,主要有淀粉、糊精、聚乙烯醇、羧甲基纤维素等。

② 热熔型胶黏剂:通过加热使胶黏剂熔化后使用,是一种固体胶黏剂。一般热塑性树脂均可使用,如聚氨酯、聚苯乙烯、聚丙烯酸酯、乙烯-醋酸乙烯共聚物等。

③ 溶剂型胶黏剂:不溶于水而溶于某种溶剂的胶黏剂。如虫胶、丁基橡胶等。

④ 乳液型胶黏剂:多在水中呈悬浮状,如醋酸乙烯树脂、丙烯酸树脂、氯化橡胶等。

⑤ 无溶剂液体胶黏剂:在常温下呈黏稠液体状,如环氧树脂等。

(3) 按包装材料分为纸基材料、塑料及木材胶黏剂。

① 纸基材料胶黏剂:主要包括淀粉糨糊、糊精、水玻璃、化学糨糊、酪蛋白等。

② 塑料胶黏剂:主要包括丁苯胶、聚氨酯、硝酸纤维素、聚醋酸乙烯等溶剂型胶黏剂;乙烯-醋酸乙烯共聚物、乙烯-丙烯酸共聚物等水溶型胶黏剂;醋酸乙烯树脂、丙烯酸树脂等乳液型胶黏剂;聚苯乙烯、聚氨酯、聚丙烯酸酯等热塑性树脂组成的热熔型胶黏剂等。

③ 木材胶黏剂:主要包括骨胶、皮胶、鱼胶、干酪素、血胶等动物胶,也包括酚

醛树脂胶、聚醋酸乙烯树脂胶、脲醛树脂胶等合成树脂胶,还包括豆胶等植物胶等。

合成胶黏剂既能很好连接各种金属和非金属材料,又能对性能相差悬殊的基材,如金属和塑料、水泥和木材、橡胶和帆布等实现良好的连接。其效果为铆接、焊接所不及,并且工艺简单、生产效率高、成本低廉。合成胶黏剂的应用遍及各个工业部门,从儿童玩具生产、工艺美术品的制作到飞机、火箭、人造卫星的制造等。至今,从应用的角度统计,木材加工业、建筑和包装行业仍为胶黏剂的大宗消费对象,其用量接近全部用途的 90%;其次是纺织、密封、泥子、汽车、电子工业、航天、航空、民用制品(制鞋、服装、地毯……)等,各国的消费结构不尽相同。另外,胶黏剂在机械维修和磨损部件尺寸修复方面也发挥着很大的作用。在医学上,合成胶黏剂也展示出了十分诱人的前景。用合成胶黏剂作为填充料预防和治疗龋齿,用黏接法代替传统补牙已十分普遍;用胶黏剂黏合皮肤、血管、骨骼和人工关节等应用实例均有报道。

不难看出,随着现代科学技术的发展和应用的需要,各种新型胶黏剂会不断出现,并且胶的性能也会更趋完善,更加绿色化,其使用量定会更大、使用面更广。

7.5.5 聚合物共混物

在当今社会,合成高分子材料已成为工业、农业和人民生活中不可缺少的一类材料。但是,随着现代科学技术的发展,对高分子材料提出了更高的要求,单一的均聚物已经难于满足其需要。为了获得综合性能优异的高分子材料,除了继续研制合成新型的高聚物外,对现有的高分子材料进行共混改性或复合增强已成为高分子材料领域的一种经济有效的途径,广泛地应用于航天、航空、汽车、电子电器、建筑材料、包装等工业领域。

共混是将两种或两种以上不同的高聚物混合形成具有纯组分所没有的、综合性能的高聚物的方法,是实现聚合物改性和生产高性能新材料的重要途径之一,形成的高聚物称为聚合物共混物(又称为高分子合金)。共混的作用包括:①改变单一聚合物的弱点,性能互补,获得优良的综合性能;②赋予特别性能或功能,如黏结、减震、导电、阻燃、耐水等性能;③改善加工功能。

聚合物共混物的类型主要有:①塑料-塑料共混,如 ABC-PVC① 共混,改善耐燃性;②橡胶-橡胶共混,如丁腈橡胶与天然橡胶共混,提高天然橡胶的耐油性和耐热性;③橡胶-塑料共混,如 PVC-天然氯丁胶共混,改善抗冲击性能。

聚合物之间的相溶性是选择适宜共混方法的重要依据,也是决定共混物形态结构和性能的关键因素。在共混时采用增加基团之间的相互作用、加入增溶剂、化

---

① ABS:丁二烯-丙烯腈-苯乙烯共聚物;PVC:主要成分为聚氯乙烯,另外加入其他成分来增强其耐热性、韧性、延展性等。

学交联等方法改善和提高聚合物相溶性。

制备高分子共混物的方法主要有以下几种。

(1) 机械共混法:将各高分子组分在混合设备如高速混合机、双辊混炼机、挤出机中均匀混合。

(2) 共溶剂法:又称溶液共混法,将各高聚物组分溶解于共同溶剂中再除去溶剂,即得到高聚物共混物。

(3) 乳液共混法:将不同高聚物的乳液均匀混合再共沉析而得到高聚物共混物。

(4) 共聚-共混法:制备高聚物共混物化学方法。

(5) 各种互穿网络高聚物(IPN)技术。

高聚物共混改性的主要目的有:①综合均衡各高聚物组分的性能,取长补短,消除各单一高聚物在性能上的弱点,获得综合性能较为理想的高聚物材料;②使用少量的某一高聚物可以作为另一种高聚物的改性剂,改性效果显著;③改善高聚物的加工性能,将流动性好的高聚物作为改性剂,在不影响其他性能的前提下降低材料的加工温度;④利用共混法可以制备一系列具有崭新性能的新型高聚物材料,如与含氯素等耐燃高聚物共混可制得耐燃高分子材料;⑤对某些性能卓越,但价格昂贵的工程塑料,可通过共混,在不影响使用要求条件下降低成本。

7.5.6 极端和特殊条件下使用的高分子材料

极端和特殊条件是指超高压、超高温、超高真空、超低温、超纯、高速冷却等情况。高分子材料正朝着高强度、高韧性、耐高温、耐极端条件的高性能材料发展,为航天、航空、近代通信、电子工程、生物工程、医疗卫生和环境保护等各个方面提供各种新型材料。

这一类高分子材料是很有重要研究前途,并且应用前景广泛的新型材料。其中许多领域在国内外已经或正在进行研究,文献等资料相对较少。下面只将关于极端和特殊条件下使用的高分子材料目前的一些研究与应用成果分别举例简介。

1. 耐高温高分子材料

耐高温高分子材料是一类特殊的高分子材料,相关的理论与应用研究工作已经有60多年的历史。迄今为止,研究较多的是有机高分子材料,特别是芳香族杂环类材料。如今,耐高温高分子材料已经成为我国和世界上其他国家的关键技术研究内容。

一般来说,耐高温高分子材料通常是指在250～300 ℃范围内可以长期使用的高分子材料,应具有以下特点:①高温下应满足一定的尺寸变化要求;②熔点要高;③5%热失重时的热分解温度要高;④在高温下能保持一般的材料特性,而且在高温下长期工作时也能维持一般的材料特性;⑤材料加工成型简单、容易;⑥具有阻燃或不燃的特性。

如果满足上述①~⑤中的一种就可以被认为是耐高温高分子材料。这个突出特征可以归因于其分子链主要是有含有杂环芳香族链节或含有无间隔醚酮的芳香族链节构成。

耐高温高分子材料可以根据其结构与用途进行分类,具体列在表 7-3 中。

表 7-3 耐高温高分子材料分类与举例

名 称	代表材料	适用温度范围	应用举例
有机-无机杂化聚合物	有机硅树脂（聚硅氧烷）	500~1 400 ℃	高温条件下的火箭、飞机、舰船表面耐高温防护
有机氟聚合物	有机氟塑料	260~290 ℃	电子行业、宇航业电缆绝缘层、轴封、垫圈及其软管
耐高温金属聚合物	二茂铁乙烯基聚合物	400 ℃ 左右	宇航、深潜用胶黏剂
高温工业聚合物及工程塑料	聚醚醚酮树脂	240~260 ℃	家电插件、手机零部件
液晶聚合物	芳纶树脂（聚对苯二酰）	280~320 ℃	飞机尾翼、降落伞绳索

2. 耐低温高分子材料

1) 氟弹性体

耐低温氟弹性体除了具备普通氟弹性体所具有的优异的耐热性能和耐介质性能以外,还具有显著改善的耐低温性能,如低温柔韧性、低温拉伸强度、低温压缩永久变形等。耐低温氟弹性体可以制成 O 形圈、唇口密封、隔膜等密封件,主要用于汽车、航天、化工等工业领域。在航空航天工业领域,耐低温氟弹性体可用于新型歼击机、航空发动机等燃油、润滑油、液压系统高温部位的密封,用于制造大功率运载火箭发动机姿态控制、伺服系统的密封制品,解决现用武器装备存在低温漏油、漏气故障的问题;也能应用于液体火箭发动机氧化剂储罐的密封件,能够保证火箭在极低气温下(−25 ℃)进行发射;同时可以替代普通氟弹性体,特别是在有低温性能需求的场合。目前耐低温氟弹性体已成功应用于"神舟"二号至六号宇宙飞船动力舱液体火箭发动机氧化剂储罐密封,具有较高的社会效益。

2) 超低温复合材料用基体

可以应用在低温环境下的树脂基体主要有:①热固性树脂:环氧树脂(EP)、聚酰亚胺(PI)、氰酸酯树脂(CE);②热塑性树脂:聚醚酰亚胺(PEI)、聚醚砜(PES)、聚醚醚酮(PEEK)、聚四氟乙烯(PTFE)、聚砜(PS)、聚苯硫醚(PPS)、液晶聚合物(LCP)等。

由于耐低温复合材料具有高比强度、高比模量、优异的断裂韧性、独特的低温热物理性能以及灵活的可设计性,因此受到了低温工程领域的广泛重视及应用。①低温容器:重复使用航天运载器液氢、液氧贮箱,液氮容器等,车用液氢燃料杜瓦低温容器同样引起人们的重视;②低温超导技术:超导装置的构件、热和电绝缘部件、密封件,例如,聚酰亚胺薄膜已在低温超导磁体中得到应用;③低温结构元件:低温容器的悬链、低温设备支撑压杆等;④低温风洞:轮、叶等。

3) 超高相对分子质量聚乙烯(UHMW-PE)

UHMW-PE 是一种线型结构的具有优异综合性能的热塑性工程塑料,平均相对分子质量约 35 万~800 万,因相对分子质量高而具有其他塑料无可比拟的优异的耐冲击、耐磨损、自润滑性、耐化学腐蚀等性能。而且,UHMW-PE 耐低温性能优异,在−40 ℃时仍具有较高的冲击强度,甚至可在−269 ℃下使用。UHMW-PE 可广泛应用于冶金、电力、石油、纺织、造纸、食品、化工、机械、电气环保、采矿、石油、农业、建筑、电气、医疗、体育及制冷技术等行业。

3. 超力学高分子材料(PBO)

PBO 是聚对苯撑苯并双噁唑纤维的简称,是 20 世纪 80 年代美国为发展航天航空事业而开发的复合材料用增强材料,是含有杂环芳香族的聚酰胺家族中最有发展前途的一个成员,被誉为 21 世纪超级纤维,其商品名为柴隆(zylon),现已正式上市,正在开发单纤维和复合材料的用途。PBO 可表示为

$$\left[\begin{array}{c}\end{array}\right]_n$$

PBO 作为 21 世纪超性能纤维,具有十分优异的物理机械性能和化学性能,其强力、模量为 Kevlar(凯夫拉)纤维的 2 倍并兼有间位芳纶耐热阻燃的性能,而且物理化学性能完全超过迄今在高性能纤维领域处于领先地位的 Kevlar 纤维。一根直径为 1 mm 的 PBO 细丝可吊起 450 kg 的质量,其强度是钢丝纤维的 10 倍以上。

PBO 纤维的优异性能决定了它的应用领域十分广阔。

(1) 长丝的应用:可用于轮胎、胶带(运输带)、胶管等橡胶制品的补强材料;各种塑料和混凝土等的补强材料;弹道导弹和复合材料的增强组分;纤维光缆的受拉件和光缆的保护膜;电热线、耳机线等各种软线的增强纤维;绳索和缆绳等高拉力材料;高温过滤用耐热过滤材料;导弹和子弹的防护设备、防弹背心、防弹头盔和高性能航行服;网球、快艇、赛艇等体育器材;高级扩音器振动板、新型通信用材料;航空航天用材料等。

(2) 短切纤和浆粕的应用:可用于摩擦材料和密封垫片用补强纤维;各种树脂、塑料的增强材料等。

(3) 纱线的应用:可用于消防服;炉前工作服、焊接工作服等处理熔融金属现

场用的耐热工作服;防切伤的保护服、安全手套和安全鞋;赛车服、骑手服;各种运动服和活动性运动装备;Carrace飞行员服;防割破装备等。

（4）短纤维的应用:主要用于铝材挤压加工等用的耐热缓冲垫毡;高温过滤用耐热过滤材料;热防护皮带等。

4. 耐辐射高分子材料

耐辐射高分子材料指在各种射线照射下能够保持相对稳定的聚合物。各种射线的长期辐射是使高分子产品劣化的重要原因,因此提高材料的抗辐射能力是非常重要的。

耐辐射高分子材料包括普通高分子材料中加入光稳定剂的复合型材料和由耐辐射性高分子构成的本征性耐辐射高分子材料。聚合物的耐辐射性与其分子结构、相对分子质量和聚集态有关,不吸收某些射线,或者吸收射线后产生光交联的聚合物耐辐射性能好,如聚苯乙烯和聚乙烯等。相反,辐射后发生分解的聚合物耐辐射较差,如丁基橡胶等。此外,防止射线的进入或者淬灭辐射引起的激发态自由基也是提高耐辐射的重要手段,在聚合物分子中引入稳定结构可以构成本征耐辐射高分子,在聚合物中添加稳定剂可以构成复合性耐辐射材料。具备上述功能的添加剂包括光屏蔽剂、激发态淬灭剂和光抗氧剂等。橡胶等高分子材料受高能射线辐射后产生分子链的断裂或交联反应。常用橡胶的耐辐射强弱顺序如下:聚氨酯橡胶＞天然橡胶＞丁苯橡胶＞丁腈橡胶＞氯丁橡胶＞硅橡胶＞氟橡胶＞丁基橡胶。耐辐射性好的填料有氧化铅、五硫化二锑、硫酸钡,较好的增塑剂有高芳烃油、苯二甲酸二丁酯。对苯二胺类防老剂有抗辐射的氧化作用,用于核反应堆装置、宇航装置、医用防射线用品及防护衣具等方面。

耐辐射高分子材料广泛应用于食品、医疗、空间及核技术等领域。用于食品、医疗的耐辐射聚合物以聚丙烯为主,用于空间及核技术的抗辐射聚合物以聚酰亚胺为主。

为了避免各种传染病在医院里的交叉感染,现在人们普遍采用一次性使用的医疗用品,如注射器、外科手套、导尿管、输液器、渗析器、各种导管、外科缝合线,以及各种纸质、无纺布等医用消耗品。这些产品的原料多为不耐高温的塑料或纸,不宜用蒸汽消毒,若用环氧乙烷消毒,其残余气有毒,则可能引起人体细胞癌变。因此采用辐射消毒势在必行,也切实可行。辐射消毒主要用^{60}Co作为辐射源,常用的辐射剂量为(25~32) kGy(被照射物质所吸收的射线的能量称为吸收剂量,其单位为Gray,简称Gy),选用剂量取决于菌种的抗辐射性和生产过程的污染程度。实现塑料医用产品的辐射消毒,必须首先解决塑料材料的耐辐射性问题。目前,通用塑料占医用产品用量的2/3,除PVC外,聚丙烯的用量占第二位,年耗量达10万吨以上。聚丙烯是一次性注射器的原料,注射器在辐射消毒过程中必须耐受25 kGy的消毒剂量,而聚丙烯接受10 kGy剂量时,强度开始损失,能否使聚丙烯耐受 25 kGy 的辐射是实现注射器消毒的关键。近年来各国都在努力发展耐辐射的聚合物,我国也已解决了聚丙烯的辐射消毒问题,使聚丙烯在吸收(25~50) kGy 的辐射剂量后,不变黄,不变脆,并能耐受 3 年以上的室温存贮且不改变性能。

抗辐射塑料主要用于核工业和航天器,有的要求能耐 1 000 kGy 或者更大剂量的辐射,工作时间达 30 年以上。如登月船外壳材料是 27 层的聚酰亚胺薄膜;宇宙飞船上长达 22 km 的电缆绝缘层、宇航服、耐宇宙尘外套、遮阳系统、救急供氧系统的防护密封等都是用耐辐射性最好的聚酰亚胺制成的。聚苯并咪唑并吡咯酮类、聚二苯并咪唑苯并菲咯啉及环氧树脂基碳纤维增强塑料等,也常用作抗辐射材料。

空间材料可能受到的辐射主要有太阳以外的宇宙线、范艾伦辐射以及核爆炸产生的中子、氦核等,这些辐射的特点是辐射的强度、剂量大,因而对材料的性能要求很高。由于聚合物的耐高温性能和耐辐射性能是一致的,用于空间的聚合物一般含有苯环。在 20 世纪 90 年代,芳香族聚合物被广泛用于航空航天器和医疗器械中。近年来具有良好抗辐射性能的芳香族聚合物如聚苯乙烯、聚酰亚胺、聚醚醚酮、聚醚酮(PEK)等不断涌现,并得到改性和应用。另外聚苯醚(PPO)也是一种被广泛应用的芳香族聚合物,它具有许多优异的性能,如高的热稳定性能、力学性能及良好的气体渗透性等。据最新报道,PPO 的衍生物——对叔丁基苯甲酰基聚苯醚和苯甲酰基聚苯醚/2-乙烯基萘聚合物的混合物是具有良好抗辐射性能的工程塑料。

7.5.7　智能与仿生高分子材料

智能材料又称机敏材料,其构想来源于仿生。不同于结构材料和功能材料,智能材料能通过自身的感知获取外界信息,从而做出判断和处理,发出指令,继而调整自身的状态以适应外界环境的变化,从而实现自检测、自诊断、自调节、自适应、自修复等类似于生物系统的各种特殊功能。但是现有的材料一般比较单一,难以满足智能材料的要求,所以智能材料一般由 2 种或 2 种以上的材料复合构成一个智能材料系统。随着现代材料科学、微电子技术和计算机技术的快速发展,智能材料在许多领域已引起人们的兴趣并展现出广阔的发展前景。根据材料的来源,智能材料包括智能金属材料、智能无机非金属材料以及智能高分子材料。

智能高分子材料又称智能聚合物、机敏性聚合物、刺激响应型聚合物、环境敏感型聚合物,是一种能感觉周围环境变化,而且针对环境的变化能采取响应对策的高分子材料。外界环境刺激因素有温度、pH 值、压力、声波、离子、电场、溶剂和磁场等,对这些刺激因素产生有效响应的智能高分子物质自身性质,如相、形状、光学、力学、电场、表面积、反应速度和识别性能等随之变化。智能高分子材料作为智能材料的一种已在生物医学、智能给药系统、化学转换器、记忆元件开关、传感器、人造肌肉、化学存储器、分子分离体系、活性酶的固定、组织工程、化学化工等方面得到了广泛的应用。

智能高分子材料依据其材料的来源分为合成智能高分子材料、半合成智能高分子材料和天然智能高分子材料3类。智能高分子材料的品种多,范围广,智能凝胶、智能膜、智能纤维和智能胶黏剂等均属于智能高分子材料的范畴(见表7-4)。由于高分子材料与具有传感、处理和执行功能的生物体有着极其相似的化学结构,较适合制造智能材料并组成系统,向生物体功能逼近,因此其研究和开发尤其受到关注。

表7-4 智能高分子材料的类别及应用

类　　别	应　　用
记忆功能高分子材料	应力记忆材料
	形状记忆材料
	体积记忆材料
	色泽记忆材料
智能高分子凝胶	溶胀及体积相变化
	刺激响应
	化学机械系统
	人工肌肉
智能高分子膜	选择透过膜材
	传感膜材
	仿生膜材
	人工肺
智能织物	防水透湿织物
	调温(热适应)织物
	仿生纺织品
智能药物释放体系	人体内药物释放系统(DDS)
智能高分子复合材料	减震建筑材料
	形状记忆合金及部件的复合功能部分
	压电材料
	智能结构材料

1. 形状记忆高分子材料

形状记忆高分子材料是利用结晶或半结晶高分子材料经过辐射交联或化学交联后具有记忆效应的原理而制造的一类新型智能高分子材料。形状记忆过程可简单表述为:初始形状的制品—二次形变—形变固定—形变回复。其性能的优劣,可用形状回复率、形变量等指标来评价。

形状记忆高分子材料在一定条件下被赋予一定智能高分子材料的形状(起始

态),当外部条件发生变化时,它可相应的改变形状,并将其固定(变形态)。如果外部环境发生变化,智能高分子材料能够对环境刺激产生应答,其中环境刺激因素有温度、pH值、离子、电场、溶剂、光或紫外线、应力、识别和磁场等,或以待定的方式和规律再一次发生变化,它便可逆地应对这些刺激恢复至起始态。至此,完成记忆起始态、固定变形态、恢复起始态的循环。

在医疗领域,形态记忆树脂可代替传统的石膏绷扎,具有生物降解性的形状记忆高分子材料可用作医用组合缝合器材、止血钳等。在航空领域,形状记忆高分子材料被用作机翼的振动控制材料。利用其形状记忆智能性能可制备出热收缩管和热收缩膜等。近几年来,我国已先后开发出石油化工、通信光缆等领域的热收缩制品及天然气、市政工程供水及其他管道接头焊口和弯头的密封与防腐的辐射交联聚乙烯热收缩片。聚全氟乙丙烯树脂热收缩管是一种新型的热收缩材料,具有较强的机械强度,能长期在$-260 \sim -205$ ℃下使用,并保持原有聚全氟乙丙烯树脂优异的电气性、耐化学腐蚀性。以对苯二甲酸二甲酯、间苯二甲酸、乙二醇为原料,采用间歇聚合法可合成热收缩膜用共聚酯切片,采用双向拉伸工艺制得的新型包装膜——热收缩性双轴拉伸共聚酯膜,可用作精密电子元件及电缆包覆材料。目前,形状记忆聚氨酯、聚降冰片烯、聚苯乙烯的研究开发有着广阔的发展前景。

2. 智能高分子凝胶

凝胶态是介于液体和固体之间的物质形态。高分子凝胶是指由分子之间组成的三维交联网络,溶剂被固定在分子网络中。智能高分子凝胶是一类对于外界环境微小的物理和化学刺激(如温度、pH值、盐浓度、光、电场、化学物质等),其自身性质会发生明显改变的交联聚合物,也常被称为刺激响应性凝胶或敏感性凝胶。智能高分子凝胶具有传感、处理和执行功能,因此,这类材料在化学转换器、记忆元件开关、传感器、人造肌肉、化学存储器、分子分离体系、调光材料、酶和细胞的智能固定化以及药物可控释放等高新技术领域都有广泛的研究与应用。

智能高分子凝胶根据响应环境因素的多少,分为单一响应智能凝胶、双重响应智能凝胶或多重响应智能凝胶。单一响应智能凝胶根据响应环境的不同又可分为温敏性凝胶、pH值敏感性凝胶、电场敏感性凝胶、光敏感性凝胶、压敏凝胶和磁场敏感性凝胶等。双重响应智能凝胶根据响应环境的不同可分为温度、pH值敏感性凝胶,热、光敏感性凝胶,磁性、热敏凝胶,pH值、离子刺激响应凝胶等。近年来,人们已对温敏性凝胶、pH值敏感性凝胶、电场敏感性凝胶等的研究较热,且已取得了极大的研究成果,而对于光敏感性凝胶的研究却刚刚起步。但是,光感应高分子凝胶所蕴涵的应用前景已日益引起人们的兴趣与关注,研究日趋活跃。

上述这些变化使高分子凝胶的体积既可以发生溶胀,又可以收缩,利用这种性质设计出一种装置,它具有肌肉的功能,这种人造肌肉制成的机械手类似于智能机器人的手,能够拿东西。人造肌肉的指令就是上面指出的外部环境的各种物理性

图 7-11　人造肌肉

质和化学性质发生的变化(见图 7-11)。

这种具有三维网络结构的高分子凝胶的溶胀行为还可以由于糖类的刺激而发生突变,这样,高分子溶胀行为将受到葡萄糖浓度变化的指令。葡萄糖浓度信息对于糖尿病患者是很重要的,如果以这种含葡萄糖的高分子凝胶作为负载胰岛素的载体,表面用半透膜包覆,在此体系中随着葡萄糖浓度的变化,高分子凝胶将做出响应,执行释放胰岛素的命令,从而有效地维持糖尿病患者的血糖浓度处于正常水平。

3. 智能高分子膜

高分子膜在智能方面研究较多的是选择性渗透、选择性吸附和分离等。高分子膜的智能化是通过膜的组成、结构和形态的变化来实现的。现在研究的智能高分子膜主要是起到"化学阀"的作用。对智能高分子膜的研究主要集中在敏感性凝胶膜、敏感性接枝膜及液晶膜方面。用高分子凝胶制成的膜能实现可逆变形,也能承受一定的静压力。目前报道的主要有聚甲基丙烯酸/聚乙二醇、聚乙烯醇/聚丙烯酸共混物等。高分子接枝膜可通过表面接枝和膜孔内接枝的方法来制得,其作用机理基本相同。膜的孔径变化是建立在溶质分子与接枝于膜中的高分子链的相互作用基础之上。接枝链构型的变化改变了孔径的大小,接枝链像阀一样调节着膜的渗透性。目前,具有化学阀功能的高分子膜应用范围还比较窄,尚依赖于新材料领域的不断发展。

日本学者开发的味觉传感器使用了 8 种人工类脂膜,能够利用膜电位的变化,对五种基本味道(酸、咸、苦、甜、鲜)进行判断和定量化。使用该传感器的装置已投产并得到了食品厂商等多家企业的采用。该技术的用途广泛,除了能够对"妈妈的口味""秘传的口味"进行定量化并将其再现,还能按照季节和地区,对大米等农产品的味道进行比较。

4. 智能织物

将聚乙二醇与各种纤维(如棉、聚酯或聚酰胺聚氨酯)共混物结合,使其具有热适应性与可逆收缩性。所谓热适应性是赋予材料热记忆特性,温度升高时纤维吸热,温度降低时纤维放热,此热记忆特性源于结合在纤维上的相邻多元醇螺旋结构间的氢键相互作用。温度升高时,氢键解离,系统趋于无序状态,线团弛豫过程吸热。当环境温度降低时,氢键使系统变为有序状态,线团被压缩而放热。这种热适应织物可用于服装和保温系统,包括体温调节和烧伤治疗的生物医学制品及农作物防冻系统等领域。此类织物的另一功能是可逆收缩,即湿时收缩,干时恢复至原始尺寸,可用于传感执行系统、微型发动机及生物医用压力与压缩装置,如压力绷带,它在血液中收缩时在伤口上所产生的压力有止血作用,绷带干燥时压力消除。

当前,分子纳米技术与计算机、检测器、微米或纳米化机器的结合,又使织物的智能化水平得到了进一步提高。自动清洁的织物和自动修补的织物等更加引起人们的关注。

在最近发明的新型织物中,有一种可清除螨虫的布料。目前,许多大型的宾馆饭店已经开始使用这种布料来制作床单、被罩、枕套、沙发套以及毛巾,来为客人提供更加清洁舒适的住宿环境。

另外,一种用新型织物制成的袜子也已经上市,这种袜子使用的面料非常透气,足部的皮肤在这种袜子中能够自由地"呼吸",这样就减少了足部细菌的堆积,不会再有令人不快的气味。当气温较高时,这种袜子内层的织物能够吸收脚汗,并将水分通过外层织物迅速蒸发,从而降低足部的温度。当气温较低时,这种袜子又有良好的保温性能。

美国麻省理工学院日前专门为糖尿病患者研制出一种新型的服装,这种衣服能够自动定时检测穿着者体内的血糖浓度。另外,纤维中含有阿司匹林、安眠药、维生素、镇静剂以及抗生素的织物也已经被研制成功,目前正在进行医学临床试验。

5. 智能药物释放体系

药物控制释放方法是从 20 世纪 60 年代开始发展起来的,经过近半个世纪的时间,药物控制释放无论是从方法上还是从剂型上都得到了很大的发展。尤其是近十年来,随着各种科学技术的发展,药物控制释放呈现出更为迅猛的发展势头,且已成为国际范围内研究的最热门的领域之一。

所有药物控制释放体系的研究和应用都旨在提高药物的疗效、降低和减少药物的毒副作用及减少给药次数等,以减少病人的痛苦。从方法上讲,药物的控制释放一般分为时间控制和分布控制两种。药物的时间控制释放体系是使药物在较长的时间内不断地释放出来,这种控制体系更适于在体内代谢较快的药物。药物的分布控制释放体系则旨在实现药物在病灶部位的靶向释放。

药物的时间控制释放机理大致可分为三种。第一种是材料降解控制释放机理,即药物被包埋在某种可生物降解材料内,随着材料的不断降解,药物也被不断地释放出来。因此,药物的控制释放速度由材料的降解速度决定。第二种机理是扩散释放机理,当载体内的药物浓度高于机体内的药物浓度时,载体内的药物就会不断地向机体内扩散。第三种是应答控制释放,如 pH 值敏感型水凝胶和温度敏感型水凝胶药物释放体系的释放机理就属于这一类。

药物的分布控制释放目前主要有两种方法。一种方法是直接将药物/载体放置在病灶部位,然后通过载体的降解或药物的扩散达到药物释放的目的。另一种方法是控制药物/载体的尺寸大小。

药物的控制释放一般分为高分子包囊体系、脂质体体系、胶束体系、凝胶体系及电纺丝超细纤维体系。目前,用作药物控制释放载体的材料主要是脂肪族聚酯类生物降解高分子和高分子凝胶。智能药物释放系统分为两类:一是按照刺激信号进行分类;二是按照给药的系统不同分类。智能药物释放系统的原理见图7-12。

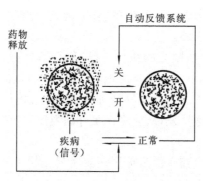

图7-12 智能药物释放系统原理

6. 智能高分子复合材料

智能高分子材料在工业、建筑、航空、医药领域的应用越来越广泛。复合材料大都用作传感器元件。新的智能复合材料具有自愈合、自应变等功能。在航空领域,美国一研究所正在研制用复合材料制成的贴在机翼上的"智能皮",以取代起飞、转向、降落所必需的尾翼和各种襟翼。这些"智能皮"可以根据飞行员和飞机电脑的指令改变外形,起到与飞机尾翼和襟翼相同的作用。在建筑领域,利用复合材料的自诊断、自调节、自修复功能,可用于快速检测环境温度、湿度,取代温控线路和保护线路。用具有电致变色效应和光记忆效应的氧化物薄膜制备自动调光窗口材料,既可减轻空调负荷又可节约能源,在智能建筑物窗玻璃领域得到了广泛应用。用有热电效应和热记忆效应的高聚物薄膜进行智能多功能自动报警和智能红外摄像,取代了复杂的检测线路。用有光电效应的光导纤维制作光纤混凝土制件,当结构构件出现超过允许宽度的裂缝时,光路被切断而自动报警,可取代复杂的检测线路。

7. 仿生高分子材料

自然界中的动、植物经历了几百万年的进化,其结构与功能已经达到了近乎完美的程度。而短短百年间,人工合成材料取得如此成绩不凡的进展,远远超过了自然界的进化速度。目前,合成高分子材料正朝着与木材、棉花、羊毛、蚕丝、天然橡胶等天然或者绿色材料相互协调的方向发展,随着科学手段的进步,现代仿生学已经进入了分子水平,从更微观的层次师法自然,通过对原先"熟悉"的天然材料进行再认识,从"仿生学"中汲取自己再发展的营养,将发现和找到材料新的性质和新的应用,得到具有高效、低能耗、智能响应和环境友好的仿生高分子材料。未来20

年,人们可望制备出高性能、低成本的仿生材料,仿生技术将在各种材料制备方面得到广泛应用。

仿生高分子材料的研究思路是以仿造生物的结构形态或者制造的方式,实现特定的功能和性能;通过模仿生物高分子的自组装、分子识别、复合化和生物矿化等过程或制造方式,制得类似蛋白质等生命大分子所具有的特殊生命功能的高分子材料,并由此构筑各种仿生微器件,并用之组装不同结构和功能的仿生微系统。在某种程度上,这种研究思路可以说是在模仿生命的部分功能。

在仿生材料研究领域中,高分子仿生材料将是最重要的研究开发方向之一,主要包括结构仿生高分子和功能仿生高分子两个部分。例如,仿造骨骼和动物牙齿的复合结构,制备超强度材料;仿造蜘蛛和蚕纺丝的成形过程,制备高强度的人工纤维;仿造自然界球型细胞膜的结构,制备纳米厚度的聚合物空心囊泡膜,用于研究和发展高效的生物微反应器;仿造螳螂肌肉中类似"弹簧"的截面形态,制备具有超长拉伸或高回弹性能的高分子弹性材料;仿造具有表面微米-纳米二次表面结构的荷叶等植物的超疏水性质,制备相应的高分子仿生表面,得到可与荷叶相媲美的超疏水性质和荷叶所不具备的疏油特性,可望应用于制备自清洁涂层材料;仿造天然产物的高效制备和可自然降解的特性,通过基因改造,研究在生物体系中制备具有环境友好、可生物降解功能的高分子新材料或者高效合成手性分子;仿造生物在环境中的应变特性,制备在外场作用下具有快速响应功能的高分子和凝胶智能材料。

目前,我国智能高分子材料的研究与开发存在着不足,与世界先进水平相比尚有相当大的差距,影响了我国信息、航天、航空、能源、建筑材料、航海、船舶、军事等诸多部门的发展,有时甚至成为制约某些部门发展的关键因素。国外智能高分子材料正处于研究开发阶段,各发达国家都对其相当重视。因此,在本世纪智能高分子材料会被更加广泛地应用,从而引导材料学的发展方向。

7.5.8 绿色高分子材料

1. 绿色高分子材料概念

随着高分子材料工业高速发展,高分子材料的使用量与日俱增,高分子材料的大量生产与消费,同时也带来许多严重问题。主要有以下几个方面。

1) 高分子材料合成中存在的问题

在高分子的合成过程中,会使用大量的溶剂、催化剂等物质,它们可能会残留在产品中,同时,在合成反应中有时会生成有毒的副产物,如果不把这些有害物质去除干净,就会对产品的使用者带来危害。另外对高分子合成来说,一般需要特定的工艺条件,例如高压、加热、冷却等,这样就需消耗大量的水和能源。

2) 高分子材料加工中存在的环境污染和能源浪费

高分子材料传统的加工方法主要是热加工、机械加工和化学加工方法。热加工的设备大部分是电热式,热效低、能耗大,导致能源浪费。有些高分子材料受热很容易发生热、氧降解行为,例如聚氯乙烯产生有害气体,一方面对环境产生危害,另一方面也严重损害加工的机械和设备。

3) 高分子材料使用中存在的污染和危害

化学产品的使用是否会对环境产生污染和人类带来危害,有些是可以通过实验的方法在比较短的时间内得到答案,但有时很难迅速、及时做出正确的回答。例如在氟利昂使用多年以后才发现它严重地破坏了大气层中的臭氧;硅橡胶在生物医用领域已经使用多年,但其安全性至今仍受到怀疑。

4) 高分子材料废弃后形成环境污染

与任何工业制品一样,大规模生产的高分子材料制品在生产和使用中也必然出现大量的废弃物。"白色污染"已经严重污染环境、土壤,目前已成为世界各国的主要污染源,而且值得关注的是,它们的产量年年递增。

另一方面,制造高分子材料的原材料70%以上来源于石油,以生产 1 kg 高分子材料平均消耗石油 3 升估算,年产 700 万吨高分子材料废弃物意味着每年浪费了 21 亿升石油。因此,进行有机高分子材料生态设计与再生利用是人类生存环境的需要,也关系到高分子材料的可持续发展。

20 世纪 90 年代,学者们提出"绿色高分子材料"的概念。绿色高分子材料源自于绿色化学与技术,包括高分子的绿色合成和绿色高分子材料的合成与应用两个方面,前者是指高分子合成的无害化及其对环境的友好,后者是指可降解高分子材料的合成与使用以及环境稳定高分子材料的回收与循环使用。

高分子合成过程大量使用溶剂、催化剂等对环境产生危害的物质,残留在高分子产品中对环境造成长期危害。另外,聚合需要的压力高,时间长,同时会产生大量的热量,为保证反应的顺利进行,就需要大量的水和能源。而高分子的绿色合成则正是要规避这些缺陷。对高分子进行绿色合成有几点要求:一是合成中不产生毒副产物或者有毒副产物的无害化处理;二是采用高效无毒化的催化剂,提高催化效率,缩短聚合时间,减少反应所需的能量;三是溶剂实现无毒化,可循环利用并降低在产品中的残留率;四是聚合反应的工艺条件应对环境友好;五是反应原料应选择自外界中含量丰富的物质,而且对环境无害,避免使用自然界中的稀缺资源。当前,高分子绿色合成的主要方法有三种,即改变聚合反应中传统的能量交换方式、改变催化剂和改变反应条件。

作为绿色高分子的又一研究内容,绿色高分子材料的合成与应用也很重要。绿色高分子之所以称为绿色,通常是指高分子材料的可降解性。根据可降解高分子的降解机理对其做出明确的定义,再经分子和材料设计合成高分子,并进行加工制备降解塑料,然后对它做出评价。根据评价结果,修正分子、材料的设计,再加上新的降解塑料,如此循环往复,最终得到理想的可降解材料。

2. 绿色高分子材料的设计与"零排放"

绿色高分子材料也称为生态高分子材料,不仅涉及生态化学(主要指原料和高分子聚合过程),而且涉及生态生产(主要指生产环境)、生态使用、生态回收和再生利用以及残留在生态环境中可能产生的深远影响等。

理想的生态高分子材料不只是克服高分子材料不能自然降解的问题,而应包括采用无毒、无害的原料,进行无害化(废气、废水、废渣)材料生产(即"零排放"),制品成形作业和使用周期中无环境污染,废弃后易回收和再生利用,以及消费得起的高分子材料。鉴于这些考虑,我们把从"生"(即原料的选择、合成与成形加工过程)到"死"(即使用过程、最终的焚烧)的整个生命周期中节约资源和能源、"零排放"、易回收再生利用、不对生态环境中产生负面"深远影响"的高分子材料称为生态高分子材料(ecological polymer materials)或绿色高分子材料(green polymer materials)。

在进行高分子材料生态设计时,至少可遵循三大原则(见图7-13):

(1) 在生命周期内应具有对环境冲击负荷低、生命周期长、低成本的基本特点;

(2) 由环境材料制得的制品不仅在其生命周期内应环境友好,而且作为制品终结"生命"后,应具有多次利用或易再生利用的特点,应能通过反序加工技术或还原技术还原成原料;

(3) 应具有低成本回收或低成本再生资源化的特点。

高分子材料"零排放"主要指三个方面。

(1) 绿色高分子所用原料应百分之百地转变成产物,不产生副产物或废弃物,实现废弃物的"零排放",即材料合成过程中的"零排放"。为此,一是开发天然高分子材料的应用,如各种植物(如天然橡胶、纤维素等)、动物;二是开发新原料或新工艺,如环氧丙烷是生产聚氨酯泡沫塑料的重要原料,传统上主要采用二步反应的氯醇法,不仅使用危险的氯气,而且产生大量含氯化钙的废水,造成环境污染,现在国内外均在开发用钛硅分子筛催化氧化丙烯制备环氧丙烷的新方法;又如,国外还开发了由异丁烯生产甲基丙烯酸甲酯的新合成路线,取代了以丙酮和氢氰酸为原料的丙酮氰醇法。

(2) 高分子材料制品成形过程中不产生废品或下脚料,即材料成形加工过程的"零排放"。为此,更多地采用自动化成形技术,如尽量采用挤出和注射成形。

(3) 高分子材料制品完成使用价值后,废弃物能就地或异地转变,无毒地回归大自然或进入再生工程,即废弃物的"零排放"。为此,开发高分子材料回收利用高新技术和完全降解技术,如通过高效溶剂或能吞噬高分子材料废弃物的物质就地或异地转变;或如前所述,利用容易回收的单纯材料代替多相体系的材料,或减少金属嵌件的高分子材料复合制品等。

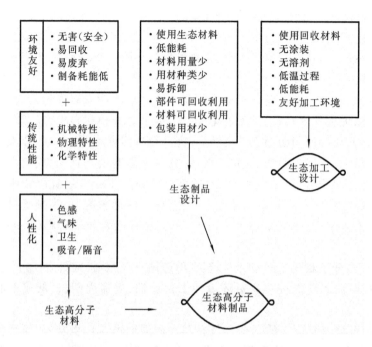

图 7-13　环境友好的绿色高分子材料制品设计

3. 环境惰性高分子材料的循环利用

环境惰性高分子是指在环境中不能自然降解的高分子。当环境惰性高分子材料失去使用功能成为废弃物时，若不进行有效的处理就会对环境造成危害。

以应用范围最为广泛的塑料废弃物而言，以塑料农用地膜（年需求量约 500 000 t，消费量居世界之首）和塑料包装材料为最多。据不完全统计，至 1996 年，我国乡镇以上生产塑料包装材料的企业超过 8 000 家，其中薄膜生产企业 2 240 家，丝、绳、编织制品生产企业 4 300 家，泡沫塑料生产企业 500 家，包装箱及容器生产企业 697 家。1999 年我国塑料包装材料产量为 2 030 000 t，按社会需求量的发展速度估计，至 2005 年为 3 600 000 t，至 2010 年将达到 5 000 000 t。地膜和塑料包装材料属于塑料的"短寿命"应用范畴，使用后大多成为固体废弃物进入垃圾处理系统，有的被随意丢弃，如一次性塑料消费品聚苯乙烯快餐餐具、农贸市场及超市滥发的超薄塑料袋等。由于其量大、分散，很难回收利用；而高分子材料废弃物绝大部分不能自然降解、水解和风化。即使是淀粉/聚合物共混物的降解制品要降解到无害化程度，至少也需要 50 年。于是，废弃物日积月累便造成了触目惊心的"白色污染"，对环境造成严重污染，甚至危害人类健康和动植物的生存，影响生态平衡。据有关部门的调查数据显示。上海每年排入环境的废塑料总量为 290 000 t，北京每年为 131 000 t，广州每年为 286 000 t。这些废弃塑料大多进入城市垃圾处理系统,而我国传统的垃圾消纳倾倒方式是一种"污染物转移"方式,侵占大量土地,并严重污染空气和水体。

同时,为优化高分子材料性质而添加的助剂在与环境长期接触与作用的过程中,也会带来一些破坏因子。大多数塑料因其有机物含量高,具有较高的热值,可回收用作燃料,但在燃烧过程中会产生二次污染及对设备的腐蚀。如聚氯乙烯(PVC)燃烧过程中会产生氯化氢、氰化氢、氮氧化物等有害气体,同时氯化氢会对设备腐蚀;聚苯乙烯(PS)燃烧时会产生大量有害气体与黑烟。

目前,现有的环境惰性高分子材料废弃物的处理方法有三种。

1) 土地填埋

这是在许多国家尤其是发展中国家被普遍采用的方法,它往往会侵占大量土地,给土地、水源带来很大的破坏。所以未来随着处理技术的提高和材料本身的绿色化,填埋方法终会销声匿迹。

2) 焚烧转化

焚烧法是垃圾(包括塑料废弃物)资源化利用的方法。焚烧技术就是利用焚烧炉及其设备,使垃圾在焚烧炉内经过高温分解和深度氧化的综合处理过程,以达到垃圾能源化、减量化的目的。焚烧技术在国外已经得到广泛应用,建成了许多垃圾焚烧发电厂,而在我国则刚刚起步。垃圾的直接焚烧会产生两大问题:一是在垃圾焚烧过程中会产生二噁英的超标排放,严重污染环境;二是由于垃圾中各组分组成的差异性很大,因此,垃圾直接焚烧会对焚烧炉的设计造成困难,导致垃圾的焚烧效率降低。

3) 循环利用

废旧高分子材料资源化是处理废旧高分子材料、保护环境的有效途径。我国1996年4月1日实施的《固体废弃物污染环境防治法》所遵循的主要原则也是实行"减量化、资源化和无害化"。无论是从环境科学的原理着眼,还是从环保和节约资源的角度看,废旧高分子材料资源化不仅可以消除环境污染,而且可以获得宝贵的资源和能源,产生明显的环境效益。塑料制品生产与化学再生利用见图7-14。

(1) 废旧塑料的循环利用。

废旧塑料来源有:树脂生产中产生的废料,成形加工过程中产生的废料,配混和再生加工过程中产生的废料,二次加工中产生的废料,工业消费后塑料废料,生活消费后的废旧塑料。

废旧塑料的循环利用包括物理循环利用和化学循环利用(也有学者又从中分出能量循环,即将高分子废料直接制成固体燃料,或先液化成油类,再制成液体燃料)。物理循环利用技术主要是指简单再生利用和复合再生利用(或改性再生)。化学循环利用是近年来对废旧高分子资源化研究的最为活跃的发展趋势,它的二次污染也是比较小的或可以避免的。化学循环一般是裂解过程,产生气体、液体和

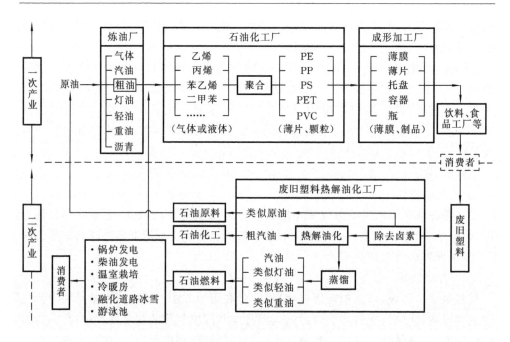

图 7-14　塑料制品生产与化学再生利用

固体残留物,它们都可加以适当的利用。总的来说,化学循环既可以节省和利用资源,又可消除或减轻高分子材料对环境的不利影响。

(2) 废旧橡胶的循环利用。

废旧橡胶的主要来源有:废轮胎,约占废橡胶总量 60%～70%;废胶带、废胶管、废胶鞋及其他废橡胶制品;橡胶制品生产过程中产生的边角余料和报废产品。目前,废旧橡胶的回收利用的方法有改制后直接利用、加工成再生胶、胶粉、热分解和焚烧回收热能。最环保方法是通过机械方法将废旧橡胶加工成胶粉。

(3) 废旧纤维的循环利用。

废旧纤维的主要来源有:纺织厂和纺纱厂的废纤维,化纤厂的边角料及废品纤维,再生胶厂产生粘有橡胶的废短纤维,废品收购的废旧纤维制品等。

废旧纤维的种类比较繁杂,回收利用时应区别其种类,然后分拣,以便合理地利用。废旧纤维可以造纸,还可以热解回收,也可以短纤维方式增强生胶、弹性体、再生胶、热塑性树脂、废旧热塑性塑料回收料、橡塑共混物、微发泡制品等。

4. 环境降解高分子材料的开发利用

环境降解高分子材料是指在使用后的特定环境条件下,在一些环境因素如光、氧、风、水、微生物、昆虫以及机械力等因素作用下,其化学结构能在较短时间内发生明显变化,从而引起物性下降,最终被环境所消纳的高分子材料。根据降解机理的不同,降解高分子材料可分为光降解高分子材料、生物降解高分子材料、光-生物降解高分子材料、氧化降解高分子材料、复合降解高分子材料等，其中生物降解高分子材料是指在自然界微生物或在人体及动物体内的组织细胞、酶和体液的作用下，其化学结构发生变化，使相对分子质量下降及性能发生变化的高分子材料。

生物降解高分子材料根据降解特性可分为完全生物降解高分子材料和生物破坏性高分子材料；按照其来源的不同主要分为天然高分子材料、微生物合成高分子材料、化学合成高分子材料和掺混型高分子材料四类。

天然高分子物质如淀粉、纤维素、半纤维素、木质素、甲壳素等来源丰富、价格低廉，利用它们制备的生物高分子材料可完全降解、具有良好的生物相容性、安全无毒，由此形成的产品兼具天然再生资源的充分利用和环境治理的双重意义。

微生物合成高分子材料是由生物通过各种碳源发酵制得的一类高分子材料，主要包括微生物聚酯、聚乳酸及微生物多糖，产品特点是能完全生物降解。

由于在自然界中酯基容易被微生物或酶分解，所以化学合成生物降解高分子材料大多是分子结构中含有酯基结构的脂肪族聚酯。目前开发的主要产品有聚乳酸(PLA)、聚己内酯(PCL)、聚丁二醇丁二酸酯(PBS)等。除了脂肪族聚酯外，多酚、聚苯胺、聚碳酸酯、聚天冬氨酸等也已相继开发成功。

掺混型高分子材料主要是指将两种或两种以上的高分子物共混或共聚，其中至少有一种组分是可生物降解的，该组分多采用淀粉、纤维素、壳聚糖等天然高分子。

生物降解高分子材料的应用广泛，在包装、餐饮业、一次性日用杂品、药物缓释体系、医学临床、医疗器材等诸多领域都有广阔的应用前景，所以开发生物降解高分子材料已成为世界范围的研究热点。

5. 高分子材料与可持续发展

地球是人类赖以生存的家园，保护资源、保护环境是全世界人们的共同使命。目前，绿色和平运动蓬勃兴起，环境和发展已成为全球共同关心的主题，可持续发展这个新名词也应运而生。各行各业也将本产业的可持续发展作为增强自身实力的发展规划。随着科技的进步，材料产业经历了翻天覆地的变化。高性能、高功能的"第四代材料"——高分子材料像一颗璀璨的明珠在新材料行业中脱颖而出。高分子材料的发展极大地影响着人们的衣食住行，离开了它现代人的生活将无法想象，但随之出现的环境污染问题也困扰着人们的生活。如何解决高分子产业的可持续发展，已成为全人类刻不容缓的大事，急迫地摆在了我们面前。

从某种意义上来说，高分子材料的发展推动了社会的进步，使人们生活水平进一步提高，但另一方面，它又是资源、能源的主要消耗者和环境污染者。如何解决这一矛盾，是因噎废食全盘放弃高分子材料产业，还是改变传统的发展模式，使高分子材料向生态化发展，这也是目前人们争论的问题之一。

从另一角度来看,高分子材料相对于传统材料来说应属于节约型原材料。因此,不能全盘否定高分子材料产业,而应采取措施改变经济模式,向循环经济转变,高分子材料产业向生态化方向发展,是实现高分子材料可持续发展的先决条件。

循环经济不但要求人们建立"自然资源—产品和用品—再生资源"的经济新思维,而且要求在从生产到消费的各个领域倡导新的经济规范和行为准则。循环经济要求以"减量化、再使用、再循环"即3R原则作为经济活动的行为准则。

作为可持续发展基石的现代科学技术,不仅应具有令人满意的经济效益,还要具有良好的社会效益和环境效益。只有当现代科学技术沿着人文化和生态化方向发展时,人类社会才会在它的牵引和推动下,逐步转入可持续发展的良性轨道。高分子材料产业的可持续发展只有依靠科技进步才能得以实现,高新科学技术的发展是解决高分子材料产业环境与发展问题的重要保证。目前,解决高分子材料可持续发展问题的科学技术大致包括以下几个方面:充分利用石油资源、积极寻找新能源、开发环境协调发展的生态高分子材料和加大回收技术的研究与应用。

除经济模式转变和技术开发外,高分子材料产业的可持续发展还需要全社会的支持,健全的法规和制度是环境与发展相互协调必不可少的因素。加强宣传和教育,增强全民的环保意识和生态意识,使全民树立环保观念;对高分子材料行业也应加强行业领导和法制建设,制定和实施环保、"绿色"标志认证制度,通过政府的宏观调控建立完整的生态环境教育体系,最终实现高分子材料的可持续发展。

7.6 博采众家之长的复合材料

7.6.1 复合材料发展简史

自然界存在很多复合材料,如竹子是纤维素和木质素的复合体,动物骨骼是由磷酸盐和蛋白质胶原复合而成。人类很早就接触和使用各种复合材料,并仿效自然界制作复合材料,如我国西安半坡村原始人遗址中发现用草拌泥作墙体和地面,即以天然纤维状材料作为黏土的增强剂,用来阻止黏土的开裂和剥落,提高墙体和地面耐受侵蚀的能力;我国春秋战国时期用含镍较低的青铜作剑身,采用两次浇注技术,在其刃部复合一层含镍量高的青铜,并在表面涂覆一层硫化铜制成花纹,使其内柔外刚,刚柔相济。

复合材料是材料家族中最年轻、最活跃的新成员。现代复合材料的制作成功要从1940年世界上第一次用玻璃钢纤维增强不饱和聚酯树脂,并在第二次世界大战中被美国空军用于制造飞机雷达罩开始算起。科学家认为,从1940年至1960年这20年,是玻璃纤维增强塑料(GFRP,俗称玻璃钢)时代,是复合材料的第一代。从 1960 年到 1980 年是先进复合材料的发展时期,是复合材料发展的第二代。这一时期人们丰富了复合材料设计、制造和测试等方面的知识与经验,制造出了碳纤维、硼纤维和芳纶纤维增强不饱和聚酯树脂的复合材料,它们的最高使用温度由原来的 60 ℃提高到了 150 ℃,同时兼具高的比刚度和比强度。复合材料的第三代是纤维增强金属基复合材料时代,开发出了使用温度在 175~900 ℃的以铝、镁、钛及金属间化合物作为基体的复合材料,使用温度在 1 000~2 000 ℃的陶瓷为基体的复合材料,还开发了各种晶须,使复合材料的性能向高耐热、高韧性方向发展。1990 年以后则是复合材料的第四代,主要发展功能复合材料,如智能复合材料、梯度复合材料等。

7.6.2 复合材料的定义和分类

顾名思义,复合材料是指由两种或两种以上不同化学性质或不同组织的组分组合而成的材料。但在现代材料学界中,复合材料定义为:经过选择的、含一定数量比的两种或两种以上的组分,通过人工复合,组成多相、三维结合且各相之间有明显界面的、具有特殊性能的材料。复合材料与一般简单混合材料的本质区别在于:①复合材料既能保持组分的主要特性,还能通过复合叠加效应获得原组分所不具备的性能,也就是扬长避短、协调一致、博采众家之长;②复合材料的组分和它们的相对含量是经过人工选择和设计的,具有可设计性,可根据产品的指定要求,通过组分材料的选择与配合,确定它们在构件中的分布与取向。

复合材料主要是以一种材料为基体(连续分布的组分,如树脂、陶瓷、金属等),加入另一种称之为增强材料的纤维、晶须、颗粒等复合成的一种整体结构物。通过不同的基体材料和增强材料组合,可以得到品种繁多的复合材料。

复合材料按基体的类型可以分为有机高分子聚合物基、金属基和无机非金属材料基复合材料三大类。按有机材料类型又可以分为树脂基、橡胶基和木质基。按树脂种类又有热固性树脂和热塑性树脂之分;按无机非金属材料类型又可以分为玻璃基、陶瓷基、水泥基和碳基。按照陶瓷种类又有氧化铝基、氧化锆基和石英玻璃基等;按金属种类可以分为铝基、铜基、镁基和钛基复合材料等。复合材料分类见图 7-15。

增强材料主要有玻璃纤维、碳纤维、硼纤维、芳纶纤维、碳化硅纤维、石棉纤维、晶须、金属丝和硬质细粒等。

此外,复合材料根据材料的性能和用途可以分为结构型和功能型复合材料两大类。结构复合材料是以力学性能为主要目的的复合材料,它包括高聚合物基(树脂)复合材料、金属基复合材料、陶瓷基复合材料、碳/碳复合材料、水泥基复合材料等。功能复合材料指除力学性能以外还提供其他物理性能并包括部分化学和生物性能的复合材料,如有导电、超导磁性、压电、吸声、摩擦、阻燃、防火等功能。功能

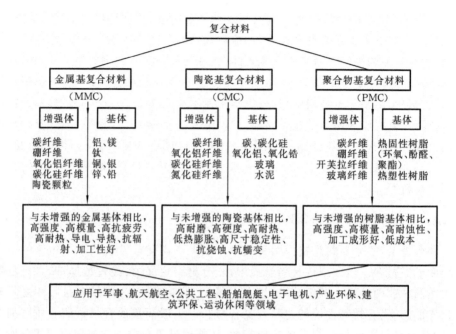

图 7-15 复合材料分类

复合材料的范围很广,包括结构复合材料以外的所有复合材料,突出的是力学性质以外的其他性质,如固体自润滑材料、耐磨复合材料、复合光敏材料、导电复合材料、阻燃及自熄材料等。

7.6.3 复合材料的应用及展望

纵观世界科技发展史,凡是重大技术革新都往往起始于材料的革新。当然,现代社会的发展更有赖于材料的发展,新材料、新技术的发展已成为当代工业发展与经济竞争的主要立足点。

复合材料的应用领域如下。

(1) 航空航天领域:由于复合材料热稳定性好,比强度、比刚度高,可用于制造飞机机翼和前机身、卫星天线及其支撑结构、太阳能电池翼和外壳、大型运载火箭的壳体、发动机壳体、航天飞机结构件等。

(2) 汽车工业领域:由于复合材料具有特殊的振动阻尼特性,可减振和降低噪声,抗疲劳性能好,损伤后易修理,便于整体成形,故可用于制造汽车车身、受力构件、传动轴、发动机架及其内部构件。

(3) 化工、纺织和机械制造领域:有良好耐蚀性的碳纤维与树脂基体复合而成的材料,可用于制造化工设备、纺织机、造纸机、复印机、高速机床、精密仪器等。

(4) 医学领域:碳纤维复合材料具有优异的力学性能和不吸收 X 射线特性,可用于制造医用 X 光机和矫形支架等。碳纤维复合材料还具有生物组织相容性和血液相容性,生态环境下稳定性好,也用作生物医学材料。此外,复合材料还用于制造体育运动器件和用作建筑材料等。

　　复合材料自问世以来,一直受到对质量和性能有苛刻要求的国防尖端技术界的关注与重视。科学家预言"21 世纪将是复合材料的时代""复合材料在 21 世纪中将支撑着科学技术的进步和挑起经济实力的脊梁""先进的复合材料在 21 世纪中将在航空航天技术领域中发挥越来越重要的作用"。国防现代化的关键是武器装备的现代化,无论是常规武器还是导弹核武器,都需要性能优异的新型材料,而这些新型材料中复合材料占有很大比例。被称为"新型军用材料展示会"的海湾战争充分说明了这一点。通过那滚滚的烟尘,我们不仅看到了隐身飞机、复合装甲坦克等性能优良的高技术武器,也看到了日新月异的复合材料。如在海湾战争中名声大噪、独领风骚的 F-117 隐形战斗机上采用了超过 40% 结构质量的复合材料。又如具有对敌机"先发现、先射击和先杀伤"的先发制人能力的美国 F-22"猛禽"飞机,该机上复合材料不只是用于蒙皮,而且用于机翼梁和垂尾梁。同时,F-22 使用的复合材料大都为高性能树脂基复合材料。至今在其他飞机上占统治地位的复合材料是碳纤维增强第一代环氧复合材料,而 F-22 上大约有一半复合材料是 Fiberite977-3 增韧环氧复合材料,另一半是双马来酰亚胺(BMI)树脂复合材料。

　　当然,复合材料在目前发展中还存在一定问题,主要如下。

　　(1) 价格高。复合材料的组分材料尤其是增强体的价格偏高,而且复合材料制造工艺复杂,连续生产受到制约,导致生产耗资也较高。

　　(2) 可靠性差。复合材料的增强体和基体可供选择的范围有限,其性能还不能完全满足复合材料设计的要求。复合材料使用历史短,工艺实践经验积累少,影响复合材料性能的因素较多,制造质量重复性尚不能完全保证,性能离散性较大。

　　(3) 材料回收再生困难。复合材料不易分离,将废料粉碎作填料是目前可以预想见的唯一出路,而这和 21 世纪能源危机、环境污染相矛盾。

　　针对复合材料研究和发展中存在的问题,学术界也提出了一定的对策,如使复合材料以绝对优势占领某些特定市场,如中高档体育用品、军用飞机(军用飞机对于减重是不惜代价的)等,使其他材料无法与之竞争;研究廉价原材料(包括天然材料、废料、废渣等)以及加强使用性可靠性的研究等。无论如何,我们坚信随着科学技术的进一步发展,研究的进一步深入,未来世界复合材料的前景十分辉煌。

科学背景

莫瓦桑与人造金刚石

　　晶莹透明、硬度第一的金刚石特别惹人喜爱,如经工匠琢磨成钻石,更是世间奇珍异宝。人类虽然在五千年前就从自然界获取了金刚石,但一直不知道它是由什么元素构成的。直到1704年,英国科学家牛顿才证明了金刚石具有可燃性。以后又经法国科学家拉瓦锡(1792年)、英国科学家腾南脱(1797年)用实验证明了金刚石和石墨是碳的同素异形体,这才弄清楚金刚石是由纯净的碳组成的。1799年,法国化学家摩尔沃把一颗金刚石转变为石墨。这激发了人们的逆向思维,能不能把石墨转化成金刚石呢?自此以后,人们对于怎样把石墨转化为金刚石,表现了极大的兴趣。

谁能获得这致人巨富的"点石成金"之术呢?

莫瓦桑(Ferdinand Frederic Henri Moissan,1852—1907年)利用自己发明的高温电炉制取了碳化硅和碳化钙,这促使他向极富诱惑力的"点石成金"术跃跃欲试。他先试验制取氟碳化合物,再除去氟制取金刚石,没有成功。后来他设想利用他的高温电炉,把铁化成铁水,再把碳投入熔融的铁水中,然后把掺有碳的熔融铁倒入冷水中,借助铁在急剧冷却收缩时所产生的压力,迫使碳原子能有序地排列成正四面体的大晶体。最后用稀酸溶去铁,就可拿到金刚石晶体。这个设想在当时看来,既科学又美妙。他和他的助手一次又一次地按这个构想方案做试验。1893年2月6日,他终于看到了梦寐以求的"希望之星"。当他和助手用酸溶去铁后,在石墨残留物中,竟有一颗0.7 mm的晶体闪闪发光!经检测这颗晶体真是金刚石。"人造金刚石成功了!"欣喜若狂的莫瓦桑一再向报界宣传他的重大科研成果。这使本来因研制氟和高温电炉而著名的莫瓦桑,更加名噪一时。

1906年评选诺贝尔化学奖时,极负盛名的莫瓦桑成了候选人。而另一个候选人便是以发现元素周期律,并排布元素周期表,预言与指导发现新元素的俄罗斯科学家门捷列夫。当时瑞典科学院化学分部投票表决时,10名委员中有5名投莫瓦桑的票,4票支持门捷列夫,1票弃权。结果莫瓦桑以一票的优势而获奖。虽然莫氏确有重大科研成果,但是,相对于作出时代里程碑式贡献的门捷列夫来说,一为个别的,一为全局性的;一为重大成果,一为恩格斯所赞誉的"完成了科学上的一个勋业,这个勋业可以和勒维烈计算尚未知道的行星海王星的轨道的勋业相媲美"。当年的诺贝尔化学奖颁发给门捷列夫,应是历史的必然!却给予了名噪欧洲的莫瓦桑。1907年门捷列夫和莫瓦桑都相继逝世了。可是门捷列夫失掉了再被评选的可能,这不能不说是诺贝尔颁奖历史上的一大遗憾!

成功的科学实验的第一特征是可重现性。

然而,莫瓦桑"成功"的人造金刚石试验,却只做了一次,他本人再也没做第二次,却沉浸在"成功"的盛名之中。

由于金刚石具有巨大的商业利润和工业价值,不少的公司、企业集团纷纷组织科学家重复莫氏的合成金刚石试验,希望把科研成果转化为工业生产,但没有一个成功。这就迫使一些人直接登门找莫瓦桑遗孀了解莫氏的试验情况。经查明,那次成功的人造金刚石试验是由于莫氏生前的助手对反复无休止的试验感到厌烦，但又无法劝阻他不再做了，迫于无奈便悄悄地把实验室中的一颗天然金刚石混迹到实验中去，这便是那颗被誉为"摄政王"的真面目了。到头来，莫瓦桑的人造金刚石仍然是"希望之星"。对于这件事，当然不能说莫氏有意作伪骗人，但是，莫氏没有重复地做出成功的第二次、第三次试验，却津津乐道，陶醉于盛名，却不能不说是科学家不应有的过失。

实事求是地说，在那个时代，人造金刚石只能是"希望之星"。

从基础理论方面来说，金刚石的正四面体晶体结构和石墨的层状结构，是1910—1920年间由于发展了X射线衍射技术后才有所认识的。使石墨转变为金刚石，不单纯是用外力缩短石墨层与层之间的距离，使六角形碳环转变为正四面体晶格，实际上还包含许多复杂因素。

1955年，美国科学家霍尔等在1 650 ℃和95 000个大气压下，合成了金刚石。并在类似的条件下重复多次亦获成功，产品经各种物理的、化学的检测，确证为金刚石。这是人类历史上第一次合成人造金刚石成功，然而，这已是莫瓦桑宣称"成功"的62年以后，莫氏逝世近半个世纪以后的事了。

思 考 题

1. 什么是无机非金属材料？传统的无机非金属材料和新型无机非金属材料各主要有哪些？
2. 什么是金属材料？它分为哪些类型？
3. 什么是金属的腐蚀？如何防止金属的腐蚀？
4. 天然高分子材料主要有哪些？
5. 什么是合成高分子材料？合成高分子材料由哪几部分组成？功能高分子材料有哪些类型？
6. 极端和特殊条件下使用的高分子材料主要有哪些？
7. 什么是智能高分子材料？智能高分子材料主要有哪些类型和应用？
8. 什么是绿色高分子材料？设计绿色高分子材料时应遵循哪些原则？
9. 什么是复合材料？复合材料由哪几部分组成？各起什么作用？

第8章 诺贝尔化学奖给人类的启迪

诺贝尔科学奖是"每年奖给在前一年为人类作出杰出贡献的人"。设立于20世纪初的诺贝尔奖,在其百年历史中奖励了许多因为在科学发展道路上作出了具有原始性、突破性贡献的科学家,使其成为众多国际性科学奖项中最具权威性的自然科学奖。诺贝尔科学奖的评选和颁发不仅揭示出时代科学发展的历程和脉络,而且促进着科学技术的发展和人类社会的进步。在当今世界,再也没有什么精神力量像诺贝尔科学精神那样,能通过社会的科学能力和技术能力,调动着整个人类的科学智慧,震撼着整个社会的中枢神经,唤起巨大的社会生产力和国家的综合国力,深刻改变着人类社会历史前进的步伐,成为人类文明进步最具革命性的推动力量。

8.1 诺贝尔生平简介

阿尔弗雷德·贝恩哈德·诺贝尔(Alfred Bernhard Nobel,见图8-1)于1833年10月21日出生于瑞典首都斯德哥尔摩。诺贝尔的父亲伊曼纽尔·诺贝尔是位极富创造发明天赋的机械师兼建筑师,在俄国拥有大型机械工厂。母亲是以发现淋巴管(约1653年)而著名的瑞典博物学家O.鲁德贝克的后裔。

诺贝尔在1841年8岁时才上学,在斯德哥尔摩圣雅可比教会学校学习了一年。这也是他所受过的唯一的正规学校教育。1843—1850年间,在俄国首都圣彼得堡跟随俄罗斯和瑞士籍的家庭教师学习。为了使他学到更多的知识,诺贝尔的父亲让他出国考察学习。1850—1852年,诺贝尔先后到德、法、意和美国作了两年的学习性旅行,继而在美国铁甲舰"蒙尼陀"号的建造者J.埃里克森指导下工作了4年,之后诺贝尔回到俄国的圣彼得堡市,在其父亲的工厂里工作。在工厂的实践训练中,他考察了许多生产流程,不仅增添了许多实用技术,还熟悉了工厂的生产和管理。在这里他一直工作到1859年该工厂破产后才重返瑞典。由于他善于观察、认真学习,几年的时间里,知识迅速积累,很快成为一名精通多种语言的学者(能流利

图8-1 A.B.诺贝尔

地说英、法、德、俄、瑞典等国家语言)和有着科学训练素养的科学家。

诺贝尔的父亲倾心于化学研究,尤其喜欢研究炸药。1840—1859年其父在圣彼得堡从事大规模水雷生产,这些水雷及其他武器曾用于克里木战争。诺贝尔的父亲发明了家用取暖的锅炉系统,设计了一种制造木轮的机器,设计制造了大锻锤,改造了工厂设备。1853年,沙皇尼古拉一世为了表彰伊曼纽尔·诺贝尔的功绩,破例授予他勋章。在父亲永不停息的创造精神的影响和引导下,诺贝尔走上了光辉灿烂的科学发明之路。

重返瑞典以后,诺贝尔开始制造液体炸药——硝酸甘油。在这种炸药投产后不久的1864年,工厂发生爆炸,诺贝尔最小的弟弟埃米尔和另外4人被炸死。由于危险太大,瑞典政府禁止重建这座工厂。被认为是"科学疯子"的诺贝尔,只好在湖面的一只船上进行实验,寻求减小搬动硝酸甘油时发生危险的方法。在一次偶然的机会他发现,硝酸甘油可以被干燥的硅藻土所吸附,这种混合物可以安全运输。上述发现使他得以改进黄色炸药和必要的雷管。黄色炸药在英国(1867年)和美国(1868年)取得专利之后,诺贝尔继续实验并研制成一种威力更大的同一类型的炸药爆炸胶,于1876年取得专利。大约10年后,又研制出最早的硝酸甘油无烟火药炸药。诺贝尔毕生共有各类炸药及人造丝等近400项发明,获85项专利。这些发明使他在世界化学史上占有重要地位。诺贝尔通过制造炸药积累了大量财富,他购入瑞典B.哥尔斯邦军火化工厂的大部分股权,创建了诺贝尔化工公司,在西欧各国开设生产炸药的两个托拉斯,拥有在俄国巴库开采石油的诺贝尔兄弟公司。诺贝尔在全世界都有炸药制造业的股份,加上他在俄国巴库油田的产权,所拥有的财富是巨大的,他一生共在欧美等五大洲20个国家开设了约100家公司和工厂,积累了巨额财富,他因此而不得不在世界各地不停地奔波。

诺贝尔对文学有长期的爱好,在青年时代曾用英文写过一些诗。后人还在他的遗稿中发现他写的一部小说的开端。他对各种人道主义和科学的慈善事业捐款十分慷慨,把大部分财产都交付给了信托,设立了后来成为国际最高荣誉的奖金——诺贝尔奖金。

诺贝尔一生未婚,没有子女,一生的大部分时间忍受着疾病的折磨。他生前有两句名言:"我更关心生者的肚皮,而不是以纪念碑的形式对死者的缅怀";"我看不出我应得到任何荣誉,我对此也没有兴趣"。

1896年12月10日诺贝尔在意大利的桑利玛由于心脏病突然发作而逝世,享年63岁。

8.2 诺贝尔奖概况

诺贝尔奖创立于1901年,它是根据诺贝尔的遗嘱以其部分遗产作为基金创立的。诺贝尔奖是当今世界最享盛誉、最具权威性、全球性的国际大奖,它对世界科技进步和社会发展起着极大的推动作用,它所表彰的科学成就堪称二十世纪人类智慧之灵光。诺贝尔奖包括金质奖章(见图8-2)、证书(见图8-3)和奖金支票。

图8-2 诺贝尔奖章

图8-3 诺贝尔化学奖证书

诺贝尔在逝世的前一年,立嘱将其遗产的大部分(约920万美元)作为基金,将每年所得利息分为5份,设立物理、化学、生理与医学、文学及和平5项奖金,授予世界各国在这些领域对人类作出重大贡献的人,以此激励人们努力促进科学、文学与和平事业的发展。据此,1900年瑞典国王和议会宣布成立诺贝尔基金会、理事会和选举基金会主席,理事会主席和副主席由瑞典政府任命,主席均由著名科学家(历届主席往往都是诺贝尔奖得主)担任,其余7名理事皆由基金会内部选举产生。基金会主席掌管其基金投资、奖金颁发和行政事务。瑞典议会通过了《颁发诺贝尔奖金章程》,并于次年诺贝尔逝世5周年纪念日,即1901年12月10日首次颁发诺贝尔奖。自此以后,除因战时中断外,每年的这一天分别在瑞典首都斯德哥尔摩和挪威首都奥斯陆举行隆重授奖仪式。

1968年瑞典中央银行于建行300周年之际,为纪念诺贝尔,向诺贝尔基金会捐款,同年增设诺贝尔经济学奖(全称为"瑞典中央银行纪念阿尔弗雷德·贝恩哈德·诺贝尔经济科学奖金",亦称"纪念诺贝尔经济学奖"),授予在经济科学研究领域作出重大贡献的人。该奖于1969年开始与其他5个奖项同时颁发。

1990年诺贝尔的一位重侄孙克劳斯·诺贝尔又提出增设诺贝尔地球奖,授予全世界为保护环境作出重大贡献的人士。这项被称为绿色诺贝尔奖的"联合国——地球是一体奖"于1991年6月5日世界环境日之际由"地球是一体"协会在联合国的赞助下首次颁发。

诺贝尔奖的奖金额视基金会的收入而定,奖金的面值,由于通货膨胀,逐年有所提高,最初约为3万多美元,20世纪60年代为7.5万美元,20世纪80年代达22万多美元。2001年每项诺贝尔奖奖金额为1 000万瑞典克朗(约合95万美元)。金质奖章约重半磅,内含黄金23K,奖章直径约为6.5 cm,正面是诺贝尔的浮雕像。不同奖项、奖章的背面饰物不同。每份获奖证书的设计也各具风采。颁奖仪式隆重而简朴,每年出席的人数限于1 500~1 800人,其中男士要穿着燕尾服或民族服装,女士要着严肃的晚礼服,以表示对知识的尊重。

遵照诺贝尔遗嘱,物理学奖和化学奖由瑞典皇家科学院评定,生理学或医学奖由瑞典皇家卡罗琳医学院评定,文学奖由瑞典文学院评定,和平奖由挪威诺贝尔委员会选出。后来增设的经济学奖,奖金由瑞典中央银行提供,委托瑞典皇家科学院评定。诺贝尔奖的每个授奖单位设有一个由5人组成的委员会负责评选工作,这个委员会三年一届。

1. 诺贝尔奖评奖原则

(1) 奖项授予"在前一年中对人类作出最大贡献的人"。

(2) 获奖人不受任何国籍、民族、意识形态和宗教的影响,瑞典和挪威政府无权干涉诺贝尔奖的评选工作,不能表示支持或反对被推荐的候选人,对评选结果也不能施加任何影响。对于某一候选人的官方支持,无论是外交上的或政治上的,均与评奖无关,因为该颁奖机构是与国家无关的。

(3) 评选的唯一标准是成就的大小,奖项只颁发给个人。但和平奖例外,也可以授予机构。候选人只能在生前被提名,但正式评出的奖,可在死后授予,如D.哈马舍尔德的1961年和平奖和E.A.卡尔弗尔特的1931年文学奖。

(4) 每个诺贝尔奖可以由两个研究领域的人共同获得,最多可以有3个人共同获得。

(5) 诺贝尔奖评选的全过程都是保密的,而且没有复议。一经评定,即不能因有反对意见而予以推翻。在发表最后结果时,也只有获奖人的姓名和简要理由。有关评选的记录和候选人材料等,50年内都不得向外界公开。即使过了这一时限,也仅供研究诺贝尔奖的专业人员查阅。诺贝尔奖各颁奖机构都极为强调其严格的独立性。

2. 诺贝尔奖评选过程

评选获奖人的工作是在颁奖的上一年的初秋开始的,先由发奖单位给那些有能力按照诺贝尔奖章程提出候选人的机构发出请柬。包括前诺贝尔奖获得者、诺贝尔奖评委会委员、特别指定的大学教授、诺贝尔奖评委会特邀教授、有代表性的作家协会主席(文学奖)、某些国际性会议和组织的成员(和平奖)、各国议会议员和内阁成员(和平奖)。评选的基础是专业能力和国际名望,自己提名者无入选资格。候选人的提名必须在决定奖项当年的 2 月 1 日前以书面通知有关的委员会。通常每年推荐的候选人有 1 000～2 000 人。从每年 2 月 1 日起,6 个诺贝尔奖评定委员会根据提名开始评选工作。必要时委员会可邀请任何国家的有关专家参与评选,在 9—10 月初这段时间内,委员会将推荐书提交有关颁奖机构;颁奖单位必须在 11 月 15 日以前作出最后决定。各个阶段的评议和表决都是秘密进行的。

12 月 10 日是诺贝尔逝世纪念日,这天分别在斯德哥尔摩和奥斯陆(和平奖)隆重举行诺贝尔奖颁发仪式。

严格的保密工作使评选委员会最大限度避免来自各方的干扰,可以最大限度地确保程序的公正。甚至可以这样理解,这么多年来,诺贝尔奖之所以能够一枝独秀,就是因为他们的评奖规则令人信服,评奖过程具有极高的公信力。授奖仪式后,还要在市政大厅举行晚宴和舞会。诺贝尔和平奖的仪式比较简单,有时和其他奖在同一时间在挪威的奥斯陆大学讲演厅中举行。诺贝尔奖获得者在授奖仪式上接受奖状、金质奖章和奖金支票,还要在晚宴上做 3 分钟的即席演讲。

获奖者如果超过一年仍不去领奖,就被视为自动放弃而失去获奖资格。历史上由于德国纳粹的威胁,德国的库恩、布迪南特、多马克曾被迫放弃诺贝尔奖,到战争结束后才撤回放弃。至今为止,真正放弃诺贝尔奖的只有获文学奖的帕斯捷尔纳克和萨特,还有获和平奖的黎德寿。可以说,诺贝尔科学奖对有志者来说是梦寐以求的。

3. 诺贝尔遗嘱全文

诺贝尔遗嘱全文如下。

我,签名人阿尔弗雷德·贝恩哈德·诺贝尔,经过郑重考虑后特此宣布,下文是关于处理我死后所留下的财产的遗嘱。

在此我要求遗嘱执行人以如下方式处置我可以兑换的剩余财产:将上述财产兑换成现金,然后进行安全可靠的投资;以这份资金成立一个基金会,将基金所产生的利息每年奖给在前一年中为人类作出杰出贡献的人。将此利息划分为五等份,分配如下:

一份奖给在物理界有最重大的发现或发明的人;

一份奖给在化学上有最重大的发现或改进的人;

一份奖给在医学和生理学界有最重大的发现的人;

一份奖给在文学界创作出具有理想倾向的最佳作品的人;

最后一份奖给为促进民族团结友好、取消或裁减常备军队以及为和平会议的组织和宣传尽到最大努力或作出最大贡献的人。

物理奖和化学奖由斯德哥尔摩瑞典科学院颁发;生理学或医学奖由斯德哥尔摩卡罗琳医学院颁发;文学奖由斯德哥尔摩文学院颁发;和平奖由挪威议会选举产

生的 5 人委员会颁发。

对于获奖候选人的国籍不予任何考虑,也就是说,不管他或她是不是斯堪的纳维亚人,谁最符合条件谁就应该获得奖金,我在此声明,这样授予奖金是我的迫切愿望……

这是我唯一存效的遗嘱。在我死后,若发现以前任何有关财产处置的遗嘱,一概作废。

——阿尔弗雷德·贝恩哈德·诺贝尔(1895 年 11 月 27 日)

8.3 诺贝尔化学奖

诺贝尔化学奖自 1901 年颁发至今,经历了百多年的历史,在这个非凡的一百多年中,人类的科学技术领域的发展超过了以前各世纪的总和。在各个不同领域都取得了巨大的成绩和进步,推动化学这门科学不断发展,并为人类服务。

8.3.1 化学各分支学科中获得的诺贝尔奖统计

1. 无机化学领域的诺贝尔奖

1918 年哈伯在氨合成方面的成就解决了工业生产的实际问题,使它们在化学工业中得到广泛应用。1966 年马利肯的分子轨道理论,1973 年费舍尔、威尔金森关于有机金属化合物的研究和 1983 年陶布关于配合物的电子传递反应帮助人们全面加深对复杂化合物的理解,并使得具有多种特性的无机化合物用途更为广泛。但近 20 多年来,在无机化学领域没有出现诺贝尔奖项目。表 8-1 所示为无机化学领域的诺贝尔奖。

表 8-1 无机化学领域的诺贝尔奖

年　度	科　学　家	国　籍	发明/贡献
1904	拉姆赛(W. Ramsay)	英国	惰性气体
1906	莫瓦桑(H. Moissan)	法国	分离元素氟并发明莫瓦桑电炉
1913	韦尔纳(A. Werner)	瑞士	分子中原子的连接
1914	理查兹(T. W. Richards)	美国	相对原子质量的测定
1918	哈伯(F. Haber)	德国	氨的合成
1922	阿斯顿(F. W. Aston)	英国	质谱仪方面的工作;整数定则
1936	德拜因(P. J. W. Debye)	荷兰	用偶极距和 X 射线法测定物质的结构
1954	鲍林(L. C. Pauling)	美国	化学键和复杂分子结构
1966	马利肯(R. S. Mulliken)	美国	分子轨道理论

续表

年 度	科 学 家	国 籍	发明/贡献
1973	费舍尔(E. O. Fischer) 威尔金森(G. Wilkinson)	德国 英国	夹层化合物,有机金属化学
1976	利普斯科姆(W. N. Liscomb)	美国	硼氢化合物的结构
1983	陶布(H. Taube)	美国	金属配合物中的电子传递反应

2. 核化学中的诺贝尔奖

1935年约里奥和1944年哈恩在放射性物质和裂变反应方面的发现导致原子弹的制造成功和核能的和平利用。但是原子弹在日本广岛和长崎爆炸以后,核化学领域内仅有9个诺贝尔获奖项目,它们均为核化学的和平利用,在最近的48年里,此领域内尚无获奖项目出现。表8-2所示为核化学领域的诺贝尔奖。

表 8-2 核化学领域的诺贝尔奖

年 度	科 学 家	国 籍	发明/贡献
1908	卢瑟福(L. E. Rutherford)	英国	元素的蜕变
1911	玛丽·居里(M. Curie)	法国	镭和钋
1921	索迪(F. Soddy)	英国	同位素
1934	尤里(H. C. Urey)	美国	重氢
1935	约里奥·居里(I. J. Curie)	法国	新的放射性元素的合成
1943	赫维西(G. de Hevesy)	匈牙利	同位素作为示踪物的应用
1944	哈恩(O. Hahn)	德国	重核裂变
1951	麦克米伦(E. M. McMillan) 西博格(G. T. Seaborg)	美国 美国	超铀元素
1960	利比(W. F. Libby)	美国	^{14}C 的应用

3. 有机化学领域(合成与反应机理)的诺贝尔奖

有机化学领域中比较突出的成就有1905年有机染料,1912年格林那试剂,1979年硼、亚磷、硫和卤素化合物,1996年富勒烯的发现。这些成果促成了众多有机化合物在人们生活各方面的应用。有机化学反应机理及反应设计方面的深入研究给工业化学过程增添了新的特征。目前,合成方法和反应机理仍是众多研究者关注的重点,这可以从20世纪最后10年所获的4个诺贝尔项目反映出来。表8-3所示为有机化学领域(合成与反应机理)的诺贝尔奖。

表 8-3 有机化学领域(合成与反应机理)的诺贝尔奖

年度	科学家	国籍	发明/贡献
1905	拜耳(J. F. W. Adolf von Bayer)	德国	有机染料和氢化芳族化合物
1910	瓦拉赫(O. Wallach)	德国	脂环族化合物
1912	格林那(V. Grignard) 萨巴蒂埃(P. Sabatier)	德国 法国	格林那试剂 金属催化加氢
1950	狄尔斯(O. P. H. Diels) 阿尔德(K. Alder)	德国	二烯烃的合成
1956	欣谢尔伍德(C. N. Hinshelwood) 谢苗诺夫(N. N. Semenov)	英国 苏联	化学反应机理
1965	伍德沃德(R. B. Woodward)	美国	人工合成甾醇、叶绿素和其他物质
1969	巴顿(D. H. R. Sir Barton) 哈赛尔(O. Hassel)	英国 挪威	测定有机物分子的三维构象
1971	赫茨伯格(G. Herzberg)	加拿大	自由基的几何形状与构造
1975	康福思(J. W. Sir Cornforth) 普雷洛(V. Prelog)	英国 瑞士	有机反应的立体化学
1979	布朗(H. C. Brown) 维蒂希(G. Wittig)	美国 德国	硼和亚磷化合物的应用
1981	福井谦一(K. Fukui) 霍夫曼(R. Hoffmann)	日本 美国	化学反应中轨道对称性的解释
1984	梅里菲尔德(R. B. Merrifield)	美国	在固体基质上的化学合成
1986	赫希巴奇(D. R. Herschbach) 李远哲(Y. T. Lee) 波拉尼(J. C. Polanyi)	美国 美籍华裔 德国	化学基本过程的动力学
1987	克拉姆(D. J. Cram) 莱恩(J. M. Lehn) 佩德森(C. J. Pedenson)	美国 法国 美国	高选择性分子
1990	科里(E. J. Corey)	美国	有机合成理论
1994	欧拉(G. A. Olah)	美国	碳阳离子化学
1996	柯尔(R. F. Curl) 斯莫利(R. E. Smalley) 克鲁托(H. W. Sir Kroto)	美国 美国 英国	富勒烯
1999	泽维尔(A. Zewail)	美籍埃及裔	化学反应的过渡状态
2001	诺尔斯(W. S. Knowles) 野依良治(R. Noyori) 夏普雷斯(K. B. Sharpless)	美国 日本 美国	手性催化氧化和氢化反应

续表

年 度	科 学 家	国 籍	发明/贡献
2005	肖万(Y. Chauvin) 格拉布斯(H. R. Grubbs) 施罗克(R. R. Schrock)	法国 美国 美国	烯烃复分解反应

4. 生物化学领域的诺贝尔奖

1945年魏尔塔南的饲料保存法促进了农业化学和营养化学的研究和发展。1947年鲁宾逊生物碱的研究使植物制品产品的应用得到发展。1961年卡尔文对光合作用的研究为环境观测和生态研究提供了依据。1988年戴森霍弗、胡伯尔、米歇尔首次得到了可供X衍射结构分析用细菌光合反应中心的膜蛋白结晶,并测定了这一膜蛋白色素复合体的高分辨率的三维空间结构,从而对阐明光合作用的光化学反应本质作出了极其重要的贡献。1993年穆利斯和史密斯对致突变的研究在遗传领域中取得了突破性成就。2004年切哈诺沃、罗斯、赫什科突破性地发现了人类细胞如何控制某种蛋白质的过程,具体地说,就是人类细胞对无用蛋白质的"废物处理"过程。表8-4所示为生物化学领域的诺贝尔奖。

表8-4 生物化学领域的诺贝尔奖

年 度	科 学 家	国 籍	发明/贡献
1902	费雪(H. E. Fischer)	德国	糖和嘌呤的合成
1907	毕希纳(E. Buchner)	德国	非细胞发酵
1915	威尔泰特(R. M. Willstatter)	德国	叶绿素
1927	维兰德(H. O. Wicland)	德国	胆汁酸的构造
1928	温道斯(A. O. Rwindaus)	德国	甾醇的构造
1929	哈登(A. Sir Harden) 奥伊勒歇尔平 (H. K. A. S. Yon Eulerchelpin)	英国 瑞典	糖的发酵
1930	费歇尔(H. Fischer)	德国	氯高铁血红素的合成
1937	霍沃斯(W. N. Sir Haworth) 卡雷(P. Karrer)	英国 瑞士	碳水化合物和维生素
1938	库恩(R. Kuhn)	德国	类胡萝卜素和维生素
1939	布泰南特(A. F. J. Butenandt)	德国	性荷尔蒙
1945	魏尔塔南(A. I. Virtanen)	芬兰	饲料的保存方法
1946	萨姆纳(J. B. Sumner) 斯坦利(W. M. Stanley) 诺思罗普(J. H. Northrop)	美国 美国 美国	酶和病毒蛋白质的研究

续表

年　度	科　学　家	国　籍	发明/贡献
1947	鲁宾逊(R. Sir Robinson)	英国	生物碱
1953	施陶丁格(H. Staudinger)	德国	大分子化学
1955	维格诺德(V. D. Vigneaud)	美国	多肽荷尔蒙
1957	托德(L. A. R. Todd)	英国	核苷酸和核苷酸辅酶
1958	桑格(F. Sanger)	英国	胰岛素的结构
1961	卡尔文(M. Calvin)	美国	植物中CO_2的吸收作用
1962	佩鲁茨(M. F. Perutz) 肯德鲁(J. C. Kendrew)	英国 英国	球状蛋白质的结构
1970	莱洛伊尔(L. F. Leloir)	阿根廷	糖核苷酸和它在生物合成中的作用
1972	安芬森(C. B. Anfinsen) 穆尔(S. Moore) 斯坦因(W. H. Stein)	美国 美国 美国	氨基酸片断和它在核糖核酸 (RNA)中的催化活性
1978	米切尔(P. D. Mitchell)	英国	化学渗透理论
1980	伯格(P. Berg) 吉尔伯特(W. Gilbert) 桑格(F. Sanger)	美国 美国 英国	核酸的生物化学
1988	戴森霍弗(J. Deisenhofer) 胡伯尔(R. Huber) 米歇尔(H. Michel)	德国 德国 德国	光合成反应中心的三维结构
1989	奥尔特曼(S. Altman) 切赫(T. R. Cech)	德国 德国	核糖核酸(RNA)的催化性质
1993	穆利斯(K. B. Mullis) 史密斯(M. Smith)	美国 加拿大	致突变的研究
1997	博耶(P. D. Boyer) 沃克尔(J. E. Walker) 斯科(J. C. Skou)	美国 英国 丹麦	离子迁移酶和腺苷三磷酸酶 (ATP)合成机理
2002	芬恩(J. B. Fenn) 田中耕一(K. Tanaka) 乌特里希(K. Wuthrich)	美国 日本 瑞士	生物大分子的研究
2003	阿格里(P. Agre) 麦克农(R. Mackinnon)	美国 美国	细胞膜中水和离子通道
2004	切哈诺沃(A. Ciechanover) 罗斯(I. Rose) 赫什科(A. Hershko)	以色列 美国 以色列	蛋白质控制系统方面
2006	科恩伯格(D. R. Kornberg)	美国	真核转录的分子基础

5. 分析化学领域的诺贝尔奖

1959 年极谱法、1964 年 X 射线衍射法和 1991 年核磁共振法的发现有助于各种化合物结构的阐明,使得大部分化合物能被认知,这样不仅能知道未知物的结构和组成,而且可以依靠它们来指导已知产品的合成与制造。表 8-5 所示为分析化学领域的诺贝尔奖。

表 8-5 分析化学领域的诺贝尔奖

年 度	科 学 家	国 籍	发明/贡献
1923	普雷格尔(F. Pregl)	奥地利	有机物质的微量分析
1948	蒂塞利乌斯(A. W. K. Tiselius)	瑞典	血清蛋白质的研究
1952	马丁(A. J. P. Martin) 辛格(R. L. M. Synge)	英国 英国	分配色谱法
1959	海洛夫斯基(J. Heyrovaky)	捷克	极谱分析法
1964	霍奇金(D. C. Hodgkin)	英国	用 X 射线衍射法(XRD)测生物化学物质的结构
1982	克卢格(A. Sir Klug)	英国	结晶电子显微镜的测定
1985	豪普特曼(H. A. Hauptman) 卡尔勒(J. Karle)	美国 美国	晶体结构测定
1991	恩斯特(R. R. Emst)	瑞士	核磁共振(NMR)光谱学
1992	马库斯(R. A. Marcus)	美国	电子迁移反应理论

6. 材料科学及聚合物领域的诺贝尔奖

1963 年齐格勒和纳塔关于聚合物催化剂的发明,对于材料科学来说是一个具有革命意义的发现,使得今天聚合物能在日常生活中占有如此重要的位置。2000 年导电聚合物的发现也开启了聚合物和塑料应用于电子工业的大门。另外,能生物降解的聚合物和智能聚合物(smart polymers)正吸引着 21 世纪科学家们的高度关注。表 8-6 所示为材料科学及聚合物领域的诺贝尔奖。

表 8-6 材料科学及聚合物领域的诺贝尔奖

年 度	科 学 家	国 籍	发明/贡献
1963	齐格勒(K. Ziegler) 纳塔(G. Natta)	德国 意大利	高聚物化学
2000	黑格(A. J. Heeger) 白川秀树(H. Shirakawa) 麦克迪尔米德(A. G. MacDiarmid)	美国 日本 美国	导电聚合物

7. 物理化学领域的诺贝尔奖

1931 年博施、贝吉乌斯对高压方法在化学里的应用研究,对氨的合成、煤高压下氢化液化等方面起到有力的推动和发展。20世纪中有关热力学、热化学、化学平衡和表面化学等各原理的发现使我们对各种不同的化学过程有了更好的理解和更深更广的知识。表8-7所示为物理化学领域的诺贝尔奖。

表8-7 物理化学领域的诺贝尔奖

年　度	科　学　家	国　籍	发明/贡献
1901	范特霍夫(J. H. van't Hoff)	荷兰	化学动力学规则
1903	阿伦纽斯(S. A. Arrhenius)	瑞典	电离理论
1909	奥斯特瓦尔德(W. Ostwald)	德国	化学平衡原理
1920	能斯脱(W. H. Nernst)	德国	热化学
1925	席格蒙迪(R. A. Zsigmondy)	德国	胶体溶液的多相性质
1926	思韦德堡(T. Svedberg)	瑞典	胶体化学中的分散系统
1931	博施(C. Bosch) 贝吉乌斯(F. Bergius)	德国 德国	化学高压方法
1932	兰米尔(I. Langmuir)	美国	表面化学
1949	吉奥克(W. F. Giauque)	美国	低温下物质的行为
1967	艾根(M. Eigen) 诺里会(R. G. W. Norrish) 波特(G. PorterL)	德国 英国 英国	极快速化学反应的研究
1968	翁萨格(L. Onsager)	美国	不可逆过程的热力学理论
1974	弗洛里(P. J. Flory)	美国	大分子的基本规律
1977	普里戈金(I. Prigogine)	比利时	耗散结构理论
1998	科恩(W. Kohn) 波普(J. A. Pople)	奥地利 英国	计算机在量子化学的应用

8. 大气化学领域的诺贝尔奖

臭氧的形成与分解阐述了对臭氧层产生影响的化学机理,证明了人造化学物质对臭氧层构成破坏作用,它对我们认识和解决温室效应问题很有帮助。表8-8所示为大气化学领域的诺贝尔奖。

表8-8 大气化学领域的诺贝尔奖

年　度	科　学　家	国　籍	发明/贡献
1995	克鲁岑(P. Crutzen) 罗兰(F. S. Rowland) 莫利纳(M. Molina)	德国 美国 美国	臭氧的形成与分解

9. 诺贝尔化学奖主要国家获奖人次统计

诺贝尔化学奖主要国家获奖人次统计见表 8-9。

表 8-9 诺贝尔化学奖主要国家获奖人次统计

国籍	美国	德国	英国	法国	瑞士	瑞典	日本	荷兰	加拿大	以色列	奥地利	其他
人数	54	31	25	6	5	4	4	2	2	2	2	9
所占比例/(%)	37	21.2	17.1	4.1	3.4	2.7	2.7	1.4	1.4	1.4	1.4	6.2

从上述统计看出,获奖人数最多的 4 个国家分别是美国、德国、英国和法国。特别是美国占了绝大多数,从中也反映出化学发展的进程和特点。以重要化学家和化学成果为指标进行统计,近代世界化学活动中心首先出现在德国(1550—1700年),后依次转移到英国、法国、瑞典(1730—1820 年),德国(1830—1920 年),美国(1930 年)。近代科学发展中德国曾两次成为世界化学活动中心,英国、法国、瑞典在近代后期是化学活动的中心,三国交替上升或并肩成为中心,20 世纪以后美国是世界化学活动中心。这说明这些国家曾从政治、经济、社会、文化等方面为化学的发展创造了条件。社会需要是推动化学发展的根本原因。如在 16 世纪后半期,德国在冶金和矿物化学方面发展很快,出现了广泛流传的采矿和冶金的手册。这反映了当时德国的社会生产对冶金和矿物的需求量增大,从而有力地推动了德国化学的发展。英国的化学曾走在世界的前列,成为化学活动中心,也与英国的工业生产发展有密切的关系。17 世纪末至 18 世纪中叶,英国的工厂手工业蓬勃发展,尤其是棉纺业首先实现了机械化,涌现了与棉纺机配合使用的一系列机器,推动了煤炭工业、钢铁工业的发展,加速了蒸汽机的研制。而这一切都与化学相关,从而有力地推动了化工和化学的发展。

8.3.2 百年诺贝尔化学奖特点

由表 8-1 到表 8-8 的结果可以看出,诺贝尔化学奖具有如下典型特征。

(1) 生命科学领域,化学屡建奇功。至今为止,生命化学领域获奖占诺贝尔化学奖总数的 1/3 以上,主要包括几个方面:①生命活性大分子的分离、结构测定和化学合成;②酶化学;③遗传物质的发现与结构分析;④某些生命过程的研究。

(2) 创造分子,魅力无穷。分子的设计与制备,始终是化学魅力与威力之所在。有机化学中有机合成(包括合成理论)占获奖总数的 1/4,加上无机合成(配合物),创造新分子的合成化学的获奖率则更大。例如 Diels-Alder 双烯合成,二茂铁$(C_p)_2$Fe 夹心化合物、冠醚穴醚、血红素、尼龙 66 等合成。

(3) 学科交叉,硕果累累。在学科交叉的地方易产生成果,如 R. B. Woodward 与 R. Hoffmann 提出的"伍德沃德-霍夫曼规则",成功指导了维生素 B_{12} 的全合成。R. Hoffmann(1937 年生)获 1981 年化学奖,他既是化学教授,又是物理学教授。R. B. Woodward(1917—1979年)为分子合成方面的专家,曾获1965年诺贝尔化学奖。1985年化学奖授予了数学家 H. A. Hauptman 和物理学家、化学家 J. Karle,以表彰他们共同研究的 X 射线测定晶体和分子结构的方法。

(4) 方法创新,手段先进,成绩卓著。在研究方法与手段上获得诺贝尔奖的有极谱、色谱、核磁共振谱、同位素示踪法、X 射线单晶衍射、激光技术、分子束技术、STM 技术、飞秒(10^{-15} s)分辨技术等。

(5) 理论建树,化学增辉。有关化学理论的研究也多次获得诺贝尔奖,如分子结构(量子化学、分子建模)、化学反应(链反应、超快速反应、电子转移反应机理)、非平衡态热力学(耗散结构理论)、前线轨道,分子轨道守恒,等瓣相似等。

8.3.3 诺贝尔化学奖举例

1. 2003年诺贝尔化学奖

2003年10月8日,瑞典皇家科学院在瑞典首都斯德哥尔摩宣布,将2003年诺贝尔化学奖授予美国科学家彼得·阿格里和罗德里克·麦克农(见图8-4),分别表彰他们发现细胞膜水通道,以及对离子通道结构和机理研究作出的开创性贡献。

彼得·阿格里

罗德里克·麦克农

图 8-4 2003 年诺贝尔化学奖得主

诺贝尔化学奖评选委员会主席本特·努丁在新闻发布会上说,阿格里得奖是由于发现了细胞膜水通道,而麦克农的贡献主要是在细胞膜离子通道的结构和机理研究方面。他们的发现阐明了盐分和水如何进出组成活体的细胞。比如,肾脏怎么从原尿中重新吸收水分,以及电信号怎么在细胞中产生并传递等,这对人类探索肾脏、心脏、肌肉和神经系统等方面的诸多疾病具有极其重要的意义。诺贝尔科学奖通常颁发给年龄较大的科学家,获奖成果都经过几十年的检验。但阿格里只有54岁,而麦克农才47岁。他们的成果也比较新:麦克农的发现产生于5年前;

阿格里的工作于 1988 年完成。这在诺贝尔科学奖历史上是比较罕见的。

早在 100 多年前，人们就猜测细胞中存在特殊的输送水分子的通道。但直到 1988 年，阿格里才成功分离出了一种膜蛋白质，之后他意识到它就是科学家孜孜以求的水通道。评选委员会说，这是个重大发现，开启了细菌、植物和哺乳动物水通道的生物化学、生理学和遗传学研究之门。

离子通道是另一种类型的细胞膜通道，神经系统和肌肉等方面的疾病与之有关，它还能产生电信号，在神经系统中传递信息。但由于科学家一直不能弄清楚它的结构，进一步的研究无法展开。而麦克农在 1998 年测出了钾通道的立体结构，"震惊了所有的研究团体"。评选委员会说，由于他的发现，人们可以"看见"离子如何通过由不同细胞信号控制开关的通道。

阿格里 1949 年生于美国明尼苏达州小城诺斯菲尔德，1974 年在巴尔的摩约翰斯·霍普金斯大学医学院获医学博士，后任该学院生物化学教授和医学教授。麦克农 1956 年出生，在美国波士顿附近的小镇伯灵顿长大，1982 年在塔夫茨医学院获医学博士，后任洛克菲勒大学分子神经生物学和生物物理学教授。两人分享总额为 1 000 万瑞典克朗（约合 130 万美元）的奖金。

2. 1996 年诺贝尔化学奖

1996 年诺贝尔化学奖授予柯尔（R. F. Curl）、斯莫利（R. E. Smalley）、克鲁托（H. W. SirKroto）三位科学家（见图 8-5），以表彰他们发现富勒烯（C_{60}），开辟了化学研究的新领域，三人共享 110 万美元奖金。C_{60} 的发现为交叉学科领域内的重大突破，具有重要的科学意义、理论价值与应用前景。由此带来的研究热潮持续十余年，方兴未艾。

R.F. 柯尔

H.W. 克鲁托

R.E. 斯莫利

图 8-5 1996 年诺贝尔化学奖得主

1967 年建筑师巴克敏斯特·富勒为蒙特利尔世界博览会设计了一个球形建筑物，这个建筑物 18 年后为碳族的结构提供了一个启示。富勒用六边形和少量五边形创造出"弯曲"的表面。获奖者们假定含有 60 个碳原子的簇"C_{60}"包含有 12 个五边形和 20 个六边形，每个角上有一个碳原子，这样的碳簇球与足球的形状相同。他们称这样的新碳球 C_{60} 为"巴克敏斯特富勒烯"(buckminsterfullerene),在英语口语中这些碳球被称为"巴基球"(buckyball)。

克鲁托对含碳丰富的红巨星的特殊兴趣,导致了富勒烯的发现。多年来他一直有个想法:在红巨星附近可以形成碳的长链分子。柯尔建议与斯莫利合作,利用斯莫利的设备,用一个激光束将物质蒸发并加以分析。

1985 年秋柯尔、克鲁托和斯莫利经过一周紧张工作后,十分意外地发现碳元素也可以非常稳定地以球的形状存在,他们称这些新的碳球为富勒烯(fullerene)。这些碳球是石墨在惰性气体中蒸发时形成的,它们通常含有 60 或 70 个碳原子。围绕这些球,一门新型的碳化学发展起来了。化学家们可以在碳球中嵌入金属和稀有惰性气体,可以用它们制成新的超导材料,也可以创造出新的有机化合物或新的高分子材料。富勒烯的发现表明,具有不同经验和研究目标的科学家的通力合作可以创造出多么出人意料和迷人的结果。

柯尔、克鲁托和斯莫利早就认为有可能在富勒烯的笼中放入金属原子。这样,金属的性能会完全改变。第一个成功的实验是将稀土金属镧嵌入富勒烯笼中。

在富勒烯的制备方法中略加改进后,现在已经可以从纯碳制造出世界上最小的管——纳米碳管。这种管直径非常小,大约 1 nm。管两端可以封闭起来。由于它独特的电学和力学性能,将可以在电子工业中应用。

从 C_{60} 被发现的短短十多年以来,富勒烯已经广泛地影响到物理学、化学、材料学、电子学、生物学、医药科学各个领域,极大丰富和提高了科学理论,同时也显示出有巨大的潜在应用前景。今天已经有了一百多项有关富勒烯的专利,但仍需探索,以使这些激动人心的富勒烯在工业上得到大规模的应用。

3. 1992 年诺贝尔化学奖

1992 年诺贝尔化学奖授予 R. A. Marcus(见图 8-6),以表彰他在化学体系中电子转移理论研究中作出的突出贡献。R. A. 马库斯(1923 年生)出生于加拿大,美国化学家,CIT 化学讲座教授。1956 年,他提出电子转移理论,并不断完善它。1964 年又提出电子转移模型(电子转移反应速度常数的数学表达式,传递能垒的两个组成部分)。1980—1990 年,他的理论得到实验的验证,并日益受到重视,为光诱导电子转移反应、光合作用、蛋白质的 redox 反应等提供最有价值的理论基础。从 20 世纪 50 年代该理论的提出到最终获奖,经过了近 40 年的历程,由此反映出诺贝尔科学奖具有严格、审慎、准确、科学的特点。

图 8-6 R. A. Marcus

4. 两度获得化学奖的 F. 桑格

桑格(F. Sanger,1918 年生,见图 8-7),英国生物化学家。1939 年获剑桥大学

图 8-7　F.桑格

工程学学士学位,1943 年获博士学位,毕业后在剑桥医学研究会分子生物学实验室工作。他是唯一的两度诺贝尔化学奖得主(分别为 1958 年和 1980 年)。F.桑格的贡献在于对蛋白质,特别是胰岛素结构的测定,以及核酸中基因的排列顺序的研究。

20 世纪 50 年代以前,他主要从事蛋白质的结构,特别是胰岛素分子的精细结构的研究。使用 2,4-二硝基氟化苯(FDNB,后人以他的名字将其命名为桑格试剂)确定了胰岛素分子只有两条长链。A 链含有 21 个氨基酸,B 链有 30 个氨基酸,A、B 链由胱氨酸的二硫键桥连在一起。

20 世纪 60 年代以后,他又在 RNA、DNA 的结构分析上取得了成就。他发明了"直读法",采用酶解图谱法、定位切割,于 1977 年最精密地测定细菌病毒 FX-174DNA 分子全部共 5 386 个核苷酸的排列顺序,这为揭示生命奥秘作出了重大贡献。

5. 近三年的诺贝尔化学奖

2006 年 10 月 4 日瑞典皇家科学院宣布,美国科学家罗杰·科恩伯格因在"真核转录的分子基础"研究领域所作出的贡献而独自获得 2006 年诺贝尔化学奖。

瑞典皇家科学院在一份声明中说,科恩伯格揭示了真核生物体内的细胞如何利用基因内存储的信息生产蛋白质,而理解这一点具有医学上的"基础性"作用,因为人类的多种疾病如癌症、心脏病等都与这一过程发生紊乱有关。真核生物是有细胞核的生物,比细菌更为复杂,动物和植物都是真核生物。

科恩伯格现年 59 岁,目前供职于美国斯坦福大学医学院,他获得了 1 000 万瑞典克朗(约合 140 万美元)的奖金。科恩伯格的父亲阿瑟·科恩伯格是 1959 年的诺贝尔生理学或医学奖得主之一。

2005 年诺贝尔化学奖授予一名法国科学家和两名美国科学家。三位获奖者分别是法国石油研究所的伊夫·肖万、美国加州理工学院的罗伯特·格拉布和麻省理工学院的理查德·施罗克。他们获奖的原因是在有机化学的烯烃复分解反应研究方面作出了贡献。烯烃复分解反应广泛用于生产药品和先进塑料等材料,使得生产效率更高,产品更稳定,而且产生的有害废物较少。瑞典皇家科学院说,这是重要基础科学造福于人类、社会和环境的例证。

2004 年诺贝尔化学奖授予以色列科学家阿龙·切哈诺沃、阿夫拉姆·赫什科和美国科学家欧文·罗斯,以表彰他们发现了泛素调节的蛋白质降解。其实他们的成果就是发现了一种蛋白质"死亡"的重要机理。

蛋白质是由氨基酸组成的,氨基酸如同砖头,而蛋白质则如结构复杂的建筑。

正如有各种各样的建筑一样,生物体内也存在着各种各样的蛋白质。不同的蛋白质有不同的结构,也有不同的功能。通常看来蛋白质的合成要比蛋白质的降解复杂得多,毕竟"拆楼容易盖楼难"。

蛋白质的降解在生物体中普遍存在,比如人吃进食物,食物中的蛋白质在消化道中就被降解为氨基酸,随后被人体吸收。在这一过程中,一些简单的蛋白质降解酶如胰岛素发挥了重要作用。科学家对这一过程研究得较为透彻,因而在很长一段时间他们认为蛋白质降解没有什么可以深入研究的。不过,20世纪50年代的一些研究表明,事情恐怕没有这么简单。最初的一些研究发现,蛋白质的降解不需要能量。不过,20世纪50年代科学家发现,同样的蛋白质在细胞外降解不需要能量,而在细胞内降解却需要能量。这成为困惑科学家很长时间的一个谜。70年代末80年代初,阿龙·切哈诺沃、阿夫拉姆·赫什科和欧文·罗斯进行了一系列研究,终于揭开了这一谜底。原来,生物体内存在着两类蛋白质降解过程,一种是不需要能量的,比如发生在消化道中的降解,这一过程只需要蛋白质降解酶参与;另一种则需要能量,它是一种高效率、指向性很强的降解过程。这如同拆楼一样,如果大楼自然倒塌,并不需要能量,但如果要定时、定点、定向地拆除一幢大楼,则需要炸药进行爆破。

这三位科学家发现,一种被称为泛素的多肽(见图8-8所示)在需要能量的蛋白质降解过程中扮演着重要角色。这种多肽由76个氨基酸组成,它最初是从小牛的胰腺中分离出来的。它就像标签一样,被贴上标签的蛋白质就会被运送到细胞内的"垃圾处理厂",在那里被降解。

这三位科学家进一步发现了这种蛋白质降解过程的机理。原来细胞中存在着 E_1、E_2 和 E_3 三种酶,它们各有分工。E_1 负责激活泛素分子。泛素分子被激活后就被运送到 E_2 上,E_2 负责把泛素分子绑在需要降解的蛋白质上。但 E_2 并不认识指定的蛋白质,这就需要 E_3 帮助。E_3 具有辨认指定蛋白质的功能。当 E_2 携带着泛素分子在 E_3 的指引下接近指定蛋白质时,E_2 就把泛素分子绑在指定蛋白质上。这一过程不断重复,指

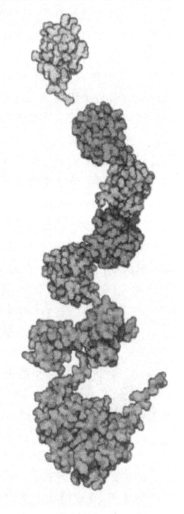

图8-8 泛素

定蛋白质上就被绑了一批泛素分子。被绑的泛素分子达到一定数量后,指定蛋白质就被运送到细胞内的一种称为蛋白酶体的结构中。这种结构实际上是一种"垃圾处理厂",它根据绑在指定蛋白质上的泛素分子这种标签决定接受并降解这种蛋白质。蛋白酶体是桶状结构,通常一个人体细胞中含有 3 万个蛋白酶体,经过它的处理,蛋白质就被切成由 7 至 9 个氨基酸组成的短链。这一过程如此复杂,自然需要消耗能量。

后来很多科学家的大量研究证实,这种泛素调节的蛋白质降解过程在生物体中的作用非常重要。它如同一位重要的质量监督员,细胞中合成的蛋白质质量有高有低,通过它的严格把关,通常有 30% 新合成的蛋白质没有通过质检,而被销毁。但如果它把关不严,就会使一些不合格的蛋白质蒙混过关;如果把关过严,又会使合格的蛋白质供不应求。这都容易使生物体出现一系列问题。比如,一种称为"基因卫士"的 p53 蛋白可以抑制细胞发生癌变,但如果对 p53 蛋白的生产把关不严,就会导致人体抑制细胞癌变的能力下降,诱发肿瘤形成。事实上,在一半以上种类的人类癌细胞中,这种蛋白质都产生了变异。

泛素调节的蛋白质降解在生物体中如此重要,因而对它的开创性研究也就具有特殊意义。目前,在世界各地的很多实验室中,科学家不断发现和研究与这一降解过程相关的细胞新功能。这些研究对进一步揭示生物的奥秘,以及探索一些疾病的发生机理和治疗手段具有重要意义。

6. 群星荟萃,光彩照人

1) 范特霍夫(J. H. van't Hoff)生平简介及主要贡献

范特霍夫(1852—1911 年,见图 8-9),是荷兰化学家,首届(1901 年)诺贝尔化学奖荣获者。他 1852 年 8 月 30 日生于鹿特丹一个医生家庭。上中学时就迷上了化学,经常从事小实验。1869 年入德尔夫特高等工艺学校学习技术。1871 年入莱顿大学数学系主攻数学。1872 年去波恩大学跟凯库勒(F. A. Kekule)学习,后来又转巴黎受教于化学家沃慈。22 岁在乌特勒克大学获博士学位。1876 年起在乌德勒州立兽医学院任教。1877 年起在阿姆斯特丹大学任教,先后任化学、矿物学和地质学教授。1896 年迁居柏林,任柏林大学物理化学教授。1885 年被选为荷兰皇家学会会员。是柏林科学院院士及许多国家的化学学会会员。1911 年 3 月 1 日在柏林逝世。

图 8-9 J. H. van't Hoff

其主要学术成就有:

1874 年,完成博士论文《对于氰醋酸和丙二酸性质的新认识》;

1874 年,发表第一篇论文《论原子在空间的排列》(荷兰文);

1875 年,发表论文《发展三维化学结构的新认识》(法文,并译为德文),提出碳

原子正四面体构型理论,奠定立体化学基础;

1878 年,发表专著《有机化学概论》;

1884 年,发表专著《化学动力学研究》;

1885 年,发表专著《化学平衡定律》;

1886 年,因"气体体系或稀溶液中的化学平衡"的研究获 1901 年诺贝尔化学奖;

1887 年,发表专著《稀溶液理论基础》;

1891 年,发表论文《空间化学》;

1901 年,发表专著《立体化学基础》;

1903 年,发表专著《在科学应用中的物理化学》。

范特霍夫首次提出碳原子具有正四面体构型的立体思想,弄清了有机物旋光异构的原因,开创出立体化学的新领域。在物理化学方面,他研究过质量作用定律,发展了近代溶液理论,包括渗透压、凝固点、沸点和蒸气压理论,并用相律研究盐的结晶过程。与奥斯特瓦尔德一起创办了《物理化学杂志》。

范特霍夫精心研究科学思维方法,极力推崇科学思维,并认为卓越的科学家都有这种优秀素质。他具有从实验现象中寻找普遍规律性的高超本领。

荷兰皇家科学院、普鲁士科学院、美国国家科学院和法国科学院分别授予他名誉院士。

范特霍夫曾讲过:"只有在贫苦和不幸的环境中,才能使人活得更加坚强。"

范特霍夫一向尊重父母和师长。1901 年获诺贝尔奖后,他的母亲从家乡来信劝告儿子:"应当把诺贝尔(Nobel)奖用于高尚(noble)的事业!"于是,范特霍夫把奖金的大部分献给了慈善事业。

2) 居里夫人(Marie Sklodowska Curie)生平简介及主要贡献

居里夫人(1867—1934 年,见图 8-10),法国物理学家和放射化学家,获 1903 年诺贝尔物理奖与 1911 年化学奖(见图 8-11)。1867 年 11 月 7 日生于波兰华沙,

图 8-10 居里夫人

图 8-11 居里夫人两度摘取诺贝尔桂冠

1934年7月4日卒于法国上萨瓦省。她有4个姐姐与1个哥哥,父母均为中学教师,家境清贫,1883年中学毕业。由于家中经济困难和当时波兰的大学不接受女生,她担任家庭教师八年。1891年到法国深造,1893年以优异成绩毕业于巴黎大学理学院物理系,1894年毕业于数学系。1895年与法国著名物理学家P.居里结婚。1904年被巴黎大学聘为助教;1906年P.居里去世后,她接替了丈夫的工作,成为巴黎大学第一位女教授。她是法国科学院第一个女院士,并被15个国家的科学院选为院士。

在H.贝可勒尔发现铀的放射现象以后,M.居里和P.居里首先对各种物质进行放射性考察,发现元素钍也具有放射性,铀矿物则有着比纯铀高得多的放射性。依靠科学推测和精巧的实验技术,1898年他们在铀矿物中发现了放射性元素钋和镭,开创了一门新的科学——放射化学。按照传统的概念,确证一个元素的发现应该提供可以目睹的该元素的足够纯的化合物或单质样品。他们在十分困难的条件下,从数以吨计的铀矿物废渣中提取少量的纯镭盐。最终经光谱分析和相对原子质量测定,证实了元素镭的存在。因对放射性研究的贡献,他们和贝可勒尔共同获得1903年诺贝尔物理学奖。

1910年9月在比利时布鲁塞尔召开的放射学大会上,她和一些专家提出建立镭的放射性标准的建议,这对放射性研究和辐射治疗都是必需的。大会通过镭的放射性单位为居里,以纪念P.居里,并决定由M.居里负责制备镭的标准。M.居里因发现元素镭和钋、分离出镭和对镭的性质及其化合物的研究,又获得1911年诺贝尔化学奖。除了科学研究工作,M.居里在第一次世界大战期间还参加战地救护,任红十字会放射性服务部领导工作,功勋卓越。战后她继续从事研究工作,1921年,1929年曾两度访问美国,接受美国总统赠予的纯镭共2 g。她积极提倡把镭用于医疗方面,使辐射治疗(早期也称为居里治疗)得到推广和提高,使核能造福于人类。

M.居里一生中担任25个国家的104个荣誉职位,接受过7个国家的24次奖金或奖章。主要著作有《同位素及其组成》、《论放射性》和《放射性物质及其辐射的研究》。

1922年,居里夫人被巴黎医科博士学院选为第一位自由联合女院士。1932年,她在马德里主持"文化前途"国际会议,向全世界呼吁"发展科学,保护人才"。1934年上半年(生命最后时期),完成学术巨著《放射性》手稿。1934年7月4日,因镭中毒患恶性贫血症,久治无效,在法国病逝,享年67岁。60年后,即1995年4月20日,法国政府在巴黎国家Pantheon陵园举行了居里夫人的重葬仪式,与民族英雄并列。

一个科学伟人在实验室总的生活是……一场与物质、与环境、与自己的艰苦战斗。

永远看不到已经完成的,只能看到未完成的。

——居里夫人

若能追随理想而生活,本着正直自由的精神,勇往直前的毅力,诚实不自欺的思想而行,则定能臻于至美至善的境地。

——居里夫人的座右铭

面对居里夫人谦虚的一生,爱因斯坦赞颂道:"在所有名人当中,玛丽·居里是唯一没有被名誉腐蚀的一个。"

后来,居里夫人的女儿伊莱纳(Irene Joliot Curie,1897—1956年)与女婿约里奥(Frederic Joliot Curie,1900—1958年)继承父母未尽的科学事业,发明人工制造放射性同位素的技术,测定放射性元素半衰期,双双获得1935年诺贝尔化学奖。

8.3.4 诺贝尔化学奖获得者的人才特点

1. 坚定的意志品质和顽强的人格特征

诺贝尔奖获得者在成长道路上都表现出了坚定的意志品质,为探索科学的真理和奥妙知难而进、历尽艰险而百折不挠,敢于超越权威、超越自我。

康福斯(J. W. Cornforth,澳大利亚人,1917年生),研究内容为酶及立体化学。康福斯从小两耳失聪,存在语言障碍,境遇艰难,但他顽强学习,终于1941年获牛津大学博士学位。1975年康福斯由于其对酶催化反应的立体化学的研究有助于人们了解酶的化学特性与三维结构的相关性而被授予诺贝尔化学奖。他的发现在一定程度上揭示了生物系统的反应机制。

阿仑尼乌斯(S. A. Arrhenius,瑞典人,1859—1927年),1903年因电离理论的研究成果获诺贝尔化学奖。最初以博士论文的形式提出电离理论时,阿仑尼乌斯曾遭冷嘲热讽,该理论也被当时的一些化学权威斥为"奇谈怪论"。但他毫不动摇,持之以恒,最终以更多的事实证明了电离理论的正确性,从而阐明了化学反应的本质。

2. 渊博的科学知识和创新能力

深厚的知识功底、渊博的知识层面、精深的知识特长、超前的创新意识是攀登诺贝尔奖高峰的基石。

伍德沃德(R. B. Woodward,美国人,1917—1979年),1965年因对有机合成、分子轨道对称守恒与茂铁夹心结构的研究获得诺贝尔化学奖。他16岁时就进入美国麻省理工学院,20岁获得博士学位,后成为当时哈佛大学最年轻的教授。

美国化学家尤里从一开始就进入了物理和化学的最新交叉领域,这为他以后发现氘并获得1934年诺贝尔化学奖打下了坚实的基础。他的研究还涉猎地质、生物、天文等领域,并在这些学科交叉的渗透中进行了新的探索,开创了核天体物理学、宇宙化学等新学科分支,在化学进化以及太阳系、生命和元素的起源等重大科学问题中树起了一座座里程碑。尤里当之无愧地被称为 20 世纪既具广博知识,又有创新才干的科学家。

3. 志存高远,勇于献身

诺贝尔奖获得者具有为人类进步、社会发展、精神和物质的丰富,甚至为世界的和平事业献身的大无畏的崇高精神;具有为民族、为祖国利益奉献的无私精神;具有为科学事业执著追求、不怕牺牲的献身精神。

莫瓦桑(H. Moissan,法国人,1852—1907 年),1906 年获得诺贝尔化学奖。因对氟的研究,于 1907 年中毒去世。临终时遗言——做人应该为自己树立永远为之奋斗的理想目标。

欣谢尔伍德(C. N. Hinshelwood,英国人,1897—1967 年),1956 年诺贝尔化学奖得主,为科学终生未娶。

兰米尔(I. Langmuir,美国人,1881—1957 年),1932 年诺贝尔化学奖得主,其研究集中在表面化学和等离子发射。他工作时全神贯注,旁若无人。

4. 亲密合作,团结和谐

科学向着各学科的纵深和综合交叉方向发展,要求科学家之间广泛团结与合作,诺贝尔奖是由在同一领域或不同领域中科学家的真诚合作,甚至是由几代科学家的合作、继承和发展而获得的。

澳大利亚化学家康福斯原为有机化学家,他与生物化学家波普·杰克进行长达 20 年的紧密合作,共同研究出 13 个反应的立体机制,并因此而双双闻名于世,也为日后获诺贝尔化学奖奠定了基础。康福斯发明的将有机化学、生物化学和物理技术交融在一起的研究方法至今仍用于解决生物合成机制的问题。

欣谢尔伍德在获诺贝尔奖的同时还是一位有才华的语言学家和艺术家。他的绘画作品曾在哥德斯密大厦展出。弗洛里获 1974 年诺贝尔化学奖,退休以后仍活跃在聚合物科学的最前沿,发表了 80 多篇论文,他对液晶高分子的科学预言,不仅被实现,而且成为化学研究的热点之一。

S. Moore(美国人,1913—1982 年)和 W. H. Stein(英国人,1911—1980 年)两人终生合作,喜获丰收。因对 RNA 酶分子化学结构和催化活性中心的研究成果,于 1972 年同获诺贝尔化学奖。以 1965 年化学奖得主 R. B. Woodward 为首,由来自 19 个国家的 99 名专家学者组成研究组,通力合作,终于在 1973 年实现了维生素 B_{12} 的全合成。维生素 B_{12}(分子式为 $C_{63}H_{88}N_{14}CoP$)1948 年首次被分离,1956 年由 D. C. Hodgkin(英国人,女)测定其晶体结构,因此获 1964 年诺贝尔化学奖。

5. 热爱生活,兴趣广泛,追求真善美

诺贝尔化学奖获得者中,拥有许多颇具才华的语言学家,艺术家和音乐、绘画、体育爱好者。他们热爱生活、兴趣广泛,爱好艺术、体育、文学等,这样才能开阔科学视野、具有提供灵感的源泉。他们大都身心健康,大度、豁达、淡泊名利,安于清贫的生活。

总之,健康的体魄,高尚的情怀,优秀的品质,永葆科学青春,实现人生的最高价值,为人类造福,这些是诺贝尔奖获得者的共同特点,也是他们留给后人最宝贵的精神财富。

8.4 诺贝尔科学奖留下的遗憾

我们应该科学地对待诺贝尔科学奖,不应盲目地不加分析地全部接受,实际上在诺贝尔奖的评选中也留有遗憾。

1. 始料不及,失误颁奖

DDT,2,2-bis(p-chloro-phenyl)-1,1-trichloro-ethane,又叫滴滴涕,化学名为双对氯苯基三氯乙烷(dichloro-diphenyl-trichloroethane),化学式$(ClC_6H_4)_2CH(CCl_3)$,为白色晶体,不溶于水,溶于煤油,可制成乳剂,具有高效的杀死农作物害虫的能力,还可以用于霍乱、伤寒等染疫地区的杀菌。20世纪上半叶在防止农业病虫害,减轻疟疾伤寒等蚊蝇传播的疾病危害方面起到了不小的作用。DDT的使用使人类挽回了粮食产量的15%,瑞典人穆勒(Muller PH)也因此获得1948年瑞典卡罗琳医学院颁发的诺贝尔生物学或医学奖。DDT的分子结构式为

$$\text{Cl}--\overset{H}{\underset{\underset{Cl}{\overset{|}{C}-Cl}}{\overset{|}{C}}}--\text{Cl}$$

1962年美国环境生物学家卡尔逊(R. Carson,见图8-12)发表了《寂静的春天》一书,深刻揭露和描述了包含DDT在内的诸多含氯农药对生态环境的破坏作用,引起了强烈的社会反响。从1970年起,多数国家禁用DDT,我国也于1985年全面禁止使用与生产DDT。鉴于DDT对生态的破坏,瑞典卡罗琳医学院为此失误深感遗憾。

2. 鱼目混珠,世人受骗

在评选1906年的诺贝尔化学奖中,除宣称制得世界上第一颗人造金刚石的莫瓦桑为候选人外,另一候选人为

图8-12 卡尔逊女士

发明元素周期表者,从而预言为诸多元素存在的俄国化学家门捷列夫。然而因人造金刚石引起的轰动,最终门捷列夫以一票之差与诺贝尔奖失之交臂。1907年莫瓦桑去世后,人造金刚石不复再得。迫于当时的压力,其遗孀公布,由于研究中的急功近利,人造金刚石实际是一助手所为的骗局。

3. 选错了奖励项目的诺贝尔奖

1) 爱因斯坦发现光电效应

1921年,爱因斯坦由于发现了光电效应而获得了诺贝尔物理学奖。许多科学家认为,光电效应的科学意义无法与相对论相提并论。因此,科学家们认为,不是爱因斯坦不够格,而是诺贝尔奖委员会选错了奖励项目。

2) 费米证明经中子轰击产生新的放射性元素

1938年,诺贝尔奖委员会公布,基于证明经中子轰击产生新的放射性元素授予费米诺贝尔奖。争论的焦点不在于费米是否该得奖,而同样在于选择哪项成果作为授奖依据。对此,费米本人也不满意。费米是20世纪杰出的科学家,贡献是多方面的。在颁奖演说中,他指出了自己工作不足的地方:哈恩和斯特拉斯发现在衰变过程中,放射性铀产生的钡,由此必须重新认识超铀元素。把新元素研究和原子核反应研究一起当做费米获奖的理由,显然不妥。

3) 斯维伯格研究布朗运动

对于斯维伯格的获奖,也是持异议者多。1926年,诺贝尔奖委员会授予他化学奖,以肯定他在布朗运动研究方面的成就。可是,众多科学家认为,斯维伯格关于布朗运动是一种振动的观点,不可接受。在颁奖仪式上,斯维伯格演讲时,一句也没有提及布朗运动研究。他的科学贡献中最大的成果是发明了超速离心机。这个机械是现代分子生物学的关键设备,对分子生物学产生了重大影响。

4) 科赫治疗结核病

1905年,诺贝尔生理学或医学奖授予德国伟大的医生科赫,以表彰他在结核病治疗方面的成就。当时在世界生物学界,对于选择结核病的研究成果授奖,许多人持异议。1876年,科赫找到了炭疽病的病因;1882年,科赫发现了结核病菌;1884年,他又确认了霍乱病菌;1896年,他在南非战胜了口蹄疫;1898年他赴意大利考察儿童疟疾等。由此可见,这位内科医生在治疗传染病方面确实功勋卓著。但是,作为科学家,科赫的贡献不仅是治疗结核病等传染病,而是确立了现代细菌学的研究方法。显然,他创立的确认病菌的方法、确定病因的原则都比结核病研究要重要得多。因此,授予科赫诺贝尔奖无疑是正确的,但是选择结核病研究作为获奖奖项是失当的。

4. 选错了授奖对象的诺贝尔奖

1918年的化学奖颁给了弗里茨·哈伯。他在第一次世界大战期间发明了毒气,战争中死于毒气的人不计其数。哈伯自己在战后都感到罪孽深重,以至于怕被人认出来而故意蓄起了胡子,并到外国去避了一段时间的风头。

1923年,诺贝尔生理学或医学奖授予了两位科学家,一位是加拿大的巴丁,一位是苏格兰的迈克劳德。颁奖后不久,科学家们提出了异议。因为在进行胰岛素实验时,作为所长的迈克劳德根本就不在现场,更激起公愤的是诺贝尔奖把巴丁的真正合作者贝斯排除在外。这是多么的不公平!

1926年,诺贝尔生理学或医学奖授予了丹麦的费比格,以肯定他发现了致癌寄生虫。这早已是公认的错误。

1949年诺贝尔医学奖的共同获奖人之一、葡萄牙人伊加斯·莫尼兹的贡献是开创了脑叶切除手术。但行家认为,他在1936年出版的一本关于脑叶切除手术的小册子对手术效果的介绍含有夸大不实之词。他说手术不影响患者的智力和记忆,而事实上约有一半的患者术后有意识和行动上的障碍,如感情冷漠、行动迟缓、神经紧张、失去方向和时间感等。

1952年生理学或医学奖只授予了瓦克斯曼,这是违法的。因为早在两年前,美国法院已作出判决,夏芝是瓦克斯曼的全面合作者,他们共同发现了链霉素。对此,美国报刊进行了充分报道。然而,诺贝尔奖委员会居然说不知道。

5. 无缘诺贝尔奖的科学家

早在诺贝尔奖首次颁奖之前32年,俄国科学家门捷列夫发现了元素的周期排列规律。从此以后,世界上所有科学课堂都讲授这个内容,这是多么巨大的科学发现。可是,诺贝尔奖委员会始终没有授予他任何荣誉。这位1905年诺贝尔奖的候选人,在1906年又以一票之差与诺贝尔奖失缘。1907年,他告别人世,给诺贝尔奖留下无法弥补的遗憾。

现代内分泌学科的创始人厄万斯,33岁就成为加利福尼亚大学教授、美国科学院院士。他不但确定了老鼠的生长激素、发情周期,而且发现了抗不孕的药物维生素E。这些成就举世公认,诺贝尔奖委员会也承认:"即使与其他人竞争,他失败了,但也是值得获诺贝尔奖的。"可是,值得并不等于现实。

1944年,阿维利证实DNA是遗传物质,这是20世纪生物科学的重大发现,现代生物学正是建立在这个基础之上。在此之后,建立DNA分子结构模型的科学家获得了诺贝尔奖,阐述DNA生物合成机理的科学家获得了诺贝尔奖,发明DNA复制技术的科学家也获得了诺贝尔奖。可是,DNA的发现者或确定者阿维利始终没有被授予诺贝尔奖。当诺贝尔奖委员会认识到他的发现伟大之时,他已经谢世了。

6. 20世纪未获诺贝尔奖的五大科学发现

由于诺贝尔在遗嘱中只要求将诺贝尔奖用于奖励那些在物理学、化学、生理学或医学、文学及和平事业中"对于人类作出最大贡献的人",加之诺贝尔奖评选委员会坚持许多不合理的评选规则,使得20世纪的一些重大发现并未获得评选委员会的"青睐"。

1) 相对论

根据已公开的诺贝尔奖评选档案资料,在 20 世纪的头二十年里,由于爱因斯坦提出相对论,几十名著名科学家一致提名他为诺贝尔物理学奖候选人。但是,当时身为诺贝尔奖评审团成员、1911 年诺贝尔医学奖得主加尔斯特兰德却认为,相对论应接受时间的考验,致使爱因斯坦连年落选,直到 1921 年。

2) 哈勃定律

20 世纪的 20—30 年代,美国天文学家埃德温·哈勃揭示出在无垠的宇宙中,银河系只是"一名小小的成员"。哈勃首次提出,在银河系之外存在大量星系,并认为遥远的星系在其光谱中产生显著的"红移"现象。哈勃的理论认为,"红移"最快的星系就是离我们最远的星系。这也就是著名的哈勃定律。由于当时的诺贝尔物理学奖评审团仍坚持旧的评选规定——天体物理学的发现不在评奖范围内,使哈勃失去获奖机会。

3) 岛屿生物地理学

20 世纪 50 年代和 60 年代,罗伯特·麦克阿瑟和爱德华·威尔逊运用数学研究并创造性进行实地考察后提出,物种是如何移居新领地的理论,使世界科学界为之震惊。今天,自然资源保护工作者运用这一理论,能计算出为保护濒临灭绝物种的生存需要多少栖息地;进化生态学家利用这一理论,对物种构成和物种的灭绝有了更为深入的了解。

4) 大陆漂移理论

地球物理学家韦格纳在 1915 年提出地球陆地漂移的理论时,遭到很多人讥笑,认为大陆漂移说荒诞不经。韦格纳于 1930 年因进行科学探险考察在格凌兰遇难。后来,一些科学家继承了韦格纳的事业,继续对大陆漂移理论进行研究,并完善了他的理论。到 20 世纪 50 年代人们获得有关这一理论无可辩驳的证据时,韦格纳已经不在人世了,他也没有获得诺贝尔奖。

5) "意识与无意识理论"

1929 年,著名的心理学家弗洛伊德提出了轰动一时的"意识和无意识及其对行为影响的理论"。但这一理论并未使他获诺贝尔奖。据说弗洛伊德死前一直认为,10 年后诺贝尔奖评委会会打电话告知他获奖。但因在诺贝尔活着的时代,心理学处于早期发展阶段,因此心理学理论不会被列入评奖范围,研究心理学的人必会被拒之门外。

8.5 中国科学家与诺贝尔奖

和平年代,人类在体力与智力两个方面进行的大角逐中,最引人关注的莫过于奥运会金牌的争夺战和诺贝尔科学奖的颁发。1984年,当奥运会进行到第79个年头,也就是新中国成立后的第35年,中国在洛杉矶奥运会上实现了金牌零的突破。现在,诺贝尔奖已经走过了107年历程,新中国科学界已奋斗了近60年,正力争摘取诺贝尔奖的桂冠。

没有人认为,获得诺贝尔奖是科学家追求的最终目标和从事科学研究目的,但获得诺贝尔奖是一个国家鼓励原始创新、在科学发现中处于领先地位的标志。因为诺贝尔奖所奖励的原始性创新科技对人类整个文明、社会进步都起了重大作用。例如,这些得奖科学家在信息技术、量子力学、半导体等方面的原创性发现把我们的社会带入了信息社会。据统计,平均一个国家在建国后30年就有第一位科学家获得"诺贝尔奖"。

1999年,毋国光、陈佳洱、杨福家和朱清时四位院士一起提出"中国需要诺贝尔奖",紧接着经济学家何炼成就此也谈了自己的意见。如今,"中国需要诺贝尔奖"成了中国人共同的呼声。诺贝尔奖对中国科学家的意义有多大?赵忠贤院士认为,对中国科学家来说,得奖的意义在于鼓励大家在基础研究方面进行原始创新。诺贝尔奖对人类有重要的影响,在这些方面,中国科学家也应该作出应有的贡献。

8.5.1 华人科学家六次折桂

中国未能获奖,但海外华人科学家却梅开六度获此殊荣。

杨振宁(见图8-13a),1949年与费米教授一起提出基本粒子的结构模型即费米-杨模型,1956年与李政道合作提出了宇称不守恒定律,1957年与李政道共同获诺贝尔物理学奖。

李政道(见图8-13b),1956年与杨振宁合作提出了宇称不守恒定律。并于1957年与杨振宁携手走上诺贝尔奖台,当时年仅31岁,成为诺贝尔奖历史上最年轻的4位得主之一。

丁肇中(见图8-13c),1974年8月发现一个新粒子即"J粒子"。1976年与斯坦福大学的里克特教授分享诺贝尔物理学奖。

李远哲,1986年因在化学动态学方面交叉分子束法研究的成就与哈佛大学赫希巴奇(D. R. Herschbach,1932年生)、加拿大多伦多大学波拉尼(J. C. Polanyi,1929年生)教授共同获得诺贝尔化学奖。

朱棣文,因开发了超低温冷冻气体方法,于1997年与美国标准与技术研究所的菲利普斯(W. D. Fillips,1948年生)和法国学者科昂·塔努吉(C. Cohen-Tannoudj,1933年生)共同获得诺贝尔物理学奖。

崔琦,1998年因发现分数量子霍尔现象荣获诺贝尔物理学奖。

钱永健,因他发明了多荧光蛋白标记技术与日本人下村修及美国人马丁·沙尔菲共同获得2008年诺贝尔化学奖,他的发明为细胞生物学和神经生物学发展带

(a) 杨振宁　　　(b) 李政道　　　(c) 丁肇中

图 8-13　三位获得诺贝尔物理学奖的华人科学家

来一场革命。

8.5.2　中国科学家几次痛失获奖机会

诺贝尔科学奖被认为是世界上最公正和公平的奖项,但仍会因为一些原因留下一些遗憾,特别是对中国科学家来说,几次都与之擦肩而过。

1930 年,美国科学家狄拉克根据量子力学的研究结果预言了反物质的存在。同年,赵忠尧(后为新中国高能物理所奠基人之一)发表《硬 γ 射线在物质中的吸收系数》和《硬 γ 射线的散射》等论文,发现了 γ 射线通过量子物质时的"反常吸收",即正负电子对湮灭现象。他当时的研究居于国际领先地位。由于种种原因,赵忠尧在这一领域的研究中断了,而继续研究的日本学者后来获得了诺贝尔奖。

1946—1947 年,钱三强与何泽慧夫妇合作发现铀核裂变的三分裂现象。在约里奥·居里夫妇的指导下,钱三强写出长篇论文,在实验和理论两个方面,有理有据地对原子核三分裂现象作了全面详细的介绍。但他的发现直到 60 年代才被大量重复实验进一步证实。

1965 年 9 月 17 日,经过 7 年的刻苦拼搏和协作攻关,完成了结晶牛胰岛素的人工合成。其结构、生物活力、理化性质、结晶形状等都和天然的牛胰岛素完全一样,成为世界上第一个人工合成的蛋白质。首次人工合成有生命活力的结晶蛋白质,使人类在认识生命的奥秘的道路上又迈进了一步。自然,世界不会忽略中国科学家的贡献,20 世纪 70 年代起开始有人提名为牛胰岛素研制者得诺贝尔生理学或医学奖。由于该项目是在"文化大革命"中完成的,当时的科学家不了解诺贝尔科学奖的评奖原则程序,以及对成果归属的问题,使得中国科学家又一次失去了获得诺贝尔科学奖的机会。

8.5.3　可惜不能给针灸发奖

无可否认的是,任何一个奖项的评选都会有瑕疵,如在长长的获奖者名单中,没有化学元素周期律的发现者门捷列夫、化学热力学创立者之一的吉布斯、开尔文温标创立者威廉·汤姆生等伟大的科学家。

所以,这并不表明诺贝尔评奖机构对中国有偏见,因为诺贝尔奖只对个人,不对国家和民族,否则就无法解释一直受欧洲人排斥的犹太人会有那么多获奖者,也不能解释为什么巴基斯坦、委内瑞拉等国也有人获奖。

在很久以前,便有人写信给卡罗琳医学院,提议给中国的针灸术发奖(见图 8-14 所示针灸挂图)。诚然,针灸术逐渐被全世界广泛接受,对世界的贡献丝毫也不亚于那些现代医学新发现,可惜的是,诺贝尔奖只奖给那些近几年的新成果新发现,这是诺贝尔奖不可动摇的评奖规则。倘若真有一天,中国科学家们弄清楚了针灸的原理并能用科学术语完美地表达,相信诺贝尔评奖者一定会慧眼识珠的。

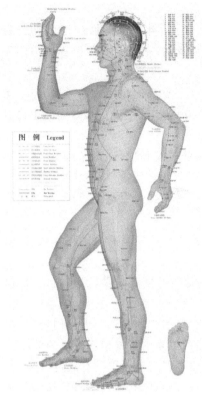

图 8-14　针灸挂图

8.5.4　怎样才能获得诺贝尔奖:10 大标准条件

加拿大的巴丁教授在同一领域曾两次获得诺贝尔奖,他在访问中科院物理所时,曾半开玩笑地谈到了这个问题。他讲了获得诺贝尔奖应该具备的三个条件:第一是努力;第二是机遇;第三是合作精神。

赵忠贤院士说,这些方面对中国科学家来说很重要。他所说的"努力",不仅指勤奋,还指要选准方向,全身心投入,这样才能做出原始创新成果。他所说的"机遇",还包含着所选的工作的意义大不大,有的虽然工作完成得很漂亮,但是意义不一定大,也不可能得奖;他所说的"合作精神",也就是我们常讲的集体主义精神。

中国人的特点也许是受儒家文化的影响,比较中庸,不太允许标新立异,虽然大家都知道"真理往往掌握在少数人手中",但做起来就困难了。今后我们要学会容忍标新立异,鼓励不同的学术观点,同时要有安定、自由的环境和稳定的支持,为科学家创造能全身心地投入研究的条件。

科学家真正的快乐是通过解决一个个科学问题来享受的,尽管他的生活清贫,但他不会奢求物质条件,当前最需要的是稳定的支持。吸引那些热爱科学、有科研素质的人才从事科技工作。

中国科学院院长、中国科学院院士路甬祥分析了百年来诺贝尔获奖情况后,提出了10个讨论的问题,可以看成是对诺贝尔获奖者的一个评价,可以称为中国科学家要获得诺贝尔奖的"10大标准条件"。

(1) 自然科学的重大理论突破,需要善于发现已有理论与实际的矛盾,需要勇于挑战传统理论的自信与勇气;重大理论的创建和形成,往往经历长时间的争论以至非难,在得到反复验证后才被承认。

(2) 原始性重大发现多源于对实验事实敏锐的观察和独具创意的实验。

(3) 新的科学仪器和装置的发明,往往可以打开一扇新的科学之门。

(4) 重大科学发现和技术与方法的发明,往往对人类健康、社会与经济的进步产生巨大的推动作用和深远的影响。

(5) 良好的科学基础和前沿性、交叉性的研究也可能偶发重大的科学发现,偶然中寓必然。

(6) 数学与计算机工具创造性的应用,也可能带来自然科学、工程技术、经济与管理科学方法与理论的突破。

(7) 对已有知识的科学整理与发掘,也可能有新的重大发现与理论创新。

(8) 良好的创新氛围和高水平的创新基地是产生高水平的创新成果的温床。

(9) 创新意识、原始性创新思想与创新战略比经费与设备更具有决定意义。

(10) 科技创新突破及其推广应用,需要相应的创新体制和科学管理机制作为保证。

8.5.5　中国应该做些什么:10大行动纲领

原中国科学院院长、我国著名的科学家周光召在一篇文章里比较详细地介绍我国产生重大的科学发现的条件和对策,可以称为我国要获得诺贝尔奖的"10大行动纲领"。

(1) 正视产生重大科学发现的困难。重大科学发现一般是在学科交叉的生长点上出现,而不是按照常规计划,在可预见结果的情况下进行实验和逻辑推理就能得到的。因为计划只能在原有的科学原理框架内制订,科学家个人又受到知识面和学科传统观念的限制,多数人很难有观念上的突破。这种局限和困难必须努力克服。

(2) 充分认识科学发现的偶然性和必然性。通常在科研探索过程中要出现多次的失败,但在失败中可能发生偶然出现的现象,其中包含启发新思想的萌芽。只有不怕失败,观察敏锐的人才能在单调重复的实验中注意到新的现象或思想的萌芽,并将其发展下去。而科学发现的时机一旦成熟,发现就成为必然;至于由哪一位科学家发现则是偶然的。历史已经证明,只有那些及时抓住机遇的科学家才能成为最初的发现者。

(3) 有创新力的科学家必须具备一定的素质,包袱少,失败后不怕人笑话,对新事物非常敏感,有强烈的好奇心,不受原有思维方式和原有理论的束缚,敢想敢干;身体相对健康,精力充沛,工作非常努力;受各种社会和家庭事务的干扰少,脑子高度集中,日夜处于创新的临界状态,从而容易做出重要的成果。

(4) 自信、善于学习和做好战略选择是有所发现的基本条件。要有严格的科学态度,掌握先进的科学方法,在此基础上建立起充分的自信。自信不足,不敢碰难问题,仅仅满足于跟踪模仿,是巨大的思想障碍。要善于学习,既能站在巨人的肩膀上前进,又不盲从权威人士的意见。要从自身的实际条件出发,做好课题方向的战略性选择。要扬长避短,着力发现学科的新生长点和突破点,集中力量,坚持不懈,才有收获。在这方面,有经验的学科带头人会起到重要的作用。

(5) 要形成创新的学术集体和良好的科学生态环境。要在开放流动的环境下建立能不断创新的学术集体;要有追求真理、实事求是、崇尚科研道德的精神。科研人员来往要频繁,学术争论气氛要热烈。通过各种学术观点的激烈交锋,单个学科的深入开拓,不同学科的交叉融合,才能形成良好的科学生态环境,实现科学系统的协同进化,科学家个人也才能在这个环境中激发出创造力和新思维。

(6) 充分发挥哲学和科学方法论的作用。当前,科学前沿研究的对象多是复杂的系统,很多对象具有无穷多自由度,过去常用的科学方法和思维方式很可能不够需要,必须进一步发展才能处理复杂系统。因此,要加强对哲学的研讨,加强科学方法论、数学及计算方法的研究。另外,观测仪器是发现新现象的先导,要重视新仪器的研制和实验手段的开发。

(7) 攀登顶峰永不停歇,处于逆境更应奋进。许多人在还没有建树时,渴望得到社会的承认、得到稳定的职业和社会地位,有一股拼劲;但一旦拿到永久职位和职称,就不再努力,缺少内在的动力去攀登科学的顶峰。显然,条件过于优越,可能使人懈怠,而逆境却常能促使人奋发图强。现在还没有得到社会承认、没有列入重点支持的科技工作者不要灰心,很可能将来出现重大创新的部分科学家是那些身在内地、没有得到国家重大资助的科学家。

(8) 青年要成为科研的主力军。青年最有条件具备上面所说的素质和条件,因而可能最有创新的活力。青年要想有所发现,就必须刻苦学习和锻炼。科学研究没有捷径可走,尝试、失败,再尝试、再失败,只有经过千锤百炼,直到最后才可能取得成功。只有从心理、身体、知识和能力诸方面做好准备的青年,才能抓住难得的机遇,实现理想,作出重大的科学发现。

(9) 搞好老中青三结合,发挥中年科技工作者的骨干作用。一个好的科研集体中,老、中、青科学家各有各的作用,他们互相支持、共同协作,才能形成思想活跃、干劲十足、经验得到继承、技术不断发展、科研方向始终处于前沿的集体。

当前,在着力培养和选拔年轻科技人员的同时,要充分发挥中年科技工作者的骨干作用和老年科技工作者的指导作用。有造诣的中年科学家已经得到社会的承认,承担了许多重要科研项目的领导任务,是多数科研课题的负责人。在没有经过识别,也没有更好识别机制的情况下,社会应当也只能将这些职责主要交给中年的一代,而不会交给品质和能力尚未充分显现的青年。

(10) 尊重和发挥老师的作用。很多时候年轻人作出的工作还不完善,需要有经验的科学家给以指导和加工。如量子力学的完整理论是在海森堡的老师波恩带领下完成的。年轻人的才华常常要由有经验的科学家来识别,给以培养和鼓励,才能得到发挥的机会。一个成功的青年科学家身后必定都有一些值得称道的老师。很多科学大师,如玻尔、波恩、布拉格、费米等在他们生命的后期都带出了一大批杰出的青年科学家。

8.5.6　与其他国家比较,中国得诺贝尔奖有什么有利条件

中国农业科学院生物技术研究所刘德虎研究员说:"中国最大的优势是人才优势。在国外,几乎所有著名的研究室里都有华人,甚至一些在国内我都看不上的学生,到了国外,不知怎么就成了人才了。"

中国有人才,这当然是第一要素。杨振宁认为,要说优势,就是中国具有得这个大奖的人才条件。杨振宁切身感受到,在西方教书的人接收了很多中国学生,大家都认为中国学生质量最好,可以说中国教育工作已成功地提供了大量科技人才。

要想在科技方面大大发展,中国这样的人才是不成问题的。还有新中国成立以来有一个好传统,就是政府对教育非常重视,中国的年轻人非常勤奋。杨振宁认为,过去制约中国科技发展的是落后的经济条件,而随着经济的快速发展,中国本土离诺贝尔奖已不是遥遥无期!

科学背景

针灸的历史与沿革

中国古代医学产生于距今约50万年前的远古时代。那时,我们的祖先已经在生产劳动以及长期与自然灾害、猛兽和疾病作斗争的过程中开始了医疗保健活动,主要反映在通过改善衣、食、住的条件以及保障健康方面,其中与火的发现和利用关系尤为密切。

《黄帝内经》是我国现存最早的医学经典著作。该著作全面而又系统地阐述了阴阳五行、脏腑经络、腧穴、诊法病机、法疗原则、刺灸方法及其适应证和禁忌证等,为针灸学术的发展奠定了坚实的理论基础。晋代皇甫谧《针灸甲乙经》是我国第一部针灸学专著,也是继《黄帝内经》之后对针灸医学的又一次总结,在针灸学发展史

上具有承前启后的作用。明代是针灸学发展的昌盛时期,针灸著作较多,而《针灸大成》是这些著作中的一颗明珠。它是杨继洲在家传《卫生针灸玄机秘要》的基础上,汇集经典著作、历代医家精华及本人经验而写成的。

针灸是我国人民长期与疾病作斗争的经验总结,其形成经历了一个漫长的过程。萌芽于4 000~10 000年前的新石器时代。至秦汉时期,针具已由石针、骨针、竹针而逐步发展成为金属针。金属针具发展到现在,经历了铜、铁、银、合金及不锈钢针具等阶段。针具的改革,扩大了针刺治疗范围,提高了治疗效果,促进了针灸学的发展。

据文献记载,针灸的国际化大约在公元6世纪,中国针灸开始传到朝鲜,并以《针灸甲乙经》等书为教材。公元562年,我国吴人知聪携带《明堂图》、《针灸甲乙经》到日本。公元701年,日本在医学教育中开始设置针灸科。直至明代,日本还不断派留学生到中国学习医学。至今日本还开办针灸大专院校,深受日本人士的欢迎。目前,针灸在日本及朝鲜仍为传统医学的主要部分。中国的其他邻国如东南亚诸国,随着互相往来及文化交流也很早就接受了针灸学。公元17世纪末欧洲派传教士到中国后,针灸学也被介绍到欧洲各国。

1949年中华人民共和国成立,促进了针灸医学的复兴和繁荣。针灸教育事业也有了迅速的发展。前苏联及东欧各国也派遣医师来华学习针灸,有些国家除设有针灸专科外,还成立了研究针灸医学的专门机构,并多次召开国际针灸学术会议。我国一些省市设立了国际针灸培训基地,为世界各国培训了大批针灸医生。目前,全世界已有一百多个国家正在使用和研究针灸。我国独特的针灸医学已成为世界医学的重要组成部分,并将产生积极广泛的影响。

思 考 题

1. 简述诺贝尔科学奖的概况。
2. 诺贝尔化学奖获得者的人才特点是什么?
3. 如何正确认识中国科学家与诺贝尔奖的关系?
4. 获得诺贝尔科学奖的10大标准条件是什么?
5. 试描述诺贝尔奖的评选过程。

第 9 章　化学与科学技术

当今时代,科学技术已经渗透到人类社会的方方面面,是影响未来人类社会生存与发展的关键因素。了解化学与科学技术的关系、科学的基本特征、科学与技术的区别、科学技术的功能,准确理解科学技术的基本概念和科学技术是第一生产力,对于我们把握时代特征、迎接时代挑战是十分必要的。

9.1　科学的性质

1. 什么是科学

"科学"一词来源于拉丁文"scientia",1893年康有为第一次引进和使用了"科学"一词,它泛指一切知识与学问。社会发展到现在,科学的概念和内涵已经远远超过了这些内容,因为科学本身是历史过程中形成的一种复杂的社会现象。"科学是那样的古老,在其漫长复杂的历史状态中,它经历了如此多的变化,它的每一种状态都和其他方面的社会活动如此紧密地联系在一起,因此,尽管给它下一个定义的尝试很多,但任何一个尝试都只能多少比较确切地反映出科学发展过程中某一时期所存在的某一方面,而且往往是一个不重要的方面。"[①]

科学与文化一样,是一个难以界定的词,各国的百科全书中给出的定义也各异。我国的中文辞海中将科学解释为,运用范畴、定律等思维形式反映现实世界中各种现象的本质和规律的知识体系。因此,科学首先是一个知识体系,其次,科学又是人类活动的一种重要形式,是人类探求、发现客观世界本质和规律,创造和生产新知识的认识活动,科学是动态发展的。再次,科学在今天又是一种社会建制,是一项社会化的事业。

可以从三个方面来理解科学的概念。

(1) 科学是理性的知识体系,科学活动的成果形成了完整的知识体系,随着人类对自然认识的不断加深而不断发展变化。

(2) 科学是一种创造性认知活动,是一种生产知识的社会过程或社会活动。在当今社会,科学活动已经成为一种以生产知识为直接目的的特殊的社会事业,这种活动不仅有专门的主体科研人员,也有自己的相应科研机构或科学团体组织,形成了一套特有的行为规范和制度。这类活动与社会其他活动有着密切的联系,它

---

① J.D.贝尔纳:《历史上的科学》,科学技术出版社,1983年。

的存在与发展越来越依赖整个社会。

(3) 科学是社会大系统的构成要素,科学正通过各种渠道深刻地影响着整个社会的发展,是社会发展的重要力量,是人们认识和改造客观世界的方法和工具。创新能力日益成为社会的核心竞争力。

科学广泛联系、影响着社会现象和特殊的社会活动方式,是正确反映自然、社会和人类精神现象的本质及规律的动态知识体系。从整体上来看,科学的对象通常分为三大领域,即自然、社会和人类精神现象。

狭义的科学指自然科学,广义的科学则包括自然科学、人文社会科学和思维科学。

2. 科学的基本特征

科学的基本特征有以下五个方面。

一是客观性。科学是对客观事物本质及其规律的正确反映。

二是可验证性(检验性)。任何科学理论都是可以验证的,既可以被证实,也可以被证伪,不能被验证的理论不是科学理论。

三是批判性(怀疑性)。科学认识的过程,是一个由表及里、由浅入深、由简入繁的理性认识的过程。科学发展的过程,就是不断批驳旧有理论、经验,挑战常识、习惯的过程,是发现规律的过程。

四是系统性。科学是一个体系,具有系统性特点,它是由很多理论观点和实验观察组成,并通过不同阶段的论证、发展而逐步得到完善。单一的、孤立的论断不能称之为科学理论。

五是精确性。科学要求得到的结论是具体而明晰的,一般都能用公式、数据、图形来表示,其误差限制在一定的范围之内,而不是想当然的、模糊的、似是而非的结论。

3. 科学的内涵

科学作为一种文化,其内涵包括科学思想、科学精神及科学方法。

(1) 科学思想是科学知识、科学成果体系中最抽象的概括和结晶,是科学的本质层次,通常表现为科学概念、原理体系及其哲学指导思想。

(2) 科学精神是人们关于科学价值观念、精神面貌和科学观念的总和,其核心是科学价值观。当代科学精神包括:①求实和批判精神(科学精神的核心);②锲而不舍的钻研精神;③勤奋劳动、脚踏实地的奋斗精神;④尊重理性、一丝不苟的求精意识。

(3) 科学方法是从事科学活动、实现科学创新成果所使用的手段、工具、程序等。

9.2 技术的性质

1. 什么是技术

"技术"最初是指技能、技巧。古希腊著名哲学家亚里士多德就是在这种意义上来区分科学与技术的。他认为,科学是知识,而技术则是和人们的实际活动相联系并在活动中体现出来的技能。这种理解是技术的最基本的含义,也是一种对技术的传统理解。

随着社会的发展,技术的含义也在不断变化与更新。现代对技术的理解有狭义和广义之分,所有那些在外延上反映某一特定活动领域,或者在内涵上仅能反映某一历史发展阶段技术现象的概念,都认为是狭义的技术概念。广义的定义可以表述为:技术是一种复杂的社会现象,又是人类的一种特殊的活动方式;它是人类为了提高社会实践活动的效率和效果而积累、创造并在实践中运用的各种物质手段、工艺程序、操作方法、技能技巧和相应知识的总和。因此,技术应该包含以下四个基本点:第一,指明了是一种社会现象,它不是天然的东西,是有了人才产生的,并随着人类的发展而发展;第二,明确了技术属于活动范畴,包括人类认识和改造自然的活动,也包括人类认识和改造社会的活动以及人类自身的思维活动和控制调节思维的活动;第三,它特别指出了技术产生的基本途径;第四,它涵盖了技术发展史中不同阶段技术的主要表现方式和实质。

2. 技术的基本特征

技术的基本特征主要表现在以下五个方面。

(1) 技术具有人创性。技术的人创性是指任何技术都是人类按照自己的愿望和需要而有目的地创造出来的,不存在天然的技术。技术是人为的,即技术产生于人的活动之中,并随人类活动的发展而发展,依人的存在而存在;同时受人的利用、选择和控制的。

(2) 技术具有合规律性。技术的合规律性是指任何技术都是人的活动合乎客观规律的结果和体现,不存在违背客观规律的技术;在这里,客观规律是一种外在的强制力量。只有人们顺应、遵循它,才能形成相应的技术,并发挥技术的功能。

(3) 技术具有中介性。技术的中介性是指它存在于活动主体和活动客体中间,是把二者联系起来并使之发生相互作用的中介和桥梁。技术的这一特点是科学、技术、生产形成一体化的内在根据。

(4) 技术具有实用性。技术的实用性是指任何技术都是人类根据实用目的创造的,它本身具有直接可用性的实质,并且只有在实际应用中才能体现其功能和价值,体现其本质和存在。

(5) 技术具有增效性。技术的增效性是指任何技术都能提高相应活动的效率和效果,不存在没有效能的技术。至于技术的应用所引起整个社会效果,究竟是对人类长远发展有益还是有害,这已经不是技术本身的问题,而是社会问题。特定的技术总是对特定问题有效,不存在一种对任何问题都有效的技术。

9.3 科学与技术的关系

1. 科学与技术的区别

科学与技术是两个不同的概念,主要表现在下面五方面。

(1) 目的和任务不同。科学以认识自然为目的,其任务是揭示自然现象的本质与规律,着重解决"是什么"和"为什么"的问题。技术则是以改造世界为目的,它的任务是利用自然规律,控制自然,协调人与自然界的关系,着重解决"做什么"和"怎样做"的问题。

(2) 研究的内容不同。科学研究是对未知领域的探索,研究观测到的事实与原有理论的矛盾或者在研究过程中发现的新问题和新矛盾。而技术一般是有明确的实用目标,解决工程建设或生产中的各种实际问题或现有技术的提高和改进问题。

(3) 研究成果的形式和评价标准不同。科学研究成果一般表现为新规律、新事实的发现或新理论的提出。科学成果的评价标准是真与假、正确与错误。技术成果一般表现为新工具、新设备、新工艺、新方法的发明。评价标准是质量的好与坏,效率的高与低以及发明的实用性、经济性、安全性、可靠性。

(4) 发现过程不同。科学发展的高峰与技术发展的高峰在时间上也不同。如近代科学革命发生在16—17世纪,而近代第一次技术革命(蒸汽机技术)却发生在18—19世纪。科学革命往往是技术革命的先导,技术革命又为新的科学研究奠定基础。

(5) 生产力属性不同。科学理论要通过技术才能转化为直接生产力,科学是潜在的知识形态的生产力,它不是生产力中独立的要素,是渗透在生产工具、劳动对象、劳动者三要素之中的,而科学技术已经成为第一生产力。

2. 科学与技术的联系

科学与技术的联系主要表现在两方面。一方面,科学与技术的根本目标是一致的。科学的根本目标是认识世界,技术的根本目标是改造世界,对人类来说,认识世界和改造世界都是为了深刻地掌握自然规律,更好地为人类服务,二者目标一致,互相促进。另一方面,科学与技术互为前提。科学是技术发展的理论基础,既为技术探索提供理论依据和知识储备,又为技术应用开辟新的研究领域;技术的创新和发展既可以为科学研究提供新的课题,又能为科学探索提供必要的手段和物质基础。

9.4 科学技术的功能

科学技术作为人类社会活动之一,无不存在着与其他社会活动的互动关系,如经济活动、政治活动、军事活动、教育活动、思想文化活动等,其实质可以归纳为认识世界和改造世界两大功能。

1. 科学技术的认知功能

科学技术通过大量观察及实验,通过科学抽象、概括整理出理论形式表现出来的科学原理,揭示并反映自然界的本质规律,因此科学技术的认识性表现为:①转变人们的价值观念,使人们热爱科学等;②增长人们的知识,提升人们的技能和创造价值的能力;③有利于人们认识事物的合理性、有效性、预见性;④推动着人们思维方式的进步。

科学技术的发展改变着文化教育的内容,不断为教育提供先进的设备和手段。认知内容范围和视野的扩大,往往决定着教育改革的方向,从而为全面提高人类智能创造条件,推进人类对世界的认识。

2. 科学技术的生产力功能

人类对科学技术的生产力功能的认识经历了三个大的阶段:第一阶段是英国哲学家培根提出"知识就是力量",这里的知识主要是指科学,反映出人类已经看到了科学技术的重要作用;第二阶段是马克思提出"科学技术是生产力",是人类历史上"最高意义"的革命力量,反映了近代资本主义制度确立后,资产阶级依靠科技进步,使社会生产力得到了前所未有的发展,同时也是历史上第一次明确揭示科学技术的生产力功能;第三阶段是邓小平提出"科学技术是第一生产力",反映了人类已经认识到科学技术在人类历史进程中由基础作用上升为主导作用,正在成为影响社会进步的核心力量。

第二次世界大战以后,科学技术全方位地进入人类生活的各个领域,对生产活动的介入越来越直接,作用越来越大,而且对原有的生产力要素及其结构都有了革命性的改造,创造出前所未有的极大丰富的物质财富。改善劳动环境,减轻劳动强度;改善人们的物质生活条件,丰富日常生活的内容;促进医药卫生、保健事业的发展,提高人们的健康水平和生命质量。

3. 科学技术的社会进步功能

科学技术的社会进步功能主要通过以下途径来实现。

(1) 科学技术推动社会关系的变革和发展,为社会变革提供物质基础和手段,特别是生产效率的提高、物质财富的积累、技术手段的更新,为社会的全面变革和发展提供了源源不断的动力。

(2) 科学技术革命推动了经济全球化,推进了全球经济格局新的调整。

(3) 科学技术革命使和平与发展成为时代主题,给发展中国家创造了发展机遇,经济全球化,科学技术呈现开放的事业,现代科学技术与文化交流进入了全球化、国际化时代,现代科技产业一体化使产业合作必须依托科学技术合作交流。

(4) 科学技术的发展改变了人们的生活方式、思维方式和行为方式。首先,科学技术通过丰富物质生活产品及巩固生活基础来转移和提高人类的生活目标;其次,科学技术通过扩展人类的生活范围来增加人类的深层交往,开阔人类的视野;再次,科学技术通过提供更多的休闲时间和规范来推动一种新境界的文化生活,从而培养全面发展的新人,推动社会的精神文明建设,不断使人类社会向更加文明、健康的状态迈进。

9.5 历史上的化学革命

16—19 世纪,欧洲发生了资本主义制度代替封建制度的社会变革,科学领域也出现了由古代科学向近代科学过渡的科学革命。化学在当时也发生的巨大的改革,人们真正感受到化学科学在变革前后的鲜明对比,从那时起才真正地为人类打开了新的化学研究领域。

9.5.1 波义耳的化学成就

罗伯特·波义耳(Robert Boyle)的名字是与近代化学密切相连的。他在 1627 年生于英国一个贵族家庭,青年时曾游学欧洲大陆,受文艺复兴思潮的影响,日后成为杰出的科学家。

在波义耳时代,化学还深深地禁锢在经院哲学之中。这种哲学对化学科学的束缚表现在,化学家把以亚里士多德(Aristotle)为首的逍遥派哲学家的观点奉为圣典,认为冷、热、干、湿是物体的主要性质,这种性质两两结合就形成了土、水、气、火这"四元素"。照这种观点,物质的性质是第一性的,物质本身反而是第二性的。改变物质的性质就可以改变物质本身。炼金术就是这种哲学思想指导下的产物。继炼金术而起的是医药化学家的"三元素"学说。他们认为,万物皆是由代表一定性质的盐、汞、硫三元素以不同的比例组成的。某一元素成分的多寡,就决定了该物质的性质。不难看出,三元素学说在理论上和四元素学说如出一辙。

1661 年,波义耳发表了科学史上著名的《怀疑派化学家》,这部书仿效伽利略的著作以对话的方式写成。其内容大致是:在一个炎热的夏天,四个哲学家在一棵大树下争论起来,其中一个代表怀疑派化学家即波义耳本人,另一个代表逍遥派哲学家,第三个代表医药化学家,最后一个哲学家保持中立。经过一番激烈的辩论,怀疑派化学家就把逍遥派哲学家和医药化学家的种种谬论驳得体无完肤了。波义耳怀疑的就是帕拉切尔苏斯的三元素说和亚里士多德的四元素说,对这种经院哲学以毁灭性的打击。该书初版时是匿名的,后来续出多版时才将他的大名揭出。

《怀疑派化学家》在化学史上的意义可以从下面三个方面来说明。首先,波义耳认识到化学值得为其自身的目的去进行研究,而不仅仅是从属于医学或炼金术的;其次,波义耳认为,实验和观察的方法才是形成科学思维的基础,化学必须依靠实验来确定自己的基本定律。波义耳写道:"化学家们至今遵循着过分狭隘的原则,这种原则不要求特别广阔的视野,他们把自己的任务看做是制造药物、提取和转化金属。我却完全从另一个观点看待化学:我不是作为医生,也不是作为炼金术士,而是作为哲学家来看待它的……如果人们关心真正的科学成就较之个人利益为重,如果把自己的精力都献给了做实验,收集并观察事实,那么,他就很容易证明,他们在世界上建立了伟大的功勋。"在这里,波义耳明确地把化学单独划为一门科学,并提出了它的任务和方法。最后,波义耳为化学元素下了一个清楚的定义。他通过实验证明,逍遥派哲学家的"四元素"和医药化学家的"三元素"是根本站不住脚的。他指出,元素就是"具有确定的、实在的、可觉察到的实物,它们应该是用一般化学方法不能再分为更简单的某些实物"。今天看来,波义耳所定义的元素实际上是单质,而他正是以这一定义将单质和化合物、混合物区分开来的。波义耳还认为,确定哪些物质是元素,哪些物质不是元素,其唯一的手段是实验,而且他确实用实验确定了金、银、汞、硫黄这些物质是元素。

正是从以上化学观念出发,波义耳的化学成就是从实验化学开始的。1654年,波义耳应邀到了牛津大学,在那里建立了物理化学实验室,聘请了包括青年胡克在内的一批助手,开始进行多种课题的实验化学研究。波义耳是近代化学史上第一个杰出的实验化学家,他把化学建立在严格的实验方法之上。波义耳在化学实验方面的贡献是他的理论思想在实践上的继续。在几十年中,他以许多杰出的实验丰富了科学的宝库。1660年,波义耳发表了空气的压力与它的体积成反比的定律,现称为波义耳定律。

注重化学的实验基础,波义耳的元素概念才真正具有化学的意义,它激起了人们对已知的"元素"进行重新认识的热情。后来被炼金术士们称作元素的硫和汞确实是元素,而被称为"元素"的盐、水和空气根本不是元素。反之,铜、铁、锌、碳等才是真正的元素。同时,波义耳元素概念的意义在于用物质自身所具有的组成方式来说明物质的结构,而不是用炼金术的外在观念或者医学、神学的观念来说明。于是,只有在实验基础上,物质才被提示出来其真实的内在结构。这样波义耳就从理论上解决了当时化学所面临的一系列问题,扫荡了天空中的乌云,把化学引上了康庄大道。

1691年,波义耳在伦敦去世,享年64岁。他给我们留下了十几部重要的科学著作和十几篇有名的论文,是科学史上的宝贵文献之一。恩格斯后来写道,波义耳把化学确立为科学(《自然辩证法》),对此作出了极为恰当的评价。

9.5.2 燃素说及其命运

如果说波义耳为化学革命做了大量的基础工作,那么,化学革命的真正体现还是在燃素说的兴起与破灭的过程中。因为在这个过程中,人们才真正贯彻了由波义耳提倡的但未彻底实现的化学思想。

1669年,德国医药化学家贝歇尔提出了最初的燃素假说,另一位德国化学家施塔尔进一步发展了该理论。在近百年的化学发展中,燃素说成为较为完备的理论形式,并为当时化学家所共识,其中最主要的原因还在于燃素说在当时能解释一些燃烧现象。按照燃素说的解释,燃素是一种基质,但并非火本身。它可以存在于一切可燃物体之中,包括火、土、油、光、热、金属等。但是,无论是哪种可燃物,它都不能是燃素的具体物质形态,因为燃素本身是超越一切物质形态的,是一种终极性的元素或基质。

为了维护燃素的超越性,燃素理论处于一种相当尴尬的境地。为了解释金属焙烧后物体质量没有减少反而增加,当时一些化学家竟然认为燃素有负质量,并且还有人把燃素比喻为灵魂,致使刚具有科学色彩的燃素又重新被披上了神学、炼金术的外衣。因此,化学有重新堕落成炼金术的危险。

但是,燃素说的破产并非完全是燃素说的理论危机所导致的,而是18世纪初气体化学的发展所促成的。也就是说,气体化学的成果反过来促使重新反省燃素说,最终推翻燃素说建立了全新的氧化说。如此,化学摆脱了发展道路上的障碍,又再一次回到了正确的思想观念上。

1755年,英国化学家布莱克发现了二氧化碳,把它叫做"固定空气"。1766年,英国人卡文迪什发现了氢,他当时称为"可燃空气"。1772年布莱克的学生卢瑟福发现了氮,并称之为"浊气"。瑞典化学家舍勒确认"浊气"是普通空气的组成部分,他还与英国化学家普里斯特列一样发现了氧,但舍勒把它称之为"火气",而普里斯特列把它称之为"失去燃素的空气"。不过,这一系列的发现并没有引起化学的发展。因为所有气体作为"失去燃素的空气",它仍然作为超级基质——燃素的表现,而不是作为一种独立的、确定的元素与其他元素化合而成。于是,气体化学若局限于燃素说肯定不能更新化学理论。要改变这一切,首先应做的就是丢弃强加在所有可燃气体身上的燃素,把它们视为确定的、独立的、可采集的、可量度的物质。事实上,燃烧仅仅是一种物质与空气中的氧的氧化反应,是两种独立物质的化合反应所导致的,其中并没有任何外在附加的成分。这种化学思想本质上是波义耳化学思想的延续,而这个工作是由拉瓦锡完成的。

法国化学家拉瓦锡在1777年撰写了题为《燃烧通论》的著名论文,提出了燃烧的氧化学说。虽然他本人并没有独立发现氧,但是他的伟大之处恰在于他抛弃一种神秘的东西,这种东西在自然界中是不存在的。氧作为一种自然物质只有它自身的性质,并没有任何神秘的性质。如此,他不仅确定了元素的真正含义,同时也确定了化学的发展目标。他曾写道:"化学以自然界的各种物质为实验对象,旨在分解它们,以便对构成这些物质的各种物质进行单独的检验。"

拉瓦锡的化学思想也弘扬了波义耳的化学思想,即化学必须建立在实验的基础上,并且尊重实验,就是尊重事实,而这就是严格按照定量的方式。因此,近代科学所要求的实验方法和数学方法在拉瓦锡的化学成就中得到了最充分的体现。

9.5.3 原子与分子学说的诞生

从波义耳到拉瓦锡,化学学科基本上端正了正确的发展方向,但是到了18世纪末和19世纪初,由于人们在实验化学与理论化学中的不断发现,促使当时化学家感到氧化说并不能解释一切化学现象,进而应当探讨化学反应的真正本质。

道尔顿根据当时一些化学家对一些化合物分析的结果,用氢的原子质量为单位,计算了氧、氯、硫、碳等元素的相对原子质量,并且在题为《论水对气体的吸收》一文中公布了他所编制的第一个相对原子质量表,以及说明如何用原子论来解释物质的化学结构和化学性质。到了1808年,道尔顿在其《化学哲学的新体系》著作中正式确立了化学原子论学说。

(1)原子是组成化学元素的、非常微小的、不可再分割的物质粒子。在化学反应中,原子保持其本来的性质。

(2)同一元素的所有原子的质量以及其他性质完全相同。不同的元素的原子具有不同的质量以及其他性质。原子的质量是每种元素的原子的最基本的特征。

(3)有简单数值比的元素的原子结合时,原子之间就发生化学反应而生成化合物。

(4)一种元素的原子与另一种元素的原子化合时,它们之间成简单的数值比。

原子论学说首次揭示了化学的物质载体,并且用定性与定量相结合的方式确定了这个载体。化学反应的本质以及物质的内在结构的本质就在于原子间彼此定性-定量的相互运动。这样,化学才真正确立了自身的研究对象和研究目标。化学从波义耳、拉瓦锡到道尔顿才真正完成了自身的革命。

道尔顿的原子论学说在当时引起了极大的反响。1808年,法国化学家盖·吕萨克在原子论学说的影响下,发现了气体反应的体积定律,他认为这是对原子论学说的一次有力论证。1811年,意大利物理学家阿伏伽德罗以盖·吕萨克的实验和定律为基础,首次提出了分子概念。他认为,原子不是参加化学反应的最小质点,而分子才是单质或化合物独立存在的最小质点。分子是由原子组成的,同种元素的原子结合成的分子为单质,不同元素的原子结合成的分子即为化合物。这样,道尔顿原子论学说有关化学反应中各种元素的原子以简单数目相化合的结论,若以分子来计算,那么,道尔顿的原子论学说与盖·吕萨克的气体反应的体积定律就完全统一起来。如此,阿伏伽德罗的分子论才真正丰富了道尔顿的原子论学说,完善了化学的理论基础。

9.6 化学的负面效应

化学在推动人类发展过程中发挥了巨大的作用。在人们充分享受化学科学与技术带来的财富、舒适、便捷和快乐的同时,也对人类、社会和环境产生了一些负面的影响。

9.6.1 DDT 的负面效应

DDT(dichloro-diphenyl-trichloroethane)最先是在1874年被分离出来,但是直到1939年才由瑞士化学家穆勒(P. Mueller,见图9-1)重新认识到其对昆虫是一种有效的神经性毒剂。1945年,穆勒合成了DDT。DDT能够有效地杀灭蚊虫、控制疟疾蔓延,它当时主要用来防止美国士兵特别是处于热带地区的美国士兵受到携带传染性疾病的昆虫的侵袭。一时之间DDT功德无量,遍及全球。穆勒也因为DDT的发明于1948年荣获诺贝尔生理学或医学奖。

图 9-1　穆勒(P. Mueller)

DDT在第二次世界大战中开始大量地以喷雾方式用于对抗黄热病、斑疹伤寒、丝虫病等虫媒传染病。例如在印度,DDT使疟疾病例在10年内从7 500万例减少到500万例。DDT在全球抗疟疾运动中起了很大的作用。用氯喹治疗传染源,以伯胺奎宁等药作预防,再加上喷洒DDT灭蚊,一度使全球疟疾的发病得到了有效控制。到1962年,全球疟疾的发病已降到很低。为此,世界各国响应世界卫生组织的建议,都在当年的世界卫生日发行了世界联合抗疟疾邮票。这是众多国家以同一主题,同时发行的邮票。在该种邮票中,许多国家都采用DDT喷洒灭蚊的设计。

瑞士化学家穆勒合成了DDT,挽救了成千上万人的生命,也挽救了濒临瘫痪的农业。但在1962年,美国环境生物学家蕾切尔·卡尔逊(Rachel Carson,见图

9-2)几经周折出版了《寂静的春天》一书,运用近似报告文学的手法对使用 DDT 造成的环境影响进行了深层次的揭示。

《寂静的春天》在社会上掀起了轩然大波。它主要是一本生态学著作,以生态学的角度来讨论杀虫剂;在这之前,几乎所有谈论化学杀虫剂的文章用的都是经济学的语言——告诉人们施用了杀虫剂就是使用了"经济增长要素"。然而,蕾切尔·卡尔逊认识到必须从另外的角度来写这个题目。她以一颗对一切生物抱有同情的真挚之心提出了让世人警醒的预见:DDT 进入食物链,会在动物体

图 9-2 卡尔逊女士

内富集,导致一些鸟类生殖功能紊乱、蛋壳变薄,最终濒临灭绝。此后,经过系列的深入研究,人类认识了 DDT 的危害,DDT 由解救人类的"天使"变成了将人类送入地狱的"恶魔"。世界主要国家纷纷禁止使用 DDT,1973 年 1 月 1 日美国正式禁止使用 DDT,我国也于 1983 年正式禁止使用。

反思 DDT 从拯救人类到危害人类的全过程,我们更加清晰地见识了科学技术对人类的"双刃剑"作用。它提示我们,重视化学科学技术对环境的负面影响是非常重要的,是决定科学技术能否推广的重要因素,必须给予高度重视。

9.6.2 人类首次使用化学武器

弗里茨·哈伯(1868—1934 年,见图 9-3),1868 年 12 月 9 日出生于德国布雷斯劳的犹太家庭。哈伯先后求学于卡尔鲁厄工业大学、柏林大学和海登堡大学,1890 年获得博士学位后赴瑞士苏黎世大学深造。此后,哈伯曾在耶纳尔大学、卡尔鲁厄工业大学任教,1911—1933 年任柏林大学教授兼柏林威廉大帝物理化学及电化学研究所所长。1934 年 1 月 29 日,哈伯因心脏病死于瑞士巴塞尔,时年 66 岁。

图 9-3 哈伯

哈伯一生致力于化学研究,其中最为杰出的成就就是实现有价值的合成氨法,为工业生产奠定了基础,使人类摆脱了农业肥料只能使用天然氮肥的困难局面。他的研究成果为工农业,尤其是现代农业提供了前所未有的技术支持,他的科学发现曾创造了挽救千百万饥饿生灵的方法。他也因此荣获 1918 年诺贝尔化学奖。

1914 年第一次世界大战爆发,民族沙文主义所煽起的盲目的爱国热情将哈伯深深地卷入战争的漩涡。他所领导的实验室成了为战争服务的重要军事机构。哈伯承担了战争所需的材料的供应和研制工作,特别在研制战争毒气方面。他曾错误地认为,毒气进攻乃是一种结束战争、缩短战争时间的好办法,从而担任了大战

中德国施行毒气战的科学负责人。1915年1月,德军把装有氯气的钢瓶放在阵地前沿施放,借助风力把氯气吹向敌人的阵地(见图9-4)。第一次野外试验获得成功。该年4月22日下午5时,在德军发动的伊普雷战役中,在6 km宽的前沿阵地上,5分钟内德军施放了180 t氯气,约一人高的黄绿色毒气借着风势沿地面冲向英法阵地,进入战壕并滞留下来。这股毒浪使英法士兵感到鼻腔、咽喉疼痛,随后有些人窒息而死。英法士兵被吓得惊惶失措,四处奔逃。据估计,英法军队约有15 000人中毒,5 000多人死亡。这是军事史上第一次大规模使用杀伤性毒剂的现代化学战。此后,交战双方都使用毒气,而且毒气的品种有了新的发展。毒气所造成的伤亡连德国当局都没有估计到。使用毒气进行化学战在欧洲各国遭到人们的一致谴责。科学家们更是指责这种不人道的行径。第一次世界大战结束后,哈伯曾一度被列入战争罪犯的名单中,由于害怕被人认出,他留着胡子逃到了瑞士。对他的指控取消后,他又回到了德国并立即重新从事化学武器的研制工作。

图9-4　毒气战场面

科学背景

历史上首先发明的一种合成纤维——尼龙

1926年,美国最大的工业公司——杜邦公司的董事斯蒂恩(C. M. A. Stine, 1882—1954年)出于对基础科学的兴趣,建议该公司开展有关发现新的科学事实的基础研究。1927年,该公司决定每年支付25万美元作为研究费用,并开始聘请化学研究人员,到1928年杜邦公司在特拉华州威尔明顿的总部所在地成立了基础化学研究所,年仅32岁的卡罗瑟斯(W. H. Carothers,1896—1937年)博士受聘担任该所有机化学部的负责人。

卡罗瑟斯来到杜邦公司时,国际上对德国有机化学家斯陶丁格(H. Staudinger,1881—1965年)提出的高分子理论正在展开激烈的争论。卡罗瑟斯赞扬并支持斯陶丁格的观点,并决心通过实验来证实这一理论的正确性,因此他把对高分子的探索作为有机化学部的主要研究方向。1930年卡罗瑟斯用乙二醇和癸二酸缩合制取聚酯。在实验中卡罗瑟斯的同事希尔在从反应器中取出熔融的聚酯时发现了一种有趣的现象：这种熔融的聚合物能像棉花糖那样抽出丝来，而且这种纤维状的细丝即使冷却后还能继续拉伸，拉伸长度可以达到原来的几倍，经过冷拉伸后纤维的强度和弹性大大增加。这种从未有过的现象使他们预感到这种特性可能具有重大的应用价值，有可能用熔融的聚合物来纺制纤维。他们随后又对一系列的聚酯化合物进行了深入的研究。由于当时所研究的聚酯都是脂肪酸和脂肪醇的聚合物，具有易水解、熔点低（<100 ℃）、易溶解在有机溶剂中等缺点，卡罗瑟斯因此得出了聚酯不具备制取合成纤维的错误结论，最终放弃了对聚酯的研究。

1935年初，卡罗瑟斯决定用戊二胺和癸二酸合成聚酰胺（即聚酰胺510）。实验结果表明，这种聚酰胺拉制的纤维其强度和弹性超过了蚕丝，而且不易吸水，很难溶，不足之处是熔点较低，所用原料价格很高，还不适宜于商品生产。紧接着卡罗瑟斯又选择了己二胺和己二酸进行缩聚反应，终于在1935年2月28日合成出聚酰胺66。这种聚合物不溶于普通溶剂，具有263 ℃的高熔点。由于在结构和性质上更接近天然丝，拉制的纤维具有丝的外观和光泽，其耐磨性和强度超过当时任何一种纤维，而且原料价格也比较便宜，杜邦公司决定进行商品生产开发，10月27日杜邦公司正式宣布世界上第一种合成纤维正式诞生了，并将聚酰胺66这种合成纤维命名为尼龙（nylon）。

杜邦公司从高聚物的基础研究开始历时11年，耗资2 200万美元，有230名专家参加了有关工作，终于在1939年底实现了工业化生产。遗憾的是尼龙的发明人卡罗瑟斯没能看到尼龙的实际应用。由于卡罗瑟斯一向精神抑郁，有一个念头使他无法摆脱，总认为作为一个科学家自己是一个失败者，加之1936年他喜爱的孪生姐姐去世，使他的心情更加沉重，这位在聚合物化学领域作出了杰出贡献的化学家，于1937年4月29日在美国费城一家饭店的房间里饮用了掺有氰化钾的柠檬汁自杀身亡。为了纪念卡罗瑟斯的功绩，1946年杜邦公司将乌米尔特工厂的尼龙研究室改名为卡罗瑟斯研究室。

尼龙的合成是高分子化学发展的一个重要里程碑，奠定了合成纤维工业的基础，使纺织品的面貌焕然一新。尼龙的发明从没有明确的应用目的的基础研究开始，最终却导致改变人们生活面貌的尼龙产品的出现，成为企业办基础科学研究非常成功的典型。它使人们认识到与技术相比科学要走在前头，与生产相比技术要走在前头；没有科学研究，没有技术成果，新产品的开发是不可能的。

思 考 题

1. 科学的内涵是什么?
2. 科学的基本特征是什么?
3. 技术的基本特征是什么?
4. 试描述科学与技术的关系。
5. 科学技术的功能是什么?
6. 为什么说科学技术是第一生产力?
7. 怎样认识化学对社会产生的负面效应?

附录 元素周期表

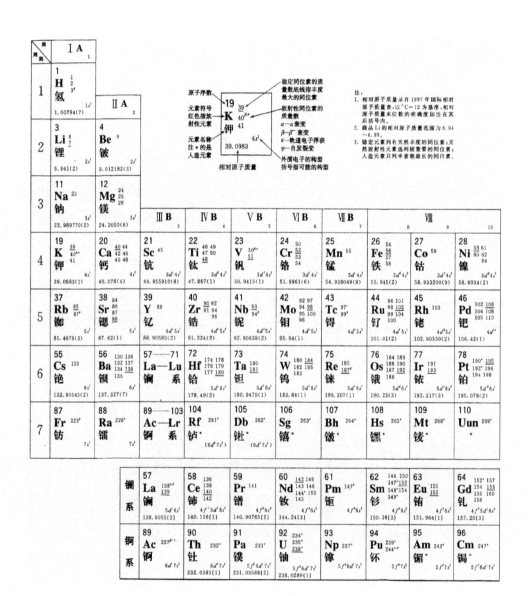

						0 18	电子层	O族电子数
						2 He 氦 3/4 $1s^2$ 4.002602(2)	K	2
ⅢA 13	ⅣA 14	ⅤA 15	ⅥA 16	ⅦA 17				
5 B 硼 10/11 $2s^2 2p^1$ 10.811(7)	6 C 碳 12/13/14 $2s^2 2p^2$ 12.0107(8)	7 N 氮 14/15 $2s^2 2p^3$ 14.00674(7)	8 O 氧 16/17/18 $2s^2 2p^4$ 15.9994(3)	9 F 氟 19 $2s^2 2p^5$ 18.9984032(5)	10 Ne 氖 20/21/22 $2s^2 2p^6$ 20.1797(6)		L K	8 2
13 Al 铝 27 $3s^2 3p^1$ 26.981538(2)	14 Si 硅 28/29/30 $3s^2 3p^2$ 28.0855(3)	15 P 磷 31 $3s^2 3p^3$ 30.973761(2)	16 S 硫 32/33/34/36 $3s^2 3p^4$ 32.066(6)	17 Cl 氯 35/37 $3s^2 3p^5$ 35.4527(9)	18 Ar 氩 36/38/40 $3s^2 3p^6$ 39.948(1)		M L K	8 8 2

ⅠB 11	ⅡB 12								
29 Cu 铜 63/65 $3d^{10} 4s^1$ 63.546(3)	30 Zn 锌 64/66/67/68/70 $3d^{10} 4s^2$ 65.39(2)	31 Ga 镓 69/71 $4s^2 4p^1$ 69.723(1)	32 Ge 锗 70/72/73/74/76 $4s^2 4p^2$ 72.61(2)	33 As 砷 75 $4s^2 4p^3$ 74.92160(2)	34 Se 硒 74/76/77/78/80/82 $4s^2 4p^4$ 78.96(3)	35 Br 溴 79/81 $4s^2 4p^5$ 79.904(1)	36 Kr 氪 78/80/82/83/84/86 $4s^2 4p^6$ 83.80(1)	N M L K	8 18 8 2
47 Ag 银 107/109 $4d^{10} 5s^1$ 107.8682(2)	48 Cd 镉 106/108/110/111/112/113/114/116 $4d^{10} 5s^2$ 112.411(8)	49 In 铟 113/115 $5s^2 5p^1$ 114.818(3)	50 Sn 锡 112/114/115/116/117/118/119/120/122/124 $5s^2 5p^2$ 118.710(7)	51 Sb 锑 121/123 $5s^2 5p^3$ 121.760(1)	52 Te 碲 120/122/123/124/125/126/128/130 $5s^2 5p^4$ 127.60(3)	53 I 碘 127 $5s^2 5p^5$ 126.90447(3)	54 Xe 氙 124/126/128/129/130/131/132/134/136 $5s^2 5p^6$ 131.29(2)	O N M L K	8 18 18 8 2
79 Au 金 197 $5d^{10} 6s^1$ 196.96655(2)	80 Hg 汞 196/198/199/200/201/202/204 $5d^{10} 6s^2$ 200.59(2)	81 Tl 铊 203/205 $6s^2 6p^1$ 204.3833(2)	82 Pb 铅 204/206/207/208 $6s^2 6p^2$ 207.2(1)	83 Bi 铋 209 $6s^2 6p^3$ 208.98038(2)	84 Po 钋 209*/210* $6s^2 6p^4$	85 At 砹 210* $6s^2 6p^5$	86 Rn 氡 222* $6s^2 6p^6$	P O N M L K	8 18 32 18 8 2
111 Uuu 272* *	112 Uub 277* *								

65 Tb 铽 159 $4f^9 6s^2$ 158.92534(2)	66 Dy 镝 156/158/160/161/162/163/164 $4f^{10} 6s^2$ 162.50(3)	67 Ho 钬 165 $4f^{11} 6s^2$ 164.93032(2)	68 Er 铒 162/164/166/167/168/170 $4f^{12} 6s^2$ 167.26(3)	69 Tm 铥 169 $4f^{13} 6s^2$ 168.93421(2)	70 Yb 镱 168/170/171/172/173/174/176 $4f^{14} 6s^2$ 173.04(3)	71 Lu 镥 175/176* $4f^{14} 5d^1 6s^2$ 174.967(1)
97 Bk 锫* 247* $5f^9 7s^2$	98 Cf 锎* 251* $5f^{10} 7s^2$	99 Es 锿* 252* $5f^{11} 7s^2$	100 Fm 镄* 257* $5f^{12} 7s^2$	101 Md 钔* 258* $(5f^{13} 7s^2)$	102 No 锘* 259* $(5f^{14} 7s^2)$	103 Lr 铹* 260* $(5f^{14} 6d^1 7s^2)$

参 考 文 献

[1] 曹葆华. 恩格斯自然辩证法[M]. 北京:人民出版社,1955.
[2] 21世纪化学科学的挑战委员会. 超越分子前沿——化学与化学工程面临的挑战[M]. 陈尔强,等译. 北京:科学出版社,2004.
[3] 中国科学院化学学部. 展望21世纪的化学[M]. 北京:化学工业出版社,2000.
[4] 张家治. 化学史教程[M]. 太原:山西教育出版社,1999.
[5] 汪尔康. 21世纪的分析化学[M]. 北京:科学出版社,1999.
[6] 杨根. 徐寿和中国近代化学史[M]. 北京:科学技术文献出版社,1986.
[7] 杜石然,范楚玉. 中国科学技术史稿(下册)[M]. 北京:科学出版社,1982.
[8] 袁翰青. 中国化学史论文集[M]. 北京:三联出版社,1982.
[9] 赵匡华. 中国古代化学史研究[M]. 北京:北京大学出版社,1985.
[10] 汤浅光朝. 科学文化史年表[M]. 北京:科学普及出版社,1984.
[11] 谢克难. 大学化学教程[M]. 北京:科学出版社,2006.
[12] 施开良. 环境·化学与人类健康——人类社会文明与进步的标志[M]. 北京:化学工业出版社,2003.
[13] 唐有祺,王夔. 化学与社会[M]. 北京:高等教育出版社,2003.
[14] 徐崇泉,强亮生. 工科大学化学[M]. 北京:高等教育出版社,2003.
[15] 黄熙泰,于自然. 现代生物化学(第二版)[M]. 北京:化学工业出版社,2005.
[16] 蔡仲德. 中药研究论文集[M]. 北京:中医古籍出版社,1999.
[17] 蔡仲德. 中药研究论文集[M]. 北京:中医古籍出版社,2001.
[18] 青海省药品检验所,青海省藏医药研究所. 中国藏药(第一卷)[M]. 上海:上海科学技术出版社,1996.
[19] 赵艳秋,王金惠,宋志民. 化学与现代社会[M]. 大连:大连理工大学出版社,2005.
[20] 魏世强. 环境化学[M]. 北京:中国农业出版社,2006.
[21] 朱鲁生. 环境科学概论[M]. 北京:中国农业出版社,2005.
[22] 杨仁斌. 环境质量评价[M]. 北京:中国农业出版社,2006.
[23] 刘静. 化学与环境保护[M]. 成都:西南交通大学出版社,2004.
[24] 汪晋三. 水化学与水污染[M]. 广州:中山大学出版社,1990.
[25] 王东冬. 化学与环保[M]. 北京:中国农业出版社,2000.
[26] 王明华. 化学与现代文明[M]. 杭州:浙江大学出版社,1998.
[27] 唐孝炎,张远航,邵敏. 大气环境化学(第二版)[M]. 北京:高等教育出版社,2006.
[28] 李定龙. 环境保护概论[M]. 北京:中国石化出版社,2006.
[29] 王麟生. 环境化学导论[M]. 上海:华东师范大学出版社,2006.
[30] 宁大同,王华东. 全球环境导论[M]. 济南:山东科学技术出版社,1996.

[31] 杨瑞成,丁旭,陈奎. 材料科学与材料世界[M]. 北京:化学工业出版社,2005.
[32] 郝元恺,肖加余. 高性能复合材料学[M]. 北京:化学工业出版社,2004.
[33] 路向军. 当代科学技术简明教程[M]. 天津:天津人民出版社,2006.
[34] 蔡子亮,杨钢,白政民. 现代科学技术与社会发展[M]. 郑州:郑州大学出版社,2006.
[35] 全俊. 在炼金术之后:诺贝尔化学奖获得者100年图说[M]. 重庆:重庆出版社,2006.
[36] 甘道初. 化学大渗透[M]. 北京:中国青年出版社,1987.
[37] 江晓原. 简明科学技术史[M]. 上海:上海交通大学出版社,2001.
[38] 赵立志. 纳米材料的应用[J]. 天津化工,2003,17(5):39—41.
[39] 王强,郑萍,李海燕,等. 纳米材料的应用进展[J]. 山东化工,2003,32(5):21—23.
[40] 汪焕林,王建宁,张军. 纳米材料的应用[J]. 青海大学学报(自然科学版),2002,20(1):34—36.
[41] 王园朝. 浅谈化学与社会的关系——兼论师范院校开设《社会化学》的重要性[J]. 咸宁师专学报,2001,21(6):54—56.
[42] 金新宇. 从生活走进化学 从化学走向社会[J]. 中小学教学,2004,30:32—33.
[43] 潘吉星. 谈"化学"一词在中国和日本的由来[J]. 情报学刊,1981,1:12—15.
[44] 吴根梁. 论中国近代留学生的历史作用[N]. 文汇报,1985-03-25.
[45] 立花太郎. 化学家和物质[J]. 科学,2002,48(6):6—8.
[46] 魏常海. 从中国西学输入看文化问题[J]. 晋阳月刊,1987,1:50.
[47] 方明建. 分析化学[M]. 重庆:重庆出版社,2003.

图书在版编目(CIP)数据

化学与社会/方明建　郑旭煦　主编. —武汉:华中科技大学出版社,2009年1月(2023.7重印)
　ISBN 978-7-5609-5085-3

　Ⅰ.化…　Ⅱ.①方…　②郑…　Ⅲ.化学-关系-社会生活-高等学校-教材　Ⅳ.O6-O5

中国版本图书馆CIP数据核字(2009)第004425号

化学与社会　　　　　　　　　　　　　　方明建　郑旭煦　主编

策划编辑:王新华
责任编辑:许　杰　　　　　　　　　　　　　　　　　封面设计:刘　卉
责任校对:刘　竣　　　　　　　　　　　　　　　　　责任监印:周治超

出版发行:华中科技大学出版社(中国·武汉)　　电话:(027)81321913
　　　　　武汉市东湖新技术开发区华工科技园　　邮编:430223

录　　排:华中科技大学惠友文印中心
印　　刷:广东虎彩云印刷有限公司

开本:710mm×1000mm　1/16　　　印张:20.5　　　字数:382 000
版次:2009年1月第1版　　　　　　印次:2023年7月第5次印刷　　定价:33.00元
ISBN 978-7-5609-5085-3/O・480

(本书若有印装质量问题,请向出版社发行部调换)